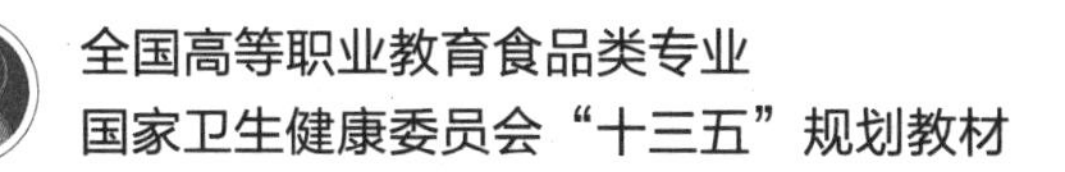

全国高等职业教育食品类专业
国家卫生健康委员会“十三五”规划教材

供食品类专业用

食品应用化学

主　编　孙艳华

副主编　孔梅岩　刘高梅　张学红　张静文

编　者　（按姓氏笔画排序）

王　宇　（广州市食品检验所）
孔梅岩　（山西运城农业职业技术学院）
左丽丽　（吉林医药学院）
吕晨艳　（中国农业大学）
刘高梅　（山西轻工职业技术学院）
孙艳华　（黑龙江农垦职业学院）
张学红　（山西药科职业学院）
张静文　（重庆医药高等专科学校）
陈银霞　（鹤壁职业技术学院）
姚　微　（黑龙江农垦职业学院）
郭　峰　（广州双桥股份有限公司）
褚小菊　（上海健康医学院）

人民卫生出版社

图书在版编目（CIP）数据

食品应用化学 / 孙艳华主编.—北京：人民卫生出版社，2020

ISBN 978-7-117-26294-1

Ⅰ.①食… Ⅱ.①孙… Ⅲ.①食品化学－医学院校－教材 Ⅳ.①TS201.2

中国版本图书馆 CIP 数据核字(2019)第 002255 号

食品应用化学

主　　编：孙艳华
出版发行：人民卫生出版社（中继线 010-59780011）
地　　址：北京市朝阳区潘家园南里 19 号
邮　　编：100021
E - mail：pmph @ pmph.com
购书热线：010-59787592　010-59787584　010-65264830
印　　刷：三河市宏达印刷有限公司（胜利）
经　　销：新华书店
开　　本：850×1168　1/16　**印张：**19
字　　数：447 千字
版　　次：2020 年 8 月第 1 版　2020 年 8 月第 1 版第 1 次印刷
标准书号：ISBN 978-7-117-26294-1
定　　价：58.00 元
打击盗版举报电话：010-59787491　E-mail：WQ @ pmph.com
质量问题联系电话：010-59787234　E-mail：zhiliang @ pmph.com

全国高等职业教育食品类专业国家卫生健康委员会“十三五”规划教材出版说明

《国务院关于加快发展现代职业教育的决定》《高等职业教育创新发展行动计划(2015-2018年)》《教育部关于深化职业教育教学改革全面提高人才培养质量的若干意见》等一系列重要指导性文件相继出台,明确了职业教育的战略地位、发展方向。食品行业是“为耕者谋利、为食者造福”的传统民生产业,在实施制造强国战略和推进健康中国建设中具有重要地位。近几年,食品消费和安全保障需求呈刚性增长态势,消费结构升级,消费者对食品的营养与健康要求增高。为实施好食品安全战略,加强食品安全治理,国家印发了《“十三五”国家食品安全规划》《食品安全标准与监测评估“十三五”规划》《关于促进食品工业健康发展的指导意见》等一系列政策法规,食品行业发展模式将从量的扩张向质的提升转变。

为全面贯彻国家教育方针,跟上行业发展的步伐,将现代职教发展理念融入教材建设全过程,人民卫生出版社组建了全国食品药品职业教育教材建设指导委员会。在该指导委员会的直接指导下,经过广泛调研论证,人民卫生出版社启动了首版全国高等职业教育食品类专业国家卫生健康委员会“十三五”规划教材的编写出版工作。本套规划教材是“十三五”时期人卫社重点教材建设项目,教材编写将秉承“五个对接”的职教理念,结合国内食品类专业教育教学发展趋势,紧跟行业发展的方向与需求,重点突出如下特点:

1. **适应发展需求,体现高职特色** 本套教材定位于高等职业教育食品类专业,教材的顶层设计既考虑行业创新驱动发展对技术技能型人才的需要,又充分考虑职业人才的全面发展和技术技能型人才的成长规律;既集合了我国职业教育快速发展的实践经验,又充分体现了现代高等职业教育的发展理念,突出高等职业教育特色。

2. **完善课程标准,兼顾接续培养** 本套教材根据各专业对应从业岗位的任职标准优化课程标准,避免重要知识点的遗漏和不必要的交叉重复,以保证教学内容的设计与职业标准精准对接,学校的人才培养与企业的岗位需求精准对接。同时,本套教材顺应接续培养的需要,适当考虑建立各课程的衔接体系,以保证高等职业教育对口招收中职学生的需要和高职学生对口升学至应用型本科专业学习的衔接。

3. **推进产学结合,实现一体化教学** 本套教材的内容编排以技能培养为目标,以技术应用为主线,使学生在逐步了解岗位工作实践、掌握工作技能的过程中获取相应的知识。为此,在编写队伍组建上,特别邀请了一大批具有丰富实践经验的行业专家参加编写工作,与从全国高职院校中遴选出的优秀师资共同合作,确保教材内容贴近一线工作岗位实际,促使一体化教学成为现实。

4. **注重素养教育,打造工匠精神** 在全国“劳动光荣、技能宝贵”的氛围逐渐形成,“工匠精神”在各行各业广为倡导的形势下，食品行业的从业人员更要有崇高的道德和职业素养。教材更加强调要充分体现对学生职业素养的培养，在适当的环节，特别是案例中要体现出食品从业人员的行为准则和道德规范，以及精益求精的工作态度。

5. 培养创新意识，提高创业能力　为有效地开展大学生创新创业教育，促进学生全面发展和全面成才，本套教材特别注意将创新创业教育融入专业课程中，帮助学生培养创新思维，提高创新能力、实践能力和解决复杂问题的能力，引导学生独立思考、客观判断，以积极的、锲而不舍的精神寻求解决问题的方案。

6. 对接岗位实际，确保课证融通　按照课程标准与职业标准融通、课程评价方式与职业技能鉴定方式融通、学历教育管理与职业资格管理融通的现代职业教育发展趋势，本套教材中的专业课程，充分考虑学生考取相关职业资格证书的需要，其内容和实训项目的选取尽量涵盖相关的考试内容，使其成为一本既是学历教育的教科书、又是职业岗位证书的培训教材，实现“双证书”培养。

7. 营造真实场景，活化教学模式　本套教材在继承保持人卫版职业教育教材栏目式编写模式的基础上，进行了进一步系统优化。例如，增加了“导学情景”，借助真实工作情景开启知识内容的学习；“复习导图”以思维导图的模式，为学生梳理本章的知识脉络，帮助学生构建知识框架。进而提高教材的可读性，体现教材的职业教育属性，做到学以致用。

8. 全面“纸数”融合，促进多媒体共享　为了适应新的教学模式的需要，本套教材同步建设以纸质教材内容为核心的多样化的数字教学资源，从广度、深度上拓展纸质教材内容。通过在纸质教材中增加二维码的方式“无缝隙”地链接视频、动画、图片、PPT、音频、文档等富媒体资源，丰富纸质教材的表现形式，补充拓展性的知识内容，为多元化的人才培养提供更多的信息知识支撑。

本套教材的编写过程中，全体编者以高度负责、严谨认真的态度为教材的编写工作付出了诸多心血，各参编院校为编写工作的顺利开展给予了大力支持，从而使本套教材得以高质量如期出版，在此对有关单位和各位专家表示诚挚的感谢！教材出版后，各位教师、学生在使用过程中，如发现问题请反馈给我们(renweiyaoxue@ 163. com)，以便及时更正和修订完善。

人民卫生出版社

2018 年 3 月

全国高等职业教育食品类专业国家卫生健康委员会
“十三五”规划教材
教材目录

序号	教材名称	主编
1	食品应用化学	孙艳华
2	食品仪器分析技术	梁　多　段春燕
3	食品微生物检验技术	段巧玲　李淑荣
4	食品添加剂应用技术	张　甦
5	食品感官检验技术	王海波
6	食品加工技术	黄国平
7	食品检验技术	胡雪琴
8	食品毒理学	麻微微
9	食品质量管理	谷　燕
10	食品安全	李鹏高　陈林军
11	食品营养与健康	何　雄
12	保健品生产与管理	吕　平

全国食品药品职业教育教材建设指导委员会
成员名单

前　言

食品应用化学是食品类专业的基础课程，本教材以高等职业技术教育发展规划为基础，以满足行业创新驱动发展对技术技能型人才的需要为前提，以职业技能教育为重点、职业技术人才就业为导向，适应高职高专院校学生全面发展和技术技能型人才成长的需求。教材内容充分体现高职高专学习的特点和培养目标，构建以食品生产岗位群所需基本知识、基本理论和基本技能为主线的课程结构体系。教材为满足对食品专业各相关岗位的适用性，本着专业基础课为专业课程服务，理论知识以“必需、够用”为度，技能以培养学生创新思维，提高创新能力、提升实践能力和解决问题的能力为依据，将理论和技能一体化，使学生在学习理论知识的同时掌握所需的专业技能。

本教材分为食品营养成分、食品中的酶和食品营养成分代谢、植物性和动物性食品化学及食品中的毒害物质四大模块，其中食品营养成分模块包括：水分、糖类、脂类、蛋白质、维生素及矿物质；食品中的酶和食品营养成分代谢模块包括：食品中的酶、食品营养成分的代谢；植物性和动物性食品化学模块包括：植物性食品化学和动物性食品化学；食品中的毒害物质包括：食品中原有的毒害物质和食品加工和储存过程中及环境污染所产生的毒害物质等内容。每个模块的教学都紧扣学生职业能力的培养，依据食品生产岗位群所需的知识、能力，对理论知识和实践技能进行整合，充分体现理论与实践的有机统一，教学内容与岗位需要的有机统一。

本教材由孙艳华任主编，孔梅岩、刘高梅、张学红、张静文任副主编。编写人员：孙艳华（前言、模块一项目一），张学红（模块一项目五），孔梅岩（模块一项目三），张静文（模块二项目八任务 8-3 和任务 8-4），刘高梅（模块二项目七），郭峰（模块一项目二），吕晨艳（模块一项目四），王宇（模块一项目六），陈银霞（模块二项目八任务 8-1 和任务 8-2），左丽丽（模块二项目八任务 8-5），姚微（模块四项目十二），褚小菊（模块三项目九和项目十、模块四项目十一）。

特此感谢人民卫生出版社领导、编辑的指导和同仁们的大力支持。由于编者水平有限，难免有不妥和疏漏之处，希望广大读者和专家批评指正，以便今后进一步修订完善。

编者

2020 年 3 月

目　录

模块一　食品营养成分

项目一　水分 3

任务 1-1　食品中的水分 3

任务 1-1-1　水和冰的结构和性质 3

任务 1-1-2　食品中水的存在形式 5

任务 1-1-3　水分活度 8

任务 1-1-4　水在食品及食品加工和储存中的作用 11

任务 1-2　水分活度的测定 13

项目二　糖类 16

任务 2-1　糖类的概述 16

任务 2-1-1　糖的概念、分类和性质的认识 16

任务 2-1-2　食品中重要的糖 24

任务 2-1-3　食品中多糖的功能 33

任务 2-1-4　糖类在食品加工和储存中的作用 40

任务 2-2　美拉德反应初级阶段的评价 43

任务 2-3　淀粉糊化程度的酶法测定 46

项目三　脂类 50

任务 3-1　脂类的概述 50

任务 3-1-1　脂类的概念、组成及性质 51

任务 3-1-2　磷脂的组成与应用 56

任务 3-1-3　食用油脂在加工和储存中的作用及化学变化 58

任务 3-2　油脂氧化和过氧化值及酸价的测定 62

项目四　蛋白质 67

任务 4-1　氨基酸和蛋白质 67

任务 4-1-1　氨基酸分类与性质 67

任务 4-1-2　必需氨基酸 71

任务 4-1-3　蛋白质的分类和性质　72
任务 4-1-4　食品中重要的蛋白质　78
任务 4-1-5　蛋白质在食品加工和储存中的变化　82
任务 4-2　蛋白质的功能性质实验　85
任务 4-3　蛋白质中活性赖氨酸的含量测定　87

项目五　维生素　91
任务 5-1　维生素的概述　91
任务 5-1-1　维生素的定义与分类　92
任务 5-1-2　脂溶性维生素　93
任务 5-1-3　水溶性维生素　99
任务 5-1-4　维生素在食品加工和储存过程中的损失　109
任务 5-2　热加工果蔬中维生素 C 的测定　113

项目六　矿物质　119
任务 6-1　矿物质的概述　119
任务 6-1-1　食品中矿物质的分类　120
任务 6-1-2　食品中矿物质的功能　121
任务 6-1-3　食品中重要的矿物质　122
任务 6-2　食物中的矿物质元素　127
任务 6-3　食品中总灰分的测定　131
任务 6-4　食品中铁的测定　134

模块二　食品中的酶和食品营养成分代谢

项目七　食品中的酶　143
任务 7-1　酶　143
任务 7-1-1　酶的概念、分类和命名　144
任务 7-1-2　酶的作用原理　148
任务 7-1-3　食品加工中酶的应用　150
任务 7-2　影响酶促反应速度因素的测定　153
任务 7-2-1　影响酶促反应速度的因素　154
任务 7-2-2　测定各因素对酶促反应速度的影响　156

项目八　食品营养成分的代谢　162
任务 8-1　生物氧化　162

任务 8-1-1 生物氧化的概念、意义与特点 162
任务 8-1-2 呼吸链 163
任务 8-1-3 氧化磷酸化 167
任务 8-1-4 发酵过程中无机磷的利用测定 169
任务 8-2 糖代谢 172
任务 8-2-1 糖的分解代谢 172
任务 8-2-2 糖的储存和动员 178
任务 8-2-3 乳酸发酵 181
任务 8-3 蛋白质代谢 184
任务 8-3-1 蛋白质的营养作用 185
任务 8-3-2 氨基酸的分解代谢和生物合成 186
任务 8-3-3 蛋白质的酶促降解和生物合成 190
任务 8-4 脂类代谢 193
任务 8-4-1 脂类的功能与消化吸收 193
任务 8-4-2 脂肪的分解代谢 194
任务 8-4-3 脂肪的合成代谢 200
任务 8-4-4 磷脂的代谢 201
任务 8-5 新鲜食物组织代谢 203
任务 8-5-1 植物的组织代谢 203
任务 8-5-2 动物宰杀后的组织代谢 209

模块三 植物性和动物性食品化学

项目九 植物性食品化学 219
任务 9-1 谷类和薯类 219
任务 9-1-1 谷类 220
任务 9-1-2 薯类 223
任务 9-2 豆类和蔬菜类 224
任务 9-2-1 豆类 225
任务 9-2-2 蔬菜类 227
任务 9-2-3 食品中单宁含量的测定 230
任务 9-3 食用菌和藻类 232
任务 9-3-1 食用菌 233
任务 9-3-2 藻类 234

项目十 动物性食品化学 237
任务 10-1 畜禽肉类 237
任务 10-2 水产品类 240
任务 10-3 蛋类 242
任务 10-4 乳类 244

模块四 食品中的毒害物质

项目十一 食品中原有的毒害物质 251
任务 11-1 植物性食品中原有的毒害物质 251
任务 11-2 动物性食品中原有的毒害物质 255

项目十二 食品加工和储存过程中及环境污染所产生的毒害物质 260
任务 12-1 食品加工和储存过程中所产生的毒害物质 260
任务 12-2 环境污染所产生的毒害物质 267

参考文献 271

目标检测参考答案 273

食品应用化学课程标准 285

模块一

食品营养成分

模块导学

食物是指含有营养素的物料，但通常也泛指一切食物。人类的食物绝大多数都是经过加工后才食用的，经过加工的食物称为食品。食品中的营养素是指能维持人体正常生长发育和新陈代谢所必需的物质。早先指的六大营养素分别是：水、碳水化合物、蛋白质、脂肪、维生素和矿物质，现在最新的说法是七大营养素，还增加了膳食纤维。本模块主要学习食品中各营养的成分特性、功能和在加工储存中的变化。

项目一

水　分

学习目标

认知目标

1. 了解水、冰的结构与状态。
2. 熟悉水在食品中的作用及其存在的状态。
3. 掌握水分活度的概念和意义。

技能目标

1. 掌握常压烘干法、减压烘干法测定食品水分含量的使用范围和测定方法。
2. 学会水分活度的测定。

素质目标

1. 具有良好的操作意识。
2. 具有严谨的科学态度、实事求是的工作作风。
3. 具有完成工作任务的积极态度。

任务 1-1　食品中的水分

导学情景

情景描述:

我们都知道，人的体重 65%~70% 都是水的重量，人体的血液含有 80% 以上的水分。 水在人体中的重要性是不言而喻的。

学前导语:

干制的食物如木耳、蘑菇是不是其成分就没有水分？ 食物中的水分是怎样的呢？这就是我们此次任务要探讨的问题。

任务 1-1-1　水和冰的结构和性质

【任务要求】

1. 了解水和冰的结构。
2. 熟悉冷藏的温度。

【知识准备】

一、水的结构

1. 水分子的结构　水是多原子分子，原子之间为极性共价键，分子结构不对称，结构为“V”字形分子，中心氧原子与氢原子之间的键角为140.5°，是典型的极性分子。

2. 水的特性　水的物理性质与其他小分子有显著的区别，水具有高熔点、高沸点、高热容量、高相变热、高表面张力、高介电常数、结冰时体积增大等特性。这些特性在食品加工过程中有重大的影响。水分子是极性分子，其共价键有部分的离子性质，O-H键中的氢原子带有部分的正电性，而氧原子带有部分的负电性，形成偶极分子，偶极距为1.84D。

3. 水分子的缔合　人们发现H_2O的沸点比同族的化合物H_2S、H_2Se都要高，这个事实与“结构相似，相对分子质量越大的物质的熔点、沸点越高”的规律不相符，这就说明H_2O并非以简单的水分子存在，而是水分子之间存在着一种作用力。由于水分子的极性，两种组成原子的元素电负性差别很大，导致水分子之间通过氢键而呈现缔合状态。水分子的氢键键能为25kJ/mol，每个水分子可以与4个其他水分子形成氢键，氢键向四面伸展可以形成立体的连续的氢键结构，也就是水分子的缔合作用。因此水分子不是自由的，而是水的动态连续结构中受束缚的一员。图1-1是水分子缔合示意图。

我们都知道，能形成氢键的是氢原子与非金属性很强的原子F、O、N。因此不仅是水分子之间可以通过氢键缔合，水分子还可以和其他带有极性基团的有机分子通过氢键相互结合，所以糖类、氨基酸类、蛋白质类、黄酮类、多酚类化合物在水中均有一定的溶解度。

二、冰的结构

冰的结构见图1-2。水结冰后，分子之间以氢键连接形成刚性结构，由于分子之间的距离大于液态水，冰的密度比水低，因而结冰后体积增大。水首先冷却成为过冷状态，然后围绕晶核结冰，冰晶不断长大，快速结冰可以形成较多晶核和较小的冰晶，有利于保持食品品质。冰是水分子通过氢键相互结合的有序排列的低密度且具有一定刚性的六方晶型结构。在冰的晶体结构中，每个水分子和另外4个水分子相互缔合。

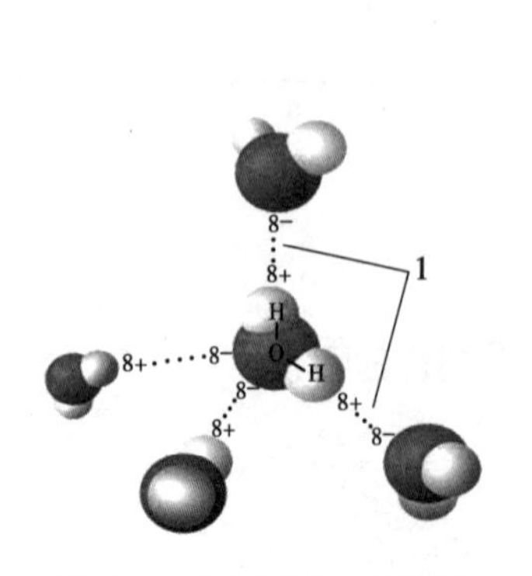

图1-1　水分子缔合示意图

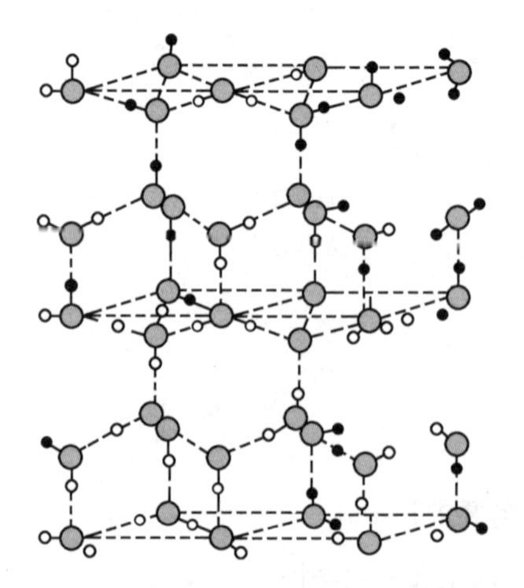

图1-2　冰的晶体结构示意图

冰的结构一般有4种类型：六方形、不规则形状、粗糙球形、易消失的球晶，最常见的是六方形，大多数冷却食品中的冰以有序的六方形冰结晶的形式存在。

我们在基础化学中学习了稀溶液的依数性，含有溶质时，溶液的凝固点降低。一般食品中的水均与可溶性成分形成溶液，所以结冰温度均低于0℃，把食品中的水完全结晶的温度叫作低共熔点。大多数食品的低共熔点在-65～-55℃。

课堂互动

我们平常冷藏食品的温度是否需要在-65～-55℃？为什么呢？

我们平常冷藏食品一般不需要如此低的温度，如我国冷藏食品的温度一般定为-18℃，这个温度离低共熔点相差很多，但已经可以使大部分水结冰，也最大程度降低了其中的化学反应速度。

冷藏是食品加工及储存过程中的主要技术，原因是在低温条件下，降低了大多数的化学反应速度，提高了食品的稳定性。

水不仅是食品的营养物质之一，水对食品的品质、特性有很大的影响，水与食品腐败是密切相关的，并影响着许多化学反应的速度。水与食品中非水组分之间相互联系的方式是非常复杂的，而且影响因素很多。因此食品在干燥和冷冻脱水时就会破坏原有的联系，而且不能恢复原状。

任务1-1-2　食品中水的存在形式

【任务要求】

1. 掌握食品中水的分类。
2. 熟悉自由水与结合水的区别。

【知识准备】

一、水在食品中的含量

水是食品的主要营养物质和组成成分，食品中水的含量和存在形式对食品的外观、品质、质量、风味和新鲜程度都可产生极大的影响。食品中的水分是引起食品的化学性质及微生物变质的重要因素，直接关系到食品储存特性。表1-1列出了部分食品中的水分含量。

表1-1　部分食品中的水分含量

食品		水分含量/%
肉类	猪肉、生的分割瘦肉	53～60
	牛肉、生的零售部分	50～70
	鸡、各种级别的去皮生肉	74
	鱼、肌肉蛋白质	65～81
水果	香蕉	75
	浆果、樱桃、梨	80～85
	苹果、桃、柑橘、甜橙、李子、无花果	85～90
	草莓、杏、椰子	90～95

续表

食品		水分含量/%
蔬菜	青豌豆、甜玉米	74~80
	甜菜、硬花橄榄、胡萝卜、马铃薯	80~90
	芦笋、青大豆、大白菜、红辣椒、甜辣椒、花菜	90~95

从表1-1中可以看出，水在生物体内的分布是不均匀的，在脊椎动物中，肌肉、肝、肾、脑等含水量为70%~80%，皮肤中含水量约为60%~70%，骨骼含水量约为12%~15%，血液中含水量为80%以上。在植物中，含水量不仅与部位有关，还与种类、发育状况有关，一般来说，根、茎、叶等营养器官含水量较高，约为鲜重的70%~90%，有的更高。但植物的繁殖器官种子含水量常在12%~15%。

食品中水分存在形式决定着食品的风味、质感及霉变。食品中的水分主要是根据连接水分子的作用力和水分子与非水分子的远近不同来分类的，主要分为两类：自由水（体相水）和结合水（束缚水或固定水）。

二、水在食品中存在形式

（一）自由水

自由水是以毛细管凝聚状态存在于细胞间的水分。与一般水一样，在食品中因蒸发而散失，因吸潮而增加，容易发生增减变化，容易结冰，也能溶解溶质，能被微生物所利用。自由水大致可分为3类：不可移动水、毛细管水和自由流动水。

1. 不可移动水　在食品总含水量中，被组织中的显微和亚显微结构与膜阻留住的水，不能自由流动，因此称为不可移动水。例如一块质量为100g的牛肉，总含水量为70~75g，含蛋白质为20g，其中有60~65g被组织中的显微和亚显微结构与膜阻留住的水，这60~65g就是不可移动水。

2. 毛细管水　在生物组织的细胞间隙和制成食品的结构组织中，还存在一种由毛细管力所截留的水分，称为毛细管水。在生物组织中又称为细胞间水。它的物理和化学性质与不可移动水是一样的。

3. 自由流动水　动物的血浆、淋巴液和尿液，植物导管和细胞内液的水分都是可以自由流动的水分，也称游离水。

课堂互动

总结自由水的特点。

4. 自由水的特点

（1）能结冰，但冰点有所下降（溶有一定杂质）。

（2）溶解溶质的能力强，干燥时易除去。

（3）与纯水的平均运动速度接近，自由水很适合微生物生长和大多数化学反应，易引起食物的腐败变质，与食品的风味及功能性紧密相连。

（二）结合水

结合水是食品中的亲水成分与水通过氢键结合的水。与一般水不一样，在食品中其含量不容易发生增减变化，不易结冰，不能作为溶质的溶剂，也不能被微生物所利用。结合水主要分为三类：构成水、邻近水和多层水。

1. 构成水 构成水是指与食品中其他亲水物质结合最紧密的那部分，它与非水成分构成一个整体。在高水分食品的总水分含量中只占一小部分。

构成水的特点：-40℃下不结冰；无溶剂溶解能力；与纯水比较分子平均运动速度为0；不能被微生物所利用，这类水本身是食物成分某分子中的组成部分，也就是说，如将水从该分子中除去，则其性质完全不同。构成水对食品的腐败变质不起作用。

2. 邻近水 邻近水是指在亲水成分的强亲水基团的周围缔合的单层水分子膜。这类水与食品中分子的强极性基团如羧基、氨基以氢键的键合方式相结合，形成氢键牢固不易失，且为单分子层。

邻近水的特点：-40℃以下不结冰；不被微生物所利用；不易引起食物的腐败变质；但与纯水比较分子平均运动速度大大降低。

3. 多层水 单分子水化膜外围绕亲水成分形成的另外几层水，这类水主要依靠水-水氢键缔合，也与弱极性基团通过氢键缔合在一起，它们结合稳定性比较差，且为多分子层结合。

多层水的特点：在一定条件下可转变成自由水。如：大多数多层水在-40℃下不结冰，其余可结冰，但冰点大大下降；有一定的溶解溶质能力；与纯水比较分子平均运动速度大大降低；正常情况下不能被微生物所利用。

课堂互动

讨论自由水和结合水的区别。它们对食品储存有何意义?

（三）自由水与结合水的区别

严格说，自由水和结合水之间的界限很难区分，如结合水中的邻近水，有的结合度高些，水分子就被束缚牢固些，有的结合力低些，水分子被束缚的就松弛些，自由水里除了能自由流动的水以外，其余部分都不同程度被束缚。我们只能根据物理、化学性质作定性的区别。一般认为自由水是以物理吸附力与食品结合，而结合水是以化学键与食品结合。这两者之间的区别主要是：

（1）结合水的量与食品中所含极性物质的量有比较固定的关系，如100g蛋白质大约可结合50g的水，100g淀粉的结合水在30~40g。

（2）结合水不易结冰，由于这种性质使得植物的种子和微生物的孢子得以在很低的温度下保持其生命力；而多汁的组织在结冰后，细胞结构往往被自由水的冰晶所破坏，解冻后组织有不同程度的崩溃。

（3）结合水对食品品质和风味有较大的影响，当结合水被强行与食品分离时，食品质量、风味就会改变。

（4）结合水不能作为可溶性成分的溶剂，也就是说丧失了溶剂的能力。

（5）自由水可被微生物所利用，而结合水则不能。

知识链接

水与非水物质的结合

1. 水与离子及离子基团之间的化学键

键的强度：共价键>H_2O-离子键>H_2O-H_2O。

2. 能与水形成氢键的基团有：羟基、氨基、羰基、酰基、亚氨基等。

3. 水与非极性基团的相互作用　水与非极性基团可以相互作用。如可以与烃、稀有气体、脂肪酸、氨基酸和蛋白质等非极性基团相互作用。

4. 胶团的形成

（1）水可以作为双亲分子的分散剂。

（2）双亲分子：一个分子中同时存在亲水和疏水基团。例如脂肪酸盐、蛋白脂质、糖脂、极性脂质、核酸等。

（3）胶团：双亲分子在水中形成大分子聚集体，非极性部分朝内，分子数一般从几百到几千。

任务 1-1-3　水 分 活 度

【任务要求】

1. 掌握水分活度的概念和意义。

2. 学会绘制吸湿等温线。

3. 熟悉水分活度与食品腐败的关系。

【知识准备】

食品腐败现象的发生与食品中水分含量有关。食品加工生成过程中浓缩和脱水的主要目的就是降低食品的含水量，提高溶质的浓度和降低食品的腐败程度。不同类型的食品虽然水分含量相同，但它们腐败程度不同。因此，食品中水分含量不是食品腐败程度的可靠标志。这里引入水分活度（A_w）的概念，水分活度能反映水与各种非水成分缔合的程度，比用水分含量更可靠，能够预示食品的稳定性、安全性，更能说明食品发生腐败的问题。

一、水分活度的概念

1. 水分活度的由来　溶质溶解后，水分子围在溶质分子周围，体系的自由能降低，水分子不能像在纯水中逸出挥发到空气中，溶液的蒸气压降低、冰点降低、沸点升高。溶液的浓度和蒸气压降低的关系如拉乌尔定律（式 1-1）：

$$(p_0-p)/p_0=n_1/(n_1+n_2) \quad \text{（式 1-1）}$$

式中：p_0 表示纯水蒸气压；p 表示样品中水蒸气压；n_1 表示溶剂物质的量；n_2 表示溶质物质的量。

2. 水分活度的概念　水分活度（A_w）是在一定温度下，样品中水蒸气压（p）与纯水蒸气压（p_0）的比值（式 1-2）。

$$A_w = p/p_0 \quad \text{（式 1-2）}$$

水分活度即某含水体系中的水蒸气压和相同温度下纯水蒸气压的比值。这个定义反映了水溶液中溶质和溶剂粒子数与水蒸气压下降的本质关系。它是微生物生长、酶活性和化学反应与水分子之间相关性的最佳表达方式。

对于纯水而言，p 与 p_0 值相等，$A_w=1$，但是食品中水分含有无机盐和有机物，其 $p>p_0$，$A_w>1$。

二、水分活度的意义

水分活度反映食品中水分的存在形式和被微生物利用的程度，是食品的内在性质，决定食品内部组成和结构。

由此可见，食品中水分活度与其组成有关，食品中的含水量越大，自由水越多，其水分活度越大；反之，非水物质越多，结合水越多，其水分活度值越小。如蔬菜、水果、鱼等食品含水量比较多，其 A_w 值为 0.98~0.99；谷类、豆类食品含水量比较低，其 A_w 值为 0.60~0.64。

微生物之所以能在食品中繁殖，是因为食品的水分活度值适合微生物的生长。各种微生物得以繁殖的水分活度值条件为：细菌 A_w 为 0.94~0.99；酵母菌 A_w 为 0.88；霉菌 A_w 为 0.80。所以 A_w 值比上述值偏高的食品易受微生物的污染而腐败变质。总的来说食品的 A_w 范围是 0~1。

三、水分活度与食品含水量的关系

水分活度（T、p 的函数）反映食品中自由水的含量，随外界条件而变。水分含量一般是以 100~105℃恒重后样品重量的减少量作为食品水分的含量。两者没有绝对的关系，也就是说，A_w 并不随水分含量的变化呈一定趋势。

如：$A_w=0.7$ 时，苹果的含水量为 0.34，大豆的含水量为 0.10。对于不同食品而言，都有其特征含水量，特征含水量也可以作为评价该食品品质的特性。如：粮食的含水量<12%等。含水量达到一定程度时，预示着食品即将发生腐败变质的速度快慢。

四、等温吸湿曲线（MSI）

一般来说，食品的含水量越高，水分活度越大，但两者之间不存在正比关系，要确切地研究水分活度与食品含水量的关系，可以用等温吸湿曲线表示。

1. 等温吸湿曲线的定义 在恒定温度下，以食品的水分含量（$g_{H_2O}/g_{干物质}$）对其水分活度形成的曲线称为等温吸湿曲线，又称为水分吸着等温线。以每克干物质水分含量为纵坐标，以水分活度为横坐标作图就可得到水分等温吸湿曲线。（见图 1-3）。

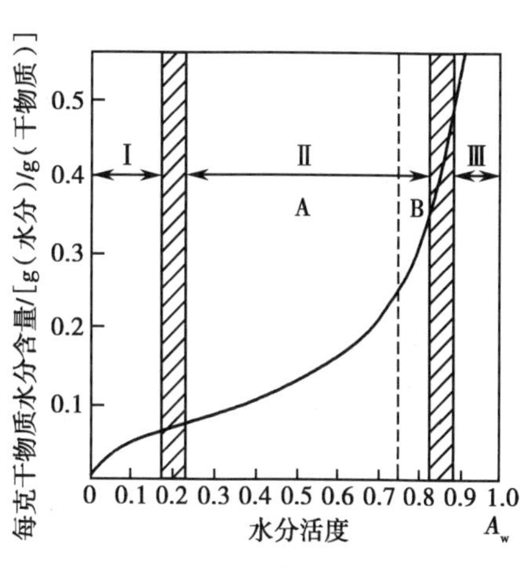

图 1-3 等温吸湿曲线

2. 等温吸湿曲线的解读 大多数食品的等温吸湿曲线为 S 形，为了更好地理解其意义及用途，通常把该曲线分为三部分。

Ⅰ区：为结合水中构成水和邻近水，对高水分含量的食品而言，区域Ⅰ的水仅占总水分含量的极少部分。水分子和食品成分中的离子基团通过离子—偶极相互作用牢固结合，所以 A_w 也较低，在0~0.25之间，相当于物料含水量 0~0.7$g_{H_2O}/g_{干物质}$，对固体没有显著的增塑作用。可以简单看作为食品的一部分。

Ⅰ区和Ⅱ区交界：相当于单分子层的邻近水，即水吸附在干物质的亲水基团周围形成单层。

Ⅱ区：为多分子层结合水，主要靠水-水、水-溶质的氢键等。A_w 在0.25~8之间，相当于物料含水量0.07~0.33$g_{H_2O}/g_{干物质}$。当食品中的含水量达到相当于Ⅱ区和Ⅲ区的边界时，水将引起溶解过程，还起增塑剂的作用，并使固体骨架开始溶胀。溶解过程的开始将促进反应物质流动，因此加速了大多数的食品化学反应。

Ⅲ区：为自由水区，这部分水是食品中与非水物质结合最不牢固、最容易流动的水。Ⅲ区的水可作为溶剂，这部分水有利于化学反应的进行和微生物的生长，该区的水决定了食品的稳定性。A_w 在0.8~0.99之间，含水量最高达到20$g_{H_2O}/g_{干物质}$。

3. 等温吸湿曲线的意义

(1)由于水的转移程度与 A_w 有关(p/p_0)，由图可以看出食品腐败变质的难易程度。

(2)预测不同食品相同含水量或相同水分活度对其稳定性的影响。

(3)预测出不同食品中非水组分与水结合能力的强弱。等温吸湿曲线将水加到预先干燥的食品中制得。

课堂互动

如果采用直接干燥新鲜的食品制得等温吸湿曲线是否相同呢？

4. 水分活度与食品稳定性　各种食品在一定条件下都各有一定的水分活度，各种微生物的活动和各种化学与生物化学反应也都需要有一定的 A_w 值。计算出微生物、化学以及生物化学所需要的水分活度值，就可以控制食品加工的条件和预测食品的存储性。

不同的微生物在食品中繁殖时，都有它最适宜的水分活度范围，细菌最敏感，其次是酵母菌和霉菌。在一般情况下，水分活度低于0.90时，细菌不能生长；水分活度低于0.87时，大多数酵母菌受到抑制；水分活度低于0.80时，大多数霉菌不能生长，但有例外。微生物发育与水分活度的关系如表1-2所示。如果水分活度高于微生物发育所需的最低水分活度值时，微生物即可导致食品腐败。

表1-2　食品中水分活度与微生物生长

A_w 的范围	抑制的微生物	相应的食品
1.0~0.95	大肠埃希氏菌、变形杆菌、芽孢杆菌、部分酵母菌	蔬菜、水果、罐头、鱼、肉、乳、面包等
0.95~0.91	沙门氏杆菌、肉毒杆菌、乳酸杆菌、霉菌及酵母菌等	熟香肠、腌制肉、水果浓缩物，含蔗糖55%或12%食盐食品等

续表

A_w 的范围	抑制的微生物	相应的食品
0.91~0.89	多数酵母菌和小球菌等	含蔗糖 65%或 15%食盐食品、人造奶油等
0.89~0.80	多数霉菌、金黄色葡萄球菌及多数酵母菌等	大多数浓缩水果汁、甜炼乳、糖浆、面粉、米、含水 15%~17%的豆类食品等
0.80~0.65	大多数嗜盐细菌、产毒素的曲霉、耐旱霉菌等	果冻、果酱、糖果、棉花糖、干果、坚果等

总之，降低食品中水分活度，可以延缓食品腐败，减少营养成分的破坏。但水分活度太低，反而会加速脂肪的氧化酸败，研究证实，要使食品具有良好的稳定性，最好将水分活度保持在结合水范围内。这是因为结合水与食品中的某些基团以氢键结合起来，可使食品中的氧化反应难以发生，同时，又不影响食品的风味和品质。

知识链接

比较冰点以上和冰点以下的水分活度

1. 在冰点以上，A_w 是样品组成与温度的函数，前者是主要的因素。

2. 在冰点以下，A_w 与样品的组成无关，而仅与温度有关，即冰相存在时 A_w 不受所存在的溶质的种类或比例的影响，不能根据 A_w 预测受溶质影响的反应过程。

3. 不能根据冰点以下温度 A_w 预测冰点以上的温度 A_w。

4. 当温度改变到形成冰或融化水时，就食品稳定性而言，水分活度的意义也改变。

任务 1-1-4　水在食品及食品加工和储存中的作用

【任务要求】

1. 认识水在食品中的作用。

2. 根据水在食品中的作用，掌握水在食品加工、贮存中的作用。

【知识准备】

水是许多食品中最主要的成分，水在食品中除作为其他食品成分进行化学反应的介质外，也在水解反应中是直接的反应物，因此，食品经过脱水或增加食盐、糖分的浓度使之与水结合，能阻止许多化学反应的发生和抑制微生物生长繁殖，从而能延长许多食品的保藏期。水通过与食品中蛋白质、多糖和脂类的物理相互作用，对食品的质地起着非常重要的作用。

一、水作为食品的溶剂

水是极性溶剂，可以溶解很多物质，根据相似相溶原理，能被水溶解的物质也有一定的极性，溶于水后成为水溶液。这些物质包括营养物质和风味物质，还有异味和有害物质等，统称为水溶性物质。它们有的存在于食品的细胞内或结构组织中间，有的是在加工储藏过程中产生。例如畜肉中含有低肽、氨基酸、低分子有机物、单糖、双糖、维生素等水溶性物质，在烹制肉时，细胞破裂，结构松散，水溶性成分溶出，加热过程中产生的水溶性风味物质与调味品中的水溶液可出现综合风味的作用。

二、水作为食品中的反应物或反应介质

食品加工过程中，发生的大部分物理化学变化，都是在水溶液中进行或在水参与下发生的，这时水作为介质能加快反应速率，同时，水也可作为反应物质参加反应。如水解反应、羰氨反应，需要在有水参与的条件下才能完成。又如发酵面团中的酵母等微生物，需要适宜的水和温度才能使分泌的酶很好地发挥作用，将面团中的糖类很快氧化，产生大量的二氧化碳，从而使面团变得膨松。

三、水能去除食品加工过程中的有害物质

有些苦味和有害物质，可在水中溶解除去或被水解破坏。利用这个原理，常用浸泡、焯水等方法去除异味和有害物质。如造成核桃仁有苦涩味的主要成分是单宁，用热水浸泡核桃仁可除去大部分单宁，使核桃仁没有苦涩味。又如新鲜黄花菜中含有秋水仙碱对人体有害，新鲜的黄花菜是不能吃的，但若将新鲜的黄花菜浸泡 2 小时以上或用热水烫后挤去水分，漂洗干净，即可去除秋水仙碱供食用。

课堂互动

水在食品和食品加工中的作用都是有益的吗?

水在食品加工中除了有利的一面，也有某些消极的方面，即会使营养物质流失。一些水溶性的营养物质和风味物质，如单糖和某些低聚糖、水溶性的维生素、水溶性含氮化合物、某些醇类、氨基酸等被水溶解，若加工方法不当，会造成流失，在食品加工中应该注意这个问题。

四、水作为食品的浸涨剂

浸涨是高分子化合物在水中引起体积增大的现象。食品干制品中的高分子物质，如淀粉、蛋白质、果胶、琼脂、藻酸等干凝胶都可以吸水发生浸涨。被高分子物质吸收的水，储存在它们的凝胶结构网络中，使其体积膨大，由于分子体积大，却不能形成水溶液，则以凝胶状态存在。浸涨后的食品比在浸涨前更易受热、酸、碱和酶的作用，故容易被人体吸收，但也容易被细菌或其他不正常因素破坏而腐败变质。所以干制品原料应随发随用。

五、水作为食品的传热介质

众所周知水是液体，液体的共性就是具有流动性，其传热比固体原料快，同时水的黏性小，沸点相对较低，渗透力强，又是反应介质，因此是食品理想的传热介质。水主要以对流的形式进行热传导。在加热时，水分子剧烈运动，由于上下的水温不同，形成了对流。通过水分子运动和对原料的撞击传递热量。

在各种食品加工方法中，水的多种作用不是截然分开的，不论是以溶剂作用为主，还是以传热为主，总的来说，传热和综合风味的作用、反应介质的作用等都是同时存在的。

点滴积累

1. 水和冰的结构 水是多原子分子，是以极性共价键相结合的，分子结构不对称，结构为"V"字形分子，中心氧原子与氢原子之间的键角为 140.5°，是典型的极性分子；冰是水分子通过氢键相互结合有序排列的低密度具有一定刚性的六方晶型结构。在冰的晶体结构中，每个水分子和另外 4 个水分子相互缔合。
2. 水在食品中存在形式 自由水和结合水。
3. 水分活度 水分活度（A_w）是在一定温度下，样品中水蒸气压（p）与纯水蒸气压（p_0）的比值。

$$A_w = p/p_0$$

4. 等温吸湿曲线（MSI） 在恒定温度下，以食品的水分含量（$g_{H_2O}/g_{干物质}$）为纵坐标，以水分活度为横坐标作图可得到的水分等温吸湿曲线。

任务 1-2 水分活度的测定

导学情景

情景描述：

我们天天吃到的食品多种多样，有水分含量高的如蔬菜和水果，有水分含量低的干制品如干果、坚果还有蘑菇、木耳等，怎样知道食品中的水分含量是多少？水分活度值是怎样测定的？

学前导语：

用什么方法测定食品中的水分活度值，是我们此次任务要完成的。

【任务要求】

1. 了解食品中水分存在的形态。
2. 学会水分活度的测定方法。

【知识准备】

一、任务原理

用已知水分活度的饱和盐类溶液使容器内的空间保持在一定的相对湿度环境中。放入试样后，待水分关系达到一定的平衡状态后，测定试样质量的增减。以用不同标准试剂滴定后的试样质量的增减为纵坐标，以各个标准试剂的水分活度值为横坐标，制成坐标图。连接这些点的直线与横坐标交叉的点就是此试样的水分活度值。

二、任务所需材料、仪器与试剂

1. 材料　各种水果、蔬菜、面粉。

2. 仪器　康氏皿、称量瓶、分析天平、恒温箱。

3. 试剂　氯化镁饱和溶液、氯化钠饱和溶液、硝酸钾饱和溶液。

三、任务的操作步骤

将上述三种盐的饱和溶液分别置于三个康氏皿的外室。样品（苹果、面粉）放在硫酸纸上，用分析天平精密称取1.00g（动作应迅速），以硫酸纸置于康氏皿内室（记下硫酸纸和样品的总质量），立即用康氏皿盖盖好，使之密闭。然后放入25℃的恒温箱静置2~3小时。取出康氏皿，迅速准确称取样品和硫酸纸的总质量，求出样品的质量。根据样品在不同饱和溶液环境下质量增减数作图，即可求出样品的水分活度（见图1-4）。

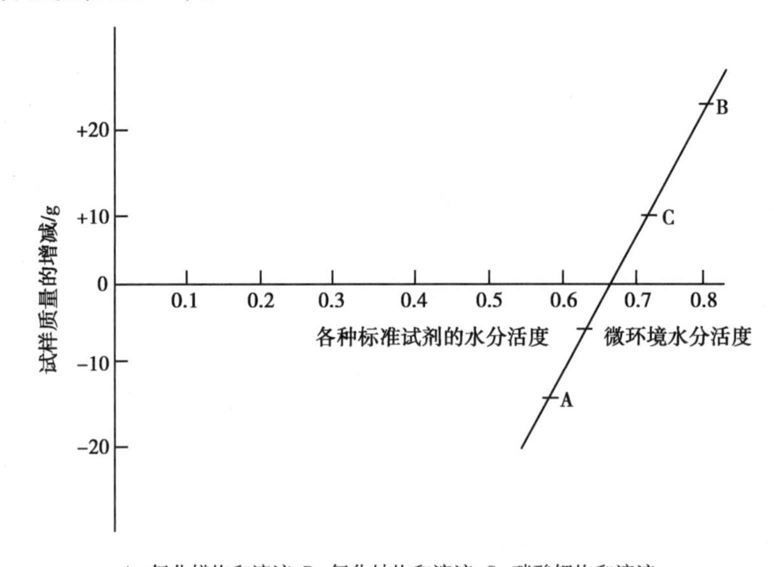

A. 氯化镁饱和溶液；B. 氯化钠饱和溶液；C. 硝酸钾饱和溶液。

图1-4　样品在不同饱和溶液环境下质量增减坐标图

任务注意事项：

1. 样品称量应迅速，精确度必须符合需求，否则会造成测定误差。

2. 当试样的水分活度高于标准试剂时，将推动水分，试样的质量减少；相反，当低于标准试剂时，试样将吸取水分，质量则增加。若样品中含有水溶性挥发物，不可能测定其水分活度。

目标检测

一、填空题

1. 水在食品及食品加工中的作用是________、________、________、________、________。

2. 由于水分子的极性及两种组成原子的电负性差别，导致水分子之间可以通过形成__________而呈现缔合状态。

3. 根据连接水分子的作用力形式和水分子与非水成分的远近不同，食品中的水可分为__________类，分别是__________和__________。

二、判断题

(　　)1. 等温吸湿曲线中Ⅰ区的水为自由水。

(　　)2. 食品中的结合水包括不可移动水、构成水和多层水三种状态。

(　　)3. 自由移动的水也叫游离水。

三、简答题

食品中的水有几种存在状态？它们对食品储藏的稳定性有什么意义？

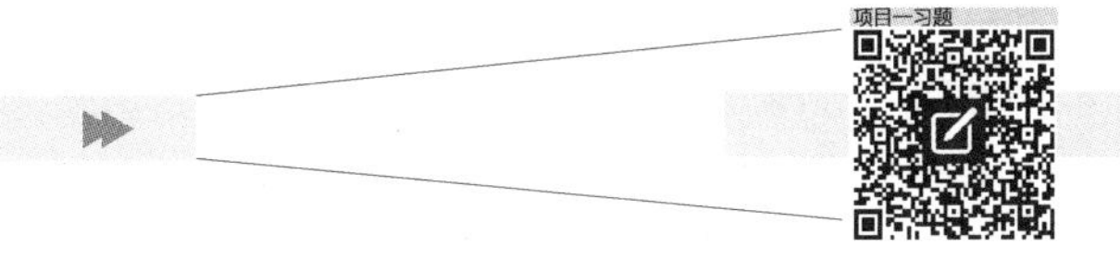

（孙艳华）

项目二

糖　类

项目二PPT

学习目标

认知目标

1. 掌握糖类在食品加工、储藏中的作用及应用。
2. 熟悉重要的单糖、二糖及多糖的结构特点和性质。
3. 熟悉糖类化合物的组成、分类。

技能目标

1. 熟练掌握淀粉糊化度的测定。
2. 学会美拉德反应初级阶段的评价方法。

素质目标

1. 学会将所学的知识应用到实际工作中。
2. 具有严谨的科学态度、实事求是的工作作风。
3. 具有团队合作的精神。

任务 2-1　糖类的概述

导学情景

情景描述：

中国很早就有“饴、饧、糖”等字，都是以糯米为原料制成的食品，稀的叫“饴”，干的叫“饧、糖”。李时珍《本草纲目》载：“糖法出西域，唐太宗始遣人传其法入中国，以蔗汁过樟木槽取而分成清者，为蔗饧。凝结有沙者为沙糖，漆瓮造成如石如霜如冰者为石蜜、为糖霜、为冰糖。”一般所称的“糖”是指食糖，泛指一切具有甜味的糖类，如葡萄糖、麦芽糖及最主要的蔗糖，而我们今天要讲的糖类却并不仅指含有甜味的物质。

学前导语：

本次任务我们要学习糖的分类、性质，及糖在食品中的应用。

任务 2-1-1　糖的概念、分类和性质的认识

【任务要求】

1. 熟悉糖类的基本理化性质。
2. 掌握糖的概念、分类。

【知识准备】

糖类是自然界中分布广泛、数量较多的有机化合物。糖类化合物是生物体的主要结构成分，是维持生命活动所需能量的主要来源，是合成其他化合物的基本原料。糖类供给人体的热量约占人体所需总热量的60%~70%，因此它是人类及动物的生命源泉。糖类化合物普遍存在于谷物、水果、蔬菜及其他人类能食用的植物中。在植物中约占其干物质的80%，在动物性食品中含量很少，约占其干物质的2%。

一、糖类的概念

糖类是多羟基醛或多羟基酮以及水解后能够生成多羟基醛或多羟基酮的一类有机化合物。糖类的分子组成一般可用 $C_n(H_2O)_m$ 通式表示，因此常采用“碳水化合物”这个术语。但有些糖如脱氧核糖($C_5H_{10}O_4$)、鼠李糖($C_6H_{12}O_5$)等并不符合上述通式，此外有些糖还含有氮、硫、磷等成分，故用“碳水化合物”这一习惯术语来代替“糖类”已不恰当。

二、糖的分类

天然食物中的糖主要有以下三类：

1. 单糖 结构最简单、不能再水解为更小单位的糖。按所含碳原子的数目不同分为丙糖、丁糖、戊糖、己糖等，如葡萄糖、半乳糖、甘露糖、果糖。

2. 低聚糖 又叫寡糖，是单糖聚合度在2~10的糖类化合物。根据水解后生成单糖分子的数目，可分为二糖、三糖、四糖等，如蔗糖、麦芽糖、乳糖、纤维二糖。

3. 多糖 又叫高聚糖，是单糖聚合度>10的糖类化合物，可分为同聚多糖（由相同的单糖分子缩合而成）和杂聚多糖（由不相同的单糖分子缩合而成）两种，如淀粉、纤维素等属于同聚多糖；果胶、半纤维素、卡拉胶等属于杂聚多糖。

三、糖类的性质

作为食品成分之一的糖类化合物，包含了具有各种特性的化合物，如能与其他食品成分发生反应的单糖；作为甜味剂、保藏剂的单糖和双糖；具有高黏度、胶凝能力和稳定作用的多糖；具有保健作用的低聚糖等。糖类的这些功能特性都取决于它的物理、化学性质。

（一）物理性质

1. 旋光性 旋光性是一种物质使直线偏振光的振动平面发生旋转的特性。旋光方向以符号表示：右旋为D-或(+)，左旋为L-或(-)。含有手性碳原子的糖类都具有旋光性。糖的比旋光度是指1ml含有1g糖的溶液在其透光层为0.1m时使偏振光旋转的角度，通常用$[\alpha]_{\lambda}^{t}$表示。t为测定时的温度，λ为测定时的波长，一般采用钠光，用符号D表示。表2-1列出了几种糖的比旋光度。

除丙酮糖外，单糖分子中都有旋光异构体。当结晶的还原糖溶于水时，发生分子结构重排并达到平衡状态，原旋光值也发生了变化，最后达到一个常数，这种现象称为变旋现象。如采用不同的方式对D-(+)-葡萄糖进行重结晶，可以获得两种不同的晶体。在乙醇溶液中结晶，可以得到α-D-(+)-

葡萄糖，其$[\alpha]_D^{20}=+112°$；用吡啶溶剂结晶，可得β-D-(+)-葡萄糖，$[\alpha]_D^{20}$为+18.7°。把α-型和β-型的任何一种晶体溶于水中，其比旋光度都逐渐变化，最后恒定在+52.7°。

表2-1　几种糖在20℃（钠光）时的比旋光度数值

单糖	比旋光度	寡糖及多糖	比旋光度
D-葡萄糖	+52.7°	乳糖	+55.4°
D-果糖	-92.4°	蔗糖	+66.5°
D-半乳糖	+80.2°	麦芽糖	+130.4°
D-甘露糖	+14.2°	转化糖	-19.8°
D-木糖	+18.8°	糊精	+195°
D-阿拉伯糖	-105.0°	淀粉	≥195°
L-阿拉伯糖	+104.5°	糖原	+196°～+197°

还原糖都有变旋作用。D-葡萄糖溶解于水中处于平衡状态时有五种不同的结构（图2-1）。利用蜂蜜、葡萄糖、蔗糖、淀粉的旋光性不同，可用旋光仪测定蜂蜜、商品葡萄糖的纯度，测定食品中蔗糖、淀粉的含量等。

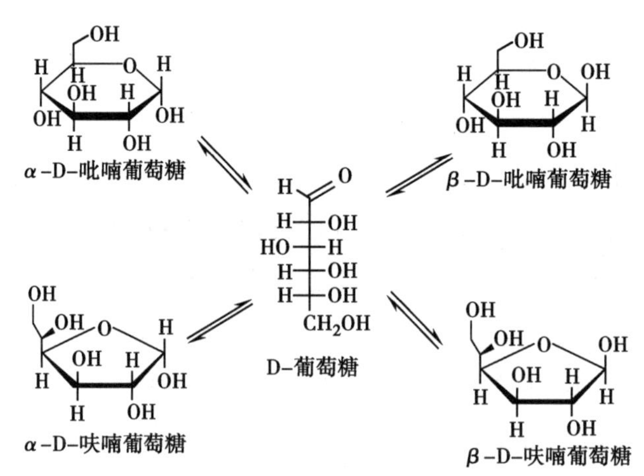

图2-1　葡萄糖溶液中的五种异构体

知识链接

手性碳原子

人们将连有四个不同基团的碳原子形象地称为手性碳原子。 手性碳原子存在于许多有机化合物特别是与生命现象有关的有机化合物中，例如葡萄糖、果糖、乳糖等。

分子的化学结构决定其是否有手性。 在有机化合物中，手性分子大多数都含有手性碳原子，所以一般来说，可以通过判断分子是否有手性碳原子来断定分子是否有手性。 含有一个手性碳原子的分子一定是个手性分子。 一个手性碳原子可以有两种构型，所以，含有一个手性碳原子的化合物有两种构型不同的分子，它们组成一对对映异构体，一个使偏振光右旋，另一个使偏振光左旋。

判断一个分子是否具有手性，可通过分析分子中有无对称因素，包括对称轴、对称面和对称中心来判断。 一般来讲，不存在对称面和对称中心的分子是手性分子，即具有旋光性。

2. 甜度 糖类化合物甜味的高低称为糖的甜度，它是糖类的重要性质。目前甜度还不能用理化方法定量测定，只能采用感官比较法，因此所获得的数值只是一个相对值。甜度通常是以蔗糖为基准物，以5%或10%的蔗糖水溶液在20℃时的甜度为1.0或100，其他糖在同一条件下与其相比较所得的数值。由于甜度是相对的，所以也称为比甜度。

糖类甜度高低依其结构、构型和物理形态而变。分子量越大溶解度越小，则甜度越小；糖的α型和β型也影响糖的甜度，表2-2列出了一些单糖的比甜度。

表2-2 一些单糖的比甜度（以蔗糖的甜度为100时）

糖类名称	比甜度	糖类名称	比甜度
蔗糖	100	α-D-甘露糖	60
β-D-果糖	150	α-D-半乳糖	30
α-D-葡萄糖	70	α-D-木糖	50

几种常见二糖的甜度顺序为：蔗糖（100）>麦芽糖（40）>乳糖（25）。果葡糖浆的甜度因其果糖含量不同而异，果糖含量越高，则甜度越高。

3. 溶解度 糖都能溶于水中，但溶解度不同。蔗糖的溶解度介于果糖和葡萄糖之间，见表2-3。麦芽糖的溶解度较高，而乳糖的溶解度较小。糖的溶解度随温度升高而增大，糖的溶解度也与其水溶液的渗透压密切相关。

表2-3 几种糖的溶解度

糖类	20℃		30℃		40℃		50℃	
	浓度/%	溶解度/（g/100g水）	浓度/%	溶解度/（g/100g水）	浓度/%	溶解度/（g/100g水）	浓度/%	溶解度/（g/100g水）
果糖	78.94	374.78	81.54	441.70	84.34	538.63	86.94	665.58
葡萄糖	46.71	87.67	54.64	120.46	61.89	162.38	70.91	243.76
蔗糖	66.60	199.4	68.18	214.3	70.01	233.4	72.04	257.6

在食品加工过程中，常将两种糖按比例同时加入食品中，此时应使两种糖的溶解度接近。如当温度>60℃时，葡萄糖的溶解度大于蔗糖；温度<60℃时，葡萄糖的溶解度小于蔗糖；当温度等于60℃时，葡萄糖的溶解度等于蔗糖。所以，糖的溶解度可用于指导选择食品加工温度及不同糖的投料比例。在室温下葡萄糖的溶解度较低，其渗透压不足以抑制微生物的生长，储藏性差。一般来说，糖浓度大于70%就可以抑制真菌、酵母菌的生长。在20℃时，单独的果糖、蔗糖、葡萄糖最高浓度分别为79%、66%、47%，故只有果糖在此温度下具有较好的食品保存性。果汁和蜜饯类食品就是利用糖作为保藏剂的。糖的溶解度还可用于指导选择保存性能较好的糖浆。

4. 结晶作用 能形成晶体是糖的重要特征之一。糖溶液越纯就越容易结晶，非还原性低聚糖相对容易结晶；某些还原性糖由于存在α与β异构相，产生内在“不纯”而难结晶；混合糖比单一的糖难结晶。这个特性在蔗糖精制过程中发挥了很重要的作用。

糖的结晶速度与糖溶液的浓度、温度、杂质的浓度和性质等因素有关。乳糖晶体有α-水合型和β-

无水型两种，从 93.5℃以下的过饱和溶液中得到的晶体是 α-水合型的乳糖（$C_{12}H_{22}O_{11} \cdot H_2O$），这种晶体在水中溶解度小，质地较坚硬，在口中会产生砂质感，通常将它转化为易溶于水的 β-型乳糖使用。

一般来说，果脯的质量要求质地柔软、光亮透明。但在果脯加工中，如果条件掌握不当会使成品表面或内部出现糖的结晶，这种现象称为返砂。返砂是糖制品中的液态糖在一定温度条件下，其浓度达到过饱和时出现糖结晶的现象。返砂的果脯，失去光泽，容易破损，商品价值降低。研究证明，果脯返砂是因果脯中蔗糖含量过高而转化糖含量不足引起的。

就单糖和双糖的结晶性而言，蔗糖>葡萄糖>果糖和转化糖。淀粉糖浆是葡萄糖、低聚糖和糊精的混合物，自身不能结晶并能防止蔗糖结晶。在生产硬糖时，当熬制至水分含量在 3%以下时蔗糖结晶，致使得不到坚硬、透明的产品，所以现代食品加工生产硬糖会添加一定量（30%～40%）的淀粉糖浆。其优点是：①不含果糖，不吸湿，使糖果易保存；②糖浆中含有糊精能增加糖果韧性；③糖浆甜味较低，可缓冲蔗糖甜味，使糖果甜度适中。

5. 吸湿性与保湿性　吸湿性是指糖在湿度较大的条件下吸收水分的性质。保湿性是指糖在较高湿度下吸收水分和在较低湿度下保持水分的性质。这两种性质对于保持食品的柔软性、弹性、贮存及加工具有重要意义。各种糖的吸湿性不同，果糖吸湿性最强，葡萄糖、麦芽糖次之，蔗糖最小。糖类对水的结合速度和结合数量与其结构和纯度有关。见表 2-4。

表 2-4　糖在潮湿空气中吸收的水（20℃）（单位：%）

糖	相对湿度与时间		
	60%（1 小时）	60%（9 天）	100%（25 天）
D-葡萄糖	0.07	0.07	14.5
D-果糖	0.28	0.63	73.4
蔗糖	0.04	0.04	18.4
麦芽糖，无水	0.08	7.0	18.4
麦芽糖，水化物	5.05	5.0	—
乳糖，无水	0.54	1.2	1.4
乳糖，水化物	5.05	5.1	—

各种食品对糖的吸湿性和保湿性要求不同。在果脯加工中，与返砂相反，若果脯中转化糖含量过高，在高温和潮湿环境容易吸潮造成发烊现象。在糖果生产中，硬质糖果要求吸湿性低，要避免在潮湿环境中吸收水分而溶化，故宜选用蔗糖。软质糖果则需要保持一定的水分，避免在干燥环境中干缩，以选用转化糖和果葡糖浆为宜。焙烤加工的面包、糕点类食品需要保持松软，应选转化糖和果葡糖浆。

课堂活动

除了上述实例，请再举例说明糖类的返砂、发烊现象，哪些食品中应用了或需要避免这些现象的发生呢？

6. 发酵性　不同微生物对各种糖的利用能力不同。真菌在许多碳源上都能生长繁殖。酵母菌可使葡萄糖、麦芽糖、果糖、蔗糖、甘露糖等发酵生成乙醇和二氧化碳。多数酵母菌发酵糖类的速度排序为:葡萄糖>果糖>蔗糖>麦芽糖。乳酸菌除可发酵上述糖类外,还可发酵乳糖产生乳酸。但大多数低聚糖却不能被酵母菌和乳酸菌直接发酵,低聚糖需水解产生单糖后才能被发酵。由于蔗糖、麦芽糖等具有发酵性,生产上可选用其他甜味剂代替,以避免微生物生长繁殖而使食品变质。

(二)化学性质

1. 氧化作用　单糖中的醛基、羟基可被氧化,氧化产物与试剂的种类及溶液的酸碱度有关。能还原费林试剂(Fehling 试剂)或托伦试剂(Tollen 试剂)的糖叫还原糖。单糖中除丙酮糖外都是还原糖。在酸性溶液中,醛糖比酮糖易于氧化,例如:醛糖能被 HBrO 氧化,而酮糖不能,这点可用来鉴别醛糖和酮糖。醛糖中醛基被氧化,醛糖形成糖酸。葡萄糖酸与钙离子形成葡萄糖酸钙,葡萄糖酸钙可作为补钙剂。

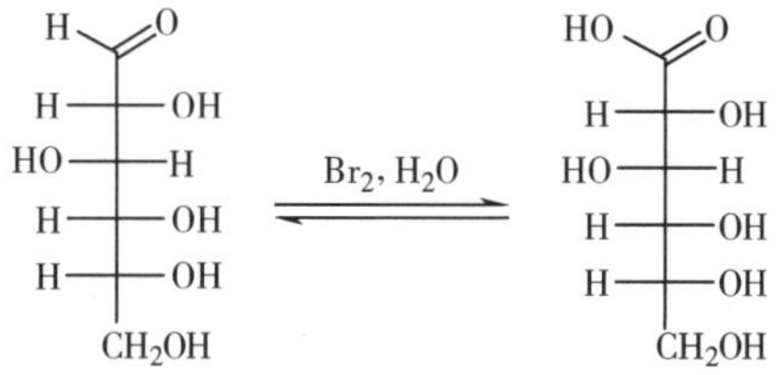

D-葡萄糖 $\xrightarrow{Br_2,\ H_2O}$ D-葡萄糖酸

在生物体内,有些醛糖(如葡萄糖、半乳糖等)通过某些酶的作用可发生伯醇基氧化,生成糖醛酸,也称糖尾酸。糖醛酸是组成果胶、半纤维素、黏多糖等的重要成分。

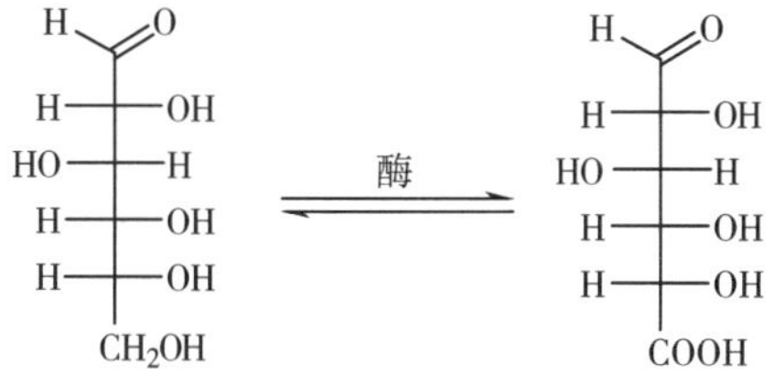

D-葡萄糖 $\xrightarrow{酶}$ D-葡萄糖醛酸

D-葡萄糖在葡萄糖氧化酶作用下易氧化生成 D-葡萄糖酸内酯,利用该反应可测定食品和其他生物材料中 D-葡萄糖的含量以及血中 D-葡萄糖的水平,还可用于检测葡萄糖对某些食物的掺假。如蜂蜜中通常含有约 32%的 D-葡萄糖和约 38%的 D-果糖,但有些商品中葡萄糖含量远远超过 32%,这时就可用此法检测。

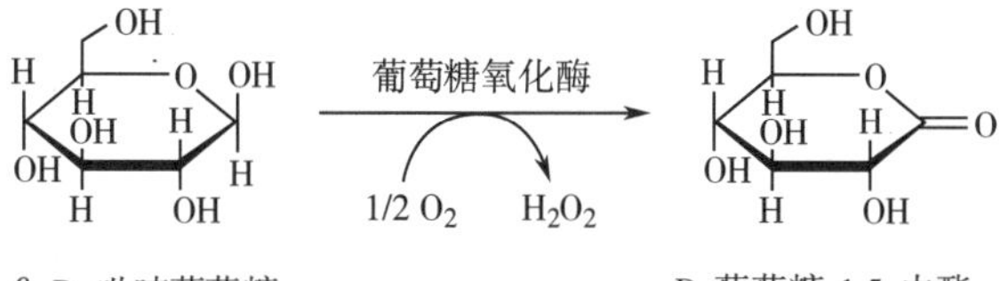

β-D-吡喃葡萄糖 $\xrightarrow[1/2\ O_2 \rightarrow H_2O_2]{葡萄糖氧化酶}$ D-葡萄糖-1,5-内酯

在室温下 D-葡萄糖-δ-内酯(GDL)(系统命名为 D-葡萄糖-1,5-内酯)在水中完全水解需 3 小时,随着水解不断进行,pH 逐渐下降,慢慢酸化,是一种温和酸化剂,适用于肉制品、乳制品和豆制品,特别在烘烤食品中可作为膨松剂的一个组分。

2. 还原性　分子中含有自由醛(或酮)基或半缩醛(或酮)基的糖都具有还原性。具有还原性的糖在碱性条件下易被弱氧化剂氧化,如硝酸银的氨溶液、氢氧化铜溶液(费林试剂)都可以氧化具有还原性的糖,此反应已广泛用于糖的定性、定量测定,如费林试剂直接滴定法测定还原糖的含量。

单糖通过电解、硼氢化钠或催化氢化可被还原成对应的糖醇，酮糖还原由于形成了一个新的手性碳原子，所以得到了两种糖醇。例如食品加工中有重要用途的木糖醇，就是木糖经还原得到的。

D-葡萄糖被还原后可得到山梨糖醇，山梨糖醇存在于苹果、梨和李子等水果中。

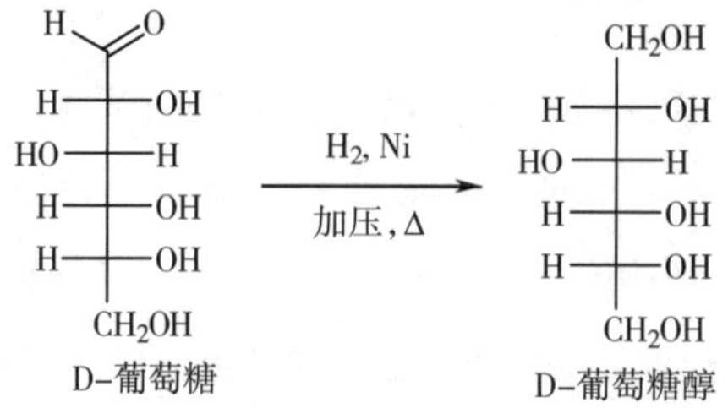

3. 水解反应　食品中糖类水解的难易程度除了与它们的结构有关外（如β-D-糖苷的水解速度小于α-D-糖苷异构物），还受pH和温度等因素的影响。

蔗糖的比旋光度是$[\alpha]_D^{20}=+66.5°$。但用酸完全水解后得到比旋光度$-20°$的葡萄糖和果糖的混合物。通常把蔗糖的水解作用称为转化作用，转化作用所生成的等量葡萄糖与果糖的混合物称为转化糖。

使用蔗糖作为食品原料时，必须考虑其易水解的特性。如加热、添加少量食用酸均可引起蔗糖水解，生成D-葡萄糖和D-果糖。这种水解反应会产生需要的或不需要的气味和颜色，特别是当蛋白质存在时，还会促进美拉德反应使食品的营养价值降低。

4. 差向异构化　在化学组成相同的几种单糖中，若手性碳原子中只有一个手性碳原子的构型不同，而其他碳原子的构型完全相同，这样的异构现象称为差向异构，对应的异构体互为差向异构体。如D-葡萄糖、D-甘露糖，两者的差异仅仅是第二个碳原子的构型相反。当碱的浓度超过还原糖变旋作用所要求的浓度时，糖便发生差向异构化即烯醇化。这是由于碱的催化作用使糖的环状结构变为链式结构，生成D-葡萄糖-1,2-烯二醇，此烯醇式中间体可向（a）、（b）两个方向变化，分别生成D-葡萄糖及D-甘露糖，也可沿（c）方向生成D-果糖。

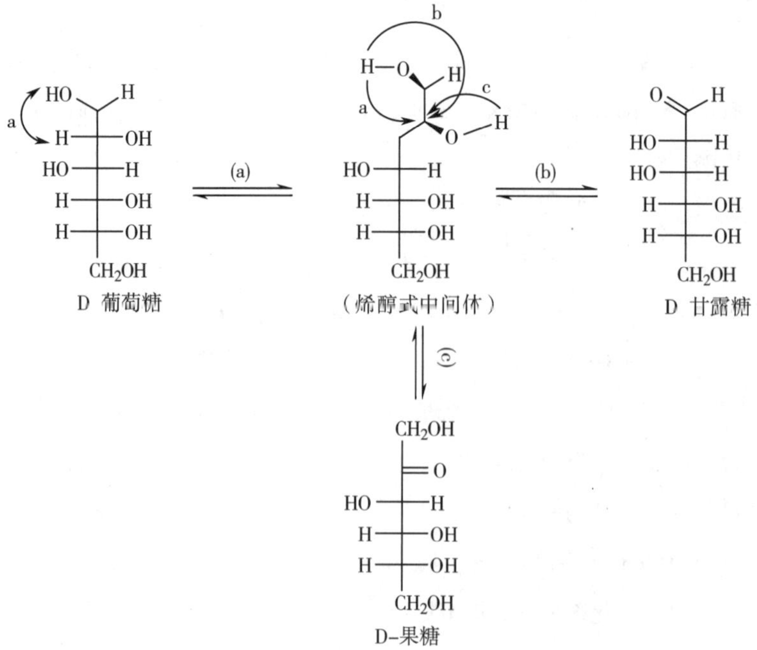

葡萄糖异构化为果糖的原理在工业上被用来制备果葡糖浆。先利用谷物淀粉经酶水解成葡萄糖，再经葡萄糖异构化酶的催化作用转化为甜度更高的果糖，最终制得含果糖40%以上的果葡糖浆。

5. 非酶褐变 食品的褐变分为氧化褐变和非氧化褐变（非酶褐变），氧化褐变是氧与酚类物质在多酚氧化酶催化下发生的一系列反应，如苹果、梨等在切开时发生的褐变现象；非酶褐变反应是食品中常见的重要反应，包括焦糖化反应和美拉德反应。

（1）焦糖化反应：将糖和糖浆直接加热，在温度超过100℃时，随着糖的分解形成褐色，即引起焦糖化反应。在少量酸、碱、磷酸和某些盐的催化下，焦糖化反应会加速进行。大多数热解引起糖脱水，生成脱水糖，如葡萄糖加热产生葡聚糖（1，2-脱水-D-葡萄糖）和左旋葡聚糖（1，6-脱水-D-葡萄糖）。在反应过程中引起糖分子的烯醇化、脱水、断裂等一系列变化，产生不饱和环中间产物，共轭双键吸收光，呈现颜色；不饱和环发生聚合，产生良好的色泽和风味。蔗糖常用于制造焦糖色素和风味物质，可用于糖果、饮料、调味料等食品中。蔗糖焦糖化温度约在200℃，在160℃时产生葡聚糖和果聚糖。有些焦糖化产物除颜色外，还具有独特的风味，如麦芽糖（3-羟基-2-甲基吡喃-4-酮）与异麦芽酚（3-羟基-2-乙酰基吡喃）具有面包风味，2-氢-4-羟基-5-甲基呋喃-3-酮具有烧肉的焦香味，是各种风味的增强剂。

催化剂可加速焦糖化反应，使反应产物具有不同类型的焦糖色。根据生产时加入的催化剂不同，可将焦糖色分为普通法焦糖色、苛性亚硫酸盐法焦糖色、氨法焦糖色和亚硫酸铵法焦糖色四类。焦糖化产物是一种结构不明确的高聚合物分子，这些聚合物形成了胶体粒子，形成的速率随温度和pH的增加而增加。焦糖化产物是一种着色剂，广泛应用于食品、调味品、医药、饮料等行业，是目前食品工业中使用量最大的食品添加剂之一，可占食品着色剂用量的90%以上。有些焦糖化产物除了颜色变化外，还具有独特的风味，可用作各种调味品和甜味剂的增强剂。

焦糖化产物是我国广泛使用的天然色素之一，安全性高，但近年来发现，加铵盐制成的焦糖色含4-甲基咪唑，有致惊厥作用，含量高时可对人体造成危害。

（2）美拉德反应：又称羰氨反应，即羰基与氨基经缩合、聚合生成类黑色素和褐变风味物质的反应。例如面包皮的褐色，乳脂糖、太妃糖和奶糖中的牛奶巧克力风味。

美拉德反应必须有氨基化合物存在，通常是氨基酸、肽、蛋白质、还原糖和少量水作为反应物。美拉德反应生成可溶性和不溶性高聚物等，检验产物的方法主要包括：在波长420nm或490nm比色，定量测定所形成的黄色和棕色色素，用色谱分离鉴定产物，测定释放出的CO_2含量，以及紫外、红外光谱分析测定法等。

美拉德反应过程复杂，至今仍未被彻底研究清楚。当还原糖（主要是葡萄糖）同氨基酸、蛋白质或其他含氮化合物一起加热时，还原糖与胺反应产生葡基胺，溶液呈无色，葡基胺经Amadori重排，得到1-氨基-脱氧-D-果糖衍生物。在pH≤5时继续反应，最终可得到5-羟甲基-2-呋喃甲醛（HMF）；在pH>5时，此活性环状化合物（HMF和其他化合物）快速聚合，生成含氮的不溶性深暗色物质。在食品加工过程中，在早期色素尚未形成前加入还原剂如二氧化硫或亚硫酸盐可以产生一些脱色效果，但是在美拉德反应最后阶段加入亚硫酸盐，则不能脱色。美拉德反应过程中几种重要的物质，见图2-2。

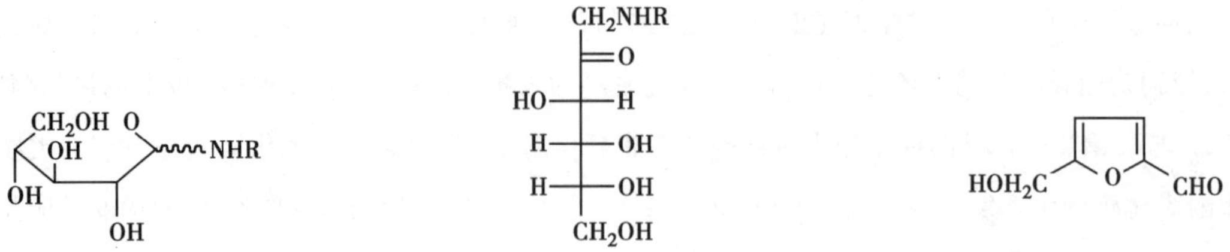

葡基胺　　1-氨基(含取代基)-1-脱氧-D-果糖　　5-羟甲基-2-呋喃甲醛

图 2-2　美拉德反应过程中的几种重要物质

美拉德反应还能促进风味的形成，可赋予食品特有的香气，如面包、蜂蜜、巧克力等产品加热后产生的特殊的风味。

课堂活动

1. 马铃薯或苹果切开后在空气中暴露，切面会变黑褐色，这里的褐变是哪种类型呢？
2. 讨论食品工业中利用美拉德反应和抑制美拉德反应的例子。

6. 脱水与热降解　糖的脱水与热降解是食品加工中另一类重要的反应，酸或碱均可催化糖类的脱水与热降解，其中许多属于β-消去反应类型，戊糖脱水主要生成 2-糠醛，己糖脱水则生成 HMF 和其他产物，如 2-羟基乙酰呋喃和异麦芽酚。这些初级脱水产物的碳链断裂又产生其他的化学物质，如乙酰丙酸、甲酸、丙酮醇、3-羟基-2-丁酮、乳酸、丙酮酸和乙酸，某些分解产物具有强烈的气味。高温可加速这些反应，例如在热加工的水果汁中发现有 2-呋喃甲醛和 HMF 形成。

糖在加热时可产生两类反应，在一类反应中，C—C 键没有断裂。如熔化时，醛糖-酮糖异构化以及分子间与分子内脱水，产生端基异构化：α-或β-D-葡萄糖熔化→α/β平衡。在另一类反应中，C—C键发生断裂，反应主要产物有挥发性酸、醛、酮、二酮、呋喃、醇、芳烃、CO 和 CO_2 等。对于较复杂的糖类，会产生转糖苷作用，即(1→4)-α-D-糖苷键的数量随热裂时间延长而减少，同时(1→6)α-或β-D-等糖苷键会增加。

在加工一些食品时，特别是在干热 D-葡萄糖或含有 D-葡萄糖的聚合物时，有相当数量的脱水糖生成。

任务 2-1-2　食品中重要的糖

【任务要求】

1. 熟悉几种重要单糖的应用。
2. 掌握食品中重要的单糖及结构。

【知识准备】

一、食品中重要的单糖

单糖是碳水化合物的最小组成单位，是含有一个自由醛基或酮基的多羟基醛或多羟基酮类化合物。单糖有甜味，易溶于水，不溶于有机溶剂，有的难以结晶，经常形成糖浆的过饱和溶液。单糖中最重要的是戊糖和己糖。戊糖主要有 D-核糖、D-木糖和 L-阿拉伯糖，如核糖主要存在于细胞核内，是核酸的主要成分。己糖在天然食品中，除水果、蜂蜜等以外，其含量都比较少；但是作为食品原料，特别是甜料，则大量使用葡萄糖、淀粉糖浆等，所以经过加工的食品往往含量较高。己糖中最主要的有葡萄糖、果糖、半乳糖、甘露糖和山梨糖等。

（一）单糖的结构

单糖根据羰基在分子中的位置可分为醛糖（aldoses）和酮糖（ketoses）两大类。按照分子中所含碳原子的数目，单糖可分为丙糖（trioses，三碳糖），丁糖（tetroses，四碳糖），戊糖（pentoses，五碳糖），己糖（hexoses，六碳糖）等。单糖也有几种衍生物，其中有醛基被氧化的醛糖酸（aldonic acids）、羰基对侧末端的—CH_2OH 变成酸的糖醛酸（uronic acids）、导入氨基的氨基糖（amino-sugars）、脱氧的脱氧糖（deoxy-sugars）、分子内脱水的脱水糖（anhydro-sugars）等。自然界最简单的单糖是丙醛糖（甘油醛）和丙酮糖，醛糖容易由 D-甘油醛衍生出来，酮糖由二羟基丙酮衍生出来。葡萄糖和果糖是最重要的单糖。

实验证明，葡萄糖分子式为 $C_6H_{12}O_6$，为 2，3，4，5，6-五羟基己醛的基本结构。果糖为 1，3，4，5，6-五羟基己酮的基本结构。其结构式如图 2-3 所示：

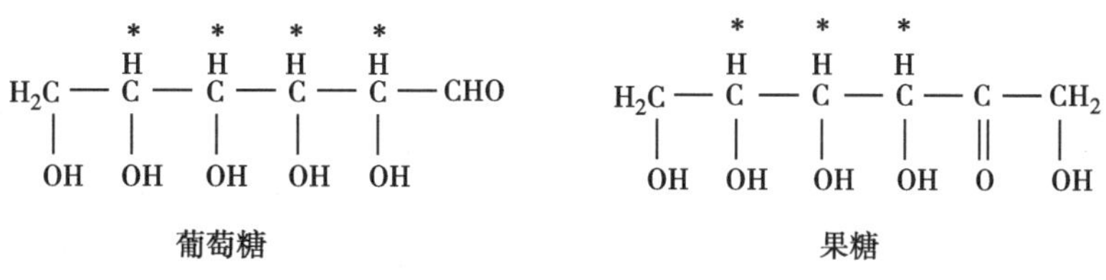

图 2-3 葡萄糖和果糖的结构式

1. 单糖的直链结构 1900 年德国化学家费歇尔（Fischer）确定了葡萄糖的化学结构，单糖的直链结构如图 2-4 所示。

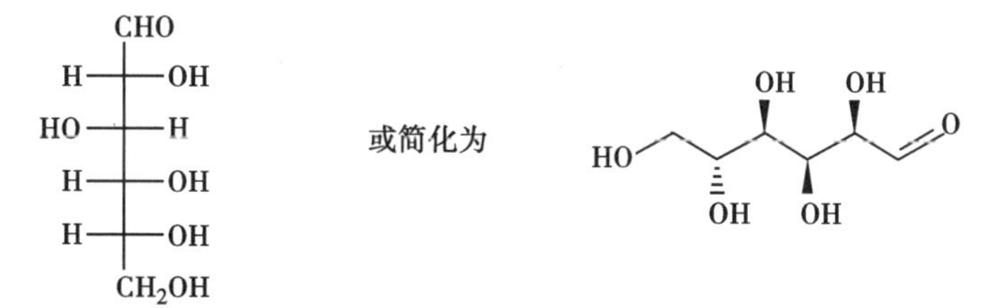

图 2-4 单糖的直链结构

由结构式可以看出：葡萄糖分子中含有 4 个不对称碳原子，有 24 个异构体（16 个醛糖异构体，8 个酮糖异构体）。即在分子中含有 n 个手性碳，会有 2^n 种异构体。阿拉伯糖、木糖、核糖、脱氧核糖、甘露糖、半乳糖、果糖、山梨糖等重要单糖分子的直链结构见图 2-5。

2. 单糖的环状结构 科学研究发现葡萄糖有些性质不能用其链状结构来解释。例如葡萄糖不能发生醛的 $NaHSO_3$ 加成反应；葡萄糖不能和醛一样与两分子醇形成缩醛，只能和一分子醇形成半缩醛等；此外，葡萄糖溶液有变旋现象。实验证明葡萄糖的这种变旋现象是由于糖在水溶液中的结构发生了变化，即葡萄糖分子的醛基与 C_5 上的羟基缩合形成两种六元环。糖分子中的醛基与羟基作用形成半缩醛时，由于羰基为平面结构，羟基可从平面的两边进攻羰基，所以得到两种异构体，即 α 构型和 β 构型。两种构型可通过开链式相互转化而达到平衡。在溶液中有 α-D-葡萄糖、β-D-葡萄糖和直链式 D-葡萄糖 3 种结构存在，它们在溶液中相互转化，最后达到动态平衡，如图 2-6 所示。其环状结构用霍沃斯（Haworth）表达式表示。

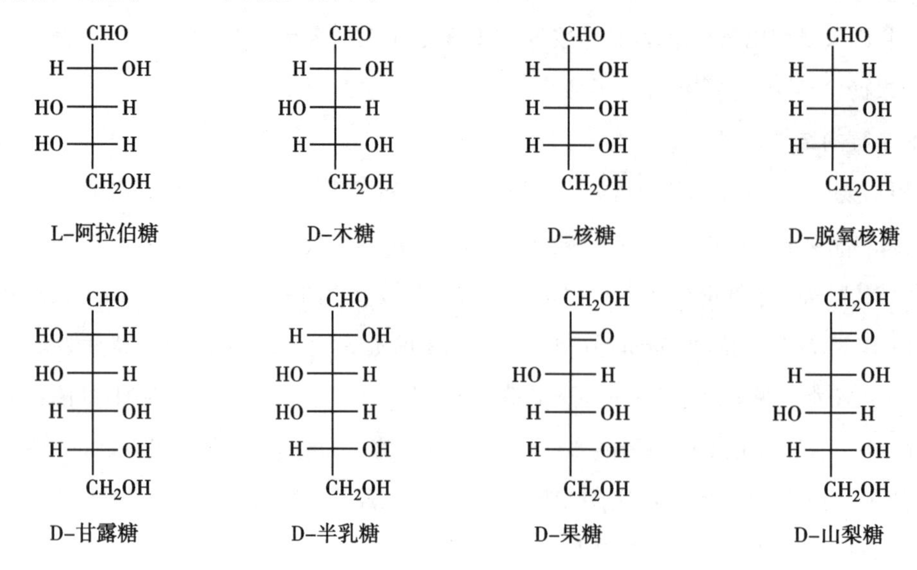

图 2-5　几种常见单糖的直链结构

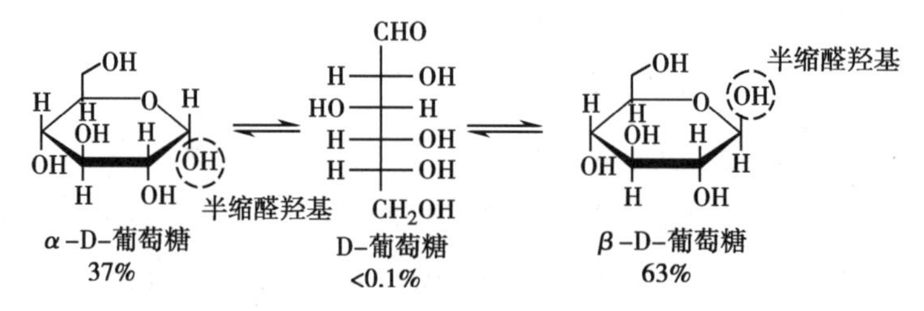

图 2-6　葡萄糖溶液中的平衡体系

α 构型——生成的半缩醛羟基与决定单糖构型的羟基在同一侧。

β 构型——生成的半缩醛羟基与决定单糖构型的羟基在不同侧。

α-型糖与 β-型糖是一对非对映体，α-型与 β-型的不同是在 C_1 的构型上，故也称为端基异构体和异头物。

核糖、脱氧核糖、半乳糖、果糖等单糖分子也具有环状结构，且有呋喃环式（五元环）与吡喃环式（六元环）之分，如图 2-7 所示。

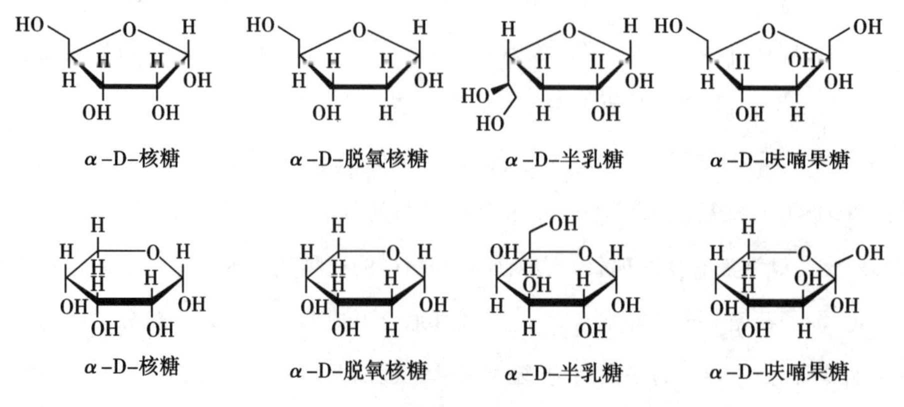

图 2-7　一些单糖的五元环和六元环结构

（二）食品中重要的单糖

1. 葡萄糖 D-葡萄糖为无色或白色结晶，熔点146℃，易溶于水，微溶于乙醇，不溶于乙醚和烃类，甜度是蔗糖的70%。D-葡萄糖在自然界分布最广，主要存在于植物的器官与组织部分。凡是有甜味的水果都含有葡萄糖，动物的血液、淋巴、脑脊液部分有葡萄糖。天然葡萄糖都是D-右旋体，商品名称为“右旋糖”，是植物光合作用的产物之一，在生物化学过程中起重要作用。D-葡萄糖不仅是合成维生素C等药物的重要原料，还可作为营养剂应用于医药上，具有强心、利尿、解毒等功效；在食品工业中也有应用，如生产葡萄糖浆、糖果等；在印染工业中用作还原剂。

2. 果糖 果糖是重要的己酮糖，最早是从水果中分离出来，因而得名。果糖是白色晶体，易溶于水，熔点102~104℃，是最甜的糖。D-果糖存在于水果和蜂蜜中，自然界中的果糖都是D-左旋体，故称为“左旋糖”。果糖总是和葡萄糖共存于植物中，尤以菊科植物中含量最多，其甜度高、风味好、吸湿性强，在食品工业中被广泛应用。果葡糖浆是由葡萄糖经异构化酶作用生成的果糖和葡萄糖混合液，也称为异构糖。第二代果葡糖浆产品有两种，果糖含量分别为55%和90%，甜度高于蔗糖。果糖不易结晶，糖浆浓度较高，且价格较低，产量目前居世界糖类生产首位，是食品、饮料中的重要甜味剂。果葡糖浆发酵性高、热稳定性低，适合于面包、蛋糕等发酵和焙烤类食品。利用果葡糖浆作为甜味剂制作的糕点，具有发酵性好、产品多孔、质地松软、储存不易变干和保鲜性能较好的优点。果葡糖浆热稳定性较低，受热易分解，易与氨基酸起反应、生成的有色物质具有特殊的风味，使产品具有金黄色外表和浓郁的焦香风味。

3. 半乳糖 自然界无游离的半乳糖存在，多数半乳糖与葡萄糖结合生成乳糖，存在于动物的乳汁中；在植物中，它是棉籽糖和阿拉伯胶等的组成成分，存在于棉籽、树胶、海藻及苔藓类植物中。

4. 甘露糖 甘露糖在自然界无游离型，在植物中主要以缩合物甘露聚糖的形式存在于坚果、柑橘外皮、椰枣核、谷物、豆类及针叶树的树干中。甘露糖醇还大量存在于洋葱、胡萝卜、海藻等物质中。甘露醇一般从海藻中提取获得，也能通过米曲霉发酵制得。

5. 山梨糖 山梨糖在自然界中很少以游离型存在，仅发现于花椒中。山梨糖经还原得山梨醇，是制造维生素C的原料，所以山梨糖、山梨醇在维生素工业中具有重要意义。工业上先用葡萄糖在加压条件下加氢还原得到山梨醇，再用醋酸杆菌在充分氧化的条件下氧化得到山梨糖，然后再生产维生素C。

二、食品中重要的低聚糖

低聚糖又称为寡糖，主要的是二糖（即双糖），由两分子单糖失水形成，其单糖组成相同，称为同聚二糖，如麦芽糖、异麦芽糖、纤维二糖、海藻二糖等；单糖组成不同的称为杂聚二糖，如蔗糖、乳糖、蜜二糖等。

食品中常见的双糖按是否具有还原性通常分为麦芽糖型（还原性二糖）和海藻糖型（非还原性二糖）两类。前者分子中，一糖分子的还原性半缩醛羟基与另一糖分子的非还原性羟基相结合成糖苷键，有一个糖分子的还原性基团游离，因此具有还原性，可还原费林试剂，也可生成脎和肟，能发生变旋现象，例如麦芽糖、乳糖、异麦芽糖等。后者分子中两个单糖都以还原性基团形成糖苷键，不具有还原性，不能还原费林试剂，不生成脎和肟，不发生变旋现象，例如蔗糖和海藻糖。

（一）还原性二糖

还原性二糖是1分子单糖的半缩醛羟基与另1分子单糖的醇羟基失水而成的产物。这类二糖分子中，有1分子单糖形成苷，而另1分子单糖仍保留半缩醛羟基，在水溶液中可以开环成链式结构。

1. 麦芽糖　麦芽糖（maltose）是由2分子的葡萄糖通过α-1，4糖苷键结合而成的双糖（图2-8）。麦芽糖为无色片状结晶，易溶于水，熔点102～103℃，比旋光度$[\alpha]_D^{20}=+136°$，甜味柔和，有特殊风味。麦芽糖存在于麦芽、花粉、花蜜、树蜜及大豆植株的叶柄、茎和根部。谷物种子发芽时就有麦芽糖的生成，生产啤酒所用的麦芽汁中所含糖成分主要是麦芽糖。

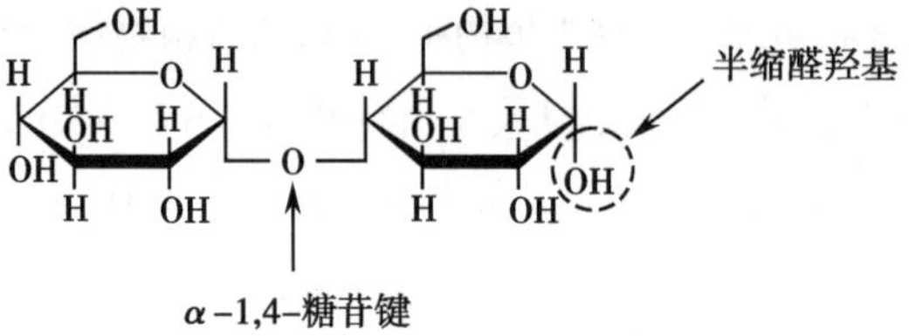

图2-8　麦芽糖结构

饴糖是我国自古以来都食用的一种甜食，甜度约为蔗糖的40%，具有一定的黏度，流动性好，有亮度，是以淀粉质为原料——大米、玉米、高粱、薯类经糖化剂作用生产的，糖分组成主要为麦芽糖、糊精及低聚糖，营养价值较高，是婴幼儿的良好食品。我国特产"麻糖""酥糖"、麦芽糖块、花生糖等都是饴糖的再制品。麦芽糖浆因含有大量的糊精，具有良好的抗结晶性，食品工业中用在果酱、果冻等制造时可防止蔗糖的结晶析出，而延长商品的保存期。

麦芽糖浆是以淀粉为原料，经酶法或酸酶法水解而制成的一种以麦芽糖为主（40%以上）的糖浆，按制法与麦芽糖含量不同可分为麦芽糖饴（25%以上）、麦芽糖浆（50%以上）和高麦芽糖（70%以上）等。麦芽糖浆具有良好的发酵性，可大量用于面包、糕点及啤酒制造，也可延长糕点的淀粉老化。高麦芽糖在糖果工业中用以代替酸水解生产的淀粉糖浆，不仅制品口味柔和，甜度适中，产品不易着色，而且硬糖具有良好的透明度，有较好的抗砂、抗烊性，从而可延长保存期。

2. 乳糖　乳糖（lactose）是由β-半乳糖与葡萄糖以β-1，4糖苷键结合而成（图2-9）。乳糖存在于哺乳动物的乳汁中，人乳中含量为5%～8%，牛羊乳中含量为4%～5%。纯品乳糖为白色固体，溶解度小，无吸湿性，具有还原性，能形成脎，含有α和β两种立体异构体，比旋光度$[\alpha]_D^{20}=+55.4°$。

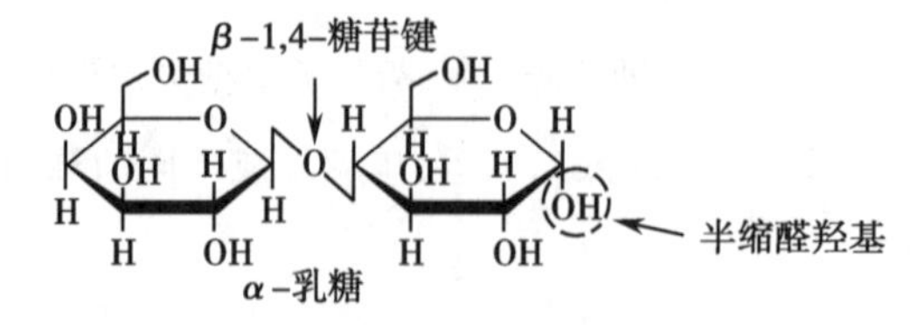

图2-9　乳糖结构

乳糖的存在可促进肠道双歧杆菌的生长。乳酸菌使乳糖发酵变为乳酸，在乳糖酶的作用下，乳糖可水解成D-葡萄糖和D-半乳糖而被人体吸收。低乳糖酶症在小儿中发生率较高，它是指乳糖酶活性降低，未吸收的乳糖停留在肠腔，引起渗透性腹泻及其他消化道症状。

（二）非还原性二糖

非还原性二糖是两个单糖各自的半缩醛羟基失水而形成的，这类二糖分子中由于不存在半缩醛羟基，所以无变旋现象，也没有还原性，不能成脎。

1. 蔗糖 蔗糖是 α-D-吡喃葡萄糖的 C_1 与 β-D-呋喃果糖的 C_2 通过糖苷键结合的非还原糖（图 2-10），既是葡萄糖苷，也是果糖苷。分布于植物的根、茎、叶、花、果实及种子内，以甘蔗、甜菜中最多。

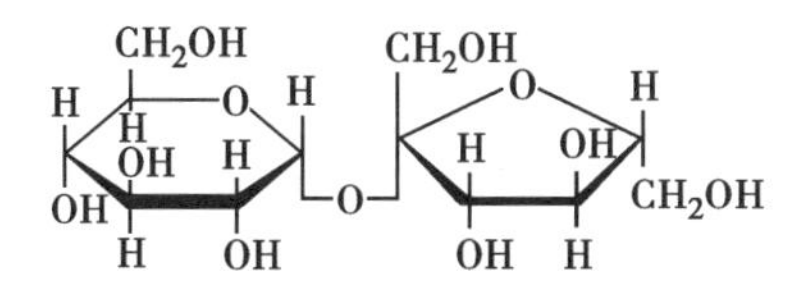

图 2-10 蔗糖结构

纯净蔗糖为无色透明结晶，易溶于水，难溶于乙醇、氯仿、醚等有机溶剂，比旋光度$[\alpha]_D^{20}=+66.5°$。在稀酸或蔗糖酶作用下，水解得到等量的葡萄糖和果糖混合物，该混合物的比旋光度为$[\alpha]_D^{20}=-19.8°$。在水解过程中，溶液的旋光性由右旋变为左旋，通常把蔗糖的水解作用称为转化作用。转化作用所生成的等量葡萄糖与果糖的混合物称为转化糖。因为蜜蜂体内有蔗糖酶，所以在蜂蜜中存在转化糖。蔗糖水解后，因其含有果糖，所以甜度比蔗糖大。蔗糖和其他一些分子量低的糖类（如单糖、双糖及某些低聚糖）由于具有极大的吸湿性和溶解性，因此能形成高度浓缩的高渗透压溶液，对微生物有抑制效应。

蔗糖是最重要的甜味剂，也是食品加工中常用的原料，可用作防腐剂和家庭烹调的佐料。一些"富贵病"，如龋齿、肥胖症、高血压、糖尿病等，可能与摄入过多蔗糖有关。龋齿是由存在于牙齿表面并能使珐琅质溶解的酸性物所引起的，我国少年儿童群体发病率大于 70%。蔗糖是最易引起龋齿的糖，粉末越细，越易导致蛀牙。Mutans 链球菌是引起龋齿的主要微生物，它们代谢蔗糖，消耗果糖成分，通过葡萄糖苷转移而形成葡聚糖，这种物质黏附于珐琅质，保护牙细菌，提供了一个低氧、缺氧的条件，细菌代谢产生的酸可引起珐琅质局部性剧烈溶解。

2. 海藻糖 海藻糖又称酵母糖，为白色晶体，溶于水，存在于海藻、昆虫和真菌体内。它是由两分子 α-D-葡萄糖在 C_1 上的两个半缩醛羟基之间脱水，通过 α-1,1-糖苷键结合而成的二糖（图 2-11），海藻糖是各种昆虫血液中的主要血糖。比旋光度为$[\alpha]_D^{20}=+178°$，熔点 96.5~97.5℃。

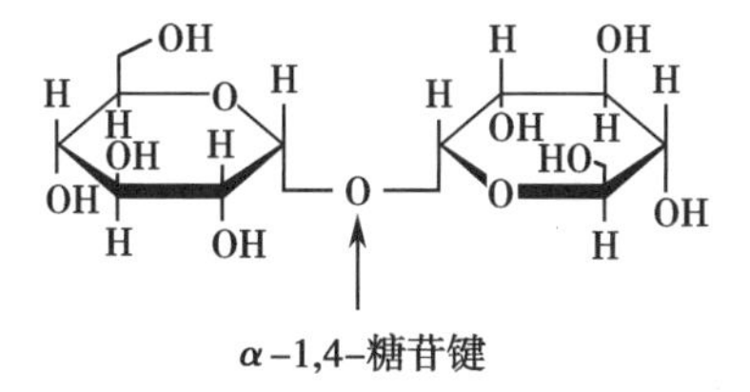

图 2-11 海藻糖结构

海藻糖的甜度相当于蔗糖的 45%，作为食品甜味剂，将其添加到含水蛋白食品中，在冰点以上冷冻干燥，可使食品不变质；又因其为非还原性二糖，与氨基酸及蛋白质共同加热时，不会发生褐变反应；耐酸、耐热性好，加到食品中不变色、不分解、易消化、易吸收，与蔗糖相比，产生龋齿可能性小；可防止淀粉老化。化妆品方面，可用于护肤品中保持皮肤的高水分；也可用于面乳、香精中。医药方面，可用作试剂、器官移植的保护液和酶稳定剂等。

（三）其他低聚糖

1. 低聚果糖　低聚果糖又称蔗果寡糖，是指在蔗糖分子的果糖残基上通过β-(1→2)糖苷键连接1~3个果糖基而成的蔗果三糖、蔗果四糖及蔗果五糖组成的混合物。其结构式可表示为G-F-F_n（G为葡萄糖，F为果糖，$n=1\sim3$），属于果糖与葡萄糖构成的直链杂聚糖。

低聚果糖存在于天然植物中，如菊芋、芦笋、洋葱、香蕉、蜂蜜及某些草本植物。低聚果糖具有特殊的生理功能，具有双歧杆菌增殖作用，是难消化的低热值甜味剂、水溶性膳食纤维，能降低机体血清胆固醇和甘油三酯含量、抗龋齿等。低聚果糖的黏度、保湿性、吸湿性、甜味特性及在中性条件下的热稳定性与蔗糖相似，甜度较蔗糖低。低聚果糖不具有还原性，参与美拉德反应程度小，但具有明显的抑制淀粉回生的作用。近年来低聚果糖备受人们的重视，广泛应用于乳制品、乳酸饮料、糖果、焙烤食品、膨化食品及冷饮食品中。

目前低聚果糖多采用适度酶解菊芋粉来获得。此外也可用蔗糖为原料，采用β-D-呋喃果糖苷酶（β-D-fructofuranosidase）的转果糖基作用，在蔗糖分子上以β-(1→2)糖苷键与1~3个果糖分子相结合而成，该酶多由米曲霉和黑曲霉生产得来。

2. 低聚异麦芽糖　低聚异麦芽糖（IMO）是指包含有葡萄糖分子间以α-1,6糖苷键结合的低聚糖的总称，主要成分为异麦芽糖（IG_2）、潘糖（P）、异麦芽三糖（IG_3）及四糖以上（G_n）的低聚糖。

在自然界中，IMO少量存在于酱油、清酒、酱类、蜂蜜及果葡糖浆中。IMO可作为双歧杆菌增殖因子，能够预防龋齿，起水溶性膳食纤维的作用。IMO还具有良好的低腐蚀性、耐酸耐热性、难发酵性和保湿性等，在食品、医药工业应用广泛。

商品IMO有IMO-50型（$IG_2+P+IG_3\geqslant35\%$）和IMO-90型（$IG_2+P+IG_3\geqslant45\%$）两种规格，其余成分为葡萄糖、麦芽糖和麦芽三糖。目前，IMO的生产一般有以下2种途径：一是利用糖化酶（glucoamylase）的逆合作用，在高浓度葡萄糖溶液中将葡萄糖逆合生成异麦芽糖、麦芽糖等低聚糖，但该方法生产的IMO产品产率低、产物复杂、生产周期长，难以产业化推广。二是利用α-转移葡萄糖苷酶（α-transglucosidase）的转苷作用生成，这是工业化生产IMO的主要方法：以淀粉为原料，首先经过耐高温α-淀粉酶液化，再用真菌α-淀粉酶或β-淀粉酶糖化，同时用α-转移葡萄糖苷酶糖化转苷为IMO产品，再经脱色、浓缩、干燥而成。

3. 低聚木糖　低聚木糖是由2~7个木糖以β-(1→4)糖苷键连接而成的低聚糖，以木二糖为主要成分，木二糖含量越多，其产品质量越好。低聚木糖的比甜度为0.4~0.5，甜味纯正，黏度很低且随温度升高而迅速下降。

低聚木糖的突出特点是稳定性好，在较宽的pH范围内（2.5~8.0）和较高温度下（高至100℃）能保持稳定，在消化系统中不被消化酶水解；此外，它还具有显著的双歧杆菌增殖作用，可促进机体对钙的吸收，有抗龋齿作用，在体内代谢不依赖胰岛素，可作为糖尿病或肥胖症患者的甜味剂。特别适用于酸奶、乳酸菌饮料和碳酸饮料等酸性饮料中。

自然界中存在许多富含木聚糖的植物，如玉米芯、甘蔗、桦木和棉籽等。工业上一般以木质纤维类物质(LCMs)为原料生产低聚木糖。

4. 大豆低聚糖 大豆低聚糖是从大豆子粒中提取出的可溶性寡糖的总称,其主要成分为水苏糖、棉籽糖、蔗糖等。大豆低聚糖中对双歧杆菌起增殖作用的因子是水苏糖和棉籽糖,棉籽糖和水苏糖都是由半乳糖、葡萄糖和果糖组成的支链杂聚糖,是在蔗糖的葡萄糖基一侧以 α-(1→6)糖苷键连接1~2个半乳糖,具有良好的热稳定性和酸稳定性。大豆低聚糖在肠内不被消化吸收,热值仅为蔗糖的1/2,是一种低能量甜味剂。

大豆低聚糖是一种安全无毒的功能性食品基料,可部分替代蔗糖,应用于清凉饮料、酸奶、乳酸菌饮料、冰淇淋、面包、糕点、糖果和巧克力等食品中。大豆低聚糖广泛存在于各种植物中,以豆科植物中含量居多,工业上一般是以生产浓缩或分离大豆蛋白时得到的副产物大豆乳清为原料,经加热沉淀,活性炭脱色,真空浓缩干燥等工艺制取。

三、糖的衍生物

1. 糖苷 单糖环状结构中的半缩醛(或半缩酮)羟基较分子内的其他羟基活泼,故可与醇或酚等含羟基的化合物脱水形成缩醛(或缩酮)型物质,这种物质称为糖苷。糖苷是糖在自然界中存在的一种重要形式,几乎各类生物都含有,但以植物界分布最为广泛。许多植物色素、生物碱等具有很高经济价值和治疗作用的有效成分都是苷,其配基都是很复杂的化合物;动物、微生物体内也有许多苷类化合物,如核糖和脱氧核糖与嘌呤或嘧啶碱形成的糖苷称核苷或脱氧核苷,在生物学上具有重要意义。

糖苷分为糖基和配基两部分,糖分子以半缩醛羟基脱水生成糖苷后余下的部分称为糖基,结合到糖分子上的物质称为糖苷配基。糖苷以呋喃糖苷或吡喃糖苷的形式存在。糖苷是比较稳定的化合物,一般为无色结晶,一些带有苦味。大多数糖苷能溶于水、乙醇、丙酮或其他有机溶剂,糖苷溶液一般呈中性,无还原性,具有左旋性。由于单糖有 α 和 β 之分,故生成的糖苷也有 α 和 β 两种形式,以 β 型居多,易被酸和酶水解,但在碱性溶液中较为稳定。糖苷的化学性质和生物功能主要由配基决定。

按糖苷糖基不同,糖苷有葡萄糖苷、果糖苷、阿拉伯糖苷、半乳糖苷等。按糖苷配基不同,可将糖苷分为 *O*-糖苷(糖基通过O原子与配基连接)、*C*-糖苷(糖的 C_1 直接与配基的碳原子相结合)、*N*-糖苷(胺或氮杂环的糖基胺化合物)、*S*-糖苷(硫醇和糖的缩合物)等。

某些食物中存在着另一类重要的糖苷,即氰糖苷,其广泛存在于自然界中,特别是杏仁、木薯、高粱、竹笋和菜豆中,如苦杏仁糖苷、蜀黍苷和野黑樱皮苷等,水解后能产生氢氰酸,人体如果一次摄取大量生氰糖苷将会引起氰化物中毒。为防止中毒,最好不食用或少食用这类产氰量高的食品;如食用这些食品,须充分煮熟后再充分洗涤,以尽可能除去氰化物。

皂苷广泛地分布于高等动植物中,都是一些具有生物活性的天然产物。从皂苷的配基结构来看,可将皂苷分成两大类,即甾属皂苷和三萜皂苷。皂苷类均为白色或乳白色无定性粉末,溶于水成胶体的皂性溶液,在水中振荡具有强的起泡作用,不溶于有机溶剂,有乳化去毒作用,呈碱性可作洗涤剂用,具腥辣味,对呼吸器官黏膜有刺激作用,对冷血动物特别是对鱼类有毒,可作鱼毒剂用,有研究报道称皂苷还具有抗菌性。

2. 糖醇　糖醇是指由糖经氢化还原后所得的多元醇，按其结构可分为单糖醇和双糖醇。目前所知，除海藻中有丰富的甘露醇外，自然界中糖醇存在较少。食品中所用的糖醇多为由相应的糖的醛基、酮基或半缩醛羟基（还原性双糖）被还原为羟基所形成的多羟基化合物。糖醇大都是白色结晶，具有甜味，易溶于水，是低甜度、低热值物质。糖醇不具备糖类典型的鉴定性反应，对酸碱热稳定，具备醇类的通性，不发生美拉德褐变反应。

知识链接

龋齿的形成

导致龋齿（俗称蛀牙）的主要原因是菌斑。菌斑内细菌代谢碳水化合物产生酸，酸的聚集可使牙脱矿。而菌斑是由细菌、唾液蛋白、细胞外多糖等菌斑基质构成的。所以糖类算是非常重要的菌斑基质了。因此可以说含糖食物跟龋齿是有关系的。

不同种类的糖，可根据其使菌斑产酸多少及 pH 下降程度来确立其致龋性，排序由大到小依次为蔗糖>葡萄糖>麦芽糖>乳糖>果糖>山梨醇>木糖醇，山梨醇和木糖醇常作为防龋的甜味替代剂。

（1）山梨醇：山梨醇是经葡萄糖还原制得的糖醇，又称葡萄糖醇。它能阻止血糖值上升，可作为糖尿病患者的甜料，也可添加到糖尿病患者的食物中。山梨醇有吸湿、保水作用，在口香糖、糖果生产中作为保鲜剂和增塑剂，可起保持食品柔软、减少硬化起砂的作用，用量为 5%~10%；在面包、糕点中起保水作用，用量为 1%~3%；用于甜食和食品中，能防止在运输过程中变味。山梨糖醇还能螯合金属离子，用于罐头饮料和葡萄酒中，可防止因金属离子而引起的食品混浊。

（2）木糖醇：木糖醇是由木糖还原而成，无毒，甜度和蔗糖相当，在医药上和山梨醇一样作为糖尿病患者用的甜料，也作为糖尿病患者的代用糖品，它对糖尿病患者具有调节新陈代谢、减轻“三多”症状和恢复体力等功效；对降低转氨酶，改善肝功能也有一定的作用；在消除酮症方面，木糖醇具有特殊的功效。在食品工业中，木糖醇可直接用于糖果、巧克力、点心、饮料等。此外，木糖醇具有防龋特性，是一种理想的防龋食品。目前国内外流行的防龋口香糖，就是用木糖醇制造的。木糖醇具有一定吸湿特性，可代替甘油应用于轻工业，例如木糖醇可作为卷烟的加香保湿剂、纸张加工的增韧剂、牙膏中的甜味剂等。

（3）麦芽糖醇：麦芽糖醇是由麦芽糖还原而制得的一种双糖醇。甜度为蔗糖的 85%~95%，几乎不被人体吸收，大量摄取时可产生腹泻。麦芽糖醇不结晶、不发酵，150℃以下不发生分解，具有良好的保湿性，是一种较好的低热量甜味料。麦芽糖醇还可用作果汁型饮料、蜜饯等的增稠剂、保香剂、保湿剂；在糖果、糕点中，可利用其保湿性和非结晶性，来防止食品干燥和结霜；与糖精钠复配使用还可改善糖精钠的风味。

课堂活动

生活中见到的各种口香糖、无糖食品、无糖饮料，真的是没有“糖”吗？你怎么理解这些“糖”？

任务 2-1-3　食品中多糖的功能

【任务要求】

1. 掌握多糖的结构与性质。

2. 理解食品中多糖的功能。

【知识准备】

多糖是一类天然高分子化合物，由多个单糖分子缩合、失水并通过糖苷键连接而成，大多数多糖的聚合度（DP）为200~300。根据多糖链的结构，多糖可分为直链多糖和支链多糖。按其组分的繁简，多糖可概括为同聚多糖（由一种单糖缩合而成）和杂聚多糖（由一种以上的单糖或其衍生物组成）两大类，前者如戊糖胶、木糖胶、阿拉伯糖胶、己糖胶（淀粉、糖原、纤维素等）；后者如半乳糖甘露糖胶、果胶等。

大部分多糖不能结晶，易于水合、溶解，无甜味，无还原性和变旋现象。经酸或酶水解，可分解为组成它的结构单糖，中间产物是低聚糖。被氧化剂和碱分解时，反应复杂但不能生成其结构单糖，而是生成各种衍生物和分解产物。

多糖是自然界中分子结构复杂且庞大的糖类物质，主要具有增稠及胶凝功能，此外还能控制食品与饮料的流动性与质构，以及改变半流体食品的变形性等。一些多糖还能形成海绵状三维网状凝胶结构，这种具有黏弹性的半固体凝胶具有多种用途，它可作为增稠剂、稳定剂、脂肪代用品等。此外，存在于大型食用或药用真菌中的多糖组分因具有特殊的生理活性，已成为重要的功能性食品基料，日益受到人们的重视。

一、淀粉

（一）淀粉的分子结构

淀粉以颗粒形式普遍存在于植物的种子、根部和块茎中，是植物营养物质的一种储存形式。淀粉颗粒大致可分为圆形、椭圆形和多角形三种。我国的商品淀粉主要是玉米淀粉、马铃薯淀粉、小麦淀粉和木薯淀粉。

淀粉是由许多个 α-D-葡萄糖通过糖苷键结合成的链状结构多糖，可用通式（$C_6H_{10}O_5$）$_n$ 表示。淀粉呈白色粉末状，有晶体结构，其水溶液呈右旋光性$[\alpha]_D^{20}$ 为+201.5°~+205.0°，平均比重为1.5~1.6。淀粉含水量较高，一般情况下约为12%。淀粉不溶于冷水，用热水处理，可分为两种成分：一种为可溶解部分，称为直链淀粉；另一种为不溶解部分，称为支链淀粉。这两种淀粉的结构和理化性质均有差别，两者在淀粉中的比例随植物的品种而异，一般直链淀粉占10%~30%，支链淀粉占70%~90%；但有的淀粉（如糯玉米）99%为支链淀粉，而有的豆类淀粉则全是直链淀粉。

1. 直链淀粉　直链淀粉是D-吡喃葡萄糖通过 α-1,4 糖苷键连接起来的链状分子，相对分子质量在 6×10^4 左右，相当于250~300个葡萄糖分子缩合而成。从立体构象看，它是由分子内的氢键使链卷曲盘旋成左螺旋状，单螺旋结构中每一圈包含6个葡萄糖分子。每个直链淀粉分子有一个还原性端基和一个非还原性端基，是一条长而不分支的链。直链淀粉可溶于热水，用碘液处理可产生蓝色。

2. 支链淀粉　支链淀粉是D-吡喃葡萄糖通过α-1,4和α-1,6两种糖苷键连接起来的带分支的复杂大分子。支链淀粉的相对分子质量较大，为$5\times10^5\sim1\times10^6$。支链淀粉为至少含有300个$\alpha$-1,6-糖苷键连接在一起而成的链，分子呈簇，以双螺旋形式存在。与碘反应呈紫色或紫红色。

（二）淀粉的性质

1. 淀粉的糊化　生淀粉分子排列很紧密，形成间隙很小的束状胶束，即使水分子也难以渗透进去。具有胶束结构的生淀粉，即β-淀粉，在水中经加热后，一定温度（60~80℃）下，淀粉粒在水中发生膨胀，形成黏稠的糊状胶体溶液，这一现象称为淀粉的糊化。淀粉糊化的本质就是淀粉分子间的氢键断开，分散在水中成为胶体溶液。糊化后的淀粉又称为α-淀粉。

未被烹调的淀粉食物是不容易消化的，因为淀粉颗粒被包在植物细胞壁内部，消化液难以渗入，烹调使淀粉颗粒糊化，使其易于被人体利用。快食食品如方便米线、方便面、营养麦片等都是不需要再加热，用热水冲一下就能食用，就是用预先加热过的淀粉，也就是用α-淀粉来做的。

糊化作用可分为三个阶段：①可逆吸水阶段。水分进入淀粉粒的非晶质部分，体积略有膨胀，此时冷却干燥可复原，双折射现象不变。②不可逆吸水阶段。随着温度升高，水分进入淀粉微晶间隙，大量吸水且不可逆，结晶"溶解"。③淀粉粒解体阶段，淀粉分子全部进入溶液。

淀粉粒突然膨胀的温度称为淀粉的糊化温度。各种淀粉的糊化温度不同，即使同一种淀粉由于颗粒大小不一，糊化温度也不同，通常糊化温度可用偏光显微镜测定，偏光十字和双折射现象开始消失的温度为糊化开始温度，偏光十字和双折射完全消失的温度为完全糊化温度。表2-5列出了几种淀粉的糊化温度。

表2-5　几种淀粉的糊化温度

淀粉	开始糊化温度/℃	完成糊化温度/℃	淀粉	开始糊化温度/℃	完成糊化温度/℃
粳米	59	61	小麦	65	68
糯米	58	63	荞麦	69	71
玉米	64	72	甘薯	70	76
大麦	58	63	马铃薯	59	67

淀粉糊化、淀粉溶液黏度以及淀粉凝胶的性质不仅取决于温度，还取决于共存的其他组分的种类及数量。多数情况下，淀粉和单糖、寡糖、脂类、盐、酸、蛋白质以及水等物质共存。

高浓度的糖降低淀粉糊化的速度、黏度峰值和凝胶强度，二糖在推迟糊化和降低黏度峰值等方面比单糖更有效。在糊化淀粉体系中加入脂肪，会降低达到最大黏度的温度。由于淀粉具有中性特征，低浓度的盐对糊化或凝胶的形成影响很小。而经过改性带有电荷的淀粉，可能对盐比较敏感。大多数食品的pH范围在4~7，这样的酸浓度对淀粉膨胀或糊化的影响很小。在高pH时，淀粉的糊化速度明显增加；在低pH时，淀粉因发生水解而使黏度峰值显著降低。在许多食品中，淀粉和蛋白质间的相互作用对食品的质构产生重要影响。淀粉与面筋蛋白混合时形成面筋，在有水存在时进行加热，淀粉糊化而蛋白质变性，使焙烤食品具有一定的质构。

2. 淀粉的老化　经过糊化的α-淀粉在室温或低于室温的环境中放置，会变得不透明甚至凝结而沉淀，这种现象称为老化或返生。这是由于糊化后的淀粉分子在低温下又自动排列成序，相邻分子键的氢键又逐步恢复形成致密、高度晶化的淀粉分子微束的缘故。

老化过程可看作是糊化的逆过程，老化不能使淀粉彻底复原到生淀粉（β-淀粉）的结构状态，它比生淀粉的晶化程度低。不同来源的淀粉，老化难易程度不相同。这是由于淀粉的老化受所含直链淀粉和支链淀粉的比例影响，一般是直链淀粉较支链淀粉易于老化。直链淀粉越多，老化越快。支链淀粉老化则需要较长的时间，其原因是它的结构呈三维网状空间分布，妨碍微晶束氢键的形成。

当淀粉含水量为30%～60%时较易老化，含水量小于10%或在大量水中则不易老化，老化作用的最适宜温度为2～4℃，大于60℃或小于-20℃都不发生老化。在pH为4以下或偏碱性条件下也不易老化。

老化后的淀粉与水失去亲和力，并难以被淀粉酶水解，因而也不易被人体消化吸收。控制淀粉的老化在食品工业中有重要意义。生产中可通过控制淀粉的含水量、储存温度、pH以及加工工艺等条件来防止淀粉老化。例如面包焙烤结束后，糊化的淀粉就开始老化，导致面包变硬，新鲜程度下降，此时若在面包中添加表面活性物质，如硬酯酰乳酸钠（SSL），即可延缓面包变硬从而延长货架期。这是因为直链淀粉具有疏水性的螺旋结构，能与乳化剂的疏水性基团互相作用形成配合物，抑制了淀粉的再结晶，最终延迟了淀粉的老化。

课堂活动

讨论在制备方便米面食品时是如何防止淀粉老化的?

3. 淀粉的水解　淀粉与水一起加热时可引起分子裂解；当与无机酸一起加热时，可彻底水解成葡萄糖。淀粉的水解过程是分几个阶段进行的，同时有各种中间产物形成：

淀粉→可溶性淀粉→糊精→麦芽糖→葡萄糖

（1）酸水解法：用无机酸作为催化剂使淀粉发生水解反应，转变成葡萄糖的方法。淀粉在酸和热的共同作用下，水解生成葡萄糖，同时还有一部分葡萄糖发生复合反应和分解反应，进而降低葡萄糖的产出率。水解反应与温度、浓度和催化剂有关，催化效能较高的为盐酸和硫酸。

（2）酶水解法：酶水解在工业上称为酶糖化。酶糖化需经过糊化、液化和糖化三道工序，应用的酶主要为α-淀粉酶、β-淀粉酶和葡萄糖淀粉酶。α-淀粉酶用于淀粉的液化，工业上称为液化酶，β-淀粉酶和葡萄糖淀粉酶用于糖化，又称为糖化酶。

工业上利用淀粉为原料生产的产品统称为淀粉糖，主要有葡萄糖、麦芽糖、果糖、麦芽糊精和低聚糖等。常用葡萄糖值（DE值）表示淀粉的水解程度。

知识链接

淀　粉　糖

淀粉糖产品按组成成分大致可分为：葡萄糖、麦芽糖、果糖、麦芽糊精、低聚糖、糖醇等。淀粉糖产品甜味纯正、柔和，具有一定的保湿性和防腐性，利于胃肠的吸收，广泛应用于食品、药品制造业，如糖果、糕点、冷饮、软饮料、调味料、啤酒、功能饮料、药品等领域。

葡萄糖是以淀粉或淀粉质为原料经液化、糖化制得的葡萄糖液，并经过精制而成的，含有葡萄糖成分的产品。按组成成分不同分为95%以上葡萄糖和30%以上葡萄糖。

麦芽糖是以淀粉或淀粉质为原料经液化、糖化制得的麦芽糖液，并经过精制而成的，含有麦芽糖成分的产品。麦芽糖按麦芽糖含量分为四类：麦芽糖饴、麦芽糖浆、高麦芽糖浆和结晶麦芽糖。

果糖是以淀粉或淀粉质为原料经液化、糖化、异构、精制所得的含果糖的产品。果糖按组成成分可分为四类：F-42（果糖含量≥42%）、F-55（果糖含量≥55%）、F-90（果糖含量≥90%）和结晶果糖（果糖含量≥99%）。

麦芽糊精是以淀粉或淀粉质为原料经液化、精制、浓缩（或喷雾干燥）制成的不含游离淀粉的产品，分为MD30（DE>20%）、MD20（16%≤DE≤20%）、MD15（11%≤DE≤16%）和MD10（DE<11%）。

低聚糖主要有低聚异麦芽糖、低聚麦芽糖、低聚果糖和其他低聚糖（低聚木糖、水苏糖、棉籽糖等）。

糖醇主要有山梨糖醇、麦芽糖醇、甘露糖醇、木糖醇、赤藓糖醇和异麦芽酮糖醇等。

4. 淀粉的变性　为了满足各种应用需求，通过物理、化学、酶等处理，使淀粉分子链被切断，重排或引入其他化学基团，使其原有的物理性质，如水溶性、黏度、色泽、味道、流动性等发生变化，这样经过处理的淀粉称为变（改）性淀粉。

目前，变性淀粉的品种、规格达2 000多种，工业上生产的变性淀粉主要有：可溶性淀粉、酯化淀粉、醚化淀粉、氧化淀粉、交联淀粉、接枝淀粉等。

二、糖原

糖原又称动物淀粉，是肌肉和肝脏组织中的储备多糖，也存在于真菌、酵母和细菌中，在高等植物中含量极少。糖原由葡萄糖组成，结构与支链淀粉相似，含有α-1,4和α-1,6糖苷键，但分支程度比支链淀粉要高。糖原分子为球形，相对分子量在$2.7\times10^5 \sim 3.5\times10^6$之间。糖原是白色粉末，易溶于水，遇碘呈红色，$[\alpha]_D^{20}=+190° \sim +200°$，无还原性。能溶于水和三氯乙酸，但不溶于乙醇和其他溶剂。糖原可被淀粉酶水解成糊精和麦芽糖，完全水解则得到葡萄糖。

糖原是动物体能量的主要来源，葡萄糖在血液中含量较高时，就结合成糖原储存于肝脏中，当血液中含糖量降低时，糖原可分解为葡萄糖进入血液，供组织使用。

三、纤维素和半纤维素

（一）纤维素

纤维素是自然界存在量最大的多糖，是细胞壁的主要结构成分，存在于所有植物中，在不同植物中含量不同。人体没有分解纤维素的消化酶,故无法利用。纤维素和直链淀粉一样,由D-葡萄糖通过β-1,4糖苷键结合,其聚合度的大小取决于纤维素的来源。许多条纤维素直链分子相互以氢键连接成束状物质。由于纤维素微晶之间的氢键很多,所以很牢固。

纤维素的化学性质稳定,只有用高浓度的酸(60%~70%硫酸或41%盐酸)或稀酸在高温条件下处理才能分解,最终产物是葡萄糖。纤维素应用于造纸、纺织、化学合成、医药和食品包装、发酵(乙醇)、饲料生产等。

（二）半纤维素

半纤维素存在于所有陆地植物中,且经常在植物木质化部分,是构成植物细胞壁的材料。构成半纤维素的单体有木糖、果糖、葡萄糖、半乳糖、阿拉伯糖、甘露糖及糖醛酸等。食品中最重要的半纤维素是以β-D-(1→4)吡喃半乳糖基单位组成的木聚糖为骨架。

粗制的半纤维素可分为一个中性组分(半纤维素A)和一个酸性组分(半纤维素B),半纤维素B在硬质木材中特别多。两种纤维素都有由β-D-(1→4)糖苷键结合成的木聚糖链。在半纤维素A中,主链上有许多由阿拉伯糖组成的短支链,还存在D-葡萄糖、D-半乳糖和D-甘露糖。从小麦、大麦和燕麦粉中得到的阿拉伯木聚糖是这类糖的典型。半纤维素B不含阿拉伯糖,它主要含有4-甲氧基-D-葡萄糖醛酸,因而具有酸性。

半纤维素在焙烤食品中发挥很大的作用,它能提高面粉结合水的能力。在面包面团中,改进混合物质量,降低混合物能量,有助于蛋白质的进入,增加面包的体积并延缓面包的老化。此外,半纤维素是膳食纤维的重要来源之一,对肠蠕动、粪便量和粪便通过时间产生有益生理效应,对促使胆汁酸的消除和降低血液中的胆固醇方面也产生有益影响。据文献报道,它可以减轻心血管疾病和结肠紊乱,特别是可以防治结肠癌。

知识链接

膳食纤维的保健功能

膳食纤维（dietary fibre）是指不被人体消化、分解、吸收的多糖，是不易消化的食物营养素，膳食纤维按在水中的溶解能力分为水溶性膳食纤维和水不溶性膳食纤维。按来源分为植物类、动物类和合成类膳食纤维，主要来自于植物的细胞壁，包括纤维素、半纤维素、树脂、果胶及木质素等。膳食纤维是健康饮食不可缺少的，纤维在保持消化系统健康上扮演着重要的角色，同时，摄取足够的纤维也可以预防心血管疾病、癌症、糖尿病以及其他疾病。膳食纤维可以清洁消化道和增强消化功能，纤维同时可稀释和加速食物中的致癌物质和有毒物质的移除，保护脆弱的消化道和预防结肠癌。纤维可减缓消化速度，并快速排泄胆固醇，所以可让血液中的血糖和胆固醇控制在较理想的水平。

膳食纤维是一种多糖，它既不能被胃肠道消化吸收，也不能产生能量。因此，曾一度被认为是一种“无营养物质”而长期得不到足够的重视，然而，随着营养学和相关科学的深入发展，人们逐渐发现了膳食纤维具有相当重要的生理作用。20世纪60年代，几位英国医生报道某些非洲国家的居民，由于食用高纤维食物，平均每日粗纤维摄入量高达35~40g，糖尿病、高脂血症等疾病的发病率比膳食纤维摄入量仅为4~5g的欧美国家的居民明显降低。由此，重新唤起了人们对膳食纤维的兴趣。

（三）改性纤维素

纤维素不溶于水，对稀酸、碱稳定，聚合度大，化学性质稳定，可通过控制反应条件，生产出不同的纤维素衍生物。商品化纤维素主要有羧甲基纤维素钠（CMC-Na）、甲基纤维素（MC）、乙基纤维素（EC）、甲乙基纤维素（MEC）、羟乙基纤维素（HEC）、羟丙基纤维素（HPC）、羟乙基甲基纤维素（HEMC）、羟乙基乙基纤维素（HEEC）、羟丙基甲基纤维素（HPMC）和微晶纤维素（MCC）等。

1. 羧甲基纤维素-钠　羧甲基纤维素-钠（CMC-Na）是由纤维素与氢氧化钠、一氯乙酸作用生成的含羧基的纤维素醚，由于其游离酸形式不溶于水，因此是食品界使用最广泛的改性纤维素。

羧甲基纤维素钠，分子式为$[C_6H_7O_2(OH)_2OCH_2COONa]_n$，是一种阴离子型线性高分子物质，如果平均有1个羟基由羧甲基醚化，其醚化度或称取代度（DS）值则为1（最大为3）。纯晶是无臭、无味、奶白色、高流动性的粉末，一般商品CMC的取代度为0.4~0.8，用得最广泛的是DS为0.7的CMC。不同的商品CMC具有大小不同的黏度，CMC溶于水后其黏度随温度升高和酸度增加而降低，在pH 7~9时稳定性最高。

羧甲基纤维素钠易溶于水，具有良好的持水性、黏稠性、保护胶体性等，广泛用于食品工业中的增稠剂和乳化稳定剂。此外，羧甲基纤维素钠还具有优异的冻结、熔化稳定性，并能增强食品风味、延长储藏期。如CMC良好的持水力用于冰淇淋和其他冷冻甜食中，可阻止冰晶的生长；CMC可防止面包、蛋糕和其他焙烤食品的水分蒸发和老化，在增加其保水作用的同时阻止糖果、糖衣和糖浆中糖结晶的生长；CMC还可用于方便面，较易控制水分，减少面条的吸油量，并且还能增加面条的光泽；用于罐头可增加浓厚感，防止沉淀等。

2. 甲基纤维素　使用氢氧化钠和一氯甲烷处理纤维素可得到甲基纤维素（MC），这种改性属于醚化。食用MC的取代度约为1.5，取代度为1.69~1.92的MC在水中有最高的溶解度，而黏度主要取决于分子的链长。

甲基纤维素除有一般亲水性多糖胶的性质外，比较突出的有二点.①它的溶液在被加热时，起初黏度下降与一般多糖胶相同，接着黏度很快上升并形成凝胶，凝胶冷却时又转变为溶液。这个现象是由于加热破坏了个别分子外面的水层而造成聚合物间疏水键增加。②MC本身是一种优良的乳化剂，而大多数多糖胶仅是乳化助剂或稳定剂。③MC在一般的食用多糖中具有最优良的成膜性。

四、果胶物质

果胶物质存在于陆生植物的细胞间隙或中胶层中，通常与纤维素结合在一起，形成植物细胞结构和骨架的主要部分。果胶物质广泛存在于植物中，尤其以果蔬中含量最多。目前生产果胶的主要原料是柑橘类果皮和苹果渣，其中柠檬皮的果胶平均含量高达35.5%，橘皮为25%，葡萄皮达20%。

果胶是部分甲酯化的150~500个D-半乳糖醛酸通过α-1,4-糖苷键连接形成的一种线性多糖，主要成分是多缩半乳糖醛酸甲酯，相对分子质量为$3\times10^4\sim1\times10^5$。

聚半乳糖醛酸长链通常以部分羧基甲酯化状态存在，这种不同程度甲酯化的聚合物即果胶物质。果胶物质可分为3类，即原果胶、果胶和果胶酸，其主要差别是各类果胶的甲氧基含量不同。原果胶存在于未成熟的水果和植物的茎、叶里，一般认为它是果胶酸与纤维素或半纤维素结合而成的高分子化合物。未成熟的水果是坚硬的，这与原果胶的存在有关。

根据果胶分子羧基酯化度(DE)的不同，天然果胶一般分为两类：一类分子中超过一半的羧基是甲酯化($—COOCH_3$)的，称为高甲氧基果胶(HM)，余下的羧基是以游离酸(—COOH)及盐($—COO^-Na^+$)形式存在；另一类分子中低于一半的羧基是甲酯化的，称为低甲氧基果胶(LM)。酯化度(DE)是指酯化的半乳糖醛酸残基数占半乳糖醛酸残基总数的百分比，DE≥50%的为高甲氧基果胶。

果胶的特点是凝胶强度大、成胶时间短。广泛应用于果酱的制造、果冻的胶凝剂，此外还可用于乳制品、冰淇淋、调味汁、蛋黄酱、果汁、饮料等食品中作乳化剂和稳定剂。

课堂活动

请描述果胶物质在果实成熟过程（未成熟、成熟、过熟）中的变化。

五、其他多糖

（一）植物多糖

1. 阿拉伯胶 阿拉伯胶是从阿拉伯树皮切口流出的油珠状胶体中提取的一种杂葡聚糖，分子以短而硬的螺旋形式存在，其长度取决于分子所带的电荷。阿拉伯胶中70%由不含N或含少量N的多糖组成，另一成分是具有高相对分子量的蛋白质结构。

阿拉伯胶溶解度高达50%，溶液黏度低。阿拉伯胶既是一种好的乳化剂，又是一种好的稳定剂，能稳定乳状液。工业上将香精油与阿拉伯胶制成乳状液，然后进行喷雾干燥得到固体香精。在食品加工中，阿拉伯胶可推迟或阻止糖果中糖的结晶，防止糕点糖衣吸附过量的水分，有助于冷冻乳制品中形成或留有小结晶，是饮料中的乳状液和泡沫稳定剂，在固定饮料中起固定风味作用。

2. 黄芪胶 黄芪胶是豆科黄芪属植物的渗出物。黄芪胶具有复杂的结构，其主链由α-D-半乳糖醛酸单体组成，各种侧链含有由β-1,3糖苷键连接的D-木糖、D-半乳糖、L-岩藻糖、L-阿拉伯糖基。黄芪胶的水分散体系质量分数低至0.5%时还具有高的黏度，由于其主链是由半乳糖醛酸组成，所以在较低pH时仍是稳定的。黄芪胶可用于调味料和调味汁中，还可用于冷冻甜食和水果馅料中，使馅料具有较好的透明度和亮度。

（二）海洋多糖

1. 琼脂 琼脂俗称洋菜，来自红藻类(claserhodophyceae)的各种海藻，主产于日本海岸。琼脂可分离成为琼脂糖(agrose)和琼脂胶(agaropectin)两部分。琼脂糖是二糖重复单位，由β-D-吡喃半乳糖(1→4)连接3,6-脱水α-L-吡喃半乳糖基单位构成。琼脂凝胶的特点是当温度远超过胶凝起始温度时仍然保持稳定性,不与淀粉酶、唾液、胰液及菌类等起作用,可用作微生物的固体培养基。

在食品中则常作为稳定剂和胶凝剂,包括改善冷冻食品的组织状态,提高凝结能力、黏稠度和膨胀率,使产品组织细滑;在焙烤食品和糖衣中可控制水分活度和推迟陈化;应用在某些肉类罐头中可增加汤汁的黏度等。琼脂通常可与其他高聚物如黄芪胶、角豆胶或明胶等一起使用。

2. 壳聚糖　壳聚糖又称几丁质、甲壳质、甲壳素,是一类由*N*-乙酰-D-氨基葡萄糖或D-氨基葡萄糖以β-1,4糖苷键连接起来的低聚合度水溶性氨基多糖。主要存在于甲壳类(虾、蟹)等动物的外骨骼中,其基本结构单位是壳二糖(chitobiose)。壳聚糖分子中带有游离氨基,在酸性溶液中易成盐,呈阳离子性质,分子中氨基数量越多,氨基特性越显著。

在食品工业中,壳聚糖可作为黏结剂、保湿剂、澄清剂、填充剂、乳化剂、上光剂及增稠稳定剂。它能降低胆固醇,提高机体免疫力,增强机体的抗病抗感染能力,尤其有较强的抗肿瘤作用。因其资源丰富,应用价值高,已被大量开发应用。工业上多用酶法或酸法水解虾皮或蟹壳来提取壳聚糖。

(三)微生物多糖

1. 黄原胶　黄原胶是由一些黄杆菌种产生的胞外多糖,由纤维素主链和低聚糖基侧链构成,相对分子质量约为2×10^6。黄原胶溶液在广泛的剪切浓度范围内,具有高度假塑性、剪切变稀和黏度瞬时恢复的特性。黄原胶高聚物的天然构象是硬棒,硬棒聚集在一起,当剪切时聚集体立即分散,待剪切停止后,重新快速聚集。

黄原胶能改善面糊与面团的加工与储存性能,可以提高弹性与持气能力。应用于饮料中可改进口感并增加风味,稳定果汁的混浊度。在各种罐头食品中作为悬浮剂和稳定剂。此外,还可用于含高浓度盐和/或酸的调味品中。

2. α-葡聚糖　α-葡聚糖主要由明串珠菌属的肠膜菌及葡聚糖乳杆菌合成,是由α-D-吡喃葡萄糖残基通过α-(1→6)糖苷键连接起来的多糖。

α-葡聚糖易溶于水,可作为糖果的保湿剂,保持糖果和面包中的水分,糖浆中添加α-葡聚糖,能增加其黏度;在口香糖和软糖中作胶凝剂,能防止糖结晶的出现;在冰淇淋中,具有结晶抑制剂的作用。

任务2-1-4　糖类在食品加工和储存中的作用

【任务要求】

掌握糖类在食品加工、储存中的作用。

【知识准备】

糖类在食品加工及储存中有着重要的作用,主要有以下几点。

一、增强甜味,提高营养价值

糖类是食品生产的主要原料,也是重要的添加剂。单糖都有甜味,绝大多数低聚糖也有甜味,多糖则无甜味。优质糖应具备甜味纯正,甜感反应快,很快达到最高甜度,甜度高低适当,甜味消失迅速等特征。常用的几种单糖基本符合这些要求,但稍有差别。蔗糖甜味纯正而独特,与之相比,果糖的甜感反应最快,甜度较高,持续时间短,而葡萄糖的甜感反应较慢,甜度较低。

糖醇已被作为甜味剂使用。有些糖醇在甜味、减少热量或无热量方面优于其母体糖。表 2-6 列出了一些糖的相对甜度(以蔗糖甜度为 100)。

表 2-6 常见几种糖的相对甜度

糖	溶液相对甜度	结晶相对甜度	糖醇	溶液相对甜味
β-D-果糖	100~175	180	木糖醇	90
蔗糖	100	100	山梨醇	63
α-D-葡萄糖	40~79	74	半乳糖醇	58
β-D-葡萄糖	—	82	乳糖醇	35
α-D-半乳糖	27	32	甘露糖醇	68
β-D-半乳糖	—	21		
α-D-乳糖	16~38	16		
β-D-乳糖	48	32		
α-D-甘露糖	59	32		
β-D-甘露糖	苦味	苦味		
β-D-麦芽糖	46~52	—		
棉籽糖	23	1		
淀粉糖	—	10		

二、亲水功能

糖类化合物对水的亲和力是其基本的物理性质之一,含有的许多亲水性羟基靠氢键键合与水分子相互作用,使糖及其聚合物发生溶剂化或者增溶。

结晶很好的糖完全不吸湿,因为它们的大多数氢键键合位点已经形成了糖-糖氢键。不纯的糖或糖浆一般比纯糖吸收水分更多、速度更快,“杂质”是糖的异头物时也明显产生吸湿现象;当有少量低聚糖存在时吸湿更为明显,例如饴糖、淀粉糖浆中存在的麦芽低聚糖。杂质可干扰糖分子间的作用力,主要是妨碍糖分子间形成氢键,使糖的羟基更容易和周围的水分子发生氢键键合。

糖类化合物结合水的能力和控制食品中水的活性是最重要的功能性质之一,结合水的能力通常称为保湿性。根据这些性质可以判断不同种类食品是需要限制从外界吸入水分还是控制食品中水分的损失,如生产糖霜粉时需添加不易吸收水分的糖,生产蜜饯、焙烤食品时需添加吸湿性较强的淀粉糖浆、转化糖、糖醇等。

三、增强食品的色泽和风味

很多食品,特别是喷雾或冷冻干燥脱水的食品,碳水化合物在这些脱水过程中对于保持食品的色泽和挥发性风味成分起着重要作用,它可以使糖-水的相互作用转变成糖-风味剂的相互作用。

糖-水+风味剂→糖-风味剂+水

在腌制、烧烤烘焙时，加入糖起到辅助发色、护色的作用，由于糖的焦糖化作用和美拉德反应，可使烤制品在烘焙时形成金黄色表皮和良好的烘焙香味。焦糖化产品还是各种调味料和甜味剂的增强剂。食品中的双糖比单糖能更有效地保留挥发性风味成分，这些风味成分包括多种羰基化合物(醛或酮)和羧酸衍生物(主要是酯类)，双糖的分子量较大的低聚糖是有效的风味结合剂。

大分子糖类化合物是一类很好的风味固定剂，应用最普遍和最广泛的是阿拉伯树胶。阿拉伯树胶在风味物质颗粒的周围形成一层厚膜，从而可以防止水分的吸收、蒸发和化学氧化造成的损失。阿拉伯树胶和明胶的混合物用于微胶囊技术，这是食品风味固定方法的一项重大进展。阿拉伯树胶还用作柠檬、甜橙和可乐等乳浊液的风味乳化剂。

四、应用于发酵类产品

糖类物质资源丰富、价格低廉，能为微生物提供代谢所需的碳源和能量，是主要的发酵原料。淀粉质原料是使用最多的发酵原料，其中谷类有玉米、高粱等；薯类有甘薯、马铃薯等；野生植物有葛根等。它们可用来生产食醋、酒、柠檬酸、氨基酸等多种发酵产品。糖质原料主要有甘蔗、甜菜、各种水果等，可生产乙醇、果醋、果酒等发酵产品。纤维素、含糖工业废液、粮食加工副产品等可发酵生产乙醇、有机酸等。

五、改善食品质构

多糖主要具有增稠及稳定作用，可用于控制流体食品与饮料的流动性质、质构以及改变半固体食品的变形性等。琼脂用于改善冰淇淋和糖果的组织状态，使其均匀固化，口感良好，也用于增加果酱的黏稠度；果胶可用于制造凝胶糖果、作为果酱和果冻的胶凝剂、酸奶的水果基质、增稠剂和稳定剂等。羧甲基纤维素可与蛋白质形成复合物，有助于蛋白质食品的增溶，在馅饼、牛奶蛋糊及布丁中作增稠剂和黏接剂。半纤维素有助于蛋白质和面团的混合，增加面包体积，延缓面包的老化。环糊精在食品行业中可用作增稠剂、稳定剂、乳化剂，提高溶解度、掩盖异味等。

多糖的胶凝作用：在许多食品产品中，一些共聚物分子(例如多糖或蛋白质)能形成海绵状的三维网状凝胶结构。不同的凝胶具有不同的用途，选择标准取决于所期望的黏度、凝胶强度、流变性质、体系的 pH、加工温度、与其他配料的相互作用、质构、价格以及期望的功能特性等。亲水胶体具有多功能用途，它可以作为增稠剂、澄清剂、结晶抑制剂、成膜剂、絮凝剂、泡沫稳定剂、缓释剂、悬浮稳定剂、吸水膨胀剂、乳状液稳定剂以及胶囊剂等。

六、保健功能

低聚糖如低聚果糖、低聚木糖、大豆低聚糖、低聚异麦芽糖、低聚半乳糖等，由于其独特的生理活性(例如具有低热量、是水溶性膳食纤维的特点，并有增殖双歧杆菌、抑制腐败菌、抗龋齿等作用)常作为新型的食品甜味剂或功能性食品配料。如甜叶菊苷、山梨糖醇等添加到食品中具有增加甜度、降低糖摄入量的作用。人体试验表明，摄入低聚糖可促进双歧杆菌增殖，从而抑制了有害细菌的生长,如产气荚膜梭状芽孢杆菌。每天摄入 2~10g 低聚糖持续数周后,肠道内的双歧杆菌活菌数平均增加 7.5 倍,而产气荚膜梭状芽孢杆菌总数减少了 81%。

七、延长食品货架期

糖类的高渗透压作用,能抑制微生物的生长和繁殖,从而增强产品的防腐能力,延长产品的货架寿命。糖液的渗透压对于抑制不同微生物的生长是有差别的。例如 50% 蔗糖溶液能抑制一般酵母的生长,但抑制细菌和其他真菌的生长,则分别需要 65% 和 80% 的浓度。

八、装饰美化产品

利用砂糖粒晶莹闪亮、糖粉洁白如霜的质感,将这些撒在或覆盖在产品表面可起到装饰美化的效果。利用以糖为原料制成的膏料、半成品,如白马糖、白帽糖膏等装饰、美化产品,在烘焙食品中的运用更为广泛。

点滴积累

1. 糖的分类 单糖、低聚糖、多糖。
2. 食品中重要的单糖 葡萄糖、果糖、半乳糖、甘露糖。
3. 食品中重要的低聚糖 麦芽糖、乳糖、蔗糖、海藻糖、低聚果糖、低聚异麦芽糖、低聚木糖、大豆低聚糖。
4. 食品中重要的多糖 淀粉、糖原、纤维素和半纤维素、果胶。
5. 糖的衍生物 糖苷、糖醇。
6. 糖的加工 改性淀粉、改性纤维素、淀粉糖。

任务 2-2 美拉德反应初级阶段的评价

导学情景

情景描述:

面包外皮的金黄色、红烧肉的褐色以及它们浓郁的香味是因何而来的呢? 美拉德反应(maillard reaction)也称为羰氨反应(amino-carbonyl reaction)是引起食品非酶褐变(nonenzymic browning)的主要因素之一。 美拉德反应是加工食品色泽和各种风味的重要来源,在调味品包括香精香料的生产中尤为重要。

学前导语:

美拉德反应历程及产物受不同氨基酸及糖反应条件(水分、温度、pH、时间、金属离子等)的影响,是十分复杂的化学过程。 此次我们来学习美拉德反应初级阶段的评价。

【任务要求】

1. 了解美拉德反应初始阶段的评价重点。

2. 掌握利用模拟实验测定美拉德反应初始阶段的测定方法。

【知识准备】

一、任务原理

美拉德反应即蛋白质、氨基酸或胺与碳水化合物之间的相互作用。美拉德反应的开始阶段,以无紫外吸收的无色溶液为特征。随着反应不断进行,还原力逐渐增强,溶液变成黄色,在近紫外区吸收增大,同时还有少量糖脱水变成5-羟甲基糖醛(HMF),以及发生键断裂形成二羰基化合物和色素的初产物,最后生成类黑精色素。

美拉德反应过程可分为初期、中期、末期三个阶段,每一个阶段又包括若干个反应。

(一)初期阶段

初期阶段包括羰氨缩合和分子重排两种作用。

1. 羰氨缩合 羰氨缩合反应的第一步是氨基化合物中的游离氨基与羰基化合物的游离羧基之间的缩合反应,最初产物是一个不稳定的亚胺衍生物,称为席夫碱(schiff's base),此产物随即环化为*N*-葡萄糖基胺。羰氨缩合反应是可逆的,在稀酸条件下,该反应产物极易水解。羰氨缩合反应过程中由于游离氨基的逐渐减少,使反应体系的pH下降,所以在碱性条件下有利于羰氨反应。

2. 分子重排 *N*-葡萄糖基胺在酸的催化下经过阿马道里(amadori)分子重排作用,生成氨基脱氧酮糖即单果糖胺;此外,酮糖也可与氨基化合物生成酮糖基胺,而酮糖基胺可经过海因斯(heyenes)分子重排作用异构成2-氨基-2-脱氧葡萄糖。

(二)中期阶段

重排产物1-氨基-1-脱氧-2-己酮糖(果糖基胺)的进一步降解,可能经过:①果糖基胺脱水生成羟甲基糠醛(hydroxymethylfurfural,HMF);②果糖基胺脱去胺残基重排生成还原酮;③氨基酸与二羰基化合物的作用等几种途径。

(三)末期阶段

羰氨反应的末期阶段包括醇醛缩合和生成黑色素的聚合反应。

本实验利用模拟实验:葡萄糖与甘氨酸在一定pH缓冲液中加热反应,一定时间后测定HMF的含量和在波长285nm处的紫外吸光度。

HMF的测定方法是根据HMF与对-氨基甲苯和巴比妥酸在酸性条件下的呈色反应,此反应常温下生成在550nm有最大吸收波长的紫红色物质,因不受糖的影响,所以可直接测定。这种呈色物对光、氧气不稳定,操作时要注意。

二、任务所需材料、仪器与试剂

1. 仪器 分光光度计、水浴锅、试管等。

2. **试剂** 均以相应的AR级试剂配制。

(1)巴比妥酸溶液：称取巴比妥酸500mg，加约70ml水，在水浴加热使其溶解，冷却后转移入100ml容量瓶中，定容。

(2)对-氨基甲苯溶液：称取对-氨基甲苯10.0g，加50ml异丙醇在水浴上慢慢加热使之溶解，冷却后移入100ml容量瓶中，加冰醋酸10ml，然后用异丙醇定容。溶液置于暗处保存24小时后使用。保存4~5天后如呈色度增加，应重新配制。

(3)1mol/L葡萄糖溶液。

(4)0.1mol/L甘氨酸溶液。

(5)2mol/L亚硫酸钠溶液。

三、任务实施

1. 取5支试管，分别加入5ml 1.0mol/L葡萄糖溶液和0.1mol/L甘氨酸溶液，编号为A1、A2、A3、A4、A5。A2、A4调pH到9.0，A5加亚硫酸钠溶液。5支试管置于90℃水浴锅内并计时，反应1小时，取A1、A2、A5管，冷却后测定其在285nm的吸光度（以现配的未加热葡萄糖甘氨酸溶液为对照）和HMF值。

2. HMF的测定 A1、A2、A5各取2ml于另三支试管中，加对-氨基甲苯溶液5ml，然后分别加入巴比妥酸溶液1ml；另取一支试管加A1液2ml和5ml对-氨基甲苯溶液，但不加巴比妥酸溶液而加1ml水，将试管充分振动。试剂的添加要连续进行，在1~2分钟内加完，以加水的试管作参比，测定在550nm处吸光度，通过吸光度比较A1、A2、A5中HMF的含量可看出美拉德反应与哪些因素有关。

3. A3、A4两支试管继续加热反应，直到看出有深颜色为止，记下出现颜色的时间。

四、实验结果

1. 数据记录

<table>
<tr><th>测定项目</th><th colspan="4">样品名</th></tr>
<tr><td rowspan="2">吸光度(285nm)</td><td>CK</td><td>A1</td><td>A2</td><td>A5</td></tr>
<tr><td></td><td></td><td></td><td></td></tr>
<tr><td rowspan="2">HMF(550nm)</td><td>A1
(不加巴比妥酸)</td><td>A1</td><td>A2</td><td>A5</td></tr>
<tr><td></td><td></td><td></td><td></td></tr>
<tr><td rowspan="2">深色出现时间</td><td colspan="2">A3</td><td colspan="2">A4</td></tr>
<tr><td colspan="2"></td><td colspan="2"></td></tr>
</table>

2. 讨论、评价美拉德反应初级阶段与哪些因素有关。

五、任务注意事项

HMF 显色后不稳定,比色时操作要迅速。

任务 2-3　淀粉糊化程度的酶法测定

导学情景

情景描述：

糊化的本质是淀粉中晶质与非晶质态的淀粉分子间的氢键断开，微晶束分离，形成一种间隙较大的立体网状结构，淀粉颗粒中原有的微晶结构被破坏。食品中淀粉的糊化度越高，越容易被水解，有利于消化吸收，所以糊化度的测定和控制是谷物食品工业生产中至关重要的。淀粉糊化后，其物理、化学特性会发生很大变化，如双折射现象消失、颗粒膨胀、透光率和黏度上升等。

学前导语：

淀粉糊化度的测定方法也有多种（如双折射法、膨胀法、酶水解法和黏度测量法等）。当前比较认同的方法是酶水解法。

【任务要求】

1. 了解淀粉糊化程度的酶法测定原理。
2. 掌握淀粉糊化程度的酶法测定方法。

【知识准备】

一、任务原理

淀粉糊化后才能被淀粉酶作用,而淀粉酶不能水解未经糊化的淀粉。将完全糊化的样品、未处理样品用淀粉酶(糖化酶、葡萄糖淀粉酶或脱支酶等)水解,测定释放出的生成物含量。淀粉糊化度为样品的还原糖释放量与完全糊化样品的生成物释放量的比值。

二、任务所需材料、仪器与试剂

1. 仪器　搅拌机、家用混合器、玻璃过滤器、水力抽滤泵、玻璃均质器、天平(灵敏度 0.001g)、1~2ml 移液管、恒温水浴、台式离心机、分光光度计、氯化钙干燥器、研钵等。

2. 试剂

(1)99%乙醇,2mol/L 醋酸缓冲液(pH 4.8),10mol/L 氢氧化钠,2mol/L 醋酸,葡萄糖淀粉酶液(2.63U/ml),0.025mol/L 盐酸,乙醚等。

(2)A 液:25g 无水碳酸钠,25g 酒石酸钾钠,20g 碳酸氢钠,200g 无水硫酸钠加入 800ml 水中,使之溶解并定容成 1L。必要时需过滤。

B 液:30g 结晶硫酸铜($CuSO_4 \cdot 5H_2O$)溶于 200ml 含 4 滴浓硫酸的水中。

C 液:25g 钼酸铵溶于 450ml 预先添加 21ml 浓硫酸的水中。3g 砷酸氢二钠($Na_2HAsO_4 \cdot 7H_2O$)溶解于 25ml 水中,并将此溶液慢慢地加入不断搅拌下的上述水溶液中,然后稀释至 500ml。将此溶液置于 55℃水浴上小心保温 30 分钟,或在 37℃放置过夜。

三、任务实施

1. 试样的配制 试样 20g(或 20ml),加入 200ml 浓度为 99%的乙醇,投入高速旋转的家用混合器中连续旋转 1 分钟,使之迅速脱水。生成的沉淀用 3 号玻璃过滤器抽滤,用约 50ml 浓度为 99%的乙醇、接着用 50ml 乙醚脱水干燥后,放在氯化钙干燥器中,以水力抽滤泵减压干燥过夜,用研钵将其轻轻粉粹,仍保存在同样的干燥器中备用。

2. 将 100mg 上述的干燥试料放入磨砂配合的玻璃均质器中,加 8ml 蒸馏水,用振动式搅拌机搅拌至基本均匀为止。接着将均质器上下反复几次,使之成为均匀的悬浮液。再用振动式搅拌机均匀化,随即各取悬浮液 2ml 注入 2 支容量为 20ml 的试管中,分别用作被检液和完全糊化检液。

3. 向被检液试管加 2mol/L 醋酸缓冲液(pH 4.8)1.6ml 和水 0.4ml,而向完全糊化检液试管添加 10mol/L NaOH 溶液 0.2ml,在证实已于室温完全溶解之后,加 2mol/L 醋酸 1.6ml(醋酸的添加量需预先通过试验决定,其量为使 pH 调至 4.8 时所用的醋酸量)。最后加水至 4ml。将这 2 支试管放在 37℃的恒温槽中预保温数分钟后,添加酶液 1ml,每隔 10~15 分钟振荡 1 次,共反应 60 分钟。然后,将反应液 0.5ml 加入预先放 10ml 0.025mol/L 盐酸(终止反应)的锥底离心管中,上下振荡数次,在转速为 3 000r/min 的离心机中离心 10 分钟。

4. Somogyi-Nelson 法测定还原糖含量 取上述清液(即经酶液处理过的被检液和完全糊化的检液)0.5ml,用蒸馏水稀释 1 倍,加到新配制的 1.0ml C 液(即 1.0ml B 液加到 25ml A 液中),总容积为 2.0ml。混合液在沸水中放置 20 分钟,接着用流水冷却 5 分钟,然后加入 1.0ml C 液,使其充分混合,直到混合液不放出 CO_2 气体为止。静置 10 分钟后,用水稀释至 25ml。用分光光度计测定 520nm 处的吸光度。用麦芽糖做标准曲线,参比溶液为 1ml 经均质器搅拌均匀后的试样溶液加 1ml 0.04mol/L 缓冲溶液及 2ml 水的混合液。

四、实验结果

1. 数据记录

测定项目	样品名	
	被检液	完全糊化的检液
吸光度(520nm)		
还原糖含量(依据标准曲线)		

2. 计算

淀粉糊化度=被检液的糖量/完全糊化检液的糖量×100%

五、任务注意事项

1. 市售的玻璃均质器磨砂配合是硬性的配合，需用150目或400目的金刚砂来调节配合。均质器的配合以在干燥状态下磨砂配合棒能缓慢地自然落下者为好。

2. 向被检液和完全糊化检液中添加不同的反应试剂，注意添加顺序及添加时机，添加量需预先通过试验决定。

目标检测

一、填空题

1. 单糖根据羰基类型可分为__________和__________，寡糖一般是由__________个单糖分子缩合而成，多糖聚合度大于__________。

2. 多糖的形状有__________和__________两种，多糖可由一种或几种单糖单位组成，前者称为__________；后者称为__________。

3. 蔗糖水解称为__________，生成等物质的量的混合物称为__________。

4. 蔗糖、果糖、葡萄糖和乳糖按照甜度由低到高的排列顺序为__________、__________、__________、__________。

5. 膳食纤维按在水中的溶解能力分为__________和__________膳食纤维。按来源分为__________、__________和__________膳食纤维。

二、单项选择题

1. 糖苷的溶解性能与(　　)有很大关系

A. 苷键　　　　B. 配基

C. 单糖　　　　D. 多糖

2. 一次摄入大量苦杏仁易引起中毒，这是由于苦杏仁苷在体内水解产生(　　)，导致中毒

A. D-葡萄糖　　　　B. 氢氰酸

C. 苯甲醛　　　　D. 硫氰酸

3. 碳水化合物在非酶褐变过程中除了产生深颜色的(　　)色素外，还产生了多种挥发性物质

A. 黑色　　　　B. 褐色

C. 类黑精　　　　D. 类褐精

4. 淀粉糊化的本质就是淀粉微观结构(　　)

A. 从结晶转变成非结晶　　　　B. 从非结晶转变成结晶

C. 从有序转变成无序　　　　D. 从无序转变成有序

5. 喷雾或冷冻干燥是脱水食品中的碳水化合物随着脱水的进行，使糖-水的相互作用转变成(　　)的相互作用

A. 糖-风味剂　　　　B. 糖-呈色剂

C. 糖-胶凝剂　　D. 糖-干燥剂

6. 下列不属于还原性二糖的是(　　)

A. 麦芽糖　　B. 蔗糖

C. 乳糖　　D. 纤维二糖

三、简答题

1. 以葡萄糖为例,说明在糖类物质命名中使用的词头“D”“L”“α”“β”分别表示什么?
2. 什么是淀粉的老化?在食品工艺上有何用途?
3. 什么是焦糖化反应?在食品中有哪些应用?
4. 膳食纤维有哪些作用?

(郭 峰)

项目三

脂　类

学习目标

认知目标：

1. 了解脂类的结构、组成及分类。
2. 熟悉脂类的理化物质及应用。
3. 掌握油脂在加工、储存过程中的作用和化学变化。

技能目标：

1. 熟练掌握滴定操作，培养学生的动手能力。
2. 学会油脂氧化程度的判断，掌握测定油脂的过氧化值、酸价的方法。

素质目标：

1. 具有良好的操作意识，养成规范的操作习惯。
2. 学习判断油脂酸败的能力。
3. 具有积极、主动、负责的工作态度。

任务 3-1　脂类的概述

导学情景

情景描述：

2014 年台湾爆发了馊水油事件，台湾检方于 10 月 8 日查获顶新国际集团旗下的正义公司以饲料用油混充食用猪油的案件。随后，正义公司的 68 项油品被下架，至少波及下游 230 家食品企业。

学前导语：

我们知道，该事件中的馊水油和饲料猪油都含有许多的有毒有害物质，一旦食用对人体的危害是巨大的。脂类给人体提供必需的营养成分，同时脂类在食品中可以改善食品的风味、口感，并能增强食欲。不合格油脂会有哪些有毒物质？油脂应该在什么条件下储存？如何来判断油脂氧化的程度？如何保证我们食用油脂的安全？为此本任务重点来讨论脂类的化学组成、理化性质及加工储存中的作用和化学变化。

任务 3-1-1 脂类的概念、组成及性质

【任务要求】

1. 了解脂类的结构、组成和分类。

2. 熟悉脂类的物理性质及其在食品中的应用。

【知识准备】

一、脂类的结构、组成及分类

(一) 存在

脂类是一大类溶于有机溶剂而不溶于水的有机化合物,主要包括脂肪(三酰甘油酯)和类脂(磷脂、蜡、甾醇)等。我们通常说的脂肪指的是油和脂肪的合称,属于中性脂肪,广泛分布于动植物组织中,室温下呈固体的为脂,呈液态的为油,二者没有本质的区别,它们的主要成分是三酰甘油酯。脂肪是食品的重要成分,也是人类重要的营养成分之一,脂肪中三酰甘油酯占95%以上,类脂占1%~5%。三酰甘油酯的性质取决于所含脂肪酸的种类、含量和比例。

(二) 结构

天然脂肪是由甘油和脂肪酸形成的酯类,即甘油三酯。其结构简式如下:

$$\begin{array}{c} CH_2OH \\ | \\ CHOH \\ | \\ CH_2OH \\ \text{甘油} \end{array} + \begin{array}{c} R_1COOH \\ \\ R_2COOH \\ \\ R_3COOH \\ \text{脂肪酸} \end{array} \longrightarrow \begin{array}{l} H_2C - OCOR_1 \\ \quad | \\ HC - OCOR_2 \\ \quad | \\ H_2C - OCOR_3 \\ \text{甘油三酯} \end{array}$$

R_1、R_2、R_3 分为不同碳链的烃基,如果构成甘油三酯的三个烃基相同,则生成单纯甘油酯;如不相同则生成混合甘油酯。

天然脂肪中一般至少有三种以上的脂肪酸构成的混和甘油酯。如橄榄油中70%以上为油酸甘油酯。一般天然脂肪都是混和甘油酯混合物。

(三) 分类

根据化学组成可将脂类化合物分为三大类:

1. 单纯脂类 脂肪酸与醇所构成的酯的总称。根据醇的性质又可分为以下两种。

(1)脂肪:脂肪酸与甘油形成的酯(三酰甘油酯)。

(2)蜡:脂肪酸与高级一元醇(固醇、高级醇)所生成的脂。

2. 复合脂类 由醇与脂肪酸形成的酯,其中含有N、P、S等元素或基团。常见的复合脂有磷脂、糖脂、脂蛋白等。

3. 衍生脂类 是具有一般性质的简单脂类或复合脂类的衍生物,包括类固醇、脂溶性维生素、类胡萝卜素等。

(四) 功能

1. 储存能量 每克脂肪可提供39.58kJ的热能,是同质量的蛋白质和糖类的两倍多。

2. 给人类提供必需的脂肪酸，运输脂溶性维生素，预防维生素缺乏症等疾病。

3. 改变食品的风味、口感及外观。比如油脂可以用于煎炸食品，增进食品风味；奶油可以制作图形精美的蛋糕等。

（五）食品中的脂肪

食物中的脂肪主要是油和脂肪，动物性食品中的脂肪含量丰富。禽肉类和鱼类脂肪的含量一般在10%以下；蛋类中蛋黄的脂肪含量约为30%，全蛋为10%；坚果类食物包括芝麻、花生、开心果、核桃、松仁等脂肪含量高达50%以上。另外，油炸类食物比如油条，以及点心、蛋糕等脂肪含量较高。蔬菜瓜果脂肪含量较低。

课堂互动

列举你经常食用的脂肪含量较低的食品。

二、脂肪酸的结构和命名

常见的天然饱和脂肪酸见表3-1。

表3-1　常见的天然饱和脂肪酸

系统名称	俗名或普通名称	数字命名称	备注
丁酸	酪酸	4：0	
己酸	己酸	6：0	
辛酸	辛酸	8：0	
十二酸	月桂酸	12：0	
十四酸	肉豆蔻酸	14：0	
十六酸	软脂酸	16：0	
十八酸	硬脂酸	18：0	
二十酸	花生酸	20：0	
9-十八烯酸	油酸	18：1（ω-9）	
9,12-十八烯酸	亚油酸	18：2（ω-6）	必需脂肪酸
9,12,15-十八烯酸	α-亚麻酸	18：3（ω-3）	必需脂肪酸
5,8,11,14-二十碳四烯酸	花生四烯酸	20：4（ω-6）	必需脂肪酸
13-二十二烯酸	芥酸	22：1（ω-9）	
5,8,11,14,17-二十碳五烯酸	EPA	20：5（ω-3）	
4,7,10,13,16,19-二十二碳六烯酸	DHA	22：6（ω-6）	

（一）结构组成

1. 结构组成　脂肪酸是由一条长的链烃和一个末端羧基组成的羧酸。目前脂肪酸的种类有800余种，从动植物和微生物体内分离出的脂肪酸有近200种，绝大多数是含偶数碳原子的脂肪酸，含奇数碳原子的脂肪酸占少数。

食品中的脂肪酸大多是长链脂肪酸，以18碳链长为主。其碳链越长，熔点越高。低级的脂肪酸是无色液体，有刺激性气味；高级的脂肪酸是蜡状固体，无明显气味。植物油脂中的不饱和脂肪酸含量较多，如花生油、芝麻油、豆油、菜籽油等；动物脂肪中含饱和脂肪酸含量较多，如牛油、猪油和羊油等；深海鱼油中富含不饱和脂肪酸。

2. 命名 脂肪酸的命名有普通命名法、系统命名法和数字命名法三种。

（1）普通命名法：来源于天然产物中的许多脂肪酸，按其来源来命名，或称为俗名。例如硬脂酸、软脂酸、油酸、月桂酸等。

（2）系统命名法：选含羧基和双键最长的碳链为主链，从羧基一端开始编号。不饱和键的位置用Δ表示，如下。

油酸：$CH_3(CH_2)_7CH{=\!=}CH(CH_2)_7COOH$ $(18:1,\Delta^9)$

9-十八碳烯酸

亚油酸：$CH_3(CH_2)_4CH{=\!=}CHCH_2CH{=\!=}CH(CH_2)_7COOH(18:2,\Delta^{9,12})$

9,12-十八碳二烯酸

（3）数字命名法：缩写为$n:m$（n为碳原子数，m为双键数）。最远端的甲基碳为碳原子，脂肪酸的碳原子从离羧基最远的碳原子ω开始编号，依此为ω-1、ω-2、ω-3……不饱和键的位置用ω表示。

例如，油酸 $CH_3(CH_2)_7CH{=\!=}CH(CH_2)_7COOH$，命名为$(18:1,\omega\text{-}9)$。表示油酸含18个碳原子和1个不饱和双键，第一个双键从甲基端数起，位于第9和第10个碳原子之间。

亚油酸 $CH_3(CH_2)_4CH{=\!=}CHCH_2CH{=\!=}CH(CH_2)_7COOH$，命名为$(18:2,\omega\text{-}6)$或$18:2(6,9)$。表示亚油酸含18个碳原子和2个不饱和双键，第一个双键从甲基端数起，位于第6和第7个碳原子之间。

课堂互动

写出硬脂酸的结构式（18:0）。

（二）分类

1. 按照脂肪酸的化学结构和性质可分为饱和脂肪酸和不饱和脂肪酸。

（1）饱和脂肪酸：是指分子中碳原子间以单键相连的一元羧酸。饱和脂肪酸根据碳原子不同，可分为以下2种。

1）低级饱和脂肪酸：分子中碳原子少于10个的脂肪酸称为高级饱和脂肪酸。常温时为液态，如丁酸、己酸等，在乳脂和椰子油中多见。由于沸点低易挥发又称为挥发性脂肪酸。此类脂肪酸多数存在于牛、羊奶或羊脂中，挥发产生气味。

2）高级饱和脂肪酸（固态脂肪酸）：分子中碳原子多于10个的脂肪酸称为高级饱和脂肪酸。常温时为固态，如软脂酸、硬脂酸等。

课堂互动

为什么羊肉羊奶中会有膻味？

（2）不饱和脂肪酸：是指分子中含有双键或三键的脂肪酸，通常为液态。常见的不饱和脂肪酸有油酸、亚油酸和亚麻酸等。

不饱和脂肪酸中最重要的是EPA（二十碳五烯酸）和DHA（二十二碳六烯酸）。EPA能降低胆固醇和甘油三酯，被称为"血管清道夫"；DHA能促进大脑神经发育，软化血管，健脑益智，被称为"脑黄金"。

课堂互动

查阅有关EPA和DHA的相关资料，了解它们的保健功能。

2. 按照人体的需求可分为必需脂肪酸和非必需脂肪酸。

（1）必需脂肪酸：自然界发现的40余种脂肪酸中，大多数脂肪酸人体能够自身合成，有些不饱和脂肪酸是维持人体正常生理活动所必需的，而体内又不能合成的，这些脂肪酸被称为必需脂肪酸。比如亚油酸、亚麻酸和花生四烯酸都属于必需脂肪酸，最好的来源是植物油。不同植物油脂中必需脂肪酸的含量不同。总之，应该根据自己身体的实际需要来选择不同的油脂。

必需脂肪酸是构成磷脂的重要成分，磷脂又是细胞膜的结构成分，因此必需脂肪酸与细胞膜的结构和功能有密切的关系。必需脂肪酸参与胆固醇的代谢，当脂肪酸缺乏时会引起人体生长迟缓、生殖障碍、皮肤损伤以及肝脏、肾脏、神经和视觉疾病。亚油酸是合成前列素的前体，前列素与血管的扩张、收缩、神经的传导有关。然而过多摄入这些必需脂肪酸会给人体带来危害，因此要严格控制食用量。

（2）非必需脂肪酸：人体能够自身合成，不需要从食物中供给的脂肪酸称为非必需脂肪酸。非必需脂肪酸中饱和脂肪酸占多数，非必需脂肪酸摄入过多会增加体内血脂的含量，但它对人的大脑发育起着不可替代的作用，所以长期缺乏会影响大脑的发育。

常见油脂中脂肪酸的含量见表3-2。

表3-2　常见油脂中脂肪酸的含量（%）

组成	花生油	棉籽油	芝麻油	豆油	棕榈油	猪油
月桂酸						0.1
肉豆蔻酸	0~1	0.5~1.5			0.5~6	1
肉豆蔻烯酸						0.3
棕榈油酸（软脂酸）	6~9	20~23	7~9	8	32~45	26~32
9-十六烯酸（棕榈油酸）	0~1.7					2~5
硬脂酸	3~6	1~3	4~55	4	2~7	12~16
油酸	53~71	23~35	37~49	28	38~52	41~51
亚油酸	13~27	42~54	35~47	53	5~11	3~14
亚麻酸						0~1
花生四烯酸	2~4	0.2~1.5				
山嵛酸	1~3					

知识链接

亚油酸、亚麻酸和花生四烯酸的作用

亚油酸分布较广，能降低血清胆固醇，维持细胞膜功能，是生理调节物前列腺素的前体，还能修复皮肤损伤；亚麻酸能降血脂，清除血液中的甘油三酯，减少内源性胆固醇的合成，并能升高高密度脂蛋白的含量，还能起到抗动脉粥样硬化以及杀菌、消炎和预防高血压的作用；花生四烯酸主要存在于花生油中，能够维持细胞膜的结构和功能，也能预防心血管疾病，还可预防肿瘤癌变和调节神经。

三、食用油脂的物理性质

（一）气味、色泽

纯净的油脂是无色无味的，常见的油脂略带黄绿色，出现黄棕色是由于色素脱色不完全（如胡萝卜素、叶绿素等）。天然油脂具有特殊的气味，如芝麻油是因为含有芝麻酚素；椰子油含有壬基甲酮。还有些油脂具有不正常的气味，是由于低级脂肪酸的挥发造成的，油脂在空气中氧化也会产生气味。

（二）熔点、沸点

三酰甘油的熔点随着油脂中所含的饱和脂肪酸的增加和碳链的增长而升高。反式脂肪酸和共轭结构的脂肪酸含量越高，其熔点越高。天然油脂是三酰甘油的混合物，无固定的熔点，只能测定它们熔化时的温度范围。一般油脂的熔点在40~55℃，与组成该油脂的脂肪酸有关。

健康人体的体温为37℃左右，油脂的熔点如果高于体温则难以被消化，比如牛油、羊油等，只有趁热食用才容易被消化。

油脂的沸点一般为180~200℃，随脂肪酸碳链的增长而升高，但碳链长度相同、饱和度不同的脂肪酸沸点相差不大。油脂在加工和储存时随脂肪酸增多，其发烟点会低于沸点。常见油脂的熔点见表3-3。

表3-3　常见油脂的熔点

油脂	大豆油	花生油	葵花籽油	棉籽油	猪油	牛油
熔点/℃	-8~-18	0~3	-19~-16	3~4	28~48	40~50

（三）烟点、闪点及着火点

烟点、闪点及着火点统称为油脂“三点”，是油脂的热稳定性指标。烟点是指不通风的条件下油脂发烟的温度，一般为240℃。闪点是油脂样品挥发的物质能被点燃，但不能维持燃烧时的温度，一般为340℃。着火点是指油脂燃烧5秒以上的温度，一般为370℃。油脂的纯度越高，其烟点、闪点及着火点越高。精炼后的油脂烟点一般为240℃左右，未精炼的油脂其烟点会降低。

（四）塑性

油脂的塑性是指在一定的外力下，表观固体脂肪具有的抗变形的能力。室温时脂肪实际是固体脂肪和液体的混合物，两者交织在一起，一般无法分开，这种现象称为脂类的可塑性。

油脂的塑性与以下因素有关：

1. 固体脂肪指数　油脂中固液比适当时塑性好。固体脂肪过多则过硬，塑性不好易变形。

2. 脂肪的晶型　当脂肪为β'晶型时可塑性最好，是因为结晶时将大量空气小气泡引入其中，这样的产品有较好的塑性和奶油凝聚性质；而β晶型包含的气泡少而且大，塑性较差。

3. 熔化温度范围　当油脂开始熔化到熔化结束时温差较大，油脂的塑性较大。

塑性油脂与蛋白质、淀粉、乳化剂、抗氧化剂和调味料混合可制成粉末状油脂，具有很好的分散性、速溶性和稳定性，广泛应用于面包糕点的制作中。塑性油脂具有良好的涂抹性和可塑性，在饼干、糕点和面包的生产中专用的塑性油脂称为起酥油。塑性油脂加入面团中，可以使饼干、薄脆类甜点等烘焙制品变得酥脆，该性质称为油脂的起酥性。

课堂互动

奶油为何可用于制作蛋糕裱花和造型？

（五）乳化剂

互不相溶的两种液体的一种分散于另一种液体中，该过程称为乳化。乳化剂是将互不相溶的两相中的一相均匀地分散于另一相中的物质。乳化剂是具有亲水基团和亲油基团的表面活性剂，亲水基团一般是极性基团，如羟基（—OH）、羧基（—COOH）等。亲油基团为非极性基团，如油脂中的烃基（—R）。

乳化剂可以分为两类：一类是水包油型乳状液，油为分散相，水为连续相，例如含乳饮料、冰淇淋等；另一类为油包水型乳状液，水为分散相，油为连续相，例如黄油、人造奶油、巧克力等。常用的乳化剂有磷脂、蔗糖酯和山梨糖醇酯等。

任务 3-1-2　磷脂的组成与应用

【任务要求】

1. 了解磷脂的结构组成、分类。
2. 掌握磷脂在食品中的应用。

【知识准备】

一、磷脂的组成

（一）磷脂的来源

磷脂是磷的甘油酯（甘油酯大都与糖或蛋白质以结合状态存在）的简称，普遍存在于动植物细胞的原生质和生物膜中，在动物的脑、心脏、肝脏、肾脏、血液以及细胞膜中含量最高，鸡蛋蛋黄中磷脂含量较丰富，约占8%~10%。植物的油料种子也含有磷脂，大部分蛋白质酶、苷、生物素或与糖结合存在，构成较复杂的复合物。如棉籽中结合态脂达90%，葵花籽中达66%。大豆中磷脂含量是油料种子中最高的。

（二）磷脂的组成

磷脂是由醇类、脂肪酸、磷酸和一个含氮的化合物（含氮碱）所组成。按其结构中醇基的种类又可分为甘油磷脂和非甘油磷脂。

1. 卵磷脂（又称磷脂胆碱） 卵磷脂是由磷脂与胆碱结合而成的。由于胆碱与碳原子位置的不同，会产生 α 和 β 两种异构体，α 碳位多连接饱和脂肪酸，而 β 碳位上连接的为不饱和脂肪酸（如亚油酸、亚麻酸和花生四烯酸等）。商品卵磷脂是从大豆中得到未经纯化的卵磷脂，是以磷脂酸衍生物为主要成分的脂质混合物。

卵磷脂是生物界分布最广泛的一种磷脂，存在于动物的卵和神经组织中，因其在蛋黄中含量最多（8%~10%）而得此名。

纯净的卵磷脂为白色膏状物，有难闻的气味，氧化稳定性差，氧化后呈棕色，极易吸湿，可溶于甲醇、乙醇、苯及其他芳香烃、醚和氯仿等，不溶于丙酮和乙酸乙酯。

2. 脑磷脂 脑磷脂是由甘油、脂肪酸、磷酸和乙醇组成的一种磷脂。脑磷脂是无色固体，空气中易氧化变为红棕色，有吸湿性，不溶于水和丙酮。微溶于乙醇，溶于氯仿和乙醚。

脑磷脂与卵磷脂结合的碱基不同，但性质非常相似，一类是乙醇胺磷脂，另一类是丝氨酸磷脂。

（1）乙醇胺磷脂：从动物的脑组织和神经组织中提取，在心、肝及其他组织中也有，常与卵磷脂共存。

（2）丝氨酸磷脂：由磷脂与肌醇构成的磷脂。

3. 肌醇磷脂 由磷脂酸与肌醇构成的磷脂。肌醇磷脂经水解得到的生成物可激发蛋白质激酶，引发细胞反应。有发现证明肌醇磷脂在生物信号的跨膜传递中起着重要作用。

4. 神经鞘磷脂 由鞘氨醇、脂肪酸和磷酸胆碱组成。鞘磷脂是食物中的一种天然成分，它参与人体胆固醇、脂肪酸的代谢，与胆固醇、脂肪酸等引起的疾病有密切关系。还可以调节生长因子受体，为微生物、微生物毒素提供结合位点，对癌细胞具有抑制作用。

二、磷脂的作用和生理功能

磷脂是一种天然的表面活性剂，具有乳化作用。鸡蛋黄中含有丰富的卵磷脂，可用于蛋黄酱的加工，还可用于保健功能食品。磷脂可用于人造奶油、起酥油的生产，促进加工过程的褐变，增强起酥效果；也可用于加工面包、蛋糕、甜点、饼干等烘焙食品，不仅起到乳化作用，还能促进面团发酵和水分吸收，延缓淀粉老化，使产品更加柔软细腻；还能用于改善奶粉和固体饮品的速溶性，用于糖果生产可调节黏度。磷脂用于巧克力的生产具有良好的乳化作用，可防止巧克力表面产生糖霜。磷脂作为油炸食品和烘焙食品的脱模剂，可降低食物的黏度，防止因加工时间长而表面变黑，并赋予温和的口感。在糖果的生产过程中，加入卵磷脂做乳化剂，还能使产品质地均匀并防止吸收水分而粘连，具有风味保护剂和抗氧化作用。在冰淇淋生产中，卵磷脂能够控制低温冷冻时脂肪的稳定性，使产品保持一定的质地结构和干燥度。

磷脂是构成细胞膜的主要成分，是人体细胞不可缺少的基本物质，它能促进神经传导，提高大脑活力，因为其具有乳化作用可以阻止胆固醇在血管壁的沉积，降低血液黏稠度，促进血液循环，预防血管疾病。

▶▶ 课堂互动

查阅大豆卵磷脂的成分和作用。

任务 3-1-3　食用油脂在加工和储存中的作用及化学变化

【任务要求】

1. 掌握油脂的化学性质及其在食品中的应用。

2. 掌握食用油脂在加工储存过程中的作用和化学变化。

【知识准备】

一、食用油脂在加工和储存过程中的化学变化

（一）油脂的水解

油脂在有水存在的条件下，在加热、酸、碱及脂水解酶的作用下可发生水解反应，产生游离的脂肪酸。

$$\begin{array}{l} H_2C-OCOR_1 \\ \quad | \\ HC-OCOR_2 \\ \quad | \\ H_2C-OCOR_3 \end{array} + H_2O \xrightarrow[\text{酸蒸汽}]{\text{酯酶}} \begin{array}{l} CH_2OH \\ | \\ CHOH \\ | \\ CH_2OH \end{array} + \begin{array}{l} R_1COOH \\ R_2COOH \\ R_3COOH \end{array}$$

甘油三酯　　甘油　　游离脂肪酸

油脂在碱性条件下的水解反应称为皂化反应。

$$\begin{array}{l} H_2C-OCOR_1 \\ \quad | \\ HC-OCOR_2 \\ \quad | \\ H_2C-OCOR_3 \end{array} + H_2O \xrightarrow{NaOH} \begin{array}{l} CH_2OH \\ | \\ CHOH \\ | \\ CH_2OH \end{array} + \begin{array}{l} R_1COONa \\ R_2COONa \\ R_3COONa \end{array}$$

甘油三酯　　甘油　　脂肪酸盐(皂类)

使 1g 油脂完全皂化所需要的氢氧化钾毫克数称为皂化值。依据皂化值的大小可以判断油脂中所含脂肪酸的平均分子质量大小。一般油脂的皂化值为 200，皂化值越大，脂肪的平均相对分子质量越小。

油脂水解产生大量游离脂肪酸，对其营养价值影响不大，但会导致油脂易氧化，品质下降，发烟点降低，还会使油脂的风味变差。原料乳水解生成低级脂肪酸的气味和滋味会影响感官质量。食用油脂主要来自于油料种子，因为精炼的植物油脂在存放过程中会混有水分和脂酶，水解产生大量的游离脂肪酸。因此，植物油脂需要进行脱酸处理。油炸食品时，食品中的大量水分进入油脂发生水解，产生大量的游离脂肪酸，引起油脂变质。在牛奶中加入乳酸菌和脂酶，牛奶会发生水解反应产生特有的风味，可用于生产酸奶和干酪。

▶▶ 课堂互动

讨论：水解对油脂品质有何影响。

（二）油脂的氧化

油脂氧化是油脂变质的主要原因之一。油脂在存储期间，由于空气中氧气、光照、微生物和酶的作用，会导致油脂产生令人不愉快的气味，这种变化称为油脂的酸败。酸价是衡量油脂中所含游离脂肪酸的指标之一，是水解程度的标志，酸价越小说明油脂的品质越好。

酸败的油脂营养成分发生改变，严重时会产生有毒有害的物质，对食品生产企业来说防止酸败是至关重要的。油脂的适度氧化会增加食品的香气，例如用油煎炸食品产生香气。

1. 自动氧化 自动氧化是脂类与分子氧的反应，包括以下3个步骤。

（1）链引发（诱导期）：不饱和脂肪酸及其油脂（RH）分子在光量子、热或金属催化剂等活化下，亚甲基碳原子产生烷基自由基（R·）。

$$RH \xrightarrow{\text{引发剂}} R\cdot + H\cdot$$

自由基可相互结合生成稳定分子（如 H_2、RH、RR 等）。该过程较慢，必须依靠催化生成。

（2）链传递：自由基形成后可与空气中的氧气发生反应，生成过氧化自由基 RCOO·，RCOO·又夺取另一分子 RH 反应生成 RCOOH 和游离基 R·，游离基 R·的链式反应传递下去，随着反应的进行，更多的脂肪分子转变成 RCOOH。

$$R\cdot + O_2 \longrightarrow RCOO\cdot$$

$$RCOO\cdot + RH \longrightarrow RCOOH + R\cdot$$

$$3ROOH \longrightarrow ROO\cdot + RO\cdot + R\cdot + HOO\cdot + HO\cdot + H\cdot$$

这些自由基相互结合生成稳定的非自由基产物，链反应终止，产生大量的氢过氧化物。导致食品中油脂中的不饱和脂肪酸生成过氧化物。

（3）链终止：各种不同的自由基相互撞击而结合，也可与自由基失活剂（AH_2）相结合，生成一些稳定的化合物。

$$ROO\cdot + RO\cdot + R\cdot + HO\cdot + 2H\cdot + 2AH_2 \longrightarrow 2ROH + RH + 2H_2O + 2A$$

ROOH 是不稳定的中间产物，其分解产生一些短链醛、酮或与脂肪分子作用而被还原成醇。

课堂互动

讨论：油脂的储存应选用哪种包装材料？

2. 光敏氧化 光敏氧化是指在光的作用下（不需要引发剂）不饱和脂肪酸与氧之间发生的反应。该过程需要更容易接收光能的物质首先接收光能，然后将能量转移给氧。此类物质称为光敏剂，如血红蛋白、叶绿素都可以起光敏剂的作用。反应特点是油脂中的光敏剂在吸收光后能与油脂分子中的双键发生结合，引发自由基的链式反应，形成氢过氧化物。

3. 酶促氧化　脂类在酶参与下所发生的氧化反应称为酶促反应。参与此类反应的酶是主要存在于植物体中的氧合酶，它具有很强的转移性，在氧合酶的作用下，油脂中的脂肪酸会失去质子形成自由基进一步被氧化。

（三）油脂在高温下的化学变化

油脂长时间高温加热后会发生质变，会发生色泽变深、黏度增大、味感变差，烟点降低等现象，这些是导致油脂的营养及质量下降的原因。高温下油脂会发生许多化学反应。

1. 热聚合　油脂在无氧的条件下，在200~300℃高温时，主要发生热聚合反应。发生聚合反应后的油脂会出现油脂黏度增大、泡沫增多等现象。

2. 热氧化　油脂在空气中加热至200~300℃时，会发生热氧化反应。反应产生的自由基能聚合生成氧化聚合物。这种氧化聚合物很复杂，人体吸收后会失去生物酶的活性，引发异常的生理过程。例如油炸鱼虾类时出现的细的泡沫，就是一种二聚物。热氧化反应与自动氧化类似，只是反应速度加快，生成的氢氧化物也会加快分解，生成低级的醛、酮、酸、醇等。

3. 热分解　无氧条件下，饱和油脂在350℃的温度下，生成丙烯醛、脂肪酸、二氧化碳、甲基酮和小分子的酯等。不饱和油脂在隔绝氧的条件下，加热会生成二聚体以及一些低分子量的物质；有氧条件下时，热氧化的过程会加快分解。

4. 水解与缩合　油脂在高温油炸时，由于水分子的参与会使油脂与水接触时发生水解反应，而水解产物之间会产生缩合型化合物。

油脂在高温下发生水解反应后会引起油脂的品质下降，并对食品的营养和安全产生不利的影响。但有时又会使食品中的香气形成，这种香气主要是羰基化物。例如将三油酸甘油酯加热到150℃，挥发物中会出现五种直链2,4-二烯醛和内酯，呈现油炸特有的香气。

总结以上几种反应，为防止高温时产生有害物质，食品加工应控制油温在200℃以下，最好不高于150℃。

课堂互动

为什么油炸食品不宜常吃？

二、影响油脂氧化的因素和抗氧化剂

1. 油脂中脂肪酸的种类　油脂中所含的多不饱和脂肪酸比例越高，该油脂氧化酸败速度就越快；油脂中的游离脂肪酸含量越高，油脂的氧化速度越快。

2. 氧化　一般情况下，油脂的氧化速度与大气中氧的分压有关，氧的分压越大，油脂就越容易氧化。

3. 温度　高温能促进自由基的形成，也会促进氢过氧化物的生成。

4. 光线　光线会使油脂的自动氧化加快，特别是紫外线会引发自动氧化；链反应加快自由基的形成，加速油脂的自动氧化。

5. 催化剂　油脂中存在许多物质，例如Fe、Cu、Mn等金属离子。它们都会催化油脂的自动氧化，缩短氧化的诱导期，加速油脂的酸败。

6. 水分 当油脂中水的含量超过0.2%时，油脂就会发生水解而加快酸败。食用油脂的包装应尽量避免水分和微生物污染，防止油脂变质。

7. 抗氧化剂 抗氧化剂主要是抑制自由基的生成和终止链式反应。可分为天然抗氧化剂和合成抗氧化剂两类。广泛应用的天然抗氧化剂有茶多酚、生育酚、β-胡萝卜素、维生素C等。人工合成的抗氧化剂有丁基羟基茴香醚（BHA）、丁基羟基甲苯（BHT）、叔丁基氢醌（TBHQ）等。该类抗氧化剂具有效率高、性质稳定和价格低的特点。

课堂互动

如何控制促使油脂氧化的各种因素？

三、油脂的抗氧化作用和安全性

通常条件下，油脂的抗氧化可以通过阻止或延缓氧化的方式来实现。可采用物理方法和化学方法。物理方法主要包括低温，避光，暗处储存，尽量隔绝空气，这样可以消除自动氧化的因素。化学方法包括脱去吸收容器内或者包装内残留的空气，最有效的方法是在食品或油脂中加入少量的抗氧化剂来抑制或延缓油脂的各种氧化反应，此方法最经济、最方便，也最有效。

油脂氧化酸败后会产生不同的气味，氧化产生的物质为低分子的醛、酮、酸等化合物，他们会与蛋白质、维生素作用，使油脂的质量显著降低。此外，这些低分子物质均具有毒性，对人体健康产生危害。因此，食品加工的油脂不要长期循环反复使用，用过的残油不宜再次作为食品用油。有试验表明，白鼠食用高温氧化的油脂后出现不同程度的食欲下降、生长受到抑制、肝脏肿大。长期高温油炸反复使用的油脂存在致癌风险。为了安全可分析其理化指标，不合格的应当禁用。

知识链接

人造奶油的成分

人造奶油是由植物油与动物油、水、调味料调制而成的可塑性油脂品，用于代替以牛奶制取的天然奶油。人造奶油的主要成分是反式脂肪酸。其实，人造脂肪、人工黄油、氢化油、起酥油、植脂末等也都属于反式脂肪酸，蛋糕房使用的植脂奶油也属于此类。

反式脂肪酸会使人体内的低密度脂蛋白胆固醇升高，增加患冠心病的潜在风险。与饱和脂肪酸相比，反式脂肪酸会使心血管疾病发生的概率增加3~5倍，直接危害人体健康。值得提醒的是“洋快餐”含有大量的反式脂肪酸，青少年和孕妇要当心，严格控制食用量。

点滴积累

1. 脂类是一大类溶于有机溶剂而不溶于水的有机化合物，油脂中三酰甘油酯含量最多。
2. 油脂可分为饱和脂肪酸和不饱和脂肪酸；必需脂肪酸和非必需脂肪酸。
3. 油脂的功能有储存能量，每克脂肪可提供 39. 58kJ 的热能，是同质量的蛋白质和糖类的两倍多；给人类提供必需的脂肪酸，运输脂溶性维生素；改变食品的风味、口感及外观。
4. 磷脂由醇类、脂肪酸、磷酸和一个含氮的化合物（含氮碱）构成。
5. 磷脂可分为卵磷脂、脑磷脂、肌醇磷脂和神经鞘磷脂。
6. 磷脂具有乳化、吸湿、抗氧化等作用。
7. 油脂水解产物是甘油和脂肪酸。
8. 油脂氧化包括自动氧化、光敏氧化、酶促氧化。
9. 高温氧化包括热聚合、热氧化、热分解、水解与缩合。
10. 影响油脂氧化的因素有油脂中脂肪酸的种类、氧化、温度、光线、催化剂、水分和抗氧化剂。
11. 抗氧化剂有茶多酚、生育酚、β-胡萝卜素、丁基羟基茴香醚（BHA）、丁基羟基甲苯（BHT）和叔丁基氢醌（TBHQ）。
12. 为保证安全性油脂应低温、避光、暗处储存；使用脱氧剂。

任务 3-2 油脂氧化和过氧化值及酸价的测定

导学情景

情景描述：

在食品街上我们经常能看到一些摊位在用油烹炸食品，如油炸鸡排、薯条、油条等，但这些油炸食品的气味却不是香的，有时甚至是一种让人无法忍受的气味。 大家都知道我们一日三餐离不开油脂，而日常生活中油脂在食用时除了要参考保质期外，还有哪些指标需要注意呢？

学前导语：

我们在烹饪过程中经过高温油炸过的油脂是否安全？ 如何判断油脂是否已经酸败？ 在我们学习了食用油脂的氧化作用的知识后，就可以自己设计一个测定油脂氧化值和酸价的实验了。

【任务要求】

1. 了解油脂的氧化。
2. 掌握油脂过氧化值、酸价的测定方法。

【知识准备】

一、任务原理

油脂经水解、氧化或者由于受光、热、氧、微生物等的作用，会产生明显的哈喇味而酸败。本任务通过测定过氧化值和酸价来评价油脂的优劣。

过氧化值是指1kg油脂中所含的过氧化物，在酸性条件下与碘化钾作用时析出碘的毫摩尔数。过氧化值是衡量油脂初期氧化程度的重要指标。过氧化值越高酸败程度越高，国家推荐食用油氧化值标准是不超过10mmol/kg。

油脂氧化过程产生的过氧化物，与碘化氢反应时析出碘，利用碘量法用硫代硫酸钠的标准溶液滴定，可计算过氧化值，见式3-1。

$$过氧化值=\frac{c\times(V_1-V_2)\times\frac{126.9}{1\ 000}}{m}\times1\ 000 \qquad (式3-1)$$

式中：过氧化值单位为mmol/kg；V_1为消耗硫代硫酸钠标准溶液的体积(ml)；V_2为试剂空白消耗硫代硫酸钠标准溶液的体积(ml)；c为硫代硫酸钠标准溶液的浓度(mol/L)；m为油样质量(g)。

酸价是指中和1g油脂中的游离脂肪酸所需氢氧化钾的毫克数(mg/g)。

油脂中游离的脂肪酸与氢氧化钾发生中和反应。通过氢氧化钾标准溶液消耗量来计算游离脂肪酸的含量，见式3-2。

$$酸价(mg/g)=\frac{c\times V\times56.1}{m} \qquad (式3-2)$$

式中：酸价单位为mg/g；c为氢氧化钾溶液的物质的量浓度(mol/L)；V为滴定消耗的氢氧化钾溶液的体积(ml)；56.1为与0.1ml氢氧化钾标准溶液[C(KOH)=1.000mol/L]相当的氢氧化钾毫克数；m为油样的质量(g)。

二、任务所需材料、仪器与试剂

1. 材料 油脂样品。

2. 仪器 恒温箱，分析天平，称量瓶，广口瓶，250ml碘瓶，250ml锥形瓶，微量滴定管(5ml)，碱式滴定管(25.00ml)，量筒(5ml、50ml)，移液管，滴瓶，烧瓶，容量瓶，试剂瓶。

3. 试剂

(1)BHT

(2)0.01mol/L $Na_2S_2O_3$标准溶液(用标定好的0.1mol/L $Na_2S_2O_3$标准溶液稀释)

(3)氯仿-冰醋酸混合液(氯仿40ml加冰醋酸60ml混合)

(4)饱和碘化钾溶液(碘化钾10g加水5ml配置存于棕色试剂瓶)

(5)0.5%淀粉指示剂

(6)0.1mol/L氢氧化钾标准溶液

(7)中性乙醚-95%乙醇混合液(2∶1)

(8)1%酚酞乙醇溶液

三、任务实施

1. 油脂的氧化

(1)在洁净干燥的小烧杯中，将120g油脂试样平均分成两等份，向其中一份中加入0.012g

BHT，将两份油脂搅拌至BHT完全溶解。

（2）将上述（1）中未加BHT的油脂各取20g分装于3个洁净干燥的广口瓶中，再将（1）加入BHT的油脂各取20g分装于另外3个洁净干燥的广口瓶中。按下表中编号置于相应的条件下，一周后测定它们的氧化值和酸价。

条件	室温光照		室温避光		60℃（恒温）	
添加BHT		2号添		4号添		6号添
未添加BHT	1号未添		3号未添		5号未添	

2. 过氧化值的测定

（1）称量混合好的油脂样品2～3g（精确到0.01g）置于洁净干燥的碘量瓶中，加入30ml氯仿-冰醋酸混合液，摇匀并混匀。

（2）加入1ml饱和碘化钾溶液，加瓶塞摇匀于暗处静置5分钟。

（3）取出碘量瓶并加入50ml蒸馏水，充分混合均匀后迅速用0.01mol/L $Na_2S_2O_3$ 标准溶液滴定至水层呈淡黄色，加入1ml淀粉指示剂，继续滴定至蓝色消失，记下消耗 $Na_2S_2O_3$ 标准溶液的体积 V_1。

（4）计算过氧化值含量。

（5）同上步骤做无油脂试样的空白实验，记下体积 V_2。

3. 酸价的测定

（1）称取均匀的油脂试样4g（精确到0.01g）于洁净干燥的锥形瓶中。

（2）加入中性乙醚-乙醇溶液50ml，小心旋转摇匀，使油样完全溶解。

（3）加入2～3滴酚酞指示剂，用0.1mol/L氢氧化钾标准溶液滴定到微红色且30秒内不退色为止，记下所耗碱液的体积 V。

（4）计算酸价。

四、任务的计算结果

按任务原理中的公式计算出过氧化值和酸价，并求出平均值，结果保留两位有效数字。

五、任务的注意事项

（1）油脂存放2个星期以上。

（2）氧化值测定时应使溶液充分摇匀，保证 I_2 能充分被萃取至水相。

（3）I_2 与 $Na_2S_2O_3$ 的反应应在中性或弱酸性溶液中进行。因为碱性条件下会发生副反应，强酸性条件下 $Na_2S_2O_3$ 会发生分解，而且 I^- 容易被氧化。

（4）I_2 易挥发，滴定时不要剧烈摇动溶液，应在避光条件下尽可能快速滴定完毕。

知识链接

什么是碘值?

碘值是指100g油脂在一定条件下所能加成（吸收）I_2的克数。碘值的大小反映油脂的不饱和程度，是测定脂肪中不饱和键的一种方法。碘值越高，表明不饱和脂肪酸含量越高；碘值越低，说明油脂的饱和度越高。常见油脂的碘值范围：大豆油123~142，菜籽油94~120，花生油80~106。

目标检测

一、选择题

（一）单项选择题

1. 天然脂肪主要以(　　)形式存在

A. 一酰甘油　　B. 二酰甘油　　C. 三酰甘油　　D. 混合甘油酯

2. (　　)属于油脂的“三点”之一

A. 熔点　　B. 沸点　　C. 烟点　　D. 凝固点

3. 油脂酸败后会产生不愉快的(　　)

A. 臭味　　B. 氨味　　C. 哈喇味　　D. 香味

4. 精炼后的油脂其烟点一般高于(　　)℃

A. 150　　B. 180　　C. 220　　D. 240

5. 下列脂类属于单纯脂的是(　　)

A. 三酰甘油　　B. 糖脂　　C. 磷脂　　D. 脂肪酸

6. 脂肪酸的系统命名选含羧基最长的碳链做主链，从脂肪酸的(　　)端开始对碳原子编号

A. 羧基　　B. 羰基　　C. 甲基　　D. 双键

（二）多项选择题

1. 脂类化合物包括(　　)

A. 脂肪　　B. 磷脂　　C. 胆固醇　　D. 乙酸

2. 属于油脂的水解产物的有(　　)

A. 水　　B. 甘油　　C. 脂肪酸　　D. 乙醇

3. 油脂的自动氧化过程包括(　　)

A. 链引发　　B. 链传递　　C. 链终止　　D. 自由基

4. 属于不饱和脂肪酸的有(　　)

A. DHA　　B. EPA　　C. 硬脂酸　　D. 软脂酸

5. 属于必需脂肪酸的有(　　)

A. 油酸　　B. 亚油酸　　C. 亚麻酸　　D. 花生四烯酸

6. 磷脂是由(　　)组成

A. 醇　　B. 脂肪酸　　C. 磷酸　　D. 含氮化合物

7. 能做抗氧化剂的有(　　)

A. 茶多酚　　B. 生育酚　　C. 脂肪酸　　D. 甘油

二、简答题

1. 油脂的塑性主要取决于哪些因素?
2. 脂类的功能是什么?
3. 影响油脂氧化的因素有哪些?

三、实例分析题

1. 试比较酸价、过氧化值和皂化值之间有何区别与联系。
2. 用你所学的知识分析地沟油经历过哪些化学反应。

(孔梅岩)

项目四

蛋白质

学习目标

认知目标

1. 了解氨基酸和蛋白质的分类、命名。
2. 熟悉氨基酸和蛋白质的重要性质。
3. 掌握蛋白质在加工、储存过程中的作用和化学变化。

技能目标

1. 掌握测定蛋白质含量的技术。
2. 学会鉴定蛋白质功能特性的方法。

素质目标

1. 具有扎实的蛋白质的基本知识储备。
2. 具有正确的蛋白质营养学认知意识。
3. 学习掌握基本的实验操作技能和分析方法。

任务 4-1　氨基酸和蛋白质

导学情景

情景描述:

人们将大豆和水磨成豆浆，加热煮沸，加入“卤水”制成豆腐，被人们称为“卤水点豆腐”。那么，同学们知道液体的豆浆是如何形成固体的豆腐呢？这里提到的“卤水”与豆浆中的哪些成分发生了作用呢?

学前导语:

大豆中含有丰富的蛋白质，当磨成豆浆后，水溶性球蛋白就被分离出来，加入一定浓度的“卤水”(主要成分氯化镁、硫酸钙、氯化钙、氯化钠)，会使蛋白质在水中的溶解度降低，形成凝胶即固体的豆腐。我们本次的任务是带领大家一起学习蛋白质的奥秘。

任务 4-1-1　氨基酸分类与性质

【任务要求】

1. 了解氨基酸的分类。
2. 掌握氨基酸的性质。

【知识准备】

一、氨基酸及其分类

氨基酸是含有氨基和羧基的一类有机化合物的通称，是蛋白质最基本的构成单位，与生物体的生命活动密切相关。不同蛋白质中各种氨基酸的含量与排列顺序各不相同，蛋白质受酸、碱或蛋白酶作用而水解产生各种游离的氨基酸。存在于自然界中的氨基酸大约有 300 种，但是能够被生物体直接利用的氨基酸仅有 20 种（不包括半胱氨酸）（表 4-1）。

表 4-1　构成人体蛋白质的氨基酸

氨基酸	amino acid	氨基酸	amino acid
异亮氨酸	isoleucine(Ile)	亮氨酸	leucine(Leu)
赖氨酸	lysine(Lys)	丙氨酸	alanie(Ala)
精氨酸	arginine(Arg)	天冬氨酸	aspartic acid(Asp)
甲硫氨酸	methionine(Met)	天冬酰胺	glutamine(Asn)
苯丙氨酸	phenylalanine(Phe)	缬氨酸	valine(Val)
苏氨酸	threonine(Thr)	组氨酸	histidine(His)
色氨酸	tryptophan(Trp)	谷氨酸	glutamic acid(Glu)
甘氨酸	glycine(Gly)	谷氨酰胺	glutamine(Gln)
脯氨酸	proline(Pro)	丝氨酸	serine(Ser)
半胱氨酸	cysteine(Cys)	酪氨酸	tyrosine(Tyr)

（一）结构

组成蛋白质的氨基酸分子含有羧基和氨基，其结构通式见图 4-1。

$$
\begin{array}{c}
\mathrm{H} \\
| \\
\mathrm{H_2N} - \mathrm{C} - \mathrm{COOH} \\
| \\
\mathrm{R}
\end{array}
$$

图 4-1　氨基酸的结构式

连在羧基上的碳称为 α 碳原子，为不对称碳原子，不同的氨基酸其侧链（R）结构各异。这些侧链基团影响着氨基酸的物理性质和化学性质以及蛋白质的生物活性。

（二）分类

1. 根据氨基与羧基的相对位置分类

$$\underset{\alpha\text{-氨基酸}}{R-\underset{NH_2}{\overset{H}{C}}-COOH}\qquad \underset{\beta\text{-氨基酸}}{R-\underset{NH_2}{\overset{H}{C}}-\overset{H_2}{C}-COOH}\qquad \underset{\gamma\text{-氨基酸}}{R-\underset{NH_2}{\overset{H}{C}}-\overset{H_2}{C}-\overset{H_2}{C}-COOH}$$

2. 根据氨基与羧基的相对数目分类

碱性氨基酸：氨基数目多于羧基数目的氨基酸，如精氨酸、赖氨酸和组氨酸。

酸性氨基酸：羧基数目多于氨基数目的氨基酸，如天冬氨酸和谷氨酸。

中性氨基酸：氨基数目与羧基数目相同的氨基酸，如丝氨酸、苏氨酸、半胱氨酸、甲硫氨酸、天冬酰胺和谷氨酰胺。

3. 根据氨基酸侧链基团的极性分类

非极性或疏水性氨基酸：侧链为疏水性，如脂肪族和芳香族侧链，这类氨基酸疏水性随侧链长度的增加而增加。

不带电荷的极性氨基酸：带有极性的 R 基团（羟基、巯基、酰胺基），可参与氢键的形成。甘氨酸无 R 基团，但 H 有一定极性，因此甘氨酸也属于此类。

中性时带正电荷的极性氨基酸：赖氨酸、精氨酸、组氨酸。

二、氨基酸的性质

（一）氨基酸的物理性质

氨基酸为无色晶体，一般都溶于水，不溶或微溶于乙醇，不溶于乙醚。但酪氨酸微溶于凉水，在热水中的溶解度比较大，胱氨酸则难溶于凉水和热水，脯氨酸溶于乙醇和乙醚。所有的氨基酸都能溶于强酸和强碱溶液中。此外，氨基酸属于高熔点化合物，一般熔点超过 200℃，个别可达 300℃以上。除甘氨酸外，氨基酸均具有旋光性，可以利用旋光法测定氨基酸的纯度。不同的氨基酸具有不同的味感，D 型氨基酸多有甜味，如 D-色氨酸，甜度可达蔗糖的 40 倍。L 型氨基酸有甜、苦、鲜和酸四种味感，有些氨基酸盐呈现出鲜或酸味，如谷氨酸钠（味精）具有很强的鲜味。

（二）氨基酸的化学性质

1. 氨基酸具有两性解离的性质 氨基酸分子中含有的羧基可发生酸式解离：

$$-COOH = -COO^- + H^+$$

氨基酸分子中含有的氨基可发生碱式解离：

$$-NH_2 + H^+ = -NH_3^+$$

由于所有的氨基酸都含有碱性的 α-氨基和酸性的 α-羧基，氨基可以在酸性溶液中与质子（H^+）结合成带正电荷的阳离子，羧基则可在碱性溶液中与 OH^- 结合，失去质子变成带负电荷的阴离子（$-COO^-$），因此氨基酸既有酸性又有碱性，这一性质称为氨基酸的两性性质，其解离方式取决于其所处溶液的 pH。

当溶液的 pH 为某一数值时，氨基酸的酸式解离程度与碱式解离程度相等，氨基酸此时以偶极离子状态存在，呈现电中性，在电场中既不向负极移动也不向正极移动，此时溶液的 pH 即为该种氨基酸的等电点，以 pI 表示。

$$H_2N—\underset{R}{\overset{H}{C}}—COOH \longrightarrow H_3N^+—\underset{R}{\overset{H}{C}}—COO^- \quad \text{偶极离子}$$

$$\underset{\substack{\text{阴离子}\\ pH>pI}}{R—\underset{H}{\overset{COO^-}{C}}—NH_2} \underset{OH^-}{\overset{H^+}{\rightleftharpoons}} \underset{\substack{\text{两性离子}\\ pH=pI}}{R—\underset{H}{\overset{COO^-}{C}}—NH_3^+} \underset{OH^-}{\overset{H^+}{\rightleftharpoons}} \underset{\substack{\text{阳离子}\\ pH<pI}}{R—\underset{H}{\overset{COOH}{C}}—NH_3^+}$$

中性氨基酸的等电点：pH＝6.2～6.8；

酸性氨基酸的等电点：pH＝2.8～3.2；

碱性氨基酸的等电点：pH＝7.6～10.8。

不同的氨基酸由于结构不同导致等电点也各不相同，因此等电点 pI 是氨基酸的特征常数。氨基酸在等电点时呈现电中性，其亲水性减弱，溶解度减小，易沉淀。因此，可以利用氨基酸等电点的特性分离提取氨基酸制品。

知识链接

利用氨基酸等电点分离谷氨酸

在味精的生产过程中，经过氨基酸发酵的发酵液中混有多种氨基酸与其他物质，可以将发酵液的 pH 调为谷氨酸的等电点（3.22）附近，此时谷氨酸就结晶析出，从而达到分离出谷氨酸制备味精的目的。

2. 氨基酸与亚硝酸的反应　氨基酸中的氨基可以与亚硝酸作用，生成羟基酸和水，并释放出氮气，可以利用气体分析仪测定，是范思莱克（van Slyke）法测定氨基氮的基础，该法主要应用于氨基酸定量及测定蛋白质水解程度。

$$R—\underset{NH_2}{\overset{H}{C}}—COOH + HNO_2 \longrightarrow R—\underset{OH}{\overset{H}{C}}—COOH + H_2O + N_2\uparrow$$

3. 氨基酸与甲醛的反应　当氨基酸与甲醛相遇后，甲醛很快与氨基结合，氨基酸碱性消失，破坏其内盐的存在，促使—NH_3^+ 上的 H^+ 释放出来，可以用酚酞作指示剂，用碱来滴定，测定出溶液中氨基酸的总量。

$$\mathrm{R-\underset{NH_2}{\overset{H}{C}}-COOH + 2HCHO \longrightarrow R-\underset{HOCH_2-N-CH_2OH}{\overset{H}{C}}-COOH}$$

4. 氨基酸与水合茚三酮的反应　水合茚三酮与氨基酸溶液共热，生成蓝紫色物质，同时有 CO_2 放出。此反应非常灵敏，常用于定性测定氨基酸的存在。但因不同氨基酸和水合茚三酮反应产物颜色深浅不同，所以该法不能用于定量测定氨基酸的混合物。

任务 4-1-2　必需氨基酸

【任务要求】

1. 了解必需氨基酸的功能。
2. 掌握 8 种人体的必需氨基酸。

【知识准备】

一、必需氨基酸

（一）必需氨基酸的种类

必需氨基酸是指人体内不能合成或合成速度不能满足机体需要，必须从食物中直接获得的氨基酸。构成人体蛋白质的氨基酸有 20 种，其中 8 种氨基酸为必需氨基酸，即异亮氨酸、亮氨酸、赖氨酸、甲硫氨酸、苯丙氨酸、苏氨酸、色氨酸和缬氨酸。对儿童来说，组氨酸是必需氨基酸。

知识链接

必需氨基酸——组氨酸

组氨酸是儿童的必需氨基酸，联合国粮食及农业组织、世界卫生组织在 1985 年首次列出了成人组氨酸的需求量为 8~12mg/(kg·d)。但由于人体组氨酸在肌肉和血红蛋白中储存量较大，而人体对其需求量又相对较少，因此很难直接证实成人体内有无合成组氨酸能力，目前尚难确定组氨酸是否为成人体内的必需氨基酸。

（二）必需氨基酸的功能

必需氨基酸在人体内可以发挥以下功能：合成组织蛋白质；转变为酶、激素、抗体、肌酸等含氮物质；转变为碳水化合物和脂肪；氧化成二氧化碳、水及尿素，产生能量。因此，必需氨基酸在人体中的存在对促进生长、进行正常的代谢和维持生命提供了重要的物质基础。

1. 异亮氨酸是血红蛋白形成所必需的氨基酸；调节糖和能量的水平，帮助提高体能；帮助修复肌肉组织。

2. 亮氨酸促进睡眠；降低机体对头疼的敏感性；缓解偏头痛；缓和焦躁及紧张情绪，减轻因乙醇而引起的生化反应，并有助于控制乙醇中毒。

3. 赖氨酸能使注意力高度集中；对儿童发育、增加体重和身高具有明显的作用。

4. 甲硫氨酸帮助分解脂肪，能预防脂肪肝、心血管疾病和肾脏疾病的发生；将有害物质如铅等重金属除去；防止肌肉软弱无力；治疗风湿热和怀孕时的血毒症；具有抗氧化作用。

5. 苏氨酸协助蛋白质被人体吸收、利用防止肝脏中脂肪的累积；促进抗体的产生，增强免疫系统。

6. 缬氨酸可加快创伤愈合；治疗肝功能衰竭；提高血糖水平，增加生长激素。

7. 色氨酸促进睡眠；减少对疼痛的敏感度；缓解偏头痛；缓和焦躁及紧张情绪。

8. 苯丙氨酸降低饥饿感；改善记忆力及提高思维的敏捷度；消除抑郁情绪。

9. 组氨酸促进儿童的免疫系统功能尽早完善，强化生理性代谢机能，稳定体内蛋白质的利用节奏，促进机体发育，是儿童的必需氨基酸。

二、条件必需氨基酸

半胱氨酸和酪氨酸在体内分别由甲硫氨酸和苯丙氨酸转变而成，如果膳食中能直接提供半胱氨酸和酪氨酸，则人体对甲硫氨酸和苯丙氨酸的需要可分别减少 30% 和 50%。半胱氨酸和酪氨酸这类可减少人体对某些必需氨基酸需要量的氨基酸称为条件必需氨基酸或半必需氨基酸。

三、非必需氨基酸

非必需氨基酸是指人体可以自身合成，不一定需要从食物中直接供给的氨基酸。

任务 4-1-3　蛋白质的分类和性质

【任务要求】

1. 了解蛋白质的分类。
2. 熟悉蛋白质的结构。
3. 掌握蛋白质的性质。

【知识准备】

蛋白质是以氨基酸为基本结构单位的生物大分子，是构成生物体的最基本物质之一，是维持生命活动必备的物质。具有生物催化作用的酶，具有免疫功能的抗体，等都是蛋白质。消化与吸收、生长和繁殖、感觉与运动、记忆与识别等基本的生命活动均与蛋白质有关，没有蛋白质就没有生命。

一、蛋白质的组成

蛋白质的种类繁多，每种生物体均有一套自身的蛋白质。蛋白质的化学组成和结构决定了蛋白质具有各种各样的生理功能。各种蛋白质的基本元素组成十分相似，主要含有 C、H、O、N 等元素，有些蛋白质还有 P、S 等，少数的蛋白质还含有 Fe、Zn、Mg、Mn、Co、Cu 等。多数蛋白质的元素组成如

表 4-2 所示。

表 4-2 蛋白质的主要元素组成

元素	含量
C	50%~56%
H	6%~7%
O	20%~30%
N	14%~19%
S	0.2%~3.0%
P	0~3%

其中氮元素的含量在各种蛋白质中很相近,平均为16%,这是蛋白质元素组成的特点,也是凯氏(Kjedahl)定氮法测定蛋白质含量的依据。

蛋白质含量=蛋白氮×6.25

案例分析

案例:2008 年 9 月,多位食用"三鹿牌"婴儿奶粉的婴儿出现肾结石症状,"三聚氰胺"事件爆发。据卫生部通报,截至 2008 年 12 月底,全国累计报告因食用"三鹿牌"奶粉和其他个别问题奶粉导致泌尿系统出现异常的患儿共 29.6 万人。

分析:经调查发现,"三鹿牌"奶粉中添加了三聚氰胺。测定奶粉中蛋白质含量的方法是通过测定奶粉含氮量的凯氏定氮法,而三聚氰胺的含氮量高达 66.6%,可以"显著提高"奶粉的含氮量。

二、蛋白质的分类

天然蛋白质的种类繁多,结构复杂,目前对于蛋白质的分类是依据蛋白质的化学组成、形状及功能的不同而进行的。

(一)根据蛋白质化学组成不同分类

1. 单纯蛋白质 单纯蛋白质是水解时只产生氨基酸的蛋白质,依据其溶解性又可分为以下几种。

(1)白蛋白:溶于水,溶液加热后凝固。如卵白蛋白、牛奶中的乳白蛋白等。

(2)球蛋白:不溶于水,溶于稀盐溶液,加热后和白蛋白一样凝固。如肌肉中的肌球蛋白、牛奶中的乳球蛋白、大豆中的大豆球蛋白、花生中的花生球蛋白等。

(3)谷蛋白:不溶于水和盐溶液,溶于稀酸和稀碱溶液。谷蛋白多存在于谷物种子中,如小麦的麦谷蛋白、米中的米谷蛋白等。

(4)醇溶谷蛋白:不溶于水,可溶于 50%~90%乙醇溶液,如小麦醇溶蛋白、玉米醇溶蛋白等。

(5)组蛋白:溶于水、酸,但不溶于氨水,因组成成分中碱性氨基酸含量高而呈碱性。如血红蛋白、肌红蛋白等中的组蛋白。

(6)鱼精蛋白:溶于氨水,与组蛋白一样呈碱性,如分子量较小、存在于鱼精液中的蛋白质。

(7)硬蛋白:不溶于水、盐溶液、稀碱和稀酸,主要有角蛋白、胶原蛋白、网硬蛋白和弹性蛋白等,如结缔组织的胶原,毛发、指甲中的角蛋白等。

2. 结合蛋白质 结合蛋白质是由简单蛋白质与非蛋白质部分结合而成的化合物。非蛋白质部分包括磷酸、糖、脂质、色素等,可分为以下几种。

(1)磷蛋白:带羟基氨基酸(如丝氨酸和苏氨酸)和磷酸成酯结合的蛋白质,如牛奶的酪蛋白、蛋黄的卵黄磷蛋白等。

(2)糖蛋白:蛋白质与糖以共价键结合而成,根据其糖中碳链的长短,可将其分为糖蛋白(短链)和蛋白多糖(长链)。糖蛋白多存在于各种黏液、血液、皮肤软骨等组织中。

(3)脂蛋白:蛋白质与脂质结合而形成的蛋白质,脂质成分有磷脂、固醇和中性脂等,如卵黄球蛋白、血清中的α脂蛋白和β脂蛋白。

(4)色蛋白:含有叶绿素、血红素等具有金属卟啉的蛋白质,如肌肉中的肌红蛋白、过氧化氢酶、过氧化物酶等。

(5)核蛋白:蛋白质与核酸通过离子键结合形成的蛋白质,存在于细胞核中。

(二)根据蛋白质分子的形状不同分类

1. 球蛋白 分子像球状的蛋白质,水溶性较好。球蛋白是蛋白质中最多的一种,食品中的蛋白质大部分都是球蛋白。

2. 纤维蛋白 分子像纤维状的蛋白质,不溶于水,如指甲、羽毛中的角蛋白、蚕丝中的丝蛋白等。

3. 膜蛋白 存在于质膜和细胞内膜的蛋白质,如膜周边蛋白质和整合蛋白质。

(三)根据蛋白质的功能不同分类

1. 结构蛋白质 存在于所有的生物组织中,如角蛋白、胶原蛋白、弹性蛋白等,其主要功能是构成组织。

2. 生物活性蛋白质 在所有的生命活动过程中起着某种活性作用的蛋白质,如具有生物催化活性的酶和调节代谢的激素等。

3. 食品蛋白质 可口、易消化、无毒的蛋白质。

三、蛋白质的性质

(一)蛋白质的两性电离

蛋白质分子中有自由氨基和自由羧基,因此,蛋白质与氨基酸一样具有酸、碱两性性质。由于蛋白质的支链上除了未结合为肽键的氨基和羧基外,还有羟基和巯基等基团,因此蛋白质的两性解离比氨基酸复杂很多,其解离方式如下:

$$\underset{pH<pI}{Pr\begin{matrix}NH_3^+\\COOH\end{matrix}} \underset{H^+}{\overset{OH^-}{\rightleftharpoons}} \underset{pH=pI}{Pr\begin{matrix}NH_3^+\\COO^-\end{matrix}} \underset{H^+}{\overset{OH^-}{\rightleftharpoons}} \underset{pH>pI}{Pr\begin{matrix}NH_2\\COO^-\end{matrix}}$$

溶液介质的 pH 不同,蛋白质在溶液中可为正离子、负离子或两性离子。当在某一 pH 下蛋白质分子在溶液中为两性离子,静电荷为零,这个 pH 即为蛋白质的等电点(pI)。当 pH 高于或低于等电点时,蛋白质作为一个整体是带电的。因此,水溶液中稳定可溶的蛋白质到等电点时,也会由于蛋白质表面的电荷消失而破坏溶液的稳定性,进而出现沉淀,即等电沉淀。

蛋白质的等电点取决于其所含氨基酸的种类和数目。所含碱性和酸性氨基酸数目相近的蛋白质称为中性蛋白质,等电点大多为中性偏酸(因羧基解离度略大于氨基);含碱性氨基酸较多的碱性蛋白质,等电点在碱性区域;含酸性氨基酸较多的酸性蛋白质,等电点则在酸性区域。部分蛋白质的等电点与所含酸性和碱性氨基酸的比例如表 4-3 所示。

表 4-3 部分蛋白质的等电点和含酸性氨基酸与碱性氨基酸的比例

蛋白质名称	碱性氨基酸残基数/(mol/mol 蛋白质)	酸性氨基酸残基数/(mol/mol 蛋白质)	碱性氨基酸/酸性氨基酸	等电点(pI)
胃蛋白酶	37	6	0.2	1.0
血清蛋白	82	99	1.2	4.7
血红蛋白	53	88	1.7	6.7
核糖核酸酶	7	20	2.9	9.5

(二)蛋白质的胶体性质

1. 蛋白质是亲水溶胶 蛋白质是高分子化合物,分子质量大,在水溶液中形成的单分子颗粒已达到胶体颗粒直径范围(1~100nm);蛋白质又是两性电解质,pH 不在等电点时同种蛋白质分子带相同电荷而相互排斥;蛋白质分子表面有许多极性亲水基团,可以形成水化膜。蛋白质的以上性质满足胶体溶液的形成条件,因此蛋白质分子是亲水溶胶,其水溶液具有胶体溶液的通性,如布朗运动、丁达尔现象等。

2. 蛋白质的溶解性与沉淀 由于蛋白质在非等电点溶液中形成带电离子,溶液的离子强度不同,其溶解性不同。在一定范围内,加入少量中性盐离子增加溶液的离子强度,其溶解性也将增大,这种现象称为盐溶。这是由于低离子强度时蛋白质分子吸附盐离子后,带电表层使其彼此排斥,有利于克服蛋白质分子间的聚集作用力。当加入高浓度的中性盐时,大量的盐离子破坏蛋白质分子表面的水化层,中和它们的电荷,使蛋白质沉淀析出,这种现象称为盐析。盐析法所沉淀的蛋白质仍可以保持其原有的生物活性,因此,盐析是分离制备蛋白质的常用方法。

(三)蛋白质的显色反应

由于蛋白质分子含有肽键和氨基酸的各种残余基团,因此蛋白质能与各种不同的试剂作用,生成有色物质,这些显色反应可以广泛用于蛋白质的定性和定量测定。

1. 黄蛋白反应 蛋白质溶液中加入浓硝酸时,蛋白质先沉淀析出,加热后沉淀溶解并呈现黄色,故亦称为黄蛋白反应。该反应为苯丙氨酸、酪氨酸、色氨酸等含苯环的氨基酸所特有,硝酸与这些氨基酸中苯环形成黄色硝基化合物，如皮肤、指甲、毛发等遇到浓硝酸会呈黄色。

2. 双缩脲反应　将固体尿素小心地加热，两分子尿素间则会脱去一分子氨，生成双缩脲，与硫酸铜的碱溶液作用生成紫色物质。

$$H_2N-\overset{O}{\overset{\|}{C}}-NH_2 + H_2N-\overset{O}{\overset{\|}{C}}-NH_2 \xrightarrow{\triangle} H_2N-\overset{O}{\overset{\|}{C}}-\underset{H}{N}-\overset{O}{\overset{\|}{C}}-NH_2 + NH_3$$

$$H_2N-\overset{O}{\overset{\|}{C}}-\underset{H}{N}-\overset{O}{\overset{\|}{C}}-NH_2 + CuSO_4 \xrightarrow{NaOH} \text{紫色化合物}$$

此反应并非蛋白质所特有，只要化合物含有两个以上肽键，且不论他们是直接相连或间隔一个碳或氮原子相连都会发生此反应。分子中含肽键越多，紫色越深；分子中肽键数少则呈粉红色，双缩脲在碱性环境中与 $CuSO_4$ 形成紫色化合物，可利用此反应对蛋白质进行定量分析，常用于检验蛋白质的水解程度。

3. 米伦反应　在蛋白质溶液中加入米伦试剂（汞溶于浓硝酸制得的汞硝酸盐及亚汞硝酸盐的混合物），蛋白质首先沉淀析出，再加热变成砖红色，称为米伦反应。这一反应为酪氨酸中酚基所特有，并非蛋白质的特征反应，但因多数蛋白质中均含酪氨酸残基，所以也可用于检验蛋白质。

4. 茚三酮反应　蛋白质与茚三酮共热煮沸可生成蓝色化合物，在中性条件下，蛋白质或多肽能同茚三酮试剂发生颜色反应，生成蓝色或紫红色化合物。茚三酮试剂与胺盐、氨基酸均能反应。

蛋白质的一般颜色反应见表 4-4。

$$\text{(茚三酮)}\ C_6H_4(CO)_2C(OH)_2 + R-CH(NH_2)-COOH \longrightarrow C_6H_4(CO)_2C(H)(OH) + NH_3 + CO_2 + R-CHO$$

$$C_6H_4(CO)_2C(H)(OH) + NH_3 + (HO)_2C(CO)_2C_6H_4 \longrightarrow C_6H_4(CO)_2C-HN=C(CO)_2C_6H_4 + 3H_2O$$

表 4-4　蛋白质的一般颜色反应

反应名称	试剂	颜色	反应基团
米伦反应	$HgNO_3$ 及 $Hg(NO_3)_2$ 混合物	砖红色	酚基
黄蛋白反应	浓硝酸	黄色	苯基
乙醛酸反应	乙醛酸	紫色	吲哚基

续表

反应名称	试剂	颜色	反应基团
茚三酮反应	茚三酮	蓝色	自由氨基及羧基
酚试剂	硫酸铜及磷钨酸-钼酸	蓝色	酚基、吲哚基
α-萘酚-次氯酸盐反应	α-萘酚、次氯酸盐	红色	胍基

（四）蛋白质的变性

大多数蛋白质分子只有在一定的温度和 pH 范围内才能保持其生物学活性。蛋白质的结构构象不稳定，受到物理、化学因素（如加热、高压、冷冻、超声波、辐照等）的影响后，蛋白质的性质会发生改变，这通常称为变性。

1. 蛋白质变性后发生的变化 蛋白质发生变性后，疏水性基团暴露，在水中的溶解性降低；某些蛋白质的生物活性丧失；肽键暴露，易被酶攻击而水解；蛋白质结合水的能力发生变化；黏度发生变化；蛋白质结晶能力丧失。

蛋白质的变性程度可通过测定蛋白质的沉降性质、黏度、电泳性质、热力学性质等进行鉴定。其中，球蛋白变性的最显著反应是溶解度下降，大多数蛋白质加热到 50℃以上即发生变性。

2. 蛋白质变性的影响因素

（1）物理因素

1）加热：加热是引起蛋白质变性的最常见因素，蛋白质热变性后结构伸展变形。

2）低温：低温处理可导致某些蛋白质的变性，如 11S 大豆蛋白质、乳蛋白在冷却或冷冻时发生变性而进一步凝集和沉淀。

3）机械处理：有些机械处理如揉捏、搅拌等，由于剪切力的作用使蛋白质分子伸展，破坏了其 α-螺旋，使蛋白质网络发生改变而导致变性。

4）其他因素：高压、辐射等处理均可导致蛋白质的变性。

（2）化学因素

1）pH：大多数蛋白质在特定的 pH 范围内是稳定的，但在极端 pH 条件下，蛋白质分子内部的可离解基团受强烈的静电排斥而使分子伸展和变性。

2）金属离子：Ca^{2+}、Mg^{2+}是蛋白质分子中的组成部分，对稳定蛋白质的构象起着重要作用，Ca^{2+}、Mg^{2+}的去除会降低蛋白质对热、酶的稳定性；此外，Cu^{2+}、Fe^{2+}、Hg^{2+}、Ag^{+}等易与蛋白质分子中的—SH 形成稳定的化合物，进而降低蛋白质的稳定性。

3）有机溶剂：有机溶剂可通过降低蛋白质溶液的介电常数，降低蛋白质分子间的静电排斥，导致其变性；有机溶剂还可进入到蛋白质的疏水性区域，破坏蛋白质分子的疏水相互作用。

4）有机化合物：高浓度的尿素和胍盐（4～8mol/L）会导致蛋白质分子中氢键的断裂，因而引起蛋白质的变性；表面活性剂如十二烷基磺酸钠（SDS），可在蛋白质的疏水区域和亲水区域间起作用，破坏疏水相互作用，促使蛋白质分子的伸展，是一种很强的变性剂。

5）还原剂：巯基乙醇、半胱氨酸、二硫苏糖醇等还原剂可以使蛋白质分子中存在的二硫键还原，从而改变蛋白质的构象。

3. 蛋白质变性的应用　蛋白质变性原理在生产和生活中具有重要的应用。例如，生活中把大豆蛋白溶液加热制成豆腐；在防治病虫害、灭菌和临床上常用乙醇、加热、紫外线照射等方法进行消毒，使细菌菌体或病毒蛋白质变性而失去致病和繁殖能力；在制备蛋白质和酶制剂过程中，为了保持其天然构象，必须防止发生变性，操作过程中就必须注意保持低温，避免各种因素引起蛋白质变性。

课堂互动

在蛋糕制作过程中，应用了蛋白质的哪些功能特性？

任务 4-1-4　食品中重要的蛋白质

【任务要求】

1. 了解食品中常见的蛋白质。
2. 熟悉食品中蛋白质的性质。

【知识准备】

食品中的蛋白质分布十分广泛，根据其来源不同，可分为动物蛋白质和植物蛋白质。动物蛋白质是指各种奶类、鱼肉、虾、猪肉和牛羊肉中的蛋白质；植物蛋白质则指豆类和谷物类中的蛋白质。

一、动物来源食品中的蛋白质

（一）肉类蛋白质

肉类是食物蛋白质的主要来源，主要存在于肌肉组织中，其蛋白质含量为20%左右。肉类中的蛋白质可分为肌浆蛋白质、肌原纤维蛋白质和基质蛋白质，三者在溶解性质上存在显著差别。肌浆蛋白质可以采用水或低离子强度的缓冲液进行提取，肌原纤维蛋白质的提取则需要采用较高浓度的盐溶液，而基质蛋白质则不是水溶性的。

1. 肌浆蛋白质　肌浆蛋白质主要由肌溶蛋白和球蛋白 X 组成，占肌肉蛋白质总量的20%~30%。其中，肌溶蛋白溶于水，在55~65℃变性凝固；球蛋白 X 则溶于盐溶液，在50℃时变性凝固，此外，肌浆蛋白质中还包括少量的肌红蛋白。

2. 肌原纤维蛋白质　肌原纤维蛋白质又称为肌肉的结构蛋白质，包括肌球蛋白、肌动蛋白、肌动球蛋白和肌原球蛋白等，这些蛋白质占肌肉蛋白质总量的51%~53%。其中，肌球蛋白溶于盐溶液，其变性开始温度是30℃，肌球蛋白占肌原纤维蛋白质的55%，是肉类中含量最多的一种蛋白质。在屠宰以后的成熟过程中，肌球蛋白与肌动蛋白结合成肌动球蛋白，肌动球蛋白溶于盐溶液中，其变性凝固的温度是45~50℃。

3. 基质蛋白质　基质蛋白质主要有胶原蛋白和弹性蛋白，都属于硬蛋白类，不溶于水和盐溶液。

（二）胶原蛋白

胶原蛋白分布于动物的筋、腱、皮、血管、软骨和肌肉中，一般占动物蛋白质的 1/3。胶原蛋白含氮量较高，不含色氨酸、胱氨酸和半胱氨酸，酪氨酸和甲硫氨酸含量比较少，但含有丰富的羟脯氨酸（10%）和脯氨酸，甘氨酸含量更高（约 33%），还有羟赖氨酸。因此，胶原蛋白属于不完全蛋白质。目前研究发现，Ⅰ型胶原（一种胶原蛋白的亚基）中 96% 的肽段都是由 Gly-X-Y 三联体重复顺序组成，其中 X 为脯氨酸（Pro），Y 为羟脯氨酸（Hyp），这种特殊的氨基酸组成是胶原蛋白特殊结构的重要基础。

天然的胶原蛋白不溶于水、稀酸和稀碱，蛋白酶对其也基本不起作用。胶原蛋白在水中加热时，由于氢键断裂和蛋白质空间结构的破坏，胶原变性，变成水溶性物质—明胶。

（三）乳蛋白质

乳蛋白质含有人体生长发育的一切必需氨基酸和其他氨基酸。其消化率远比植物蛋白质高，可达 98%~100%，因此，乳蛋白为完全蛋白质。牛乳由连续的水溶液，分散的脂肪球和以酪蛋白为主的固体胶粒三个不同的相组成，乳蛋白同时存在于各相中。

1. 酪蛋白　酪蛋白以固体微胶粒的形式分散于乳清中，是乳中含量最多的蛋白质，约占乳蛋白总量的 80%~82%。酪蛋白属于结合蛋白质，是典型的磷蛋白。酪蛋白虽然是一种两性电解质，但具有明显的酸性，在化学上常把酪蛋白看作酸性物质。酪蛋白含有 4 种蛋白亚基，即 α_{s1}-酪蛋白，α_{s2}-酪蛋白，β-酪蛋白，κ-酪蛋白，其比例约为 3∶1∶3∶1。

α_{s1}-酪蛋白和 α_{s2}-酪蛋白的分子质量相似，约 23 500，等电点为 5.1，α_{s2}-酪蛋白更亲水，两者共占总酪蛋白的 48%；β-酪蛋白相对分子质量约 24 000，占酪蛋白的 30%~35%，等电点为 5.3，β-酪蛋白高度疏水，但它的 N 端含有较多的亲水基团，因此，β-酪蛋白的两亲性可使其作为一种乳化剂；κ-酪蛋白占总酪蛋白的 15%，相对分子质量为 19 000，等电点为 3.7~4.2。它含有半胱氨酸并可通过二硫键形成多聚体，虽然只含有一个磷酸化残基，但其碳水化合物的部分提高了其亲水性。

酪蛋白与钙结合形成酪蛋白酸钙，再与磷酸钙构成酪蛋白钙-磷酸钙复合体，复合体与水形成悬浊状胶体，存在于鲜乳中。酪蛋白胶团在牛乳中比较稳定，但经冻结或加热等处理，也会发生凝胶现象。130℃加热数分钟，酪蛋白会发生变性而凝固沉淀。干酪可以利用凝乳酶对酪蛋白的凝固作用而制成，就是因为凝乳酶的添加会破坏酪蛋白胶粒的稳定性。

2. 乳清蛋白　牛乳中酪蛋白凝固以后，从中分离出的清液即为乳清，存在于乳清中的蛋白质称为乳清蛋白，乳清蛋白有许多组分，其中最主要的是 β-乳球蛋白和 α-乳清蛋白。

（1）β-乳球蛋白：约占乳清蛋白质的 50%，仅存在于 pH 3.5 以下和 7.5 以上的乳清中，在 pH 3.5~7.5 则以二聚体形式存在。β-乳球蛋白是一种简单蛋白质，含有游离的巯基（—SH），牛奶加热产生气味可能与它有关。加热、增加钙离子浓度或 pH 超过 8.6 等都能使它变性。

（2）α-乳清蛋白：α-乳清蛋白在乳清蛋白中占 25%，比较稳定。分子中含有 4 个二硫键，但不含游离的巯基。

乳清中含有血清蛋白、免疫球蛋白和酶等其他蛋白质。血清蛋白是大分子球形蛋白质，相对分子质量 66 000，结合着一些脂类和风味物质。免疫球蛋白是热不稳定的球蛋白，相对分子质量为

150 000～950 000。

3. 脂肪球膜蛋白质　乳脂肪球周围的薄膜是由蛋白质、磷脂、高熔点甘油三酸酯、甾醇、维生素、金属、酶类及结合水等化合物构成，其中起主导作用的均是卵磷脂-蛋白质配合物。该薄膜控制着牛乳中脂肪-水分散体系的稳定性。

（四）卵蛋白质

1. 卵蛋白质的组成　鸡蛋作为卵类的代表，全蛋中蛋白质约占 9%，蛋清中蛋白质约占 10.6%，蛋黄中蛋白质约占 16.6%。蛋清中的蛋白主要包括卵清蛋白（54%）、伴清蛋白、卵类黏蛋白、溶菌酶、卵黏蛋白等，鸡蛋黄中的蛋白质主要包括卵黄蛋白（5%）、卵黄高磷蛋白（7%）和卵黄脂蛋白（21%）。

2. 卵蛋白质的功能性质　鸡蛋清蛋白质中具有独特的功能性质。如鸡蛋清中由于存在溶菌酶、抗生物素蛋白和蛋白酶制剂等，能抑制微生物生长，有利于鸡蛋的储藏。

鸡蛋清中的卵清蛋白、伴清蛋白和卵黏蛋白都是易热变性蛋白质，这些蛋白质的存在使鸡蛋清在受热后产生半固体的胶状，但由于这种半固体胶体不耐冷冻，因此，不能将煮制的鸡蛋储存于冷冻的条件下。

蛋黄中的蛋白质也具有凝胶性质，这在煮蛋和煎蛋中最重要，但蛋黄蛋白更重要的性质是其乳化性，这对保持焙烤食品的网状结构具有重要意义。蛋黄蛋白作为乳化剂主要是用于生产蛋黄酱，在其制作过程中通过搅拌，蛋黄蛋白质就发挥其乳化作用而使色拉油、水、芥末、蛋黄及盐等混合物变为均匀乳化的乳状体系。

（五）鱼肉中的蛋白质

鱼肉中蛋白质的含量为 10%～21%，且因鱼的种类及年龄不同而异。鱼肉中蛋白质与畜禽肉类中的蛋白质一样，可分为肌浆蛋白、肌原纤维蛋白和基质蛋白。

鱼的骨骼肌排列在结缔组织的片层中，是一种短纤维，但鱼肉中的结缔组织的含量要比畜禽肉少，而且纤维也较短，因而鱼肉更为嫩软。鱼肉的肌原纤维与畜禽肉类相似，含有肌球蛋白、肌动蛋白、肌动球蛋白等，但鱼肉中的肌动球蛋白十分不稳定，在加工储存过程中极易发生变化。即使在冷冻保存中，肌动球蛋白也会因逐渐变成不溶性的而增加鱼肉的硬度。有趣的是，当肌动球蛋白储存在稀的中性溶液中时会很快发生变性，并逐步凝聚而形成不同浓度的二聚体、三聚体或更高的聚合体，但只有少部分是全部凝聚，这可能也是引起鱼肉不稳定的主要原因之一。

二、植物来源食品中的蛋白质

（一）谷物类蛋白质

成熟、干燥谷粒的蛋白质含量在 6%～20%。谷类会因加工中去胚、麸而损失少量的蛋白质。种核外面有一层保护组织，不易被消化，因此常将其作为饲料。

1. 小麦蛋白质　面粉主要成分是小麦的内胚乳，其淀粉粒包埋在蛋白质基质中。麦醇溶蛋白和麦谷蛋白占蛋白质总量的 80%～85%，比例约为 1∶1，两者与水混合后可形成具有黏性和弹性的面筋蛋白。非面筋的清蛋白和球蛋白占面粉蛋白质总量的 15%～20%，可溶于水，具有凝聚性和发泡性。

2. 玉米蛋白质 玉米胚乳蛋白主要是基质蛋白和存在于基质中的颗粒蛋白体两种，玉米醇溶蛋白则存在于蛋白体中，占蛋白质总量的15%~20%。玉米蛋白质缺乏赖氨酸和色氨酸两种必需氨基酸。

3. 稻米蛋白质 稻米蛋白主要存在于内胚乳的蛋白体中，在碾米过程中几乎全部保存，其中最主要的是谷蛋白，占蛋白质总量的80%。稻米是唯一具有高含量谷蛋白和低含量醇溶谷蛋白的谷类。因此，其赖氨酸的含量较高。

（二）大豆蛋白质

1. 大豆蛋白的分类与组分 大豆蛋白可分为清蛋白和球蛋白，清蛋白占大豆蛋白的5%，球蛋白约占90%。大豆球蛋白可溶于水、碱或食盐溶液，当pH调至其等电点4.5时，则蛋白以沉淀形式析出，又称酸沉蛋白；而清蛋白无此特性，因此清蛋白为非酸沉蛋白。

大豆蛋白质按照溶液在离心时的沉降速度可分为4个组分，即2S，7S，11S和15S。其中7S和11S最为重要，7S占总蛋白的37%，而11S占总蛋白的31%（表4-5）。

表4-5 大豆蛋白的组分

沉降系数	占总蛋白的百分数/%	已知的组分	相对分子质量/Da
2S	22	胰蛋白酶抑制剂	8 000~21 500
		细胞色素C	12 000
7S	37	血球凝集素	110 000
		脂肪氧合酶	102 000
		β-淀粉酶	61 700
		球蛋白	180 000~210 000
11S	31	11S球蛋白	350 000
15S	11	-	600 000

2. 大豆蛋白质的溶解度 大豆蛋白质的溶解度受pH和离子强度的影响很大，大豆蛋白质在pH 4.5~4.8时溶解度最小，加盐可使酸沉蛋白质溶解度增大，但在酸性（pH 2.0）时低离子强度下溶解度很大。在中性（pH 6.8）条件下，溶解度随离子强度变化不大，在碱性条件下溶解度增大。

3. 大豆蛋白质的功能特性

（1）蛋白质的氨基酸组成：7S球蛋白是一种糖蛋白，含糖量约为5.0%。11S球蛋白含有较多的谷氨酸、天冬酰胺。与11S球蛋白相比，7S球蛋白中色氨酸、甲硫氨酸、胱氨酸含量略低，而赖氨酸含量较高。因此，7S球蛋白更能代表大豆蛋白质的氨基酸组成。

（2）蛋白质的加工特性：7S组分含量高的大豆制得的豆腐比较细嫩；11S组分具有冷沉性，脱脂大豆的蛋白浸出水溶液在0~2℃放置后，约有86%的11S组分沉淀出来，可利用这一特性分离浓缩11S组分。

（3）蛋白质的乳化特性：不同的大豆蛋白质组分，乳化特性也不同，7S与11S的乳化稳定性较好，在实际应用中要根据不同大豆蛋白制品的乳化效果来选择大豆蛋白的类型。如在香肠的加工过程中，大豆分离蛋白的乳化效果比大豆浓缩蛋白的乳化效果好。

（4）大豆蛋白质的吸油性：大豆蛋白制品的吸油性与蛋白质含量有密切关系，大豆粉、浓缩蛋白和分离蛋白的吸油率分别为84%、133%和150%，最大吸油量发生在15～20分钟内，而且蛋白粉末越细，吸油率越高。

（5）大豆蛋白的凝胶性质：大豆蛋白分散于水中形成胶体，在一定条件下可转变为凝胶，而大豆蛋白质的浓度和组分是决定能否形成凝胶的关键因素。大豆蛋白质浓度越高，凝胶强度越大。在浓度相同的情况下，大豆蛋白质的组成不同，其凝胶性也不同。在大豆蛋白质中，只有7S和11S组分才有凝胶性，而且11S形成的凝胶硬度和组织性高于7S组分凝胶。

任务4-1-5　蛋白质在食品加工和储存中的变化

【任务要求】

1. 了解食品加工的主要类型。

2. 掌握在食品加工过程中蛋白质发生的主要变化。

【知识准备】

食品加工通常可以延长食品的保质期，并使各种季节性的食品以稳定的形式存在，对蛋白质的营养价值起到了改善作用。然而，食品加工（如加热、冷藏、脱水等）过程也可能改变蛋白质的结构，使蛋白质的功能特性受到影响，从而影响蛋白质的营养价值。

一、热处理

热处理是最常见的一种食品加工方法，对蛋白质质量的影响较大，其影响程度和结果取决于热处理的时间、温度、湿度以及有无其他还原性物质等。热处理时蛋白质可能发生的变化包括变性、分解、氨基酸氧化、氨基酸新键的形成等。

（一）有利变化

1. 营养价值　绝大多数蛋白质加热后营养价值会有所提高，这主要是因为在适宜的加热条件下，蛋白质发生变性，肽链受热后化学键断裂，肽链松散，容易受到消化酶的作用，从而提高了蛋白质的消化率和必需氨基酸的生物有效性。

热烫或蒸煮都可使酶蛋白（如酯酶、脂肪氧合酶、多酚氧化酶等）失活，从而防止食品产生非需要的颜色、风味和质地变化以及维生素的损失。食品中存在的大多数天然蛋白质毒素或抗营养因子可通过加热而变性钝化，如大豆中的胰蛋白酶抑制剂和胰凝乳蛋白酶抑制剂，在一定条件下加热，可消除其毒性；少数微生物蛋白需要高温灭活，如肉毒杆菌毒素在100℃下加热10分钟可被破坏。

2. 食品形态　蛋白质加热凝固有利于食品的成形以及形成一定的硬度。大多数蛋白质在热处理达到凝固程度后才能起到食品的骨骼作用，从而赋予食品应有的形态和强度，如饼干、面包中的面筋蛋白，糖果中的发泡剂，肉糜罐头中的肌肉蛋白和胶原蛋白等。

3. 食品色泽　热处理过程中，蛋白质中的赖氨酸、精氨酸、色氨酸、苏氨酸和组氨酸等，很容易与还原糖（如葡萄糖、果糖等）发生羰氨反应，即美拉德反应。该反应使食品带有金黄色至棕褐色的焙烤食品特有色泽，主要发生于糖果、焙烤食品和熏制食品等的加工过程中。

（二）不利变化

1. 脱氨 热处理温度高于100℃时，可以使部分氨基酸残基脱氨，释放的氨主要来自于谷氨酰胺和天冬酰胺残基，这类反应不损失蛋白质的营养，但由于氨基脱除后，在蛋白质侧链间会形成新的共价键，一般会导致蛋白质等电点和功能特性的改变。

2. 脱硫 食品杀菌的温度大多在115℃以上，此时半胱氨酸及胱氨酸会发生部分不可逆的分解，产生硫化氢、二甲基硫化合物、磺基丙氨酸等物质，如加工动物性食品时，烧烤的肉类风味是由氨基酸分解的硫化氢及其他挥发性成分组成。这一分解反应除了有利于食品特征风味的形成外，还会造成含硫氨基酸的损失。

3. 氨基酸残基异构化 高温处理可导致氨基酸残基发生异构化，在该反应过程中部分L-氨基酸转化为D-氨基酸，最终产物由D-构型氨基酸和L-构型氨基酸以1∶1组成。由于D-氨基酸基本无营养价值，且肽键难水解，导致蛋白质的消化性和营养价值显著降低。因此在确保安全的前提下，食品蛋白质应尽量避免高温加工。

4. 异肽键交联 高温处理蛋白质含量高而碳水化合物含量低的食品，如畜肉、鱼肉等，会形成蛋白质之间的异肽键交联，即蛋白质侧链的自由氨基（赖氨酸残基、精氨酸残基等）和自由羧基（谷氨酸残基、天冬氨酸残基等）形成的肽键。这类交联不利于蛋白质的消化吸收，也会造成食品中必需氨基酸的损失，蛋白质的营养价值会明显降低。

二、低温处理

食品的低温储藏可延缓或阻止微生物的生长并抑制酶的活性及化学变化。

1. 冷藏 将温度控制在稍高于冻结温度之上，此时蛋白质较稳定，微生物生长也受到抑制。

2. 冷冻 将温度控制在低于冻结温度之下（一般为-18℃），此时冷冻会影响食品的风味。

肉类食品经冷冻、解冻，细胞及细胞膜被破坏，酶被释放出来，随着温度的升高，酶活性增强致使蛋白质降解，而且蛋白质-蛋白质间的不可逆结合会代替水与蛋白质间的结合，使蛋白质的质地发生改变，保水性降低，但对其营养价值影响很小。

鱼蛋白质很不稳定，经冷冻后，肌球蛋白变性，与肌动蛋白反应，肌肉变硬，持水性下降，因此，解冻后鱼肉变得干而强韧，而且鱼中的脂肪在冷冻期间仍会进行自动氧化，产生过氧化物和自由基。

蛋黄冷冻并储存于-6℃，解冻后呈胶状结构，黏度也增大。在冷冻前加入10%的糖或盐则可阻止该现象的发生。对于牛乳来说，经巴氏低温杀菌后，在-24℃冷冻，可储存4个月。

三、脱水干制

脱水也是食品储存中的重要方法，其主要目的是减轻食品重量以及增加食品的稳定性。然而，脱水处理也会给食品加工带来许多不利的变化。当蛋白质溶液中的水分被全部去除时，蛋白质与蛋白质之间会发生相互作用，引起蛋白质大量聚集，尤其在高温下除去水分时可导致蛋白质溶解度和表面活性的降低。

食品加工中常用的脱水方法各不相同，因此引起蛋白质变化的程度也不相同。

1. 传统脱水　以自然的温热空气干燥脱水的畜禽肉，鱼肉会变得坚硬、萎缩，烹调后感觉坚韧，失去了其原来的风味。

2. 真空干燥　与传统的脱水法相比，真空干燥脱水法对肉的品质损害较小，真空环境无氧气，所以氧化反应较慢。此外，在低温下还可减少非酶褐变及其他化学反应的发生。

3. 冷冻干燥　冷冻干燥的食品可保持原形及大小，具有多孔性，是肉类脱水的最好方法。与传统的干燥方法相比，冷冻干燥肉类中其必需氨基酸含量及消化率与新鲜肉类差异不大，冷冻干燥是最好的保持食品营养成分的方法。

4. 喷雾干燥　喷雾干燥对蛋白质损害较小，通常蛋、乳的脱水常采用此方法。

5. 鼓膜干燥　将原料置于蒸汽加热的旋转鼓表面，脱水成膜。例如，用浓缩的大豆蛋白质溶液加工生产腐竹。

四、辐照

在食品加工过程中，辐照在一般剂量下对食品的营养价值影响不大。在辐照过程中，蛋白质会发生分解，在一定程度上会有辐照味。

五、蛋白质氧化处理的影响

在食品加工过程中常会使用过氧化氢、过氧化苯甲酰、次氯酸钠等一些氧化剂。过氧化氢在乳品工业中用于牛乳冷灭菌；还可用来改善鱼蛋白质浓缩物、谷物面粉、麦片、油料种子蛋白质离析物等产品的色泽；也可用于含黄曲霉素的面粉、豆类和麦片脱毒以及种子去皮。

此外，很多食品体系自身也会产生具有氧化性的物质，如脂类氧化产生的过氧化物及其降解产物，它们通常是引起食品蛋白质发生交联的原因。在氧气、中性或碱性条件下，很多植物中存在的多酚类物质易被氧化生成醌类化合物，这种反应生成的过氧化物属于强氧化剂。

蛋白质中一些氨基酸残基有可能被各种氧化剂所氧化，对氧化反应最敏感的氨基酸残基是含硫氨基酸和芳香族氨基酸，其氧化程度依次为：甲硫氨酸>半胱氨酸>胱氨酸>色氨酸。

甲硫氨酸氧化的主要产物为亚砜、砜，亚砜在人体内还可以还原被利用，但砜不能被利用。半胱氨酸的氧化产物按其氧化程度依次为半胱氨酸次磺酸>半胱氨酸亚磺酸>半胱氨酸磺酸，半胱氨酸次磺酸可以部分还原被人体所利用，而后两者则不能被利用。胱氨酸的氧化产物也是砜类化合物。色氨酸的氧化产物因氧化剂的不同而不同，其中*N*-甲酰犬尿氨酸作为其氧化产物之一是一种致癌物。氨基酸残基的氧化可以明显改变蛋白质的结构与风味，损失蛋白质的营养，形成有毒物质，因此显著氧化了的蛋白质不宜食用。

课堂互动

在牛肉干制作过程中，利用哪些技术可以最大程度保存其营养成分和风味？

点滴积累

1. 氨基酸分为　必需氨基酸、条件必需氨基酸和非必需氨基酸。
2. 必需氨基酸　异亮氨酸、亮氨酸、苯丙氨酸、甲硫氨酸、色氨酸、缬氨酸、苏氨酸、赖氨酸。
3. 食品中常见的蛋白质主要由动物来源的蛋白质和植物来源的蛋白质组成。
4. 动物来源的蛋白质主要包括肉类蛋白质、胶原蛋白、乳蛋白质、卵蛋白质和鱼肉中的蛋白质。
5. 大多数食品中的蛋白质在加热时会形成凝胶，如胶原蛋白向明胶的转化。
6. 酪蛋白是乳品中含量最高的蛋白质，易与 Ca^{2+} 发生结合。
7. 蛋白质的元素组成特点是氮元素的含量平均为 16%，是凯氏（Kjedahl）定氮法测定蛋白质含量的依据。
8. 大多数球蛋白都是水溶性蛋白质。
9. 蛋白质具有两性解离、胶体性质，可发生显色反应，在理化条件变化时可发生蛋白质变性。
10. 氨基酸是蛋白质的最基本组成单位。
11. 根据氨基酸侧链的极性可分为极性氨基酸和非极性氨基酸；根据氨基和羧基的数目可分为碱性氨基酸、酸性氨基酸和中性氨基酸。
12. 氨基酸多溶于水，具有两性电离的性质，可与亚硝酸、甲醛和水合茚三酮反应。
13. 常见的食品加工方法有：热处理、低温处理、脱水干制、辐照、氧化处理等。
14. 热处理对蛋白质质量的影响较大，其影响程度和结果取决于热处理的时间、温度、湿度以及有无其他还原性物质存在等因素。

任务 4-2　蛋白质的功能性质实验

导学情景

情景描述：

在蛋糕的生产中起决定作用的是鸡蛋的蛋白部分。蛋白质在搅拌时，蛋白质薄膜将混入的空气包围起来而成为泡沫，由于受表面张力的制约，迫使已经形成的泡沫成为大小不同的球形，随着调粉的进行，面、糖、奶粉等固相材料，附在泡沫表面，增强了泡沫的稳定性。当制品经烘烤或蒸煮加热时，泡沫中的气体受热膨胀，蛋白质遇热变性，使之成为一种疏松、多孔并具有一定弹性和韧性的蛋糕。

学前导语：

蛋白质的功能有很多，我们来看看蛋白质的功能有哪些？

【任务要求】

以卵蛋白、大豆蛋白为代表，通过一些定性实验了解蛋白质的主要功能性质。

【知识准备】

一、任务原理

蛋白质的功能性质一般是指能使蛋白质成为人们所需要的食品而具有的物理化学性质，即对食品的加工、储藏、销售过程中发生作用的那些性质，这些性质对食品质量及其风味起着重要的作用。蛋白质的功能性质与蛋白质在食品体系中的用途有着十分密切的关系，是有效利用蛋白质的重要依据。

蛋白质的功能性质可分为水化性质、表面性质、蛋白质与蛋白质相互作用的性质三个类型，主要包括溶解性、起泡性、凝胶性和乳化性等。

二、任务所需材料、仪器与试剂

1. 材料

（1）2%蛋清蛋白溶液，即取 2g 蛋清加 98g 蒸馏水稀释，过滤取清液

（2）大豆分离蛋白粉

2. 试剂

（1）1mol/L 盐酸

（2）1mol/L 氢氧化钠

（3）饱和氯化钠溶液

（4）饱和硫酸铵溶液

（5）酒石酸

（6）硫酸铵

（7）氯化钠

（8）饱和氯化钙溶液

（9）明胶

三、任务实施

（一）蛋白质的水溶性

1. 在 50ml 的小烧杯中加入 0.5ml 蛋清蛋白，加入 5ml 水，摇匀，观察其水溶性、有无沉淀产生。在溶液中逐滴加入饱和氯化钠溶液，摇匀，得到澄清的蛋白质的氯化钠溶液。

取上述蛋白质的氯化钠溶液 3ml，加入 3ml 饱和硫酸铵溶液，观察球蛋白的沉淀析出，再加入硫酸铵粉末至饱和，摇匀，观察清蛋白从溶液中析出，解释蛋清蛋白质在水中及氯化钠溶液中的溶解度及蛋白质沉淀的原因。

2. 在四个试管中各加入 0.1～0.2g 大豆分离蛋白粉，分别加入 5ml 水，5ml 饱和食盐水，5ml

1mol/L 的氢氧化钠溶液，5ml 1mol/L 的盐酸溶液，摇匀，在温水浴中温热片刻，观察大豆蛋白在不同溶液中的溶解度。在第一、第二支试管中加入饱和硫酸铵溶液 3ml，析出大豆球蛋白沉淀。将第三、四支试管中分别用 1mol/L 盐酸溶液及 1mol/L 氢氧化钠溶液中和至 pH 4.0~4.5，观察沉淀的生成，解释大豆蛋白的溶解性及 pH 对大豆蛋白溶解性的影响。

（二）蛋白质的起泡性

1. 在 3 个 250ml 烧杯中各加入 2%的蛋清蛋白溶液 50ml，1 份用电动搅拌器连续搅拌 1~2 分钟，1 份用玻棒不断搅打 1~2 分钟，另 1 份用玻管不断鼓入空气泡 1~2 分钟，观察泡沫的生成。评价不同的搅打方式对蛋白质起泡性的影响。

2. 在 2 个 250ml 的烧杯中各加入 2%的蛋清蛋白溶液 50ml，1 份放入冷水或冰箱中冷藏至 10℃，1 份保持常温，同时以相同的方式搅打 1~2 分钟，观察泡沫产生的数量及泡沫稳定性的不同。

3. 取 3 个 250ml 烧杯，在其中各加入 2%蛋清蛋白溶液 50ml，其中 1 份中加入酒石酸 0.5g，1 份加入氯化钠 0.1g，以相同的方式搅拌 1~2 分钟，观察泡沫产生的多少以及泡沫稳定性的不同。

用 2%的大豆蛋白溶液进行以上实验，比较蛋清蛋白与大豆蛋白的起泡性。

（三）蛋白质的凝胶作用

1. 在试管中取 1ml 蛋清蛋白溶液，加入 1ml 水和几滴饱和氯化钠溶液至溶解澄清，放入沸水浴中，加热片刻观察凝胶的形成。

2. 在 100ml 烧杯中加入 2g 大豆分离蛋白粉和 40ml 水，在沸水浴中加热并不断搅拌均匀，稍冷，将其分成 2 份，1 份加入 5 滴饱和氯化钙溶液，另 1 份不加，放置温水浴中数分钟，观察凝胶的生成。

3. 在试管中加入 0.5g 明胶和 5ml 水，水浴中温热溶解形成黏稠溶液，冷却后，观察凝胶的生成。

解释不同情况下凝胶形成的原因。

四、任务结果

观察蛋白质的溶解性、起泡性和凝胶性，分析实验过程中每种现象产生的原因。

任务 4-3　蛋白质中活性赖氨酸的含量测定

导学情景

情景描述：

食品中的氨基酸主要以两种形式存在，即构成蛋白质的氨基酸和游离的氨基酸。 另外，还有微量的由几个氨基酸组成的低肽分子，以及与糖或脂类结合在一起的蛋白。 在营养学上各种氨基酸的含量是很重要的，其中必需氨基酸之间的相对含量决定了蛋白质的营养价值高低。而对食品化学、食品工艺学来讲，研究必需氨基酸赖氨酸在加工过程中的变化对优化加工条件、保持食品品质也是极其重要的。由于赖氨酸在食品加工中的高反应性，通常会和食品中的其他成分发生化学反应，例如美拉德反应、交联反应等，导致赖氨酸的生物可利用率下降，所以利用经典的氨基酸分析方法得到的赖氨酸含量，不能真实地反映食品中可以被人体所利用的赖氨酸水平。

学前导语：

而在食品应用化学中，所谓的活性赖氨酸或可反应赖氨酸是一个被广泛应用的概念，它是通过特定的化学反应测定出食品中那些能够与化学试剂作用的赖氨酸，能够较准确地反映出食品中可以被机体所利用的赖氨酸水平，其营养学意义更为重要。

【任务要求】

本任务的目的就是要了解食品蛋白质中活性赖氨酸的意义，掌握其测定的基本原理与方法，利用赖氨酸的 ε-NH_2 与茚三酮试剂反应测定食品蛋白质中活性赖氨酸的含量水平，进一步熟悉微量分析方法以及比色法的操作。

【知识准备】

一、任务原理

蛋白质中赖氨酸残基上有 ε-NH_2，它与茚三酮试剂可发生颜色反应，其颜色的深浅与赖氨酸残基的含量呈正相关。蛋白质中的其他氨基酸没有 ε-NH_2，并且蛋白质的 N 端-NH_2 的量相对较少，酰氨基中的-NH_2 不参与反应。因此，根据上述反应，用比色法就可以测得赖氨酸的 ε-NH_2 含量，间接地反映出赖氨酸的存在水平。本实验选用甘氨酸（或亮氨酸）配成标准溶液，以此制作标准曲线，表示氨基酸的-NH_2 与吸光度之间的线性关系，定量测定干酪素样品中的活性赖氨酸的含量水平。

二、任务所需材料、仪器与试剂

1. 材料　干酪素。

2. 仪器　具塞大试管（20ml）12 支、移液管（1ml、2ml、5ml）若干、恒温水浴、721 分光光度仪和 1cm 比色杯。

3. 试剂

（1）甘氨酸（30μg/ml）标准溶液：准确称取在 110℃干燥后的分析纯甘氨酸固体 30mg，溶解后于 100ml 容量瓶定容，得到标准甘氨酸（300μg/ml）储备液；使用时需要将此溶液稀释 10 倍作为应用液。

（2）酪蛋白（500μg/ml）溶液：准确称取 50mg 干酪素，加入 1 滴稀 NaOH 溶液湿润，然后加少量水溶解，然后于 100ml 容量瓶中定容。此样品可以保存一周。

（3）茚三酮显色剂（100ml）：取水合茚三酮 0.5g、果糖 0.3g、$Na_2HPO_4 \cdot 12H_2O$ 11.2g、KH_2PO_4 6.0g，加入 100ml 水中，稍微加热使其溶解后，暗处保存，一周内此试剂有效。

(4)50%(V/V)的乙醇溶液:取95%的乙醇与水按照55∶45的比例混合而成。

三、任务实施

1. 标准曲线的制作 取6支干燥洁净并编号的试管,按下表添加各种试剂。

试管	1	2	3	4	5	6
甘氨酸标准液/ml	0.00	0.40	0.80	1.20	1.60	2.00
加蒸馏水至/ml			5.00			
甘氨酸的质量/μg	0	5.0	15.0	25.0	35.0	45.0
茚三酮/ml			1.00			
50%乙醇/ml			5.00			
吸光值/A						

再向每支试管内加1.00ml茚三酮显色剂,摇匀后盖紧管塞,置沸水浴加热15分钟,用冷水迅速冷却试管至室温。再向每支试管加50%乙醇5.00ml,混匀后于580nm波长处测吸光值,以吸光值为横坐标,甘氨酸的质量为纵坐标绘制标准曲线。

2. 样品测定 分别取干酪素样液1.00ml、1.50ml于2支试管中,另取未知甘氨酸溶液1.00ml加蒸馏水至5.00ml,以后操作与标准曲线相同,然后测定。根据测定结果于标准曲线上查出相应的甘氨酸微克数,再换算成相当于赖氨酸的微克数。

四、任务的注意事项

1. 在制作标准曲线时,甘氨酸标准液取量要准确,加热反应前要将溶液振荡混合。

2. 加入50%乙醇后,要充分混匀后才能进行比色测定。

3. 本测定方法也可以利用与赖氨酸分子量接近的亮氨酸为标准物进行测定,步骤与处理相同;但亮氨酸的溶解度较低,需要用碱溶解后才能配制相应的标准溶液。

五、任务结果讨论

1. 测定反应的基本原理是什么?

2. 反应温度不够、反应时间较短会对实验结果产生何种影响?

3. 蛋白质样品长时间放置有何不利作用?

目标检测

一、单项选择题

1. 组成蛋白质的氨基酸是( )

A. L-α-氨基酸 B. D-α-氨基酸 C. L-β-氨基酸 D. D-β-氨基酸

2. 合成蛋白质的氨基酸有( )

A. 20 种　　B. 20 多种

C. 300 多种　　D. 目前还无法确定

3. 丙氨酸的等电点为6.02,在 pH 为 7 的溶液中丙氨酸带(　　)

A. 正电荷　　B. 负电荷　　C. 不带电荷　　D. 无法确定

4. 甘丙亮谷肽的 N 端和 C 端分别为(　　)

A. 甘氨酸和丙氨酸　　B. 甘氨酸和谷氨酸

C. 甘氨酸和谷氨酸　　D. 亮氨酸和谷氨酸

5. 氨基酸与茚三酮在弱酸性溶液中共热溶液呈(　　)

A. 紫色　　B. 红色　　C. 绿色　　D. 黄色

6. 蛋白质变性后(　　)

A. 一级结构被破坏　　B. 空间结构被破坏　　C. 结构不变　　D. 无法确定

7. 使蛋白质盐析可加入的物质为(　　)

A. 硫酸铵　　B. 氯化钙　　C. 氯化钡　　D. 氢氧化钠

二、简答题

1. 必需氨基酸有哪几种？简述其理化性质。

2. 蛋白质的性质。

3. 常见的食品加工储藏方法及其可能影响因素。

（吕晨艳）

项目五

维生素

项目五PPT

学习目标

认知目标

1. 掌握维生素的概念、分类及膳食来源。
2. 熟悉维生素的主要生物功能、缺乏症及储存上的不同特点。
3. 了解维生素性质及在食品加工过程中的作用。

技能目标

1. 学会宣传维生素缺乏症对人类的危害，养成膳食多样的习惯。
2. 学会用所学知识判断不同维生素的缺乏症。
3. 具备2,6-二氯靛酚法测定果蔬加工中维生素C的含量。

素质目标

1. 具有健康饮食的生活理念，科学使用维生素。
2. 具有严谨的学习态度、实事求是的工作作风。
3. 具有自主学习的习惯和良好的操作意识。

任务5-1 维生素的概述

导学情景

情景描述：

两千多年前，古罗马军队远征非洲。士兵们在沙漠中长途跋涉，长期吃不到蔬菜和水果，行军队伍中有大量的士兵生病。他们的脸色由苍白变为暗黑，牙缝中有紫红的血丝，浑身上下青一块紫一块，两腿肿胀，关节疼痛，双脚麻木不能行走，纷纷栽倒在沙漠中。当时人们对这种病缺乏了解，束手无策。16世纪，意大利航海家哥伦布带领他的船队远征大西洋，他的船员们也会得这种怪病，大家恐惧地把这种病称为“海上凶神”。

学前导语：

其实“海上凶神”就是典型的“坏血病”。“坏血病”是人体内严重缺乏维生素C引起的。维生素是维持机体生长和代谢所必需的、主要由食物提供的一类低分子的有机物。维生素是一类低分子的有机物，在体内不能合成或合成量很少，它既不能为机体提供能量，也不是机体细胞的组成成分，但维生素可以调节机体的物质代谢并维持机体的正常生理功能。维生素C也叫抗坏血酸，体内缺乏它，就容易得“坏血病”。本任务我们将学习各种维生素的膳食来源、生物功能、机体缺乏维生素的症状及食品加工过程中维生素的损失等知识。

任务 5-1-1　维生素的定义与分类

【任务要求】

1. 了解维生素的定义。
2. 熟悉维生素的分类与命名。

【知识准备】

一、维生素定义

维生素亦称“维他命”，是人体为维持正常生理功能所必需的、需要量极少的一类低分子有机物的总称，最早由波兰化学家卡西米尔·冯克(Funk)提出。维生素以其本体或活性前体形式存在于天然食物中。主要作用是参与机体的能量转移和代谢调节，维持机体的正常生理功能。人体对维生素的需求有一定的范围，每日仅以毫克或微克量计算。摄入不足会造成代谢异常，摄入过量则会引起中毒。

目前已发现的维生素有30多种，其中对人体营养和健康至关重要的有10多种，它们的化学结构复杂，无法用系统命名法命名。有的根据维生素被发现的顺序来命名。如维生素A、B、C、D、E、K等；有的以其生理功能来命名，如抗坏血酸(维生素C)，抗干眼病维生素、生育酚等；有的则以化学结构命名，如视黄醇(维生素A)、硫胺素(维生素B_1)、核黄素(维生素B_2)等，常有一物多名的现象。

维生素既不是机体组织细胞的组成成分，也不能为生命活动提供能量，主要以辅酶形式参与细胞的物质代谢和能量代谢。大多数维生素在体内不能合成或合成量很少，不能满足人体的基本需要，必须从食物中摄取。一旦缺乏就会引起机体代谢紊乱，出现维生素缺乏症，危害人体健康。但是过多摄入维生素也会危害人体健康，引起中毒反应，如过量摄入维生素D，在体内会引起钙、磷的沉积，造成血管硬化和肾结石。

知识链接

维生素的由来

维生素的发现是20世纪的伟大发现之一。最早发现食物中维生素的，是荷兰医生艾克曼（1858—1930），他用糙米来治疗脚气病，并因此获得1929年诺贝尔生理学或医学奖。1912年波兰科学家卡西米尔·冯克（1884—1967）将之从米糠中成功提取出来，并命名为vitamine，即“生命胺”。但后来发现许多其他的维生素并不含有“胺”结构，但是由于vitamine的叫法已经广泛采用，遂将“e”去掉，成为了今天的vitamin（维他命）。

二、维生素的分类

各种维生素的化学结构不同，性质差异很大，生理功能不同，按溶解性可分为脂溶性维生素和水溶性维生素两大类。

脂溶性维生素是不溶于水、易溶于脂肪及非极性有机溶剂的一类维生素，包括维生素 A、D、E、K 等，这类维生素一般由 C、H、O 三种元素组成。大多数脂溶性维生素的稳定性强，在食物中多与脂质共存，通常在肠道内吸收，主要储存于肝脏，排泄率不高，摄入过多易引起中毒，若摄入过少则缓慢出现缺乏症状。

水溶性维生素是易溶于水、难溶于非极性有机溶剂的一类维生素，包括 B 族维生素和维生素 C。这类维生素除含有 C、H、O 元素外，还含有 N、S 等元素。水溶性维生素从肠道吸收后在体内储存较少，大多数随尿液排出体外。几乎无毒，摄入量偏高一般不会引起中毒，若摄入过少则较快出现缺乏症状。水溶性维生素稳定性较差，在食品加工中容易损失。

课堂互动

维生素的主要作用是什么?

任务 5-1-2 脂溶性维生素

【任务要求】

1. 认识脂溶性维生素的化学结构。
2. 熟悉脂溶性维生素的膳食来源、生物功能以及缺乏症。
3. 掌握脂溶性维生素在食品加工过程中的应用。

【知识准备】

脂溶性维生素包括维生素 A、D、E、K，它们在食物中多与脂类共存，并随脂类一起被吸收进入机体。脂溶性维生素在机体内排泄比较缓慢，若摄取过多则易引起蓄积中毒。

一、维生素 A

维生素 A 是一类由 20 个碳原子构成的具有生理活性的不饱和一元醇类化合物，俗称抗干眼病维生素、抗干眼病醇。主要有维生素 A_1($C_{20}H_{30}O$)和维生素 A_2($C_{20}H_{28}O$)两种。

维生素 A_1 又称视黄醇，维生素 A_2 又称脱氢视黄醇，两者的区别是维生素 A_2 环内的 C_3 和 C_4 之间多了一个双键。其化学结构如图 5-1。

维生素 A_1 结构中存在共轭双键(即异戊二烯类)，有多种顺反立体异构体。食物中的维生素 A_1 主要是全反式结构，生物效价最高。而 1,3-顺异构体(新维生素 A)的生物效价是维生素 A_1 的 75%。新维生素 A 约占天然维生素 A 的 1/3 左右，人工合成的维生素 A 中含量极少。维生素 A_2 的生物效价只有维生素 A_1 的 40%。

维生素A_1　　　　维生素A_2

图 5-1　维生素 A

维生素 A 广泛存在于动物的肝脏、乳汁、肉类及蛋黄中，它能明显改善动物的生长。维生素 A_1 主要存在于哺乳动物和海水鱼的肝脏中，维生素 A_2 主要存在于淡水鱼的肝脏中。植物性食物和真菌中没有维生素 A，但其中含有的胡萝卜素经代谢后转化为维生素 A，并且具有维生素 A 的活性，称为维生素 A 原。其中以 β-胡萝卜素最为重要。

在人类的营养中大部分的维生素 A 来自于 β-胡萝卜素，如图 5-2。在小肠内 1 分子 β-胡萝卜素可以转化为 2 分子的维生素 A。胡萝卜素在人体内不会蓄积，因此不会对人体造成伤害，是人体很好的补充来源。但因维生素 A 原在体内转化率和吸收率均比较低，目前主要靠人工合成方法制备。

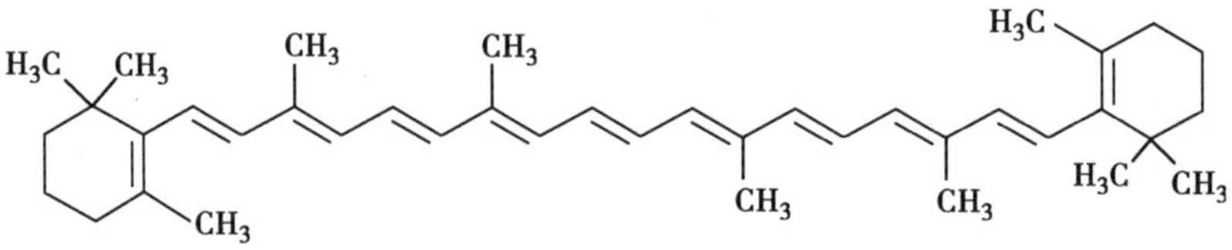

图 5-2　β-胡萝卜素

植物性食品中的深色蔬菜，如胡萝卜、菠菜、苋菜、生菜、油菜、紫菜等富含胡萝卜素。水果中则以芒果、橘子等含量丰富。

课堂互动

胡萝卜最大的营养价值在于富含胡萝卜素，胡萝卜素属脂溶性物质，只有在油脂中才能被很好地吸收。 想一想，科学的吃法是用水煮还是与肉同炒？

维生素 A_1 是淡黄色的片状结晶，熔点 64℃。维生素 A_2 熔点 17~19℃，通常为金黄色油状物。

维生素 A 化学结构中含有共轭多烯醇的侧链，其化学性质不稳定，对紫外线较敏感，容易被空气氧化而降解。若加热或金属离子（如铁离子）存在时则可促进这种氧化。因而维生素 A 具有良好的抗氧化性能。储存时应装于铝制容器中或棕色瓶内，避光保存。

在一定条件下维生素 A 具有良好的热稳定性，一般加热至 120~130℃也不会分解。在碱性和冷冻环境下比较稳定，对酸则不稳定。储藏中的维生素 A 的损失主要由脱水方式和避光情况决定。如食品加工和储藏中，冷藏食品维生素 A 的损失较少，而日光暴晒过的食品中维生素 A 会被大量破坏。

维生素 A 有许多重要的生物功能，与视觉关系密切。当维生素 A 缺乏时，眼睛的暗适应能力下降，可引起夜盲症、干眼病或失明。维生素 A 也维持鼻、喉及气管黏膜的形态完整和功能健全，防止皮肤干燥起鳞，缺乏时消化道和呼吸道的感染率上升，影响机体的免疫功能。儿童缺乏维生素 A 时可能出现体重下降、生长减慢等。维生素 A 还有抗癌、抗氧化、维持正常免疫功能、维持正常骨代谢等作用。

知识链接

维生素研究第一人

瑞士化学家保罗・卡勒，是研究维生素的先驱之一，他长期致力于研究维生素的合成与结构分析。1926 年，他开始研究植物色素，尤其是胡萝卜素，他阐明了胡萝卜素的结构，证明了维生素 A 与 β-胡萝卜素的关系。1930 年成功分离、纯化了维生素 A；1933 年与哈沃斯合成了维生素 C；1934 年与库克合成了维生素 E；1939 年分离出维生素 K_1，成为科学界公认的第一个研究维生素结构的化学家。

二、维生素 D

维生素 D 是一类含有环戊烷多氢菲结构的类固醇化合物，俗称抗佝偻病维生素、骨化醇。其中最为重要的是维生素 D_2（$C_{28}H_{44}O$）和维生素 D_3（$C_{27}H_{44}O$）。

维生素 D_2 又称麦角钙化醇，维生素 D_3 又称胆钙化醇。两者结构十分相似，其中维生素 D_2 比维生素 D_3 在支链上多一个双键和一个甲基。其化学结构如图 5-3。

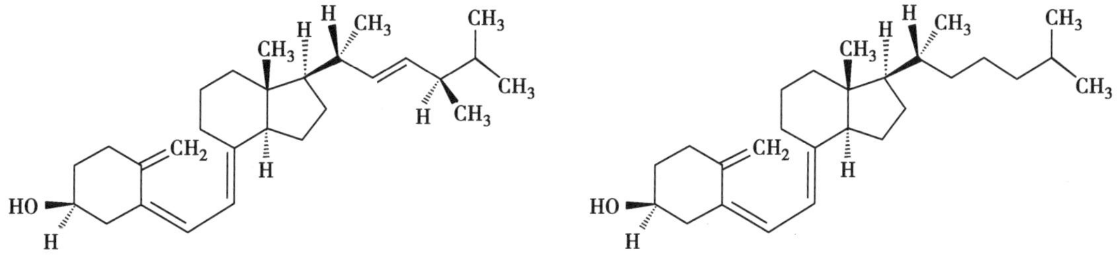

维生素D_2　　维生素D_3

图 5-3 维生素 D

维生素 D 最早从鱼肝油中发现，广泛存在于动物肝脏、蛋黄、乳汁中，植物性食品中不含维生素 D。但植物和酵母中含有维生素 D_2 的前体——麦角固醇，经日光或紫外线照射后可转化为维生素 D_2；人和动物皮肤中含有维生素 D_3 的前体——7-脱氢胆固醇，经日光或紫外线照射后可转化为维生素 D_3。这种方式是人体获得维生素 D 的主要途径，通过人体皮肤合成的维生素 D_3，通常能够基本满足机体的需要。因此，凡经常接受阳光照射的人不会发生维生素 D 的缺乏症。能转化为维生素 D 的固醇称为维生素 D 原。维生素 D 均为不同的维生素 D 原经紫外线照射后的衍生物。

维生素 D 为无色晶体，不溶于水，易溶于脂肪及有机溶剂。熔点为 84～88℃，熔融时同时分解。在无水乙醇溶液（5mg/ml）中比旋光度为+105°～+112°。无臭、无味，对食品的色泽及风味影响不大。

维生素 D 化学结构中侧链上没有双键，C_{24}上没有甲基，因而稳定性很好。通常的烹调加工和储藏条件不会引起损失，在油脂中能长期保存。消毒、高压灭菌、煮沸时维生素 D 的生物活性不变；冷冻储藏对牛乳和黄油中维生素 D 的影响也很小。

维生素 D 对氧和紫外线敏感，在空气中或遇光时容易变质。维生素 D 容易被氧化与其分子中含有双键有关，其光解机制可能是直接发生光化学反应，或由光引发的脂肪自动氧化间接涉及反应。脂肪在酸性环境中加热会逐渐分解，脂肪酸败可引起维生素 D 的破坏。需避光、密封保存。

课堂互动

维生素 D 能促进钙、磷的吸收，据说每天手脚露出 30cm，在阳光下晒 30 分钟，可有效防止维生素 D 的缺乏，不易发生骨质疏松，这是什么道理？

维生素 D 的主要功能是促进钙、磷的吸收，使骨骼正常发育。如果机体缺乏维生素 D，儿童易发生佝偻病，成人发生软骨病，老年人则易发生骨质疏松症，所以又称为抗佝偻病维生素和抗软骨病维生素。过量摄入可引起钙、磷的沉积，严重时造成血管硬化、影响肾功能。

维生素 D 对肌肉中钙水平的刺激性效应可激活蛋白酶的活性，使牛肉嫩化，改善牛肉的嫩度及肉质。

案例分析

案例

某 10 月龄患儿，母乳喂养，未加辅食，少晒太阳。爱哭闹，睡眠不好，多汗、方颅，有枕秃，平日易腹泄。体检：发育、营养中等，有肋骨串珠，轻度鸡胸。

分析

上述案例中的患儿有典型佝偻病的症状表现，主要是由于缺乏维生素 D 而引起的。后续检查应化验血钙、血磷、碱性磷酸酶等指标，以明确诊断。

三、维生素 E

维生素 E 是一类具有抗不育作用的脂溶性物质，因其化学结构上含有酚羟基，故又称生育酚。维生素 E 类化合物属于 6-羟基苯并二氢吡喃的衍生物，苯环上均含有一个酚羟基，包括母生育酚和生育三烯酚。

目前已知的维生素 E 类物质有 8 种，即 α、β、γ、δ、ε、ζ_1、ζ_2、η-生育酚，不同异构体中因甲基的数目和位置不同，生物活性也不同，其中以 α-生育酚的活性最强，通常所指的维生素 E 即指 α-生育酚，其化学结构如图 5-4。

天然存在的 α-生育酚是右旋体，而人工合成的 α-生育酚是消旋体。后者的生物活性仅为右旋体的 40%左右。

生育三烯酚与母生育酚的结构区别在于其侧链的 3′、7′和 11′位处存在双键，其他部分与母生育酚的结构完全相同。

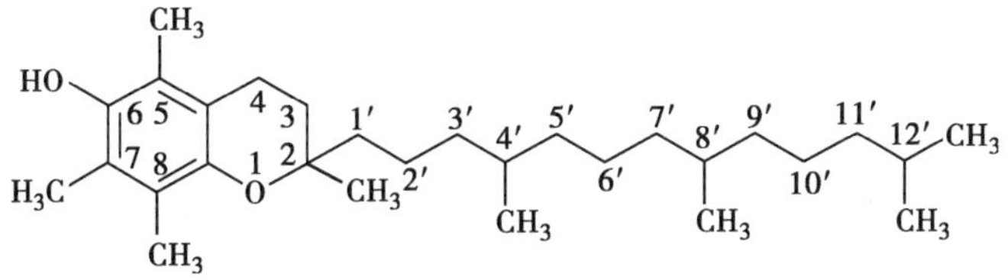

CH_3
HO 6 5 4 3 1′ 3′ 4′ 5′ 7′ 8′ 9′ 11′ 12′ CH_3
H_3C 7 8 1 2 O CH_3 2′ 6′ 10′
CH_3 CH_3 CH_3 CH_3

图 5-4 维生素 E

维生素 E 广泛分布在天然食物中，其中各种植物油脂、麦胚、豆类、坚果及绿色植物中含量比较丰富。维生素 E 储存于人体的所有组织中，既可在体内保留比较长的时间，又能在人体肠道内合成一部分，因此维生素 E 一般不会缺乏。

维生素 E 是淡黄色黏稠状液体，无臭、无味，不溶于水，溶于脂肪及有机溶剂。

在无氧条件下维生素 E 对热稳定，甚至加热至 200℃以上也不被破坏；对光线和氧化剂敏感，遇氧化剂三氯化铁或空气中的氧，可被氧化为生育醌，颜色逐渐加深。金属离子（如 Fe^{3+}、Cu^{2+}）可加速其氧化。

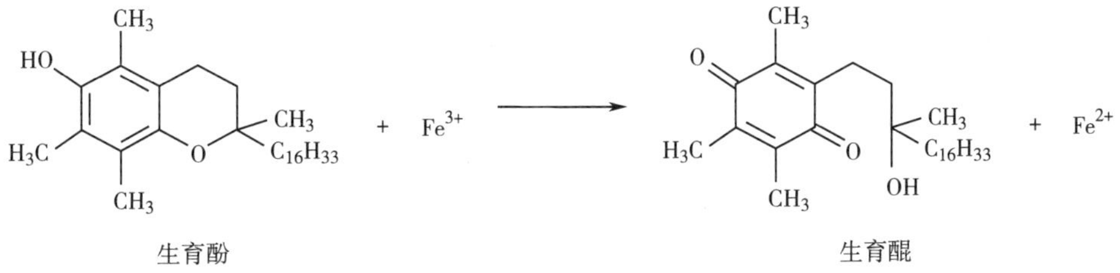

CH_3 HO H_3C O CH_3 $C_{16}H_{33}$ CH_3 + Fe^{3+} → CH_3 O H_3C O CH_3 $C_{16}H_{33}$ OH CH_3 + Fe^{2+}

生育酚 生育醌

维生素 E 具有较强的还原性，这与维生素 E 结构中的酚羟基有关。在食品加工中常作为抗氧化剂使用，维生素 E 通过淬灭单线态氧而保护食品中的其他成分，从而提高食品中其他化合物的氧化稳定性。这种优良的性能被广泛应用于食品工业中，如防止维生素 A、维生素 C 的氧化。在肉类腌制中，含氨基的化合物与亚硝酸盐作用可生成亚硝胺。亚硝胺的合成是通过自由基机制进行的，维生素 E 可清除自由基，阻止亚硝胺的生成。

动物饲料中维生素 E 的含量会影响动物屠宰后动物肉的抗氧化能力，从而影响其食用品质。研究证实维生素 D_3 和维生素 E 合用可获得牛肉的最佳“色泽-嫩度”。

课堂互动

在腌制肉类食品时，加入维生素 E 有什么作用？

食品在加工储藏过程中常常会造成维生素 E 的大量损失。如谷物机械加工去胚时，维生素 E 大约损失 80%；肉和蔬菜罐头制作中维生素 E 大约损失 41%~65%；脱水可使牛肉和鸡肉中维生素 E 损失 36%~45%；一般烹调温度下损失不大，但油炸时损失较多，如油炸马铃薯在 23℃下储存 1 月，维生素 E 损失 71%，储存 2 月，维生素 E 损失 77%。

此外，氧化剂和碱对维生素 E 也有破坏作用，某些金属离子（如铁离子等）可促进维生素 E 的氧化。值得注意的是，在冷冻储存食物时，维生素 E 也会大量损失。

知识链接

维生素 E 的生物功效

维生素 E 结构中的酚羟基很容易被氧化，具有高效的抗氧化作用。可以保护体内不饱和脂肪酸等不被氧化，维护生物膜的正常功能，改善皮肤弹性，抗衰老，减少色素生成等。如果缺乏维生素 E，红细胞膜的不饱和脂肪酸会被氧化，从而使膜破裂产生溶血。

四、维生素 K

维生素 K 是一类具有凝血作用、均含有 2-甲基-1,4-萘醌结构的化合物的总称，俗名凝血维生素。天然维生素 K 有维生素 K_1、K_2。维生素 K_3、K_4 为人工合成。

维生素 K_1($C_{31}H_{46}O_2$)又称叶绿醌，维生素 K_2($C_{41}H_{56}O_2$)又称聚异戊烯基甲基萘醌，维生素 K_3($C_{11}H_8O_2$)又称 2-甲基-1,4 萘醌，维生素 K_4($C_{11}H_9ON$)又称 4-亚氨基-2-甲基萘醌，这些衍生物的区别在于 3 位上带或不带萜类支链。其化学结构如图 5-5。

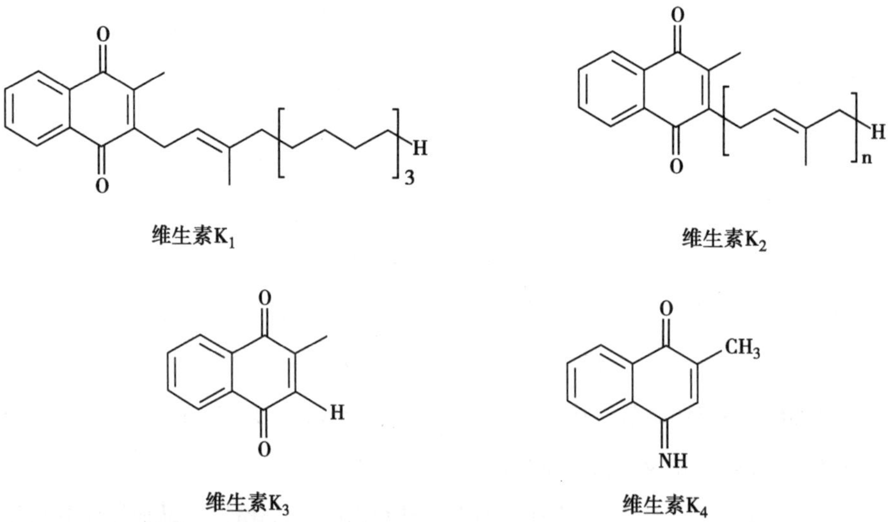

维生素K_1　　维生素K_2

维生素K_3　　维生素K_4

图 5-5　维生素 K

维生素 K 广泛存在于绿色植物中，在菠菜、卷心菜、白菜中含量最为丰富。在瘦肉、牛肝、猪肝和蛋中含量也较高，有研究发现多数微生物也能合成维生素 K。维生素 K_1 和 K_2 主要存在于绿色植物中，维生素 K_3 和 K_4 为人工合成的。在维生素 K 中，维生素 K_3 的生物活性最强。

维生素 K_1 是淡黄色黏稠状液体，其醇溶液冷却时可呈结晶状析出，熔点为-20℃。维生素 K_2 是黄色结晶，熔点 53.5~54.5℃，天然维生素 K 均不溶于水，易溶于脂肪及有机溶剂，无臭或近乎无臭。维生素 K_3 易溶于水。

维生素 K 对热相当稳定，在正常的食品加工中损失很少。在被还原剂还原为氢醌结构时，仍有生物活性。遇紫外光可降解。

维生素 K 具有还原性，可清除自由基(与 β-胡萝卜素、维生素 E 相同)，保护食品中其他成分(如脂类)不被氧化,并减少肉制品在腌制过程中亚硝胺的生成,因而具有良好的抗氧化性能。

维生素 K 可以促进肝内凝血酶原前体转变成凝血酶原,参与凝血作用。当体内维生素 K 缺乏时,凝血时间延长,易引起凝血障碍。维生素 K 是目前常用的止血剂之一。

课堂互动

请问维生素 K 有什么作用?

任务 5-1-3 水溶性维生素

【任务要求】

1. 了解水溶性维生素的化学结构及在食品加工过程的变化。
2. 熟悉水溶性维生素的生物功能及缺乏症。
3. 掌握水溶性维生素的膳食来源及主要性质。

【知识准备】

水溶性维生素包括 B 族维生素和维生素 C。它们溶于水,可随尿排出体外,因而很少出现中毒现象,但必须从食物中不断供给。B 族维生素主要有维生素 B_1(硫胺素)、B_2(核黄素)、B_6(吡哆素)、B_{12}(钴胺素)、烟酸、叶酸、泛酸、生物素等。B 族维生素化学结构各不相同,但溶解性大致相同,大多是辅酶或辅基的成分。

知识链接

维生素 C 的发现

有关维生素的研究始于 20 世纪初,科学家们尝试从食物中分离维生素并确定它们的化学组成及结构。1928 年,匈牙利科学家圣捷尔杰(Albert Szent-Gyorgyi)成功地从牛的副肾上腺中提取出了维生素 C,随后确定了维生素 C 的分子式为 $C_6H_8O_6$,并将其命名为已糖醛酸(hexuronic acid),圣捷尔杰也因这项成果于 1932 年获得了诺贝尔医学奖。1930 年科学家哈沃斯(Haworth)给出了维生素 C 的化学结构,并将其命名为抗坏血酸(ascorbic acid),他用不同的方法成功合成了维生素 C,这是第一种人工合成的维生素,哈沃斯 1937 年荣获诺贝尔化学奖。

一、维生素 C

维生素 C 又名抗坏血酸,是一个含 6 个 C 原子的不饱和多羟基羧酸内酯,具有烯二醇结构,分子式为 $C_6H_8O_6$,化学结构如图 5-6。维生素 C 的 C_2 和 C_3 烯醇式羟基上的氢,容易解离,因此有较强的酸性和还原性;C_4 和 C_5 是手性 C 原子,有四种异构体:D-(-)-抗坏血酸、D-(-)-异抗坏血酸、L-(+)-抗坏血酸和 L-(+)-异抗坏血酸。其中以 L-(+)-抗坏血酸生物活性最高。自然界中存在的维生素主要以 L-构型的异构体,D-构型的异构体相对较少。D-异构体的生物活性只有 L-异构体的 10%,但抗氧化性能相同。

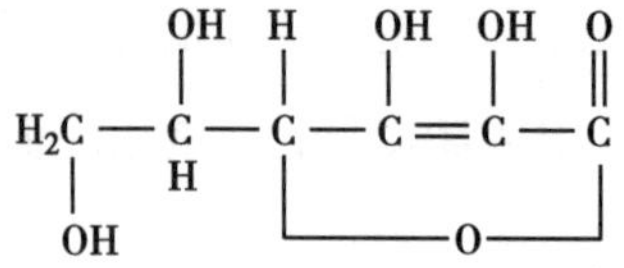

图 5-6　维生素 C

维生素 C 广泛存在于新鲜的蔬菜和水果中，尤以柑橘、番茄、鲜枣、山楂等含量丰富。动物性食品中只有牛奶和肝脏中含有少量的维生素 C。维生素 C 是胶原和细胞间质合成的所必需原料，当机体摄入不足时可导致坏血病。

维生素 C 是白色或微黄色的片状结晶或粉末，熔点 190～192℃，极易溶于水，微溶于乙醇，不溶于有机溶剂，无臭，味酸，久置颜色渐变为微黄色。

维生素 C 化学性质较活泼，是最不稳定的维生素，极易被氧化，光、金属离子（如 Cu^{2+}、Fe^{2+}）可加速其氧化。干燥的固体维生素 C 比较稳定，其溶液在酸性介质中（pH<4）也较稳定。但在受潮、加热及中性以上溶液中（pH>7.6）极不稳定，易发生分解。因此维生素 C 在加水蒸煮或加碱处理时损失较多，而在酸性溶液、冷藏及密闭条件下损失较少。植物组织中存在的氧化酶（如抗坏血酸氧化酶、多酚氧化酶、过氧化物酶、细胞色素氧化酶）可以破坏维生素 C，久存的蔬菜和水果中维生素 C 会有大量损失，所以蔬菜和水果应尽可能保持新鲜、生食。

某些金属离子的螯合物对维生素 C 有稳定作用，二氧化硫或亚硫酸盐对维生素 C 有保护作用。

▶▶ 课堂互动

为什么提倡在生食新鲜蔬果时或在烹饪中适量加些食醋呢？

维生素 C 的水溶液呈一元酸性，主要是因为 C_2 上的羟基与 C_1 上的羰基形成分子内氢键，故 C_2 羟基的酸性要比 C_3 羟基的酸性弱，表现为一元酸。

维生素 C 含有连二烯醇结构使其具有较强的还原性，在水溶液中极易发生氧化降解，也可被氧化剂（如硝酸银、三氯化铁、碘、2,6-二氯靛酚等）所氧化，生成去氢维生素 C（图 5-7）。去氢维生素 C 在碱性条件下发生水解生成 2,3-二酮基古洛糖酸。2,3-二酮基古洛糖酸进一步降解，最终生成苏阿糖酸和草酸，使维生素 C 失去活性，这是其损失的主要原因。降解后的许多产物可与氨基酸反应引起食品发生非酶褐变，并且参与风味物质的形成。

维生素 C 的水溶液可与硝酸银发生银镜反应。

维生素 C 可使 2,6-二氯靛酚钠溶液（其水溶液呈蓝色，在酸性溶液中呈浅红色）褪色，可用于维生素 C 含量的测定。

由于维生素 C 具有较强的还原性和抗氧化性，因而在食品加工中被广泛应用。维生素 C 可以保护食品中其他易被氧化的物质不被氧化；在啤酒工业中作为抗氧化剂；能捕获单线态氧和自由基，抑制脂类氧化；作为维生素 E 或其他抗氧化剂的增效剂；可以还原邻醌类化合物从而有效拟制酶促褐变和脱色；在肉制品腌制中促进发色并抑制亚硝胺的形成；在真空或充氮包装中作为除氧剂；在焙

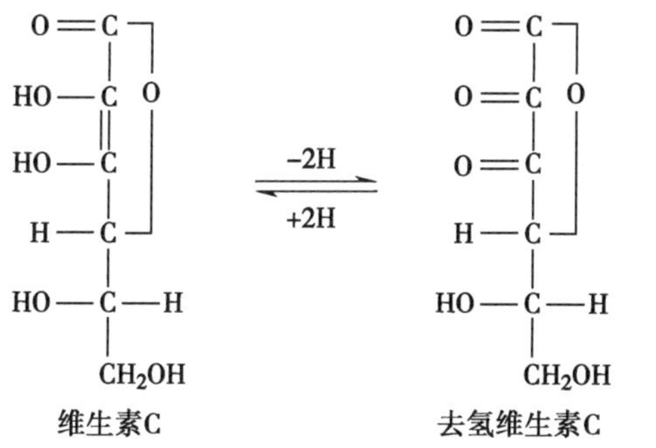

维生素C ⇌(−2H / +2H) 去氢维生素C

图 5-7 维生素 C 的氧化

烤工业中作为面团改良剂，因为其氧化态可以氧化面团中的巯基为二硫基，从而使面筋强化，使其他氧化剂再生等。

▶▶ 课堂互动

下列物质对维生素 C 有保护作用的是（ ）

A. Na_2SO_3　　B. $FeSO_4$　　C. $CuSO_4$　　D. NaOH

二、维生素 B_1

维生素 B_1，又称硫胺素，是一个由嘧啶环和噻唑环通过亚甲基桥连而成的化合物，俗称抗脚气病维生素、抗神经炎维生素。维生素 B_1 分子中有两个碱基氮原子，即氨基与季铵基中的氮原子，因而维生素 B_1 呈碱性，可与酸作用成盐。其化学结构如图 5-8。

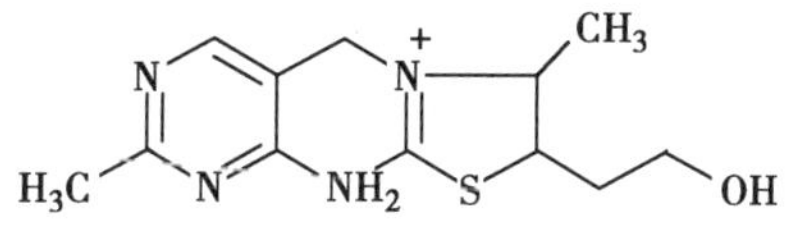

图 5-8 维生素 B_1

维生素 B_1 主要存在于植物性食物中，米糠、麦麸、糙米、全麦粉、豆类中含量较多，动物性食品中肝脏、瘦肉中含量次之，精白米、精面粉中含量较低。自然界中维生素 B_1 常与焦磷酸结合成焦磷酸硫胺素（简称 TPP）。

▶▶ 课堂互动

富含维生素 B_1 的谷物有何特点？

维生素 B_1 是白色至黄白色的细小结晶，熔点 249℃，具有潮解性，溶于水，微溶于乙醇，不溶于有机溶剂，气味似酵母，味苦。

维生素 B_1 是 B 族维生素中最不稳定的一种，影响其稳定性的主要因素是温度与 pH。

酸性条件下维生素 B_1 是稳定的，加热至 120℃ 不分解。在中性或碱性条件下煮沸或室温储藏也会被破坏。食品中的其他成分会影响其稳定性。如单宁能与维生素 B_1 形成加成物而使其失活；SO_2 或亚硫酸盐对其有破坏作用；胆碱使其分子开裂加速其降解。但蛋白质与维生素 B_1 的硫醇形式形成二硫化物可阻止其降解。

低水分活度和室温条件下，维生素 B_1 的稳定性较好。但在高温和高水分活度下，长期储存损失较多。如图 5-9 为水分活度与温度对维生素 B_1 的影响。

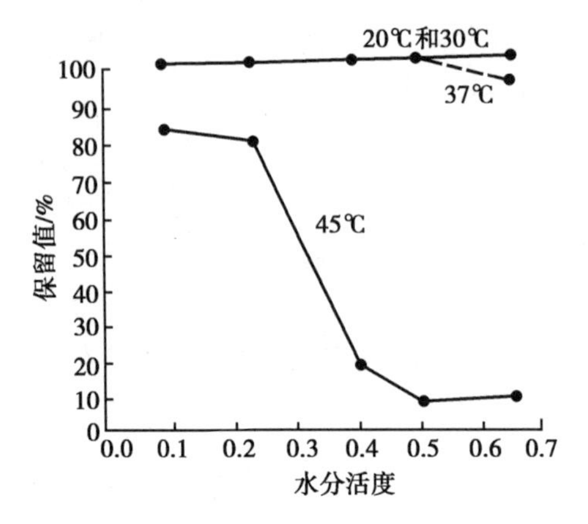

图 5-9　温度和水活度对维生素 B_1 的影响

当温度在 37℃以下及水活度（A_w）在 0.1~0.65，维生素 B_1 几乎无损失。温度大于 45℃且 A_w 大于 0.4 时，维生素 B_1 的损失加快，在 0.5~0.65 时损失最多。因而储存中温度是影响其稳定性的重要因素，温度越高，损失越大。表 5-1 为食品储存中维生素 B_1 的损失，表 5-2 为食品加工中维生素 B_1 的损失。

表 5-1　食品加工与储存中维生素 B_1 的损失

食品	储存 12 月后的损失%		食品	储存 12 月后的损失	
温度	1.5℃	38℃	温度	1.5℃	38℃
杏	28	65	豌豆	0	32
青豆	24	92	番茄汁	0	40
利马豆	8	52	橙子	0	22

表 5-2　食品加工中维生素 B_1 的损失

食品加工方法	维生素 B_1 的损失/%
谷物膨化	10~52
大豆水中浸泡后在水或碳酸盐中煮沸	48~77
马铃薯浸入水中 16 小时后炒制	40~45
马铃薯浸入亚硫酸盐中 16 小时后炒制	76~81
蔬菜各种热处理	5~20
肉类各种热处理	6~17
冷冻鱼各种热处理	0~23

维生素 B_1 在体内构成辅酶，维持糖的正常代谢，促进体内糖的转化，释放能量。焦磷酸硫胺素（TPP）是维生素 B_1 的活性形式，可以抑制胆碱酯酶的活性，促进胃肠蠕动。如果维生素 B_1 摄入不

足或吸收障碍，则易引起代谢中间产物（丙酮酸）的累积及神经细胞中毒，导致神经炎。严重时出现心跳加快、心力衰竭、下肢水肿等症状，临床上称“脚气病”。

课堂互动

“脚气”与“脚气病”是一回事吗？“脚气病”该怎样预防？

三、维生素 B_2

维生素 B_2 又称核黄素，是含有核糖醇侧链的异咯嗪衍生物，其化学结构如图 5-10 所示。

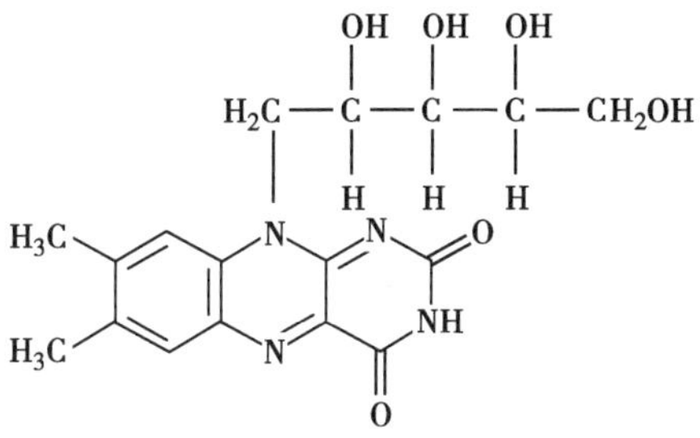

图 5-10 维生素 B_2

维生素 B_2 广泛存在于食物中，动物性食品中含量更高些。酵母、动物内脏（心、肝、肾等）、乳类、蛋类、豆类、发芽种子及绿叶蔬菜等维生素 B_2 含量丰富。在食物中多与磷酸和蛋白质以结合型的形式存在，在大多数食品加工条件下都很稳定。

维生素 B_2 是黄色的针状结晶，熔点 282℃，微溶于水，易溶于碱性溶液，水溶液呈黄绿色荧光，不溶于有机溶剂，微臭，味微苦。

维生素 B_2 对热有较强的稳定性，不受空气中氧的影响，即使在 120℃ 加热 6 小时也仅有少量被破坏，此时维生素 B_1 全部丧失。因此在食品加工、脱水和烹调中维生素 B_2 损失较少，一般能保存 90%以上。在酸性环境中维生素 B_2 稳定，随着溶液 pH 增大，稳定性降低，在碱性环境中迅速分解。维生素 B_2 对光非常敏感，尤其是紫外线。酸性条件下，维生素 B_2 光解为光色素，碱性和中性介质中降解为光黄素。维生素 B_2 的光解作用，如图 5-11。

光黄素是一种强氧化剂，对其他维生素有破坏作用，如对维生素 C 的破坏。如牛乳在日光下存放 2 小时后维生素 B_2 损失达 50%以上，放在透明器皿中也会产生“日光臭味”，营养价值降低。如果改用不透明器皿存放，则会避免这种现象。

维生素 B_2 是机体中许多重要辅酶的组成成分，参与体内许多的氧化还原反应，一旦缺乏将影响机体呼吸和代谢，出现口角炎、唇炎、舌炎、脂溢性皮炎等。长期缺乏还可导致儿童生长迟缓，轻中度缺铁性贫血。

课堂互动

富含维生素 B_2 的食品在存放时应注意避光，这是为什么？

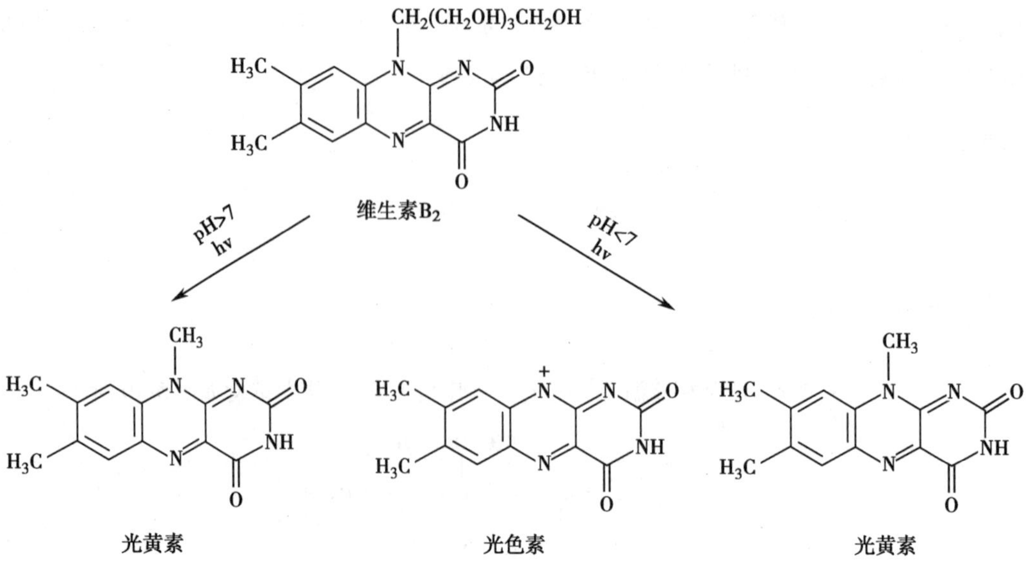

维生素B_2

光黄素　　光色素　　光黄素

图 5-11　维生素 B_2 的光解作用

四、维生素 PP

维生素 PP 俗称抗癞皮病维生素，是吡啶-3-甲酸及其衍生物的总称，包括烟酸、烟酰胺，其化学结构如图 5-12 所示。

烟酸　　烟酰胺

图 5-12　维生素 PP

维生素 PP 广泛存在于食物中，植物性食物存在的主要形式是烟酸，动物性食物中则以烟酰胺为主。动物体内，烟酸可由色胺酸转化而成，烟酸又可转化为烟酰胺。富含色氨酸的食物，也富含烟酸。常见的有酵母、肝脏、瘦肉、啤酒、粗粮等，谷物的皮层和胚芽中含量也较高。牛乳中烟酸含量不多，但色氨酸含量高。玉米中既缺乏烟酸又缺乏色氨酸，长期单食玉米可使机体缺乏维生素 PP。

烟酸、烟酰胺均为白色针状结晶，前者熔点 235.5~236℃，后者熔点 129~131℃。两者均溶于乙醇和水，不溶于有机溶剂。无臭或微臭，味微酸。

烟酸是最稳定的维生素，对热、光、酸、碱、氧等均不敏感，高压下 120℃加热 20 分钟也不会被破坏，一般的食品加工、热烹调损失较小。在酸或碱性条件下加热可使烟酰胺转化为烟酸，但生物活性不变。烟酸的损失主要与食品加工原料的清洗、热烫和修整等工艺有关。

维生素 PP 在体内参与蛋白质、脂肪、糖类的代谢，是细胞代谢作用所必需的营养物质，并可维持皮肤系统、神经系统、消化系统的正常生理功能，缺乏时机体代谢受阻，典型症状为皮炎(dermatitis)、腹泻(diarrhea)、痴呆(dementia)，又称“三 D”症状。这种情况通常发生在以玉米为主食的地区,因为玉米中的烟酸与糖形成了复合物,阻碍了维生素 PP 在人体内的吸收和利用,用碱处理可以使烟酸游离出来。

课堂互动

1. 说出最稳定的维生素与最不稳定的维生素是哪种?
2. 缺乏哪种维生素可导致皮肤粗糙、皮炎、舌炎等?

五、维生素 B_6

维生素 B_6 又称吡哆素,是吡啶的衍生物,其基本结构为 2-甲基-3-羟基-5-羟甲基吡啶,包括吡哆醇、吡哆醛、吡哆胺。其结构的主要差别中 4 位碳上所连基团不同,分别为醇、醛、胺。其化学结构如图 5-13 所示。

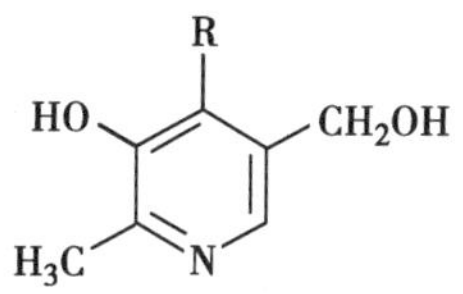

吡哆醇:R=CH_2OH;吡哆醛:R=CHO;吡哆胺:R=CH_2NH_2。

图 5-13 维生素 B_6

维生素 B_6 广泛存在于食物中,如肉、蛋、奶、麦胚芽、米糠、大豆、绿叶蔬菜中等含量丰富。其中谷物中主要含吡哆醇,动物产品中主要含吡哆醛和吡哆胺,牛奶中以吡哆醛为主。至今尚未发现人体缺乏维生素 B_6 的典型病例,可能与人体肠道细菌能合成维生素 B_6 有关。

维生素 B_6 的三种形式均为白色晶体,易溶于乙醇和水,微溶于有机溶剂,无臭。

维生素 B_6 的三种形式均耐热,在空气中稳定,在酸性溶液中对热比较稳定,在碱性溶液中对热不稳定,容易发生分解,其中吡哆胺损失最大。维生素 B_6 对光敏感,光降解的最终产物是无生物活性的 4-吡哆酸。

在体内吡哆醛和吡哆胺可以互相转化(图 5-14)。

吡哆醇 [O] 吡哆醛 ⇌ 吡哆胺

图 5-14 吡哆醇、吡哆醛和吡哆胺的互相转化

维生素 B_6 是机体中许多酶系统的重要辅酶,参与氨基酸与神经递质的代谢,包括氨基酸的脱羧作用。如谷氨酸脱羧酶可以催化谷氨酸脱羧产生 γ-氨基丁酸。γ-氨基丁酸是一种抑制性神经递质,可以降低中枢神经兴奋性。维生素 B_6 作为谷氨酸脱羧酶的辅酶,可促进 γ-氨基丁酸的生成。因而

维生素 B_6 可以用来治疗小儿惊厥、妊娠呕吐和神经焦虑等。

抗结核药物异烟肼可与吡哆醛结合形成腙随尿液排出，引起维生素 B_6 的缺乏症，所以在服用异烟肼时，应注意补充维生素 B_6。

课堂互动

服用抗结核药异烟肼应注意补充哪种维生素？

六、叶酸

叶酸又称维生素 B_{11}，是与蝶酰谷氨酸化学结构相似、生物活性相同的化合物，因在植物的叶片中提取而称为叶酸，如图 5-15 所示。其分子由蝶啶、对-氨基苯甲酸、谷氨酸三部分组成。

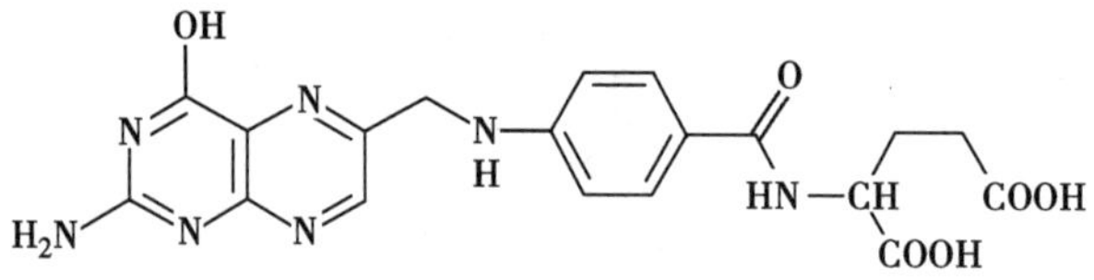

图 5-15　叶酸

叶酸广泛存在于动植物食品中，在绿色植物的叶片中含量丰富，酵母、动物肝脏、牛肉、菜花等食品中含量次之，人体的肠道细菌也能合成。

叶酸为黄色或橙黄色薄片或针状结晶，微溶于水，其钠盐易溶于水，不溶于有机溶剂，无臭、无味。

叶酸属于较不稳定的维生素。在酸性溶液中不稳定，加热或光照易分解破坏，室温下储存的食物中叶酸易被破坏，应避光保存。叶酸可被还原为二氢叶酸和四氢叶酸，四氢叶酸最不稳定，在空气中易被氧化降解而失去生物活性。

维生素 C 可以清除自由基，防止四氢叶酸的氧化，保护叶酸。

四氢叶酸是体内一碳单位转移酶的辅酶，参与体内多种物质的合成，如核苷酸。叶酸缺乏时，会引起核酸和蛋白质合成障碍，造成巨幼红细胞贫血症；叶酸缺乏还可引起高同型半胱氨酸血症，引起动脉粥样硬化和血栓的形成，增加高血压的危险。此外，缺乏叶酸可引起 DNA 低甲基化，增加患癌症的风险。

课堂互动

哪种维生素可以保护叶酸防止其氧化呢？

七、维生素 B_{12}

维生素 B_{12} 又称钴胺素，是化学结构最为复杂的维生素，也是唯一含有金属元素的维生素。维生素 B_{12} 分子中的钴原子以配位键与咕啉环上的氮原子键合，同时与不同的基团 R 结合，形成多种形式的维生素 B_{12}，如氰钴胺素、甲钴胺素、羟钴胺素等。维生素 B_{12}的化学结构见图 5-16。

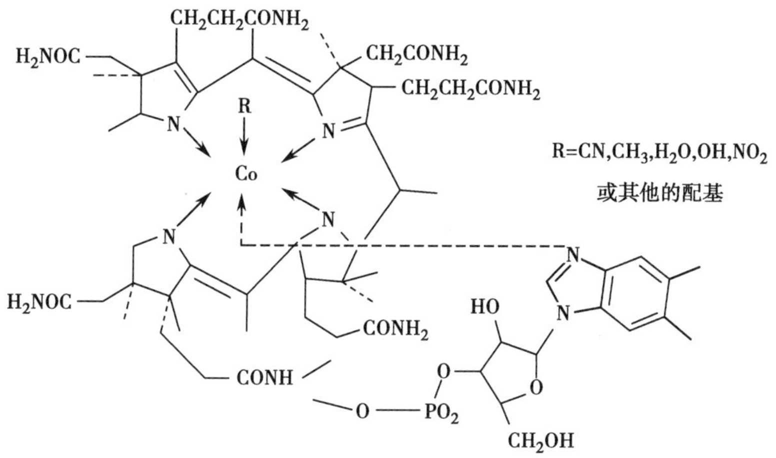

R=CN,CH_3,H_2O,OH,NO_2
或其他的配基

图 5-16 维生素 B_{12}

维生素 B_{12}主要集中在动物性食物中，如动物内脏、贝类、蛋类。植物性食物中一般不含有维生素 B_{12}。豆类经发酵后可形成一些。在体内主要储存于肝脏中，随尿、胆汁排出，大部分在回肠被重吸收，因此维生素 B_{12}一般不会缺乏。

维生素 B_{12}是红色结晶，熔点很高。在 320℃时不熔，溶于水和乙醇，不溶于有机溶剂，无臭、无味。

维生素 B_{12}的水溶液在弱酸（pH=4~6）中十分稳定，遇强酸、强碱极易发生分解。氧化剂、还原剂、光均可破坏维生素 B_{12}的稳定性。如维生素 C、亚硫酸盐会破坏维生素 B_{12}稳定性，Fe^{3+}对其有保护作用，但 Fe^{2+}则加速维生素 B_{12}的破坏。

维生素 B_{12}具有营养神经的作用。当维生素 B_{12}缺乏时，可影响脂肪酸的代谢，造成髓鞘质变性退化，引发进行性脱髓鞘。维生素 B_{12}可通过增加叶酸利用率来影响蛋白质的合成，促进红细胞发育和成熟。体内缺乏维生素 B_{12}时，叶酸利用率降低，造成叶酸相对缺乏，影响核酸和蛋白质合成，可引起巨幼红细胞性贫血。

课堂互动

当叶酸和维生素 B_{12}缺乏时都能引起巨幼红细胞性贫血，两者的机制是否相同？ 有何相关性？

八、其他水溶性维生素

（一）泛酸

泛酸又称遍多酸，由泛解酸（2,4-二羟基-3,3-二甲基丁酸）与 β-丙氨酸以酰胺键结合而成，是辅酶 A 的重要组成部分。泛酸具有旋光性，其中 D-（+）-泛酸具有生物活性，左旋泛酸不具有生物活性，不能作维生素使用。泛酸的结构见图 5-17。

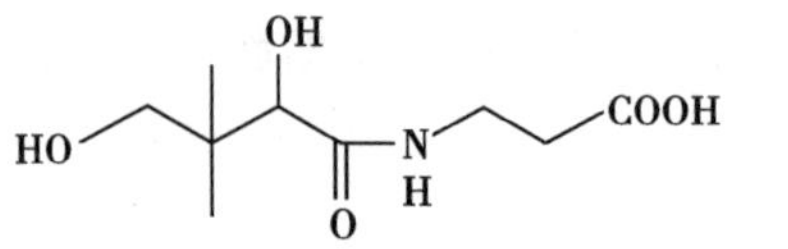

图 5-17　泛酸

泛酸为黄色黏稠状油状物，呈酸性，易溶于水和乙醇，不溶于有机溶剂。

泛酸来源广泛，存在于所有动、植物组织中，其中酵母、肝脏、蛋黄、牛乳、新鲜蔬菜中含量较为丰富。人体肠道细菌也能合成一部分，因而很少出现单纯的泛酸缺乏症。人体缺乏泛酸时，可使代谢速度缓慢，出现过敏、疲劳、胃肠不适等症状。

泛酸在空气中很稳定，对氧化剂、还原剂也极为稳定，但对酸、碱及热敏感。在酸性溶液中，泛酸可水解为泛解酸的 γ-内酯；在 pH 为 5~7 的水溶液中最稳定；在碱性溶液中泛酸可水解为泛解酸和 β-丙氨酸，降解的原因是丙氨酸与 2，4-二羟基-3，3-二甲基丁酸之间的酰胺键发生了酸催化水解。在食品加工、储藏过程中，特别是在低水分活度下，泛酸具有相当好的稳定性。随着温度的升高和水溶流失程度的增大，泛酸大约损失 30%~80%。

（二）生物素

生物素又称维生素 B_7 或维生素 H，基本结构由脲和一个带有戊酸侧链的噻吩环结合而成，如图 5-18 所示。生物素分子中有 3 个手性碳原子，存在 2^3 个可能的立体异构体，只有 D-构型的生物素才具有生物活性。

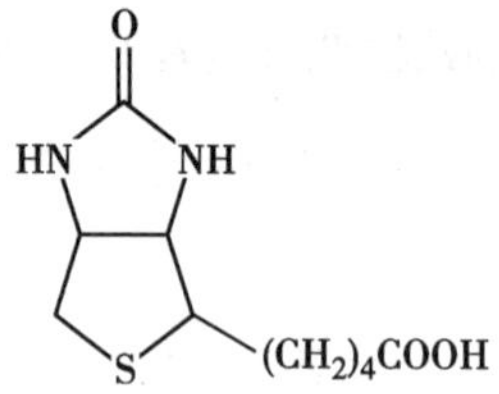

生物素为无色、无味的针状结晶，熔点 232~233℃，易溶于水和乙醇，不溶于有机溶剂。生物素广泛存在于天然食物中，干酪、肝、酵母、大豆中含量较为丰富。人体肠道细菌也能合成一部分，可满足人体需要。

图 5-18　生物素

生物素是羧化酶的辅酶，在机体代谢过程中可作为载体运送 CO_2。机体一般不会缺乏生物素，但长期生食鸡蛋可导致生物素缺乏，引起毛发脱落和皮炎。这是由于生鸡蛋清中含有一种抗生物素的糖蛋白，可与生物素结合而使之失去生物活性，加热可破坏这种拮抗作用。长期使用抗生素可抑制肠道菌群生长，造成生物素缺乏症。

生物素对热、光和氧都比较稳定，在 pH 5~8 的溶液中也很稳定。但在强酸、强碱溶液中可使环上的酰胺键水解而失活。某些氧化剂如双氧水可使生物素分子中的硫氧化，生成无活性的生物素或生物素硫氧化物。生物素环上的羰基也可与氨基发生反应。

在食品加工储存过程中，生物素的损失较小，一部分损失与溶水流失有关，一部分损失可能与酸碱处理和氧化有关。

▶▶ 课堂互动

为什么不提倡生食鸡蛋？

（三）胆碱

胆碱又称维生素 B_4，即 β-羟基乙基三甲基氢氧化铵，具有强碱性，是卵磷脂的组成成分，如

图 5-19。胆碱为无色黏稠状液体，吸湿性强、易溶于水和乙醇，不溶于有机溶剂。胆碱的来源广泛，其中动物性食品如肝脏、蛋黄、鱼类、脑中含量丰富，一般以乙酰胆碱和卵磷脂的形式存在；植物性食物如豆类、酵母、绿色植物、谷物的幼芽中含量也较多。表 5-3 是某些食物中胆碱的含量。胆碱非常稳定，在食品加工与储藏中损失不大。

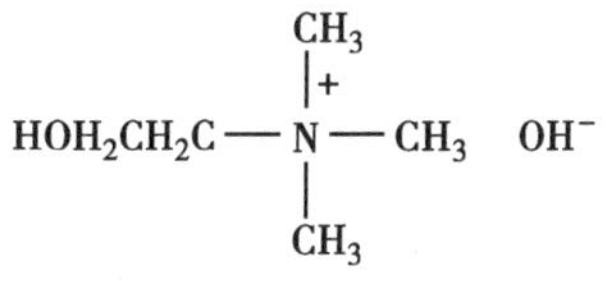

$$HOH_2CH_2C-\overset{CH_3}{\underset{CH_3}{\overset{|+}{\underset{|}{N}}}}-CH_3 \quad OH^-$$

图 5-19 胆碱

表 5-3 部分食物中胆碱的含量

食品	含量/(mg/kg)	食品	含量/(mg/kg)
玉米蛋白粉	330	小麦	1022
黄玉米	442	大麦	930~1157
玉米	620	糙米	992~1014
高粱	678	肉粉	2077

课堂互动

在机体内哪些维生素可以由肠道合成?

任务 5-1-4 维生素在食品加工和储存过程中的损失

【任务要求】

1. 熟悉影响维生素稳定性的各种因素。
2. 掌握在食品加工、储存中的维生素的变化。

【知识准备】

各种维生素的化学结构和理化性质不同，食品中维生素的稳定性也不尽相同。无论是动物性食品还是植物性食品，维生素的损失会受到生态环境、采收时间、加工条件的影响，不同的处理方法，维生素的损失不同。影响维生素稳定性的主要外界因素包括氧气、加热温度与时间、酸碱度（pH）、水分含量、金属与酶的作用、光与电磁辐射等，同时维生素之间也会相互干扰，彼此影响，如叶酸对光不稳定，会分解成 2-氨酸-4-羟基蝶啶-6-醛（或羧酸），失去生理活性；维生素 B_2 的存在，则会加速叶酸的分解，如表 5-4。

表 5-4 常见 5 种维生素的相互作用

实施干扰的维生素	被实施干扰的维生素
维生素 C	叶酸、维生素 B_{12}
维生素 B_1	叶酸、维生素 B_{12}
维生素 B_2	叶酸、维生素 B_1、维生素 C

一、食品采收对维生素的影响

食品中维生素的含量与食品原料成熟度、不同组织部位及采收时间的有关。水果和蔬菜中维生素与植物成熟度有关。如番茄在成熟前维生素 C 含量最高，而辣椒在成熟期时维生素 C 含量最高；植物不同组织部位维生素含量也有一定差异。一般而言，植物中维生素含量从高到低次序为叶片>果实、茎>根；水果则表皮维生素含量最高；对于同一只鸡，每 100g 鸡脯肉中维生素 E 含量为 2.6mg，100g 鸡腿肉中则含有 5.3mg；间隔 81 天测定 100g 红薯叶中维生素的含量，发现维生素 C 含量分别为 106mg 和 290mg，维生素 E 的含量从 18.5mg 提高至 39.3mg，胡萝卜素为 41.3mg 和 42.1mg，变化不大。

二、食品储存过程中维生素的损失

食品储存期间，储存温度、包装材料、储存时间、水分含量等均与维生素的损失相关。低温储存时维生素的损失较高温时要少。如罐头食品冷藏保存 1 年后，维生素 B_1 的损失低于室温保存。包装材料的品质对维生素含量也有一定影响，如乳制品被透明包装会造成维生素 B_2 和维生素 D 的损失。食品中维生素的含量随着储存时间的延长而下降，如苹果储存 2~3 个月后，维生素的含量是采收时的 1/3 左右。谷物类储存时维生素的损失与水分含量和储存温度有关，水分越多，温度越高，维生素的损失就越多。

三、食品在加工过程中维生素的损失

加工后的食品在提高营养价值、延长货架期的同时也会造成维生素的损失。损失的程度决定于维生素对加工条件的敏感性。

（一）碾磨

碾磨是谷类加工中特有的方法。维生素主要分布在谷类的种皮、谷胚和糊粉层，在碾磨过程中易造成其损失。加工的精度越大，维生素的损失就越多。如稻谷加工成标准大米时，维生素 B_1 损失达 41.6%，加工成中白米时损失达 57.6%，加工成上白米时达 62.8%。小麦加工成面粉时，标准粉含维生素 B_1 41.6mg/kg，烟酸 25mg/kg；富强粉含维生素 B_1 2.4mg/kg，烟酸 20.7mg/kg；精粉含维生素 B_1 0.6mg/kg，烟酸 11mg/kg。所以提倡粗粮、细粮搭配食用。

（二）洗涤和去皮

为保证食用安全，果蔬在食用前要进行洗涤。一般的洗涤不会造成维生素的损失，但要注意避免挤压和碰撞。不恰当的洗涤方法会造成机械损伤，影响色泽并造成水溶性维生素的损失。果蔬先切后洗，菜切得越碎，洗涤次数越多，水中浸泡时间越长，水溶性维生素的损失越大。因此，应尽量避免先切后洗。

果蔬的老叶和表皮中维生素的含量比其他部位高，整理和去皮时会造成浓缩在老叶和表皮下的维生素的大量损失。如苹果皮维生素 C 的含量比果肉高 3~10 倍；柑橘类表皮的维生素 C 比汁液高；菠菜和莴苣外层叶片中维生素 B 和维生素 C 的含量较内层叶片高。

（三）热处理

热处理是食品加工中常用的方法之一，但热处理会造成维生素不同程度的损失。常用的热处理方法有烫漂、预煮、熟化、灭菌、干燥等。不同的热处理方法，维生素的损失不同。通常温度越高，加热时间越长，维生素 B_1、维生素 B_{12}、维生素 C 的损失越大，而维生素 A、维生素 D、维生素 B_2、维生素 B_6 的损失较小。如面包烘烤中维生素 B_1 可损失 25%，油炸食品中维生素损失 70~90%，而牛乳进行巴氏灭菌后，维生素 B_1 损失 10%~15%，如表 5-5 为牛奶在不同热处理中维生素的损失。常压加热往往会引起水溶性和对热敏感的维生素损失较多；快速高温处理不仅能有效杀死有害微生物，而且可以较大程度减少维生素的损失。油炸钝化时，由于油温高，传热快、加热时间短，热敏性维生素的损失相对要少。为减少维生素的损失，果蔬罐头加工时，常用热水或蒸汽进行短时间加热。

为了钝化酶的活性，防止酶褐变，并脱除组织内部的部分空气，杀灭微生物，果蔬在冷冻和罐装前要进行热烫。热烫过程维生素的损失与热烫类型、热烫温度、热烫时间及冷却方法有关。通常热烫时间越长，维生素的损失越大。产品成熟度越高，热烫时维生素 B_1 和维生素 C 的损失越少。食品被切割得越碎，单位质量表面积越大，维生素的损失越多。不同热烫类型维生素的损失顺序：沸水>蒸汽>微波。

表 5-5 牛奶在不同热处理中维生素的损失

热处理方式	维生素损失/%										
	B_1	B_2	B_6	B_5	泛酸	叶酸	H	B_{12}	C	A	D
63℃，30min	10	0	20	0	0	10	0	10	20	0	0
723℃，15s	10	0	0	0	0	10	0	10	10	0	0
超高温杀菌	10	10	20	0		<10	0	20	10	0	0
瓶装杀菌	35	0		0		50	0	90	50	0	0
浓缩	40	0				10	90	60	0	0	
加糖浓缩	10	0	0	0		10	30	15	0	0	
滚筒干燥	15	0	0			10	30	30	0	0	
喷雾干燥	10	0	0			10	20	20	0	0	

四、脱水

脱水是食品保存的重要方法，常用脱水方法有日晒、干燥（包括滚筒干燥、喷雾干燥、冷冻干燥等）。其中冷冻干燥由于其在低温、高真空度下进行，对维生素的损失最小。其余方法在脱水过程中均会造成维生素不同程度的损失。在脱水过程中维生素 C 的损失最大。

五、辐射

辐射是用于食品保存的一种新方法。水溶性维生素中维生素 C 对辐射比较敏感，并且在水溶液中的敏感性高于在食品中或在冻结状态下。维生素 B_1 和维生素 B_6 则对辐射不敏感。脂溶性维生素对辐射也很敏感，其中维生素 E 最敏感，依次是胡萝卜素、维生素 A、维生素 D 和维生素 K。

六、其他

食品加工中造成维生素的损失还与储存环境、食品添加剂、维生素之间相互作用等有关。如有些维生素遇酸不稳定，在酸性环境中容易失去活性。如泛酸、叶酸、维生素 B_{12} 等维生素对酸敏感，而维生素 E、维生素 B_1、维生素 B_6、维生素 B_{12}、叶酸等维生素对碱敏感。

亚硫酸盐是较早被使用的食品添加剂，可用作食品漂白剂，抑制非酶褐变和酶促褐变。维生素 A、维生素 B_1、维生素 E、维生素 B_{12} 及维生素 K 等均对亚硫酸盐敏感。如葡萄酒中残留 400mg/L SO_2，1 周后维生素 B_1 损失高达 50%。

过氧化苯甲酰是常用的面粉漂白剂，可以氧化分解面粉中类胡萝卜素类色素，从而导致维生素 A 原——β-胡萝卜素的含量大大降低，同时面粉中所有容易被氧化的维生素，如维生素 C 都会不同程度受到影响。

知识链接

合理使用亚硝酸盐

亚硝酸盐是动物性食品常用的着色剂、防腐剂，如熟肉类、罐头类。亚硝酸盐可与维生素 C 发生氧化还原反应，生成的 NO 与肌红蛋白结合产生亮红色物质，可以增强发色效果、保持长时间不褪色。

亚硝酸盐与胺类物质在胃中能够结合成致癌物——亚硝胺。盐腌、渍、熏制食品中均含有亚硝酸盐，如果在这些食品中加入维生素 C 或异维生素 C 钠，就可以阻断亚硝胺的生成。

点滴积累

1. 维生素是机体本身不能合成或合成量很低、必须由食物来供给、为维持正常生理功能所必需的、需要量极少的一类低分子有机物的总称。摄入不足会造成代谢异常，摄入过量则会引起中毒。
2. 维生素的主要作用是参与机体的能量转移和代谢调节，维持机体的正常生理功能。
3. 按其溶解性可分为脂溶性维生素和水溶性维生素两大类。
4. 水溶性维生素包括维生素 C 与 B 族维生素。
5. 脂溶性维生素是包括维生素 A、D、E、K 四种。
6. 维生素 A 包括维生素 A_1 和维生素 A_2 两种。其中维生素 A_1 的生物活性最大。β-胡萝卜素是维生素 A 的重要来源，1 分子 β-胡萝卜素可转化为 2 分子的维生素 A。缺乏维生素 A 会导致夜盲症和干眼病。
7. 维生素 D 中最为重要的是维生素 D_2 和维生素 D_3。缺乏时，儿童导致佝偻病，成人导致软骨病，老年人易患骨质疏松症。

8. 维生素 E 中活性最大的是 α-生育酚，是性能优良的抗氧化剂。 肉类食品腌制过程中加入维生素 E 可防止亚硝胺的生成。
9. 维生素 K 包括维生素 K_1、K_2、K_3、K_4四种，其中维生素 K_3的生物活性最强，是常用的止血剂之一，具有抗氧化作用，可清除自由基，保护食品中其他成分不被氧化。
10. 维生素 C 是最不稳定的一种维生素。 既有酸性又具有还原性，食品加工中常用来作为抗氧化剂。 机体缺乏维生素 C 可得坏血病。
11. 维生素 B_1是 B 族维生素中最不稳定的维生素，机体缺乏维生素 B_1 可得“脚气病”。
12. 影响维生素 B_2稳定性因素有光和溶液的 pH 值，随着 pH 值的增大，其稳定性越差；机体缺乏时可引起口角炎、舌炎等。
13. 维生素 B_6包括吡哆醇、吡哆醛、吡哆胺，对光敏感，可发生光降解。 临床上常用治疗小儿惊厥、妊娠呕吐和精神焦虑。
14. 叶酸的活性形式是四氢叶酸，叶酸缺乏，可造成巨幼红细胞性贫血。
15. 维生素 B_{12}是目前发现唯一含金属元素的维生素，缺乏时也可引起巨幼红细胞性贫血。
16. 泛酸又称遍多酸，在 pH 值 5~7 的溶液中最稳定，碱性溶液中易降解。
17. 生物素又称维生素 B_7，强酸、强碱和某些氧化剂可使之失活。 常期生食鸡蛋可缺乏生物素。
18. 胆碱又称维生素 B_4，具有强碱性，是卵磷脂的组成成分。 在食品加工储藏中损失不大。

任务 5-2 热加工果蔬中维生素 C 的测定

导学情景

情景描述：

维生素 C 又称“抗坏血酸”，是最不稳定的一种水溶性维生素，容易被氧化分解。 食品热加工中容易造成维生素 C 的损失。 那么哪些食物中维生素 C 含量比较高呢?

学前导语：

你知道如何测定果蔬中维生素 C 的含量吗? 本任务我们将学习 2,6-二氯靛酚滴定法测定果蔬中维生素 C 的含量。

【任务要求】

1. 了解维生素 C 的生理意义及其不稳定性。
2. 掌握 2,6-二氯靛酚滴定法测定果蔬加工中维生素 C 的含量。

【知识准备】

一、任务原理

维生素 C 又称抗坏血酸，具有烯二醇结构，在水溶液中易被氧化，在碱性条件下易分解，在弱酸条件下较稳定。在果蔬热加工中，维生素 C 因氧化分解而受到很大损失。

2,6-二氯靛酚的颜色与其所处的氧化-还原状态及介质的酸度有关，其氧化态为深蓝色，还原态为无色；在碱性介质中溶液呈深蓝色，在酸性介质中呈浅红色。本实验在弱酸性介质中，用 2,6-二氯靛酚标准溶液对含有维生素 C 的浸出液进行滴定，溶液由无色变为浅红色即为终点。无杂质干扰时，一定量的样品提取液还原 2,6-二氯靛酚标准溶液的量与样品中所含维生素 C 的量成正比，由消耗 2,6-二氯靛酚标准溶液的量可以计算样品中维生素 C 的含量。

二、任务所需材料、仪器与试剂

1. 材料　各种水果、蔬菜。

2. 仪器　锥形瓶、容量瓶、电子天平、托盘天平、吸量管、滴定管（微量）研钵、抽滤装置、漏斗、滤纸、恒温水浴锅。

3. 试剂

（1）维生素 C（S）

（2）2%草酸溶液

（3）0.1% 2,6-二氯靛酚溶液

（4）$NaHCO_3$（S）

（5）0.016 7mol/L KIO_3 溶液

（6）0.5%淀粉溶液

（7）6% KI 溶液

三、任务实施

（一）维生素 C 标准溶液（1mg/ml）的配制与标定

1. 配制　准确称取 0.100 0g（准确至 0.1mg）维生素 C 溶于 2%草酸溶液中，稀释至 100ml，现用现配。

2. 标定　依次精确吸取 10ml 2%草酸溶液，1ml 维生素 C 标准溶液于同一锥形瓶中，加入 6% KI 溶液 0.5ml，0.5%淀粉指示剂 5 滴，摇匀。用 1.67×10^{-4}mol/L KIO_3 标准溶液滴定，终点颜色为淡蓝色。平行测定 3 次，将实验数据记录在表 5-6 中，计算维生素 C 标准溶液的浓度。

计算公式：

$$\text{维生素 C 溶液的浓度(mg/ml)} = \frac{0.088 \times V_{KIO_3}}{V_{\text{维生素C}}} \quad \text{（式 5-1）}$$

（二）2,6-二氯靛酚标准溶液的配制与标定

1. 配制 精确称取0.052 0g $NaHCO_3$ 并将其溶解在200ml热纯化水中，然后称取0.050 0g 2,6-二氯靛酚溶解在上述 $NaHCO_3$ 溶液中。待冷却后将该溶液转移至250ml的容量瓶中定容。过滤至棕色试剂瓶中，在冰箱中冷藏。每星期标定一次。

2. 标定 精确移取1mg/ml的维生素C标准溶液1ml于锥形瓶中，加入2%草酸溶液10ml，摇匀。用待标定的2,6-二氯靛酚滴定液滴定至溶液呈浅红色，15秒不褪色即为终点。记录消耗滴定液的体积 V_1。

另取2%草酸溶液10ml于锥形瓶中做空白试验，记录消耗滴定液的体积 V_2。平行测定3次，将实验数据记录在表5-7中。

计算2,6-二氯靛酚滴定液的滴定度（T），计算公式：

$$滴定度\ T(\text{mg/ml}) = \frac{(cV)_{维生素C}}{(V_1 - V_2)_{2,6-二氯靛酚}} \quad （式5-2）$$

（三）样液的制备与滴定

1. 样液的制备 取适量的果蔬样品在研钵中捣成浆状，分别称取2份，每份25.0g，各加入50ml纯化水。

将第一份样品转移至250ml容量瓶中，用2%草酸溶液稀释至刻度，摇匀。过滤备用。如滤液颜色过深，可用白陶土脱色后再过滤。

第二份样品放入沸水浴中加热30分钟，后续处理方法同第一份样品。

2. 滴定 精确吸取10.00ml果蔬滤液于锥形瓶中，用已标定过的2,6-二氯靛酚溶液滴定，至溶液呈粉红色且15秒不褪色即为终点，记录消耗滴定液的体积 V。

同时另取2%的草酸溶液10ml做空白对照试验，记录消耗滴定液的体积为 V_0。

平行测定3次，将实验数据记录在表5-8中。计算样品中维生素C的含量，计算公式：

$$样品中维生素C的含量 = \frac{(V - V_0) \times T \times A}{m} \times 100\%(\text{mg/100g}) \quad （式5-3）$$

式中 T 为2,6-二氯靛酚的滴定度，单位mg/ml；A 为稀释倍数；m 为样品质量，单位g。

（四）结果与计算

表5-6 维生素C标准溶液的标定

	第1次	第2次	第3次
V(维生素C)/ml			
$V(KIO_3)$/ml			
c(维生素C)/(mol/L)			
c平均(维生素C)/(mol/L)			

表 5-7 2,6-二氯靛酚滴定液的标定

	第 1 次	第 2 次	第 3 次
V(维生素 C)/ml			
V_1(2,6 二氯靛酚)/ml			
V(草酸)/ml			
V_2(2,6 二氯靛酚)/ml			
T(2,6 二氯靛酚)/(mg/ml)			
T 平均(2,6 二氯靛酚)/(mg/ml)			

表 5-8 果蔬中维生素 C 含量测定(样品序号____)

	第 1 次	第 2 次	第 3 次
V(维生素 C)/ml			
V(2,6 二氯靛酚)/ml			
V(草酸)/ml			
V_0(2,6 二氯靛酚)/ml			
维生素 C 的含量/(mg/100g)			
维生素 C 的平均含量/(mg/100g)			

四、任务注意事项

1. 2,6-二氯靛酚测定维生素 C 的含量,方法简便,较灵敏,但特异性差。操作要迅速,避免维生素 C 被氧化。

2. 样品处理过程中若有泡沫产生,可加入数滴辛醇消除。

3. 整个操作要迅速,在滴定时,一般不要超过 2 分钟。滴定所消耗 2,6-二氯靛酚的体积宜在1~4ml,过高或过低时,应酌量增减样液。

4. 若样液有色,会影响终点颜色的判断,可用对维生素 C 无吸附能力的白色陶土脱色后再进行滴定。每克样品加 0.4g 白陶土为宜。

5. 维生素 C 溶液极易被空气氧化,为了减少误差,平行测定时,试样溶液一经溶解必须马上滴定,一份滴定完毕,再取样做下一份。

6. 0.016 7mol/L KIO_3 标准溶液的配制方法:精密称量基准 $KIO_3$0.356 7g,用纯化水溶解后转移至 100ml 的容量瓶中,定容即可(KIO_3 的摩尔质量为 214.001g/mol)。

7. 1.67×10^{-4}mol/L KIO_3 标准溶液的配制:精确移取 0.016 7mol/L KIO_3 标准溶液 1ml 于 100ml 的容量瓶中,加纯化水稀释,定容,摇匀。该溶液每毫升相当于维生素 C 0.088mg。

目标检测

一、单项选择题

1. 下列维生素中称为抗干眼病维生素的是(　　)

A. 维生素 A　　B. 维生素 D　　C. 维生素 E　　D. 叶酸

2. 儿童缺乏维生素 D 时易患(　　)

A. 佝偻病　　B. 骨质软化病　　C. 坏血病　　D. 恶性贫血

3. 下列属于脂溶性维生素的是(　　)

A. 维生素 B　　B. 维生素 H　　C. 维生素 D　　D. 维生素 C

4. 下列维生素可作为脂溶性抗氧化剂的是(　　)

A. 维生素 C　　B. 维生素 E　　C. 维生素 B　　D. 维生素 B_1

5. 脚气病是由于缺乏哪种维生素所致(　　)

A. 钴胺素　　B. 硫胺素　　C. 生物素　　D. 遍多酸

6. 坏血病是缺乏哪种维生素所致(　　)

A. 维生素 C　　B. 维生素 D　　C. 维生素 K　　D. 维生素 E

7. 长期食用精米、精面的人容易得癞皮病,这是由于缺乏(　　)

A. 烟酸　　B. 吡哆醛　　C. 硫胺素　　D. 遍多酸

8. 关于脂溶性维生素的叙述错误的是(　　)

A. 溶于脂肪及非相似性溶剂　　B. 在肠道中与脂肪共同吸收

C. 长期过量摄入可引起中毒　　D. 可随尿液排出体外

9. 肠道细菌可合成的维生素是(　　)

A. 维生素 A 和维生素 D　　B. 维生素 C 和维生素 E

C. 维生素 K 和维生素 B_6　　D. 泛酸和尼克酰胺

10. 唯一含金属元素的维生素是(　　)

A. 维生素 H　　B. 维生素 B_2　　C. 维生素 C　　D. 维生素 B_{12}

二、简答题

1. 维生素的分类依据是什么？分为哪几类？各包括哪些维生素？

2. 维生素 C 在食品热加工中损失很大,为什么还会应用于肉食品加工？

3. 维生素 E 在食品加工中有哪些作用？

4. 影响食品中维生素含量的因素有哪些？

5. 烹饪玉米制品时可适量加些食用碱,这有道理吗？

三、实例分析题

2000 多年前,古罗马帝国的军队远征非洲。在沙漠上,由于缺乏蔬菜和水果,士兵们的脸色由苍白变为暗黑,并伴有牙出血,浑身上下青一块、紫一块,两腿肿胀、关节疼痛,双脚麻木不能行走,纷纷倒在沙漠上。

试问:1. 案例中,古罗马士兵所患的症状是由于缺乏哪种维生素引起的?

2. 写出该维生素的化学结构,并分析该维生素在食品加工中的作用。

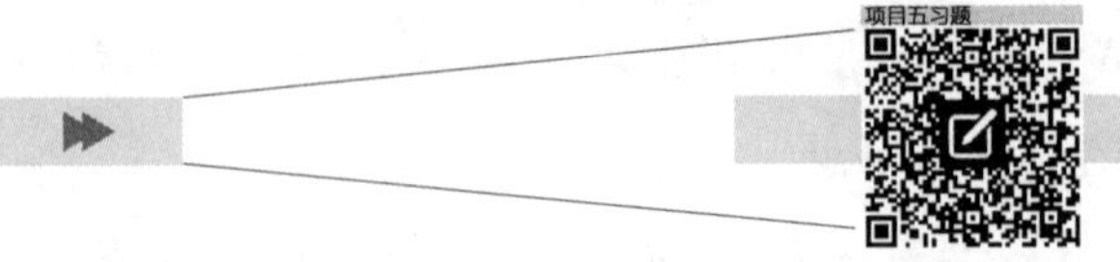

(张学红)

项目六

矿物质

项目六PPT

PPT

学习目标

认知目标

1. 掌握矿物质的分类、功能和各类矿物质的主要生理功能、缺乏症和过量症。
2. 熟悉食品中常见矿物质的存在形式和分析方法。
3. 了解矿物质的稳定性及在食品加工储存中的变化。

技能目标

1. 掌握食品中总灰分的测定方法。
2. 学会常用矿物质元素检测方法—原子吸收光谱法。

素质目标

1. 具有扎实的矿物质元素基本知识储备。
2. 具有正确的矿物质营养学认知意识。
3. 学习基本的实验操作技能和分析方法。

任务 6-1　矿物质的概述

导学情景

情景描述：

2005 年 5 月 25 日，浙江省工商局公布了儿童食品质量抽检报告，其中某品牌奶粉赫然被列入碘超标食品目录。报告称：“此次乳粉抽检中发现了一个新问题，即元素‘碘’含量超过国家标准要求”。有研究表明：过量食用碘同样会发生甲状腺肿大（俗称粗脖子），只是症状会较缺碘导致的结果稍轻；不同年龄、性别、体重及生理状态的人对碘的需求量不同，其参考摄入量也不同；通常，儿童比成人更容易因碘过量导致甲状腺肿大。

学前导语：

矿物质在食品中的含量较少，但具有重要的营养生理功能，是构成人体组织、维持生理功能、生化代谢所必需的元素。本章我们和同学们一起学习矿物质元素的基本知识和功能特点，以及在食品加工和储存中的应用。我们都知道，矿物质对人体结构组成、生理代谢有重要的作用，比如 Ca、P、Mg、F 和 Si 等是构成牙齿和骨骼的主要成分，磷和硫存在于肌肉和蛋白质中，铁为血红蛋白的重要组成成分。那么食品中矿物质是以什么形式存在？是不是食品中矿物质含量越高食品品质就越好？食品中矿物质含量的常规检测方法有哪些？这是我们学习完本任务需要大家掌握的一些主要知识内容。

存在于食品中的各种元素，除主要以有机化合物形式存在的C、H、O、N 4种元素外，其余各种元素都称为矿物质。食品中的矿物质大多相当于食品灰化后剩余的成分，故又称粗灰分。人体不能自身合成矿物质，必须从食物或环境中摄入。矿物质在食品中含量较少，但具有重要的营养生理功能。研究食品中的矿物质目的是提供建立合理膳食结构的依据，确保机体摄入适量有益矿物质，减少有毒有害矿物质，维持生命体系的最佳平衡状态。

植物可从土壤、水中获得矿物质并储存于根、茎和叶中，植物体中矿物质含量为其干重的1%～15%，平均为5%左右，以植物叶部含量最高。动物通过摄食水、植物或饲料而获得矿物质，动物体中矿物质含量为其干重的4%～5%。人体所需的矿物质，主要来自作为食物的动植物组织、饮用水和食盐中。

任务6-1-1　食品中矿物质的分类

【任务要求】

1. 了解食品中矿物质的功能和存在形式。
2. 掌握食品中矿物质的分类。

【知识准备】

一、食品中矿物质的分类

（一）按生理作用分类

食品中矿物质按生理作用可分为必需元素、非必需元素和有毒（有害）元素。

1. 必需元素　是指存在机体正常组织中，且含量较稳定，缺乏或不足时能引发组织结构生理功能异常，当补充这种元素后即可恢复正常的一类元素。例如，缺铁导致贫血，缺硒出现白肌病，缺碘易患甲状腺肿等。必需元素摄入过多也可能会对人体造成危害。常见必需元素有钙、磷、钠、钾、氯、镁、硫、铁、锌、硒、铜、碘、钼、钴、铬、锰、硅、镍、硼、钒等20余种。

2. 非必需元素　又称辅助营养元素，普遍存在于组织中，有时摄入量大，但对人体的生物效用尚不清楚。食品中主要的非必需元素有硼、铝、铷、锑、溴等。

3. 有毒（有害）元素　是指对机体有毒害作用的矿物质元素，通常指重金属元素如汞、铅、镉、砷等。

课堂互动

食品中的矿物质属于必需元素的有哪些？

（二）按元素在人体的含量或摄入量分类

1. 常量元素　是指在人体内含量大于0.01%或日需量大于100mg的元素，如钙（Ca）、镁（Mg）、磷(P)、硫(S)、氯(Cl)、钾(K)、钠(Na)等。

2. 微量元素 是指在人体内含量小于0.01%或日需量小于100mg的元素,如铁(Fe)、锌(Zn)、铜(Cu)、碘(I)、硒(Se)、锰(Mn)、钼(Mo)、钴(Co)、铬(Cr)、铝(Al)、镍(Ni)、锡(Sn)、钒(V)、硅(Si)、氟(F)。

3. 超微量元素 含量为微克(10^{-6}g)级的元素,如铅(Pb)、汞(Hg)、金(Au)等。

矿物质元素还可按照其在人体内消化代谢的产物呈酸性或碱性分为酸性矿物元素(磷、氯、硫、碘等)和碱性矿物元素(钙、镁、钠、钾等)。无论是常量元素、微量元素还是超微量元素,在合适的含量范围内对维持人体正常代谢与机体健康都具有重要的作用。

二、食品中矿物质的存在形式

矿物质在食品中主要以离子形式、可溶性和不溶性无机盐形式存在,有些以螯合物或复合物形式存在。如碘以碘化物(I^-)或碘酸盐(IO_3^-)形式存在,磷以磷酸盐、磷酸氢盐或磷酸形式存在。各种无机盐中,正离子比负离子种类多,且存在状态多样,正离子中一价元素都可以成为可溶性盐,如K^+、Na^+等;多价元素则以离子、不溶性盐和胶体溶液形成动态平衡体系,如钙、镁、钡多以正二价氧化态存在。金属离子以螯合物形式存在,由配位体提供至少两个配位原子与中心金属离子以配位键形式构成环状结构,如以Fe^{2+}为中心离子的血红素、以Cu^{2+}为中心离子的细胞色素、以Mg^{2+}为中心离子的叶绿素等。

课堂互动

矿物质在食品中主要以哪些形式存在?

任务6-1-2 食品中矿物质的功能

【任务要求】

掌握食品中矿物质的功能。

【知识准备】

食品中的矿物质对于维持人体生理代谢和身体健康具有重要作用,由于各种矿物质在食品中的存在形式不同,其对于机体的生物可利用性也不同。机体对食品中矿物质元素的吸收与利用效率,取决于食品中矿物质的含量、存在形式和可吸收利用程度,并与生物机体的机能状态等有关。食品中矿物质在生物体中的功能主要如下。

1. 构成机体结构的重要成分 矿物质是构成机体必不可少的成分,例如钙、镁、氟和硅等是构成牙齿和骨骼的主要成分;磷是活细胞的必需成分;磷和硫存在于肌肉和蛋白质中;铁为血红蛋白的组成成分;细胞内液中普遍含有钾、钠等。

2. 维持生物体内环境稳定 矿物质作为体内主要的调节物质,不仅可以调节体液渗透压和酸碱平衡,维持细胞的正常形态和功能,而且作为细胞的必需成分参与机体代谢和能量传递;还可以调节细胞膜通透性、参与神经肌肉的兴奋并维持组织应激性。

3. 维持生物体内的生物化学反应　有些矿物质可以直接或间接参与生物体内各种生物化学反应，作为酶的构成成分或激活剂，与酶蛋白分子结合使整个酶系具有活性。例如血红蛋白和细胞色素酶系中的铁，谷胱甘肽过氧化物酶中的硒等。

4. 改善食品品质　自然界没有任何一种天然食物含有人体所需的全部营养元素。为维护人体健康和提高食品营养价值，在食品加工和储存过程中补充某些缺少的或特需的营养成分称为食品的强化。因此，食品的强化可以满足不同人群生理和职业的需求，方便摄食以及预防和减少矿物质缺乏症。例如，Ca^{2+}既是豆腐的凝固剂，也可保持食品的质构；磷酸盐利于增加肉制品的持水性和结着性；食盐是典型的风味改良剂等。

课堂互动

1. 矿物质的功能有哪些?
2. 长期缺乏摄入什么矿物质会引起龋齿?

任务 6-1-3　食品中重要的矿物质

【任务要求】

1. 熟悉食品中重要矿物质的种类。
2. 掌握人体所需矿物质的种类及其功能。

【知识准备】

一、钙和磷

钙和磷是人体必需的常量元素，人体内 99% 的钙和 80% 的磷存在于骨骼和牙齿中。钙在血液凝固、神经肌肉的兴奋性、维持组织应激性和细胞膜功能、酶反应激活等方面起重要作用。磷是所有活细胞的必需成分，作为核酸、磷脂及辅酶的组分参与机体重要的代谢过程和能量的产生传递，以磷酸盐组成缓冲系统参与维持体液渗透压和酸碱平衡。缺磷会影响钙的吸收而得软骨病。食品中的钙、磷不仅要求含量丰富，而且被吸收后进入血液的比例也很重要，因为钙、磷彼此可结合和沉淀，而干扰彼此的有效吸收。人对钙的日需要量推荐值为 0.8~1.0g；人体缺钙时，幼年易患佝偻病，成年或老年易患骨质疏松症。人体对磷的日需量推荐为 0.8~1.2g，正常的膳食结构一般无缺磷现象。钙、磷需求量最高的是青少年、孕妇及哺乳期妇女。

由于钙能与带负电荷的大分子形成凝胶如低甲氧基果胶、大豆蛋白、酪蛋白等，在食品工业中广泛用作质构改良剂。磷在软饮料中用作酸化剂；三聚磷酸钠有助于改善肉类的持水性；在剁碎肉和加工奶酪时使用磷可起到乳化助剂的作用。此外，磷还可用作膨松剂。

钙主要来源于乳及其制品、绿色蔬菜、豆腐和骨等，蛋制品、水产品、肉类含钙也较多。钙一般处于溶解态时，在小肠中被吸收，任何影响钙溶解性的因素都会影响钙的吸收。植物性食品中的钙吸收率较低，约70%～80%的钙与植酸、草酸、脂肪酸等阳离子形成不溶性盐而不被吸收。所以，凡能降低肠道pH的物质或增加钙溶解度的物质均可促进其吸收，如乳糖、氨基酸等。钙强化食品通常采用乳酸钙、碳酸钙、葡萄糖酸钙等作为钙源。

磷主要来源于肉类、蛋黄等动物性食品和豆类、花生、核桃等植物性食品中，其中的磷主要以有机磷酸酯及磷脂形式存在，较易被人体消化吸收。食品添加剂中使用的多磷酸盐，必须水解为简单的正磷酸盐后才能被人体吸收。植酸含量高的食物（谷类和大豆），磷含量也高，可通过发酵将其水解，从而提高磷的生物利用率。强化磷的添加剂有正磷酸盐、焦磷酸盐、三聚磷酸盐、骨粉等。

课堂互动

儿童生长时期缺少钙元素会得什么病？

二、钠和钾

钠和钾是人体必需的常量元素，二者作用与功能关系密切。钠作为血浆和其他细胞外液中的主要阳离子，和细胞内的主要阳离子钾共同维持细胞内外的渗透平衡，并参与细胞的生物电活动，在控制机体内循环稳定方面起重要作用。钠又是胰液、胆汁、汗液和眼泪的组成成分，与肌肉收缩和神经功能相联系，对碳水化合物的吸收起特殊作用。

在食品工业中钠可激活某些酶如淀粉酶；诱发食品中典型咸味；降低食品的水分活度，抑制微生物生长，起到防腐的作用；作为膨松剂改善食品的质构。钾可作为食盐的替代品及膨松剂。

钠的主要来源是食盐和味精，钾的主要食物来源是水果、蔬菜和肉类。人们一般很少出现钠、钾缺乏症，但钠摄入量过多时会引起高血压。

三、镁

镁是人体内必需的常量元素中含量较少的一种元素。人体内含镁20～28g，其中60%集中在骨骼和牙齿，其余分散在肌肉和软组织。镁在人体内以磷酸盐、碳酸盐形式参与钙、磷代谢，是许多酶的激活剂，参与体内核酸、碳水化合物和蛋白质等的代谢。镁是细胞内的主要阳离子之一，和Ca^{2+}、K^{+}、Na^{+}一起与相应的阴离子协同，维持体内的酸碱平衡和神经肌肉的应激性。中国成人镁的适宜摄入量为350mg/d，膳食中的镁主要来源于全谷、坚果、豆类和绿色蔬菜，可可粉、谷类、花生、全麦粉、小米中的镁含量也较多。在限制饮食的实验动物中和农村地区可能有镁缺乏症，而人类饮食通常是充足的。但是，长期慢性腹泻将引起镁的过量排出，可出现抑郁、眩晕、肌肉软弱等镁缺乏症状。

镁在食品加工中主要用作颜色改良剂，在蔬菜加工中常因叶绿素中的镁脱去生成脱镁叶绿素，使色泽变暗。

四、铁

铁是人体必需的微量元素，在机体内以结合态存在。铁作为血红素的组成成分参与血红蛋白和肌红蛋白的构成；参与细胞色素氧化酶、过氧化物酶的合成；作为碱性元素维持机体酸碱平衡；维持其他酶类如乙酰辅酶A等的活性，促进生物氧化还原反应；参与体内蛋白质的合成，提高机体免疫力。人体缺铁（血浆中铁的含量低于400mg/L）会导致缺铁性贫血，使人感到体虚无力。成人体内含铁量为3~5g，其中60%~75%存在于携带氧气的血红蛋白中。我国成年男子铁摄入量为15mg/d，女子为20mg/d，孕妇、哺乳期妇女加至25~35mg/d。

食品加工中铁的主要作用有：通过Fe^{2+}与Fe^{3+}催化食品中的脂质过氧化。作为颜色改变剂，与多酚类形成绿色、蓝色或黑色复合物，在罐头食品中与S^{2-}形成黑色的FeS；在肌肉中以其价态不同呈现不同的色泽，如Fe^{2+}呈红色，而Fe^{3+}呈褐色。常用于强化铁的化合物有硫酸亚铁、正磷酸铁、卟啉铁等。

铁在食品中主要以三价铁离子（Fe^{3+}）、二价铁离子（Fe^{2+}）、元素铁以及血色素型铁的形式存在。植物性食品中大多数铁是以结合成难溶的肌醇六磷酸铁或磷酸铁的形式存在，生物难利用，必须解离并还原为二价铁离子后才能被有效利用。谷类食物由于受植酸、磷酸的影响，与铁形成不溶性铁盐影响机体对铁的吸收。动物性食品中的铁1/3为血色素型铁，这种形式的铁吸收率比二价铁离子还高，更容易被人体吸收利用。食物中铁的良好来源为动物肝脏、动物血、肉类等；蛋黄中的铁吸收率不高，但含铁丰富，是婴儿良好的辅助食品。豆类、菠菜、苋菜等中含铁量较高。

课堂互动

为什么植物性食品中的铁较难被生物体利用？

五、锌

锌是人体必需的微量元素，在人体中含量约2~4g，主要以锌蛋白及含锌酶的形式分布在各种组织器官中。锌是体内一系列酶包括碳水化合物和蛋白质代谢以及核酸合成酶的必需成分。骨骼的正常骨化、胰岛素的功能及正常的味觉敏感性都需要锌。锌具有提高机体免疫力的功能，与人的视力及暗适应能力关系密切。此外，锌可能是细胞凋亡的一种调节剂。缺锌最常见的原因是膳食不平衡及酗酒。锌缺乏会导致食欲减退，味觉嗅觉迟钝、生长发育不良和创伤愈合难等。成年男子对锌的实际需要量约为2.2mg/d，考虑到人体对食物中的锌的吸收率为10%左右，推荐量为22mg/d。

动物性食品中锌的含量较高，且锌的生物可利用性优于植物性食品，是锌的可靠来源。如，牛、猪、羊肉中锌的含量为20~60mg/kg，鱼类等海产品含锌15~20mg/kg，而且肉中的锌与肌球蛋白紧密连接在一起，可以提高肉类的持水性。植物性食品中锌含量较低，如小麦含20~30mg/kg，且大多与植酸结合，不易被吸收与利用；但面粉经酵母发酵后植酸减少，锌的溶解度和利用率就可增加。水果和蔬菜中含锌量很低，大约 2mg/kg。通常用于强化锌的添加剂有硫酸锌、葡萄糖酸锌等。

六、碘

碘是所有动物必需的微量元素，人体内含有 20~50mg，其中 20%~30%集中在甲状腺中，其他则分布在肌肉、皮肤、骨骼等。碘在机体内主要通过构成甲状腺素而发挥各种生理作用，具有参与甲状腺素合成、促进生物氧化、调节能量代谢、参与核酸和蛋白质合成等作用。缺碘会产生甲状腺肿、生长迟缓、智力迟钝等现象。但是，长期摄入过量的碘可影响甲状腺对碘的利用而造成高碘性甲状腺肿。中国成人碘推荐量为 0.15mg/d，孕妇、哺乳期妇女适当增加。食品加工中一些含碘食品如海带长时间的淋洗和浸泡会导致碘的大量流失。面粉加工焙烤食品时，KIO_3 作为面团改良剂，能改善焙烤食品质量。

海带及海产品是碘的丰富来源，每 100g 海带（干）含碘 240mg，乳及乳制品中含碘量为 0.2~0.4mg/kg，植物中含碘量较低。一般通过营养强化碘的方法预防和治疗碘缺乏症，通常使用强化碘盐即在食盐中添加碘化钾或碘酸钾使食盐中碘含量达 70mg/kg。

课堂互动

在缺碘地区，居民摄入含碘的食品是不是越多越好？

七、氟

氟是人体必需的微量元素，是骨骼和牙齿健康所必需的物质，人体骨骼中含氟量大致为 2.6g，是唯一能降低儿童和成人龋齿患病率或减轻龋齿病情的营养素。适量的氟可促进铁的吸收，有利于提高体内钙、磷在骨中的沉积利用，加强骨骼的形成和增强骨骼的硬度；能被牙釉质中的羟磷灰石吸附，形成坚硬质密的氟磷灰石表面保护层，防止龋齿和牙质损坏。人体氟的日摄入量为 1.5~4mg。但是，氟过量会使骨骼松软，牙齿带斑点并易脱落，比氟缺乏的影响还大。海产品与茶叶是氟含量高的食品，海鱼中氟含量高达 5~10mg/kg，茶叶中含氟量为 100mg/kg。缺氟的地区采取在自来水中加入氟 1mg/L，即能满足人体对氟的需要量。

八、其他矿物质元素

人体必需的微量元素还有以下几种。

1. 锰 参与骨骼形成、结缔组织生长、凝血、胆固醇的合成等，以及作为在碳水化合物、脂肪、蛋白质和核酸代谢中各种酶的激活剂。茶叶和咖啡中含量最高，范围是 300~600μg/ml；谷物、坚果、干果等锰含量丰富，约为 20μg/g；肉类、鱼类中含量较低，约为 0.2μg/g；蔬菜中含量为 0.5~2μg/kg。

2. 钴 是维生素 B_{12}的组成部分，主要以维生素 B_{12}和 B_{12}辅酶的组成形式储存于肝脏中发挥其生物学作用，对蛋白质、脂肪、糖类代谢和血红蛋白的合成都具有重要的作用。钴缺乏可产生贫血症状。食物中钴的含量变化较大，豆类中含量稍高，约为1.0mg/kg；玉米和其他谷物中含量很低，约为0.1mg/kg。

3. 铬　是正常糖代谢所必需的微量元素，是葡萄糖耐量因子的组成部分，通过协同和增强胰岛素的作用影响糖类、脂类、蛋白质及核酸的代谢。人体缺铬时血清胆固醇及血糖均升高，易引起动脉粥样硬化。铬的最丰富来源是啤酒酵母制品、动物肝脏、胡萝卜、红辣椒等。

4. 钼　是几种酶系统的组成部分，主要参与碳水化合物、蛋白质、脂肪、含硫氨基酸、核酸和铁的代谢。钼还具有防龋齿作用。一般谷物种子、豆类、乳及其制品、动物肝脏及肾脏富含钼，水果中含量低。

5. 硒　是谷胱甘肽过氧化物酶的组成部分，该酶与维生素E协同作用发挥抗氧化功能。补硒在预防肿瘤和心血管病、延缓衰老方面都有重要的作用。一般成年人硒的摄入标准为50μg/d。硒的食物来源主要是动物内脏，其次是海产品、淡水鱼、肉类；蔬菜和水果中含量最低。硒缺乏和中毒与地理环境有关。

其他元素如镍、锡、钒、砷和硅在与人相似的代谢过程实验中也表明是机体需要的，但它们在人体营养中的作用和作用机制还有待进一步明确。

点滴积累

1. 存在于食品中的各种元素，除去C、H、O、N 4种主要以有机化合物的形式出现的元素外，其余各种元素都称为矿物质。
2. 矿物质的基本功能为：构成机体结构的重要成分；维持生物体内环境稳定；维持生物体内的生物化学反应；改善食品品质。
3. 食品中矿物质按生理作用可分为必需元素、非必需元素和有毒（有害）元素；按元素在人体的含量或摄入量分类：常量元素、微量元素、超微量元素。
4. 矿物质在食品中主要以离子形式、可溶性和不溶性的无机盐形式存在，有些以螯合物或复合物的形式存在。
5. 钙是人体必需的常量元素，人体99%的钙存在于骨骼和牙齿中，人对钙的日需要量推荐值为0.8~1.0g；人体缺钙时，幼年易患佝偻病，成年或老年易患骨质疏松症。
6. 钠在食品加工中可诱发食品中典型咸味，起到防腐的作用和作为膨松剂改善食品质构。
7. 植物性食品中大多数铁是以结合成难溶的肌醇六磷酸铁或磷酸铁的形式存在，生物难以利用，必须解离并还原为二价铁离子后才能被有效利用。
8. 氟是人体必需的微量元素，是骨骼和牙齿健康所必需的物质，是唯一能降低儿童和成人龋齿患病率或减轻龋齿病情的营养素。

任务 6-2 食物中的矿物质元素

导学情景

情景描述：

食品中矿物质的来源及其含量主要取决于原材料的品种、生长环境和加工环境因素等，如植物生长的土壤、动物饲料的性质等。 各类食品由于其自身特性，所含的矿物质种类和数量均有所不同。

学前导语：

那么不同的食品中都有哪些矿物质，各类矿物质的含量有多少？ 本次任务我们将和同学们一起学习掌握这些知识内容。

一、植物性食物中的矿物质

（一）谷物类食物中的矿物质元素

谷物类食物中的矿物质元素约有 30 多种，其中含量较多的有 P、K、Mg、S、Ca、Fe、Si、Cl 等。矿物质元素在谷物种子中的分布是不均匀的，主要集中在麸皮或米糠中，胚乳中含量很低，不同的加工方法会使加工产品的矿物质元素含量差别很大，精加工产品矿物质元素含量较低。如小麦中胚乳和麦麸中的矿物质元素含量相差很大（表 6-1），故小麦精磨后主要为纯小麦胚乳粉，其灰分含量很低（表 6-2）。

表 6-1 小麦不同部位中矿物质含量

部位	P/%	K/%	Na/%	Ca/%	Mg/%	Mn/（mg/kg）	Fe/（mg/kg）	Cu/（mg/kg）
全胚乳	0.10	0.13	0.002 9	0.017	0.016	24	13	8
全麦麸	0.38	0.35	0.006 7	0.032	0.11	32	31	11
中心部分	0.35	0.34	0.005 1	0.025	0.086	29	40	7
胚尖	0.55	0.52	0.003 6	0.051	0.13	77	81	8
残余部分	0.41	0.41	0.005 7	0.036	0.13	44	46	12
整麦粒	0.44	0.42	0.006 4	0.037	0.11	49	54	8

表 6-2 小麦胚乳粉中常量矿物质元素含量/（mg/kg）

元素	K	P	Ca	Mg	S
平均含量	4 000	4 000	500	1 500	2 000

课堂互动

谷物种子中的矿物质元素主要分布在哪些部位？

（二）豆类食物中的矿物质元素

大豆中的矿物质元素含量比一般植物要高，特别是 P 和 K 含量很高，故大豆的灰分可高达 5%（表 6-3）。大豆中的磷 70%~80%以植酸形式存在，植酸影响蛋白质的溶解度，并能干扰人体对 Ca、Zn 等的吸收。

表 6-3　大豆（干重）中矿物质含量/%

矿物质	范围	平均值
灰分	3.30~6.35	4.60
K	0.81~2.39	1.83
Ca	0.19~0.30	0.24
Mg	0.24~0.34	0.31
P	0.50~1.08	0.78
S	0.10~0.45	0.24
Cl	0.03~0.04	0.03
Na	0.14~0.61	0.24

课堂互动

大豆中的 P 以什么形式存在？

（三）果蔬类食物中的矿物质元素

果蔬中含有丰富的矿物质元素，如 Ca、P、Na、K、Mg、Fe、I、Cu 等，它们以硫酸盐、磷酸盐、碳酸盐或与有机物结合的盐的形式存在（表 6-4、表 6-5）。不同品种、产地的蔬菜和水果中矿物质含量有差异，主要与植物富集矿物质的能力有关。尽管蔬菜和水果中矿物质含量低，但仍然是膳食中矿物质的重要来源。

表 6-4　部分蔬菜中矿物质含量/（mg/100g）

蔬菜	Ca	P	Fe	K
菠菜	72	53	1.8	502
莴笋	7	31	2.0	318
茭白	4	43	0.3	284
苋菜（青）	180	46	3.4	577

续表

蔬菜	Ca	P	Fe	K
苋菜(红)	200	46	4.8	473
芹菜(茎)	160	61	8.5	163
韭菜	48	46	1.7	290
毛豆	100	219	6.4	579

表 6-5 部分水果中矿物质含量/(mg/100g)

水果	Mg	P	K
橘子	10.2	15.8	175
苹果	3.6	5.4	96
葡萄	5.8	12.8	200
樱桃	16.2	13.3	250
梨	6.5	9.3	129
香蕉	25.4	16.4	373
菠萝	3.9	3.0	142

课堂互动

为什么不同品种、产地的果蔬中矿物质含量有差异?

二、肉类食物中的矿物质

肉类是矿物质的良好来源,矿物质元素含量一般为0.8%~1.2%,其中K、Na、P含量相当高,Mg的含量比Ca高,微量元素Fe、Cu、Mn、Zn含量也较高(表6-6)。肉中的矿物质主要有两种存在形式,一种是以氯化物、碳酸盐呈溶解状态存在,另一种是以与蛋白质结合成非溶解状态存在。由于矿物质元素主要与肉中的非脂肪部分连接,所以瘦肉中的矿物质元素含量要高于脂肪组织。

表 6-6 肉类中的矿物质(灰分)含量/(mg/kg)

总类	灰分	Ca	P	Fe	Na	K	Mg
猪肉	12 000	90	175	23	700	2 850	180
牛肉	8 000	110	171	28	650	3 550	150
羊肉	12 000	100	147	12	750	2 950	150

三、乳品中的矿物质

乳品中的矿物质元素含量受到乳品来源(品种、个体差异、泌乳期、饲料等)因素的影响,乳品中的 K 比 Na 含量高 3 倍,K、Na 大部分以氯化物、磷酸盐及柠檬酸盐形式存在,并呈溶解状态。Ca、Mg 则与酪蛋白、磷酸和柠檬酸结合,一部分呈溶解状态存在,其余部分呈胶体状态存在。牛乳中的矿物质含量约为 0.7%,其中 Na、K、Ca、P、S、Cl 等含量较高,Fe、Cu、Zn 等含量较低(表 6-7)。牛乳因富含 Ca 常作为人体 Ca 的主要来源,乳清中的 Ca 占总 Ca 的 30%且以溶解态存在。牛乳中总 Ca 量与离子 Ca 的比例影响酪蛋白在乳品中的稳定性。牛乳加热时,因搅拌除去 CO_2 使牛奶的 pH 提高,进而影响了离子平衡,Ca、P 从溶解态转变为胶体态;而牛乳的 pH 降低时,Ca、P 从胶体态转变为溶解态;当 pH = 5.2 时,乳品中所有的 Ca 和 P 都变为可溶状态。

表 6-7　牛乳中主要矿物质含量/(mg/100g)

矿物质	范围	平均值	溶解相分布/%	胶体相分布/%
总钙	110.9~120.3	117.7	33	67
离子钙	10.5~12.8	11.4	100	0
Mg	11.4~13.0	12.1	67	33
Na	47~77	58	94	6
K	113~171	140	93	7
P	79.8~101.7	95.1	45	55
Cl	89.8~127.0	104.5	100	0

课堂互动

如何提高牛乳中 Ca 和 P 的溶解度?

四、蛋中的矿物质

蛋中的 Ca 主要存在于蛋壳中,其他矿物质元素主要存在于蛋黄中,有 P、Mg、Ca、S、Fe、Cu、Zn、F 等,Ca 含量不及牛奶高,但 Fe 含量高于牛奶。蛋黄中富含 Fe,但由于卵黄磷蛋白的存在大大影响了 Fe 在人体内的生物利用率。此外,鸡蛋中的伴清蛋白可与金属离子结合,影响了 Fe 在体内的吸收与利用。蛋中的矿物质的含量见表 6-8。

表 6-8 蛋中矿物质的含量

矿物质	无机盐 /(g/100g)	Ca /(mg/100g)	P /(mg/100g)	Fe /(mg/100g)
鸡蛋	1.1	55	210	2.7
鸭蛋	1.8	71	210	3.2
咸鸭蛋	6.0	102	214	3.6

课堂互动

鸡蛋的蛋壳和蛋黄哪个含有矿物质种类多?

点滴积累

1. 大豆中的矿物质元素含量比一般植物要高，特别是 P 和 K 含量很高，70% ~80%的 P 以植酸形式存在，植酸影响蛋白质的溶解度，并能干扰人对 Ca、Zn 等的吸收。
2. 果蔬中含有丰富的矿物质元素，它们主要以硫酸盐、磷酸盐、碳酸盐或与有机物结合的盐的形式存在，不同品种、产地的蔬菜和水果中矿物质含量有差异。
3. 牛乳因富含 Ca 常作为人体 Ca 的主要来源，乳清中的 Ca 占总 Ca 的 30%且以溶解态存在；剩余的 Ca 大部分与酪蛋白结合，以磷酸钙胶体形式存在。
4. 蛋中的 Ca 主要存在于蛋壳中，其他矿物质元素主要存在于蛋黄中，蛋黄中富含 Fe，但由于卵黄磷蛋白的存在影响了 Fe 在人体的生物利用率。
5. 矿物质元素主要与肉中的非脂肪部分连接，所以瘦肉中的矿物质元素含量要高于脂肪组织。

任务 6-3 食品中总灰分的测定

导学情景

情景描述：

灰分是在高温下，有机物质被氧化分解，二氧化碳、氮的氧化物和水等逸出后，剩下的残留物质。

学前导语：

某种食物中的总灰分是多少，是通过什么方法测定的呢？ 我们本任务就是研究食品中总灰分的测定。

【任务要求】

掌握食品中总灰分的测定方法、操作步骤和操作技能；掌握常规溶液的配制方法和仪器的操作方法。

【知识准备】

一、任务原理

把一定的样品炭化后放入高温炉内灼烧，有机物质被氧化分解成二氧化碳、氮的氧化物和水等形式逸出，剩下的残留物即为灰分，称量残留物的质量即得总灰分的含量。

二、任务所用试剂材料

除非另有说明，本方法所用试剂均为分析纯，水为《分析实验室用水规格和试验方法》GB/T 6682—2008 规定的三级水。

1. 试剂　乙酸镁[$(CH_3COO)_2Mg \cdot 4H_2O$]，浓盐酸($HCl$)。

2. 试剂配制　乙酸镁溶液(80g/L)：称取 8.0g 乙酸镁加水溶解并定容至 100ml，混匀。乙酸镁溶液(240g/L)：称取 24.0g 乙酸镁加水溶解并定容至 100ml，混匀。10%盐酸溶液：量取 24ml 分析纯浓盐酸用蒸馏水稀释至 100ml。

三、任务所用仪器和设备

高温炉：最高使用温度≥950℃；分析天平：感量分别为 0.1mg、1mg、0.1g；石英坩埚或瓷坩埚；干燥器(内有干燥剂)；电热板；恒温水浴锅：控温精度±2℃。

四、任务实施

（一）坩埚预处理

1. 含磷量较高的食品和其他食品　取大小适宜的石英坩埚或瓷坩埚置高温炉中，在 550℃±25℃下灼烧 30 分钟，冷却至 200℃左右，取出，放入干燥器中冷却 30 分钟，准确称量。重复灼烧至前后两次称量相差不超过 0.5mg 为恒重。

2. 淀粉类食品　先用沸腾的稀盐酸洗涤，再用大量自来水洗涤，最后用蒸馏水冲洗。将洗净的坩埚置于高温炉内，在 900℃±25℃下灼烧 30 分钟，并在干燥器内冷却至室温，称重，精确至 0.000 1g。

（二）称样

含磷量较高的食品和其他食品：灰分大于或等于 10g/100g 的试样称取 2～3g(精确至 0.000 1g)；灰分小于 10g/100g 的试样称取 3～10g(精确至 0.000 1g，对于灰分含量更低的样品可适当增加称样量)。

淀粉类食品：迅速称取样品 2～10g(马铃薯淀粉、小麦淀粉以及大米淀粉至少称 5g，玉米淀粉和木薯淀粉称 10g)，精确至 0.000 1g。将样品均匀分布在坩埚内，不要压紧。

（三）测定

1. 含磷量较高的豆类及其制品、肉禽及其制品、蛋及其制品、水产及其制品、乳及乳制品

(1)称取试样后，加入 1.00ml 乙酸镁溶液(240g/L)或 3.00ml 乙酸镁溶液(80g/L)，使试样完全润湿。放置10分钟后，在水浴上将水分蒸干，在电热板上以小火加热使试样充分炭化至无烟，然后置于高温炉中，在550℃±25℃下灼烧4小时。冷却至200℃左右，取出，放入干燥器中冷却30分钟，称量前如发现灼烧残渣有炭粒，应向试样中滴入少许水湿润，使结块松散，蒸干水分再次灼烧至无炭粒即表示灰化完全，方可称量。重复灼烧至前后两次称量相差不超过0.5mg为恒重。

(2)吸取3份浓度为80g/L相同体积的乙酸镁溶液，做3次试剂空白试验。当3次试验结果的标准偏差小于0.003g时，取算术平均值作为空白值。若标准偏差大于或等于0.003g时，应重新做空白值试验。

2. 淀粉类食品 将坩埚置于高温炉口或电热板上，半盖坩埚盖，小心加热使样品在通气情况下完全炭化至无烟，即刻将坩埚放入高温炉内，将温度升高至900℃±25℃，保持此温度直至剩余的炭全部消失为止，一般1小时可灰化完毕，冷却至200℃左右，取出，放入干燥器中冷却30分钟，称量前如发现灼烧残渣有炭粒，应向试样中滴入少许水湿润，使结块松散，蒸干水分再次灼烧至无炭粒即表示灰化完全，方可称量。重复灼烧至前后两次称量相差不超过0.5mg为恒重。

3. 其他食品 液体和半固体试样应先在沸水浴上蒸干。固体或蒸干后的试样，先在电热板上以小火加热使试样充分炭化至无烟，然后置于高温炉中，在550℃±25℃灼烧4小时。冷却至200℃左右，取出，放入干燥器中冷却30分钟，称量前如发现灼烧残渣有炭粒，应向试样中滴入少许水湿润，使结块松散，蒸干水分再次灼烧至无炭粒即表示灰化完全，方可称量。重复灼烧至前后两次称量相差不超过0.5mg为恒重。

五、任务分析结果的表述

1. 以试样质量计

(1)试样中灰分的含量，加了乙酸镁溶液的试样，按(式6-1)计算：

$$X_1=\frac{m_1-m_2-m_0}{m_3-m_2}\times 100 \quad \text{(式6-1)}$$

式中：X_1——加了乙酸镁溶液试样中灰分的含量，单位为g/100g。m_1——坩埚和灰分的质量，单位为g。m_2——坩埚的质量，单位为g。m_0——氧化镁(乙酸镁灼烧后生成物)的质量，单位为g。m_3——坩埚和试样的质量，单位为g。100——单位换算系数。

(2)试样中灰分的含量，未加乙酸镁溶液的试样，按(式6-2)计算：

$$X_2=\frac{m_1-m_2}{m_3-m_2}\times 100 \quad \text{(式6-2)}$$

式中：X_2——未加乙酸镁溶液试样中灰分的含量，单位为g/100g。m_1——坩埚和灰分的质量，单位为g。m_2——坩埚的质量，单位为g。m_3——坩埚和试样的质量，单位为g。100——单位换算系数。

2. 以干物质计

（1）加了乙酸镁溶液的试样中灰分的含量，按（式 6-3）计算：

$$X_1=\frac{m_1-m_2-m_0}{(m_3-m_2)\times\omega}\times100 \qquad \text{（式 6-3）}$$

式中：X_1——加了乙酸镁溶液试样中灰分的含量，单位为 g/100g。m_1——坩埚和灰分的质量，单位为 g。m_2——坩埚的质量，单位为 g。m_0——氧化镁（乙酸镁灼烧后生成物）的质量，单位为 g。m_3——坩埚和试样的质量，单位为 g。ω——试样干物质含量（质量分数），%。100——单位换算系数。

（2）未加乙酸镁溶液的试样中灰分的含量，按（式 6-4）计算：

$$X_2=\frac{m_1-m_2}{(m_3-m_2)\times\omega}\times100 \qquad \text{（式 6-4）}$$

式中：X_2——未加乙酸镁溶液试样中灰分的含量，单位为 g/100g。m_1——坩埚和灰分的质量，单位为 g。m_2——坩埚的质量，单位为 g。m_3——坩埚和试样的质量，单位为 g。ω——试样干物质含量（质量分数），%。100——单位换算系数。

试样中灰分含量大于或等于 10g/100g 时，保留三位有效数字；试样中灰分含量小于 10g/100g 时，保留两位有效数字。

六、精密度

在重复性条件下获得的两次独立测定结果的绝对差值不得超过算术平均值的 5%。

点滴积累

1. 任务原理　把一定的样品炭化后放入高温炉内灼烧，有机物质被氧化分解成二氧化碳、氮的氧化物和水等物质逸出，剩下的残留物即为灰分，称量残留物的质量即得总灰分的含量。
2. 总灰分的计算　试样中灰分含量大于或等于 10g/100g 时，保留三位有效数字；试样中灰分含量小于 10g/100g 时，保留两位有效数字。

任务 6-4　食品中铁的测定

导学情景

情景描述：

铁是人体中必需微量元素，缺铁是世界上难以解决的问题，铁是从食物中摄入的，那么什么食物中含铁多呢？

学前导语：

食物中的铁是怎样测定的呢？ 测定的方法怎样？ 这是本任务要研究的。

【任务要求】

1. 了解火焰原子吸收光谱仪分析原理和操作方法。

2. 掌握食品中铁的测定方法、操作步骤和操作技能。

3. 掌握常规溶液的配制方法和常规仪器设备的正确使用方法。

【知识准备】

一、任务原理

试样消解后，经原子吸收火焰原子化，在248.3nm处测定吸光度值。在一定浓度范围内铁的吸光度值与铁含量成正比，与标准系列溶液比较定量。

二、任务所用试剂和材料

除非另有说明，本方法所用试剂均为优级纯，水为《分析实验室用水规格和试验方法》GB/T 6682—2008规定的二级水。

1. 试剂 硝酸(HNO_3)、高氯酸($HClO_4$)、硫酸(H_2SO_4)。

2. 试剂配制 硝酸溶液(5+95)：量取50ml硝酸，倒入950ml水中，混匀。硝酸溶液(1+1)：量取250ml硝酸，倒入250ml水中，混匀。硫酸溶液(1+3)：量取50ml硫酸，缓慢倒入150ml水中，混匀。

3. 标准品 硫酸铁铵[$NH_4Fe(SO_4)_2 \cdot 12H_2O$，CAS号7783-83-7]：纯度>99.99%。或一定浓度经国家认证并授予标准物质证书的铁标准溶液。

4. 标准溶液配制

(1)铁标准储备液(1 000mg/L)：准确称取0.863 1g(精确至0.000 1g)硫酸铁铵，加水溶解，加1.00ml硫酸溶液(1+3)，移入100ml容量瓶，加水定容至刻度，混匀。此铁溶液质量浓度为1 000mg/L。

(2)铁标准中间液(100mg/L)：准确吸取铁标准储备液(1 000mg/L)10ml于100ml容量瓶中，加硝酸溶液(5+95)定容至刻度，混匀。此时铁溶液浓度为100mg/L。

(3)铁标准系列溶液：分别准确吸取铁标准中间液(100mg/L)0、0.50ml、1.00ml、2.00ml、4.00ml、6.00ml于100ml容量瓶中，加硝酸溶液(5+95)定容至刻度，混匀。此铁标准系列溶液中铁的质量浓度分别为0、0.50mg/L、1.00mg/L、2.00mg/L、4.00mg/L、6.00mg/L。

注：可根据仪器灵敏度及样品中铁的实际含量确定标准溶液系列中铁的具体浓度。

三、任务所用仪器设备

原子吸收光谱仪：配火焰原子化器，铁空心阴极灯；分析天平：感量0.1mg和1mg；微波消解仪：配聚四氟乙烯消解内罐；可调式电热炉；可调式电热板；压力消解罐：配聚四氟乙烯消解内罐；恒温干燥箱；马弗炉。

注意：所有玻璃器皿及聚四氟乙烯消解内罐均需硝酸溶液（1+5）浸泡过夜，用自来水反复冲洗，最后用水冲洗干净。

四、任务实施

1. 试样制备

（1）粮食、豆类样品去除杂物后，粉碎，储于塑料瓶中。

（2）蔬菜、水果、鱼类、肉类等样品用水洗净，晾干，取可食部分，制成匀浆，储于塑料瓶中。

（3）饮料、酒、醋、酱油、食用植物油、液态乳等液体样品应将其摇匀。

注意：在采样和制备过程中，应避免试样污染。

2. 试样消解

（1）湿法消解：准确称取固体试样 0.5～3g（精确至 0.001g）或准确移取液体试样 1.00～5.00ml 于带刻度消化管中，加入 10ml 硝酸和 0.5ml 高氯酸，在可调式电热炉上消解（参考条件：120℃/0.5～1 小时、升至 180℃/2～4 小时、升至 200～220℃）。若消化液呈棕褐色，再加硝酸，消解至冒白烟，消化液呈无色透明或略带黄色，取出消化管，冷却后将消化液转移至 25ml 容量瓶中，用少量水洗涤 2～3 次，合并洗涤液于容量瓶中并用水定容至刻度，混匀备用。同时做试样空白试验。亦可采用锥形瓶，于可调式电热板上，按上述操作方法进行湿法消解。

（2）干法消解：准确称取固体试样 0.5～3g（精确至 0.001g）或准确移取液体试样 2.00～5.00ml 于坩埚中，小火加热，炭化至无烟，转移至马弗炉中，于 550℃ 灰化 3～4 小时。冷却，取出，对于灰化不彻底的试样，加数滴硝酸，小火加热，小心蒸干，再转入 550℃ 马弗炉中，继续灰化 1～2 小时，至试样呈白灰状，冷却，取出，用适量硝酸溶液（1+1）溶解，转移至 25ml 容量瓶中，用少量水洗涤内罐和内盖 2～3 次，合并洗涤液于容量瓶中并用水定容至刻度。同时做试样空白试验。

（3）微波消解：准确称取固体试样 0.2～0.8g（精确至 0.001g）或准确移取液体试样 1.00～3.00ml 于微波消解罐中，加入 5ml 硝酸，按照微波消解的操作步骤消解试样，消解条件如表 6-9。冷却后取出消解罐，在电热板上于 140～160℃ 赶酸至 1.0ml 左右。冷却后将消化液转移至 25ml 容量瓶中，用少量水洗涤内罐和内盖 2～3 次，合并洗涤液于容量瓶中并用水定容至刻度，混匀备用。同时做试样空白试验。

表 6-9　微波消解升温程序

步骤	设定温度/℃	升温时间/min	恒温时间/min
1	120	5	5
2	160	5	10
3	180	5	10

3. 测定

（1）仪器测试条件见表 6-10。

表 6-10 火焰原子吸收光谱法参考条件

元素	波长/nm	狭缝/nm	灯电流/mA	燃烧头高度/mm	空气流量/（L/min）	乙炔流量/（L/min）
铁	248.3	0.2	5~15	3	9	2

（2）标准曲线的制作：将标准系列工作液按质量浓度由低到高的顺序分别导入火焰原子化器，测定其吸光度值。以铁标准系列溶液中铁的质量浓度为横坐标，以相应的吸光度值为纵坐标，制作标准曲线。

（3）试样测定：在与测定标准溶液相同的实验条件下，将空白溶液和样品溶液分别导入原子化器，测定吸光度值，与标准系列比较定量。

五、任务分析结果的表述

试样中铁的含量按（式 6-5）计算：

$$X=\frac{(\rho-\rho_0)\times V}{m} \qquad \text{（式 6-5）}$$

式中：X——试样中铁的含量，单位为 mg/kg 或 mg/L。ρ——测定样液中铁的质量浓度，单位为 mg/L。ρ_0——空白液中铁的质量浓度，单位为 mg/L。V——试样消化液的定容体积，单位为 ml。m——试样称样量或移取体积，单位为 g 或 ml。

当铁含量大于或等于 10.0mg/kg 或 10.0mg/L 时，计算结果保留三位有效数字；当铁含量小于 10.0mg/kg 或 10.0mg/L 时，计算结果保留两位有效数字。

六、精密度

在重复性条件下获得的两次独立测定结果的绝对差值不得超过算术平均值的 10%。

七、其他

当称样量为 0.5g（或 0.5ml），定容体积为 25ml 时，方法检出限为 0.75mg/kg（或 0.75mg/L），定量限为 2.5mg/kg（或 2.5mg/L）。

试样消解后，经原子吸收火焰原子化，在 248.3nm 处测定吸光度值。在一定浓度范围内铁的吸光度值与铁含量成正比，与标准系列比较定量。

目标检测

一、填空题

1. 矿物质是指存在于食品中的各种元素，除去________、________、________、________等 4 种主要以________的形式出现的元素外，其余各种元素都称为矿物质；食品中的矿物质大多数相当于

________后剩余的成分，故又称________。

2. 人体所需的矿物质，主要来自于________、________和________中。

3. 膳食中长期缺少某些矿物质就会引起人体营养缺乏病，如缺钙的________和________，缺铁的________，缺碘的________等。

4. 食品中矿物质按生理作用可分为________、________和________。

5. 食品中的矿物质按元素在人体的含量或摄入量分为________、________和________。

6. 矿物质在食品中主要以________、________和________形式存在，有些以________的形式存在。

7. 果蔬中含有丰富的矿物质元素，它们主要以________，________，________或________的形式存在；不同品种、产地的蔬菜和水果中矿物质含量有差异主要与________有关。

8. 铁在食品中主要以________、________、________以及________的形式存在。

9. 锌是含量仅次于铁的微量元素，通常用于强化锌的试剂有________、________等。

10. 常用测定食品中铁元素的方法是________、________、________。

二、单项选择题

1. 以下不属于非必需元素的是（　　）

A. 硼　　B. 铷　　C. 锑　　D. 钒

2. 人体摄入缺少哪种矿物质元素会导致软骨病（　　）

A. 钙　　B. 镁　　C. 铁　　D. 锌

3. 以下哪项不属于磷的功能（　　）

A. 在软饮料中用作酸化剂　　B. 改善肉的持水性

C. 乳化助剂　　D. 质构改良剂

4. 以下哪项不属于常量元素（　　）

A. 钙（Ca）　　B. 镁（Mg）

C. 氟（F）　　D. 硫（S）

5. 以下不属于缺锌导致的症状的是（　　）

A. 食欲减退　　B. 味觉嗅觉迟钝

C. 生长发育不良　　D. 血糖升高

三、简答题

1. 为什么肉类失去水分时损失的矿物质元素主要是钠而不是钾？

2. 矿物质在生物体内的功能有哪些？

3. 简述肉制品中添加三聚磷酸钠的作用。

4. 简述碘的生理功能、缺乏症以及防止方法。

5. 简述矿物质在食品加工中的损失途径。

6. 矿物质营养强化应注意哪些问题？

四、实例分析题

1. 为什么面粉发酵后可提高矿物质的利用率？

2. 你认为最适宜的补钙方式是什么？

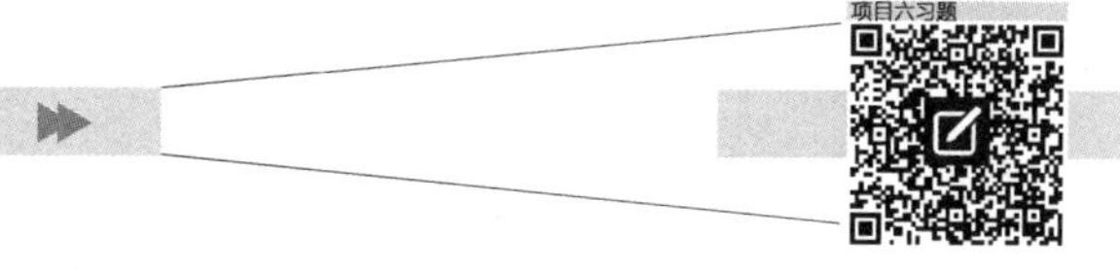

（王 宇）

模块二

食品中的酶和食品营养成分代谢

模块导学

酶是由生物活细胞产生的具有催化生物化学反应活性的物质，它存在于活细胞中，控制各种代谢的过程，将营养物质转化成能量和构成细胞的材料。迄今为止，从生物材料中分离、鉴定出的两千多种酶都是蛋白质，极少数酶是核酸分子。目前在食品工业中应用的酶也都是蛋白质。我们日常吃的糖、脂、蛋白质等物质，是如何在我们体内转化成能量的？这就是我们本模块要学习的内容。

项目七

食品中的酶

学习目标

认知目标：

1. 了解酶的概念、特点及分类和命名。
2. 熟悉酶的作用原理。
3. 掌握酶在食品加工中的应用。

技能目标：

1. 具有实验操作的能力。
2. 学会测定影响酶促反应速度的因素。

素质目标：

1. 具有良好的操作意识。
2. 具备科学家般严谨科学的态度，实事求是的工作作风。
3. 结合实际需要掌握酶的概念和特点及酶在食品加工中的应用。

任务 7-1 酶

导学情景

情景描述：

俗话说：“人是铁，饭是钢，一顿不吃饿得慌。” 在吃饭中，大家是否有这样的体会：当我们吃米饭、馒头时，若细细咀嚼，米饭、馒头会变甜。 这是为什么?

学前导语：

人体内存在大量酶，结构复杂，种类繁多，到目前为止，已发现三千多种。 如米饭在口腔内被咀嚼时，咀嚼时间越长，甜味越明显，是由于米饭中的淀粉在口腔分泌出的唾液淀粉酶的作用下，水解成麦芽糖的缘故。 因此，吃饭时多咀嚼可以让食物与唾液充分混合，有利于消化。 此外，人体内还有胃蛋白酶、胰蛋白酶等多种水解酶。 人体从食物中摄取的蛋白质，必须在胃蛋白酶等作用下，水解成氨基酸，然后再在其他酶的作用下，选择人体所需的 20 多种氨基酸，按照一定的顺序重新结合成人体所需的各种蛋白质，这其中发生了许多复杂的化学反应。 可以这样说，没有酶就没有生物的新陈代谢，也就没有形形色色、丰富多彩的生物界。 那么酶作为生物催化剂到底有哪些特性? 酶是如何分类和命名的? 酶的作用机制是什么? 酶在食品加工中有何应用? 本任务我们将和同学们一起学习这些知识。

生物体由细胞构成，每个细胞由于酶的存在才表现出种种生命活动，体内的新陈代谢才能进行。酶是人体内新陈代谢的催化剂，只有酶存在，人体才能进行各项生化反应。人体所需的酶越多、越完整，其生命就越健康。当人体内没有了活性酶，生命也就结束了。人类的疾病，大多数与酶缺乏或合成障碍有关。

酶使人体所进食的食物得到消化和吸收，并且维持体内所有的功能，包括细胞修复、消炎排毒、新陈代谢、提高免疫力、产生能量、促进血液循环。酶主宰了体内的所有功能，没有酶就没有生命。

任务 7-1-1　酶的概念、分类和命名

【任务要求】

1. 了解酶的概念和特点。
2. 熟悉酶的分类及命名。

【知识准备】

一、酶的概念和特点

（一）酶的发现

1773 年，意大利科学家斯帕兰扎尼（L. Spallanzani，1729—1799）设计了一个巧妙的实验：将肉块放入小巧的金属笼中，然后让鹰吞下去。过一段时间他将小笼取出，发现肉块消失了。于是，他推断胃液中一定含有消化肉块的物质。但他并不清楚该物质是什么。

1836 年，德国马普生物研究所科学家施旺（T. Schwann，1810—1882）从胃液中提取出了消化蛋白质的物质，解开消化之谜。

1926 年，美国科学家萨姆纳（J. B. Sumner，1887—1955）从刀豆种子中提取出脲酶的结晶，并通过化学实验证实脲酶是一种蛋白质。

20 世纪 30 年代，科学家们相继提取出多种酶的蛋白质结晶，并指出酶是一类具有生物催化作用的蛋白质。

20 世纪 80 年代，美国科学家切赫（T. R. Cech，1947—）和奥尔特曼（S. Altman，1939—）发现少数 RNA 也具有生物催化作用。

酶的应用已经有几千年的历史，尽管那时人们并没有任何有关催化剂和化学反应本质方面的知识，但在有些食品的制作加工过程中，人们已经开始不自觉地利用微生物细胞所产生的各种酶的催化作用。例如在酿造过程中利用发芽的大麦转化淀粉，用破碎的木瓜树叶包裹肉以使肉嫩化，都是古代食品制备应用酶的例子。而这些利用酶进行食品生产的古老技术也已代代相传至今。食品科学家们对酶在食品中的各种作用进行了细致的研究，而近几十年来随着酶研究的不断深入和酶生产的快速发展，酶在食品科学的重要性日益凸显。

酶的应用几乎涉及食品加工的各个领域，包括肉制品加工（如嫩化、碎肉重组等）、乳制品加工（如凝乳、脱乳糖等）、淀粉类食品发酵（如液化、糖化等）、果蔬汁饮料加工（如改善稳定性和色泽、澄清、脱苦等）、酿造工业（如淀粉水解）、食品分析（如酶电极）、食品储存（如溶菌酶防腐，过氧化物酶

作为果蔬热处理效果指标)等。有些酶的作用是有益的,有些则正好相反,如苹果果皮擦伤后由于多酚氧化酶的作用而发生的褐变现象,又如脂肪氧合酶导致豆制品产生豆腥味等。因此,掌握酶的基本知识有利于在食品加工和储存过程中"扬长避短",合理利用酶十分重要。

(二) 酶的概念

酶是一类由活细胞产生的具有催化能力的特殊有机物,通常称为生物催化剂。酶是具有生物催化功能的高分子物质。酶作为催化剂,本身在反应过程中不被消耗,也不影响反应的化学平衡。酶有正催化作用也有负催化作用,不只能加快反应速率,也会降低反应速率。与其他非生物催化剂不同的是,酶具有高度的专一性,只催化特定的反应或产生特定的构型。虽然酶大多是蛋白质,但少数具有生物催化功能的分子并非为蛋白质,有一些被称为核酶的 RNA 分子和 DNA 分子同样具有催化功能。此外,通过人工合成的所谓人工酶也具有与酶类似的催化活性。酶的催化活性会受其他分子的影响,如抑制剂是可以降低酶活性的分子,激活剂则是可以增加酶活性的分子。有许多药物和毒药就是酶的抑制剂。酶的活性还可以被温度、化学环境(如 pH)、底物浓度以及电磁波(如微波)等许多因素所影响。

(三) 酶催化的特点

酶除了具有一般催化剂特性外,还具有其他的特性。

1. 催化效率高　酶催化的反应速率比非酶催化反应的速率高 $10^8 \sim 10^{20}$ 倍,比一般催化剂高 $10^7 \sim 10^{13}$ 倍。

举例:H_2O_2 在不同条件下分解的实验

新鲜的肝脏中含有过氧化氢酶,氯化铁($FeCl_3$)是一种无机催化剂,二者都能催化 H_2O_2 分解成 H_2O 和 O_2。在实验中,加肝脏研磨液的试管比加等量 $FeCl_3$ 的试管放出的氧气明显要多。说明过氧化氢酶比 Fe^{3+} 的催化效率(活性)高得多。酶的高效性保证了细胞内的化学反应顺利进行。

课堂互动

酶的催化效率如此高效，酶能否催化任意一个化学反应?

2. 专一性　被酶作用的物质叫作酶的底物,一种酶往往只能作用于一种或一类底物,催化一种或一类反应。

无机催化剂既能催化蛋白质水解,也能催化淀粉和脂肪水解。蛋白酶只能催化蛋白质水解,不能催化淀粉、脂肪等水解。

举例:淀粉酶对淀粉和蔗糖的水解作用实验

(1)1 号试管加入 2ml 淀粉溶液,2 号试管中加入 2ml 蔗糖溶液。

(2)分别加入淀粉酶 2 滴,试管下部浸入 37℃左右的热水中,反应 5 分钟。

(3)加入斐林试剂,震荡,约 60℃水浴加热 2 分钟。

(4)观察试管中溶液颜色变化。1 号试管溶液由蓝色变成棕色,最后出现砖红色沉淀;2 号试管没有任何变化。这说明淀粉酶只能催化淀粉水解,不能催化蔗糖水解。

由此可见一种酶只能催化一种底物或者少数几种相似的底物。

课堂互动

为什么塞进牙缝里是肉丝两天内还没有被消化?

3. 催化条件温和　多数酶的化学成分是蛋白质,只能在常温、常压、接近中性的pH条件下发挥作用,而非酶催化作用往往需要高温、高压和极端pH条件。与一般催化剂相比,酶活性不稳定,主要是因为酶蛋白受到强酸、强碱、有机溶剂、重金属盐、高温、紫外线等条件作用时会变性而丧失活性。因此酶催化反应一般都是在比较温和的条件下进行的。

4. 酶活力受多种因素调节　酶的活力在体内是受多方面因素调节和控制的。生物体内酶和酶之间,酶和其他蛋白质之间都存在着相互作用,机体通过调节酶的活性和酶量,控制代谢速度,以满足生命的各种需要和适应环境的变化。调控方式很多,包括抑制剂调节、反馈调节、酶原激活剂激素控制等。

二、酶活力

(一)酶活力的概念

酶活力也称为酶活性,是指酶催化一定化学反应的能力。酶活力的大小可用在一定条件下,酶催化某一化学反应的速度来表示,酶催化反应速度愈大,酶活力愈高,反之活力愈低。

1. 酶活力的度量单位　1961年国际酶学会议规定:1个酶活力单位是指在特定条件(25℃,其他为最适条件)下,在1分钟内能转化1μmol底物的酶量,或是转化底物中1μmol的有关基团的酶量。

2. 酶的比活力　指每毫克质量的蛋白质中所含的某种酶的催化活力。是用来度量酶纯度的指标,比活力越高则酶越纯。单位是u/mg。比活力是生产和酶学研究中经常使用的基本数据。

(二)酶活力的测定

测定酶活力实际就是测定酶促反应的速度。酶促反应速度可用单位时间内、单位体积中底物的减少量或产物的增加量来表示。在一般的酶促反应体系中,底物往往是过量的,测定初速度时,底物减少量占总量的极少部分,不易准确检测,而产物则是从无到有,只要测定方法灵敏,就可准确测定。因此一般以测定产物的增量来表示酶促反应速度。

三、酶的分类与命名

(一)酶的分类

国际系统分类法按酶促反应类型,将酶分成6个大类:

1. 氧化还原酶类　催化底物进行氧化还原反应的酶类,包括电子或氢的转移以及分子氧参加的反应。常见的有脱氢酶、氧化酶、还原酶和过氧化物酶等。

2. 转移酶类　催化底物进行某些基团转移或交换的酶类。如甲基转移酶、氨基转移酶、转硫酶等。

3. 水解酶类　催化底物进行水解反应的酶类。如淀粉酶、粮糖苷酶、蛋白酶等。

4. 裂解酶类或裂合酶类 催化底物通过非水解途径移去一个基团形成双键或其逆反应的酶类。如脱水酶、脱羧酸酶、醛缩酶等。如果催化底物进行逆反应,使其中一底物失去双键,两底物间形成新的化学键,此时为裂合酶类。

5. 异构酶类 催化各种同分异构体、几何异构体或光学异构体间相互转换的酶类。如异构酶、消旋酶等。

6. 连接酶类或合成酶类 催化两分子底物连接成一个分子化合物的酶类。

上述6大类酶用EC(enzyme commission)加1.2.3.4.5.6编号表示,再按酶所催化的化学键和参加反应的基团,将酶大类再进一步分成亚类和亚-亚类,最后为该酶在这亚-亚类中的排序。如α-淀粉酶的国际系统分类编号为:EC3.2.1.1

EC3——水解酶类

EC3.2——转葡糖基酶亚类

EC3.2.1——糖苷酶亚亚类,即能水解*O*-和*S*-糖基化合物

EC3.2.1.1 Alpha-amylase,α-淀粉酶

值得注意的是,即使是同一名称和EC编号,但来自不同的物种或不同的组织和细胞的同一种酶,如来自动物胰脏、麦芽等和枯草杆菌BF7658的α-淀粉酶,它们的一级结构或反应机制可能不同。它们虽然都能催化淀粉的水解反应,但有不同的活力和最适反应条件。

(二)酶的命名

1. 酶的习惯命名法

(1)依据作用的底物来命名:即在底物名称后面加一个"酶"字。如催化蛋白质水解的酶称蛋白酶,催化水解淀粉的酶称为淀粉酶等。

(2)依据催化反应的性质命名:即在催化反应名称后面加一个"酶"字。如催化氧化还原反应的酶称为氧化酶或者还原酶;催化转氨基反应的酶称为转氨酶等。

(3)将酶的作用底物与催化反应的性质结合起来命名:既表明底物又表明催化反应的类型,如催化葡萄糖进行氧化反应的酶称为葡萄糖氧化酶;催化乳酸脱氢反应的酶称为乳酸脱氢酶。

(4)将酶的来源与作用底物结合起来命名:酶作用的底物是蛋白质,来源于细菌时,称为细菌蛋白酶;来源胃时,称为胃蛋白酶。

(5)将酶作用的最适pH和作用底物结合起来命名:如酶作用的底物为蛋白质,作用最适pH为中性的称为中性蛋白酶;最适pH为碱性的称为碱性蛋白酶。

习惯命名法简单,应用历史长,但缺乏系统性,有时出现一酶数名或一名数酶的现象。例如α-淀粉酶,又名液化型淀粉酶或糊精淀粉酶或淀粉α-1,4-糊精酶;又如肠激酶和肌激酶似为来源相同的一种酶,其实两者作用截然不同,前者是将胰蛋白酶原激活为胰蛋白的酶,后者则是催化ADP转化为ATP的酶。这就是习惯命名的缺点所在。

2. 系统命名法 1961年国际生物化学和分子生物学学会(IUBMB)以酶的分类为依据,提出系统命名法,规定每一个酶有一个系统名称,它标明酶的所有底物和反应性质。各底物名称之间用":"分开。如草酸氧化酶,因为有草酸和氧两个底物,应用":"隔开,又因是氧化反应,所以其系统命

名为草酸:氧氧化酶;如有水作为底物,则水可以不写。同时还有一个由4个数字组成的系统编号,如丙氨酸氨基转氨酶的系统名称是丙氨酸:α-酮戊二酸氨基转移酶(统一编号是EC2.6.1.2)。

3. 酶的编号　在酶表中每一种酶的位置可用4个数字表示,数字间用“.”隔开,用EC代表酶学委员会,如:乳酸脱氢酶EC1.1.1.27。

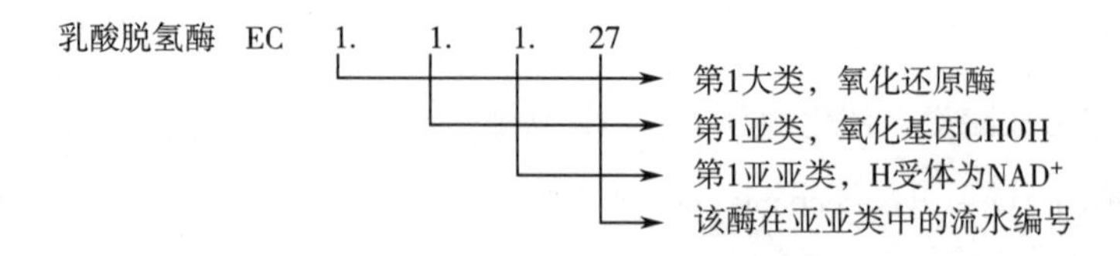

第1个数字表示此酶所属的大类,即第1大类为氧化还原酶。

第2个数字此酶所属的亚类,即表示第1亚类为氧化基团CHOH。

第3个数字表示此酶所属的亚亚类,即第1亚亚类是H受体为NAD^+。

第4个数字表示该酶在此亚亚类中的顺序号。

这个分类方法的一大优点就是一切新发现的酶都能按照这个系统得到适当的编号,而不破坏原来已有的系统。这就为不断发现的新编号留下无限的余地。

任务7-1-2　酶的作用原理

【任务要求】

1. 了解中间产物学说和诱导契合学说。
2. 掌握酶活性中心及决定酶催化反应效率的因素。

【知识准备】

在任何化学反应中,反应物分子必须超过一定的能阈,成为活化的状态,才能发生反应,形成产物。这种提高低能分子达到活化状态的能量,称为活化能。催化剂的作用,主要是降低反应所需的活化能,以致相同的能量能使更多的分子活化,从而加速反应的进行。酶能显著地降低活化能,故能表现为较高的催化效率。

一、中间产物学说

1913年生物化学家米切利斯(Michaelis)和门腾(Menten)提出了酶的中间产物学说。他们认为:酶降低活化能的原因是酶参加了反应,即酶分子与底物分子先结合形成不稳定的中间产物(中间结合物),这个中间产物不仅容易生成,而且容易分解出产物,释放出原来的酶,这样就把原来活化能较高的一步反应变成了活化能较低的两步反应。由于活化能降低,所以活化分子大大增加,提高反应速度。如果以E表示酶,S表示底物,ES表示中间产物,P表示反应终产物,其反应过程可表示如下:

$$E+S \rightarrow ES \rightarrow E+P$$

该学说的关键是认为酶参与了底物的反应,生成了不稳定的中间产物,因而使反应沿着活化能较低的途径迅速进行。事实上,中间产物学说已经被许多实验所证实,中间产物确实存在。

二、诱导契合学说

酶对于它所作用的底物有着严格的选择，只能催化一定结构或者一些结构近似的化合物，使这些化合物发生生物化学反应。有的科学家提出，酶和底物结合时，底物的结构和酶的活动中心的结构十分吻合，就好像一把钥匙配一把锁一样。酶的这种互补形状，使酶只能与对应的化合物契合，从而排斥了那些形状、大小不适合的化合物，这就是“锁钥学说”。酶和底物结合机制见图 7-1。

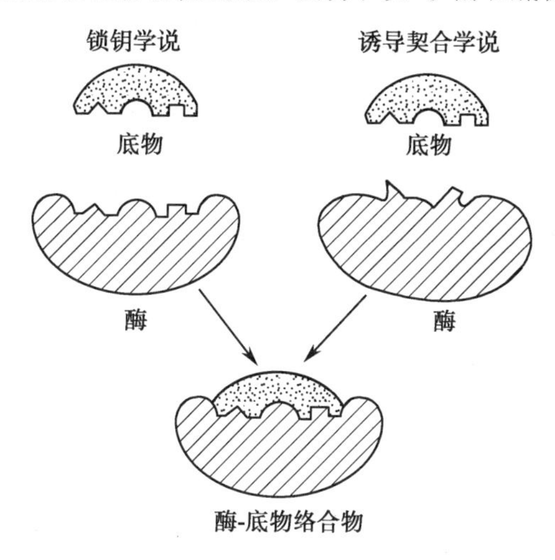

图 7-1　酶和底物结合机制示意图

科学家后来发现，当底物与酶结合时，酶分子上的某些基团常常发生明显的变化。另外，酶常常能够催化同一个生化反应中正逆两个方向的反应。因此，“锁钥学说”把酶的结构看成是固定不变的，这是不符合实际的。于是，有的科学家又提出，酶并不是事先就以一种与底物互补的形状存在，而是在受到诱导之后才形成互补的形状。这种方式如同一只手伸进手套之后，才诱导手套的形状发生变化一样。底物一旦结合上去，就能诱导酶蛋白的构象发生相应的变化，从而使酶和底物契合而形成酶-底物络合物。这就是 1958 年科什兰(D. E. Koshland)提出的“诱导契合学说”：酶分子活性中心的结构原来并非和底物的结构互相吻合，但酶的活性中心是柔软的而非刚性的。当底物与酶相遇时，可诱导酶活性中心的构象发生相应的变化，有关的各个基因达到正确的排列和定向，从而使酶和底物契合而结合成中间络合物，并引起底物发生反应。当反应结束，产物从酶上脱落下来后，酶的活性中心又恢复了原来的构象。

三、酶的活性中心

酶分子中能够直接与底物分子结合，并催化底物发生化学反应的部位，就称为酶的活性中心。

一般认为活性中心主要由两个功能部位组成：第一个是结合部位，酶的底物靠此部位结合到酶分子上，即负责与底物结合；第二个是催化部位，底物的键在此被打断或形成新的键从而发生一定的化学变化，即负责催化作用。每个酶分子的活性中心的数目是很小的，一般一个多肽链只有一个活性中心。以木瓜蛋白酶为例，将木瓜蛋白的 180 个氨基酸残基水解掉 120 个后，该酶活性依然完全保留，这充分说明该酶的催化活性只与剩下的60个氨基酸残基直接相关。

四、决定酶催化反应效率的因素

一般认为，酶之所以具有高度的催化效率，其主要原因有4个方面，即酶的邻近和定向效应、底物的扭曲作用、酸碱催化作用以及亲核和亲电子催化作用。其中，邻近和定向效应的影响最为显著，在酶促反应中，由于酶和底物分子之间的亲和性，底物分子有向酶活性中心靠近的趋势，最终结合到酶的活性中心，使底物在酶的活性中心的有效浓度大大增加。此外，酶与底物间的靠近具有一定的取向，酶活性中心会相对于底物进行正确的定位，使分子之间反应变为分子内的反应，从而大幅度提高反应效率。根据理论计算，当反应剂的浓度为10^{-3}mol/L时，该效应可使反应速度提高1×10^{22}倍。

任务7-1-3　食品加工中酶的应用

【任务要求】

1. 了解酶在食品加工中的应用。

2. 掌握各种酶在食品加工中的作用。

【知识准备】

目前，在食品工业中广泛采用酶来改善食品的品质以及制造工艺，酶作为一类食品添加剂，其品种不断增多。它在食品领域中的应用十分广泛。与以前的化学催化剂相比，酶反应显得特别温和，这对避免食品营养的损失是很有利的。

1. 改善烘焙食品的质构　面制品品质包括体积、内部组织结构、储存稳定性等，既取决于面粉品质，也取决于生产工艺条件及品质改良剂。过去面团通常采用溴酸钾等氧化剂作为品质改良剂，由于近年来消费者对化学氧化剂的担忧，这些化学品质改良剂的使用正在减少，而酶制剂作为食品添加剂，正逐步成为广泛应用的面粉改良剂。葡萄糖氧化酶是近年来最受关注的新型面粉品质改良剂之一，属强筋剂类，能氧化葡萄糖生成葡萄糖酸和过氧化氢，后者氧化面筋蛋白中的巯基生成二硫键，可明显增强面团面筋网络结构，从而大大改善面筋的组织结构。此外，固定化葡萄糖氧化酶也被广泛应用。随着微胶囊技术的发展，研究发现葡萄糖氧化酶经微胶囊固定化后，能够以更合理的反应速度作用于面团，从而相比较于游离酶，会发挥出更为突出的面团粉质以及拉伸特性改善作用，且有助于减缓面团氧化作用。谷氨酰胺转胺酶又称转谷氨酰胺酶，可催化蛋白分子内或分子间发生交联，蛋白质和氨基酸之间连接，促进面团形成紧密的三维空间网络，从而提高食品弹性和持水能力。

2. 改善食品风味　肉制品加热后具有本身的肉鲜味。在肉制品腌制加工过程中，肉制品经过成熟后会产生腊香风味，深受消费者喜爱，特别是经过发酵的肉制品。但是这个过程如是自然进行所需时间比较漫长。通过应用蛋白酶、脂肪酶可以使肉制品产生游离氨基酸、脂肪酸等风味前体物质或中间产物，有利于肉制品风味的形成。酶在催化水解水果蔬菜风味物质的产生方面有其独特的效果。一些成熟的水果蔬菜有其相应的水果蔬菜风味，主要是成熟过程中具有挥发性的风味前体物，一般以糖苷键的形式存在，被糖苷酶催化水解而成游离态容易释放。因而在制备水果蔬菜相应的风味剂时，应用相应的糖苷酶处理水果蔬菜浆料，可使风味增强或提高。酶技术还能够有效解决食品加工过程中产生的不良风味，从而提高食品的商业价值。

3. 改善食品色泽　在食品加工中因酶引起食品色泽变化大多是酶促褐变反应，如水果蔬菜在新鲜储存中主要是发生褐变致使食品品质降低，通常通过加热灭酶来达到保鲜效果，这里酶催化发生的反应是加工中需要防止和控制的重要方面。另外通过添加酶制剂可以促进类胡萝卜素的氧化，改善食品色泽。

一、淀粉酶

淀粉酶在食品工业上应用很广泛。淀粉酶制剂是最早实现工业化生产和产量最大的酶制剂品种，约占整个酶制剂总产量的50%以上，被广泛应用于食品、发酵及其他工业中。

淀粉酶用于酿酒、味精等发酵工业中水解淀粉；在面包制造中为酵母提供发酵糖，改进面包的质构；用于啤酒除去其中的淀粉混浊；利用葡萄糖淀粉酶可直接降低黏度使麦芽糊精转化成葡萄糖，然后再用葡萄糖异构酶将其转变成果糖，提高甜度等。目前商品淀粉酶制剂最重要的应用是用淀粉制备麦芽糊精、淀粉糖浆和果葡糖浆等。

在淀粉类原料的加工中，应用较多的酶是淀粉酶、糖化酶和葡萄糖异构酶等。这些酶主要来源于细菌、真菌和种子的发芽，在食品工业中用于制造葡萄糖、果糖、麦芽糖、糊精和糖浆等。

二、蛋白酶

随着酶科学和食品科学研究的深入发展，微生物蛋白酶在食品工业中的用途将越来越广泛。在肉类的嫩化，尤其是牛肉的嫩化上应用微生物蛋白酶代替价格较贵的木瓜蛋白酶，可达到更好的效果。微生物蛋白酶还被运用于啤酒制造以节约麦芽用量。但啤酒的澄清仍以木瓜蛋白酶较好，因为它有很高的耐热性，经巴氏杀菌后，酶活力仍存在，可以继续作用于杀菌后形成的沉淀物，以保证啤酒的澄清。在酱油的酿制中添加微生物蛋白酶，既能提高产量，又可改善质量。除此之外，还常用微生物蛋白酶制造水解蛋白胨用于医药，以及制造蛋白胨、酵母浸膏、牛肉膏等。细菌性蛋白酶还常用于日化工业，添加到洗涤剂中，以增强去污效果，这种加酶洗涤剂对去除衣物上的奶渍、血渍等蛋白质类污迹的效果很好。

课堂互动

为什么加酶洗衣粉可以使洗衣粉效率提高，使原来不易除去的汗渍等很容易除去？

三、果胶酶

果胶酶以作用的底物不同分为：果胶酯酶、聚半乳糖醛酸酶和果胶裂解酶3种类型。

果胶酯酶对食品工业的影响：在一些果蔬的加工中，若果胶酯酶在环境因素下被激活，将导致大量的果胶脱去甲酯基，从而影响果蔬的质构。生成的甲醇也是一种对人体有毒害作用的物质，尤其对视神经特别敏感。在葡萄酒、苹果酒等果酒的酿造中，由于果胶酯酶的作用，可能会引起酒中甲醇的含量超标，因此，果酒的酿造，应先对水果进行预热处理，使果胶酯酶失活以控制酒中甲醇的含量。

水果中含有大量的果胶。为了达到利于压榨、提高出汁率、使果汁澄清的目的，在果汁的生产过程中可广泛使用果胶酶。如在苹果汁的提取中，应用果胶酶处理方法生产的汁液具有澄清和淡棕色外观，如果用直接压榨法生产的苹果汁不经果胶酶处理，则表现为混浊，感官性状差，商品价值受到较大影响；经果胶酶处理生产葡萄汁，不但感官质量好，而且能大大提高葡萄的出汁率。

课堂互动

为什么自己用果汁机打出来的果汁没有商场卖的均质澄清？

四、多酚氧化酶

多酚氧化酶是一种含铜的酶，主要在有氧的情况下催化酚类底物反应形成黑色素类物质。在果蔬加工中常常因此而产生不受欢迎的褐色或黑色，严重影响果蔬的感官质量。

多酚氧化酶催化的褐变反应多数发生在新鲜的水果和蔬菜中，例如香蕉、苹果、梨、茄子、马铃薯等。当这些果蔬的组织碰伤、切开、遭受病害或处在不正常的环境中时，很容易发生褐变。这是因为当它们的组织暴露在空气中时，在酶的催化下多酚氧化为邻醌，再进一步氧化聚合而形成褐色素或称类黑素。

课堂互动

为什么去皮的土豆、切开的苹果放在外面容易变黑？

五、其他酶类

1. 脂肪酶　脂肪酶对食品加工的影响：含脂食品如牛奶、奶油、干果等产生的不良风味，主要来自脂肪酶的水解产物（水解酸败），水解酸败又能促进氧化酸败。脂肪酶不单在食品工业中有广泛应用，在绢纺、皮革脱脂等轻化工及医药工业上也有重要用途。

课堂互动

油炸食品、核桃仁和炒熟的花生仁为什么放久了会有“哈喇”味？

2. 脂氧合酶　脂氧合酶对食品质量的影响：它在一些条件下可提高某些食品的质量，例如在面粉中加入含有有活性的脂氧合酶的大豆粉，脂氧合酶的作用能够使面筋网络更好地形成，从而较好地改善了面包的质量；做成面条，可使产品漂白，口感滑润。

3. 风味酶　水果和蔬菜中的风味化合物，一些是由风味酶直接或间接地作用于风味前体，然后转化生成的。当植物组织保持完整时，并无强烈的芳香味，因为酶与风味前体是分隔开的，只有在植物组织破损后，风味前体才能转变为有气味的挥发性化合物。另一些是经过储存和加工过程而生成的。例如香蕉、苹果或梨在生长过程中并无风味，甚至在收获期也不存在，直到成熟初期，由于生成的少量乙烯的刺激而发生了一系列酶促变化，风味物质才逐渐形成。

点滴积累

1. 酶只催化热力学上允许的反应，酶自身不能消耗，没有质和量的变化。
2. 生物体内含量甚微的酶都能催化生物体内大量的物质变化。
3. 绝大多数酶是蛋白质，因而都有变性的特点。 酶适合常温、常压、温和的 pH 条件，剧烈的条件会使酶失活。
4. 酶能协调各种代谢反应，通过激素和其他机制调节使生物体内成千上万反应有条不紊地进行，如失调则表现病症。
5. 酶属生物大分子，分子质量至少为 1 万，大的可达百万。 酶的催化作用有赖于酶分子的一级结构及空间结构的完整。 若酶分子变性或亚基解聚均可导致酶活性丧失。
6. 酶所催化的反应物即底物大多为小分子物质，它们的分子质量比酶要小几个数量级。 酶的活性中心只是酶分子中很小的部分，酶蛋白的大部分氨基酸残基并不与底物接触。
7. 组成酶活性中心的氨基酸残基的侧链存在不同的功能基团，如—NH_2、—COOH、—SH、—OH和咪唑基等，它们来自酶分子多肽链的不同部位。
8. 活性部位的功能基团统称为必需基团。 它们通过多肽链的盘曲折叠，组成一个在酶分子表面、具有三维空间结构的孔穴或裂隙，以容纳进入的底物与之结合，并催化底物转变为产物，这个区域即称为酶的活性中心。
9. 采用酶工程还成功地将淀粉加工成饴糖、麦芽糖、高麦芽糖浆、麦芽糊精、偶联糖（一种甜味环糊精）等各类淀粉糖产品，它们在食品工业中均起重要作用。
10. 脂肪酶有在乳制品中增香、鱼片脱脂、食用油加工、洗涤剂添加酶、皮革毛皮绢纺脱脂、制药、化工合成、污水处理、作为工具酶等多种用途。
11. 麦芽糖在缺少胰岛素的情况下也可被肝脏吸收，而不致引起血糖水平的升高，故可供糖尿病患者食用；由麦芽糖还原成的麦芽糖醇为发热量最低的甜味剂，可供糖尿病、高血压、肥胖病人食用。
12. 麦芽糊精无臭、无味、无色、吸湿性低、黏度高、溶解时分散性好，国外食品工业中都用它来改善食品风味；糖果工业中用它调节糖度，并阻止蔗糖析晶和吸湿；饮料工业中用它作为增稠剂、泡沫稳定剂，还用于粉末饮料制造，以加速干燥；因它不易吸湿结块，制造固体酱油、汤粉时用它增稠并延长保质期。
13. 偶联糖用于食品中不易引起蛀牙，作为食品添加剂用以乳化、稳定、发泡、保香脱苦等。

任务 7-2　影响酶促反应速度因素的测定

导学情景

情景描述：

现在酶促反应在食品加工中应用得越来越多，如淀粉酶应用于面粉加工中，果胶酶应用于饮料生产中等，但酶的活性会受到温度的影响。

学前导语：

pH、温度、紫外线、重金属盐、抑制剂、激活剂等通过影响酶的活性来影响酶促反应的速率，紫外线、重金属盐、抑制剂都会降低酶的活性，使酶促反应的速度降低，激活剂会提高酶的活性来加快反应速度，pH和温度的变化情况不同，既可以降低酶的活性，也可以提高，所以它们既可以加快酶促反应的速度，也可以减慢；酶的浓度、底物的浓度等不会影响酶活性，但可以影响酶促反应的速率。酶的浓度、底物的浓度越大，酶促反应的速度也快。各种因素是如何影响酶促反应速度的？本次任务我们将和同学们一起学习掌握这些知识内容。

任务7-2-1　影响酶促反应速度的因素

【任务要求】

1. 了解影响酶促反应速度的因素。
2. 掌握各种因素是如何影响酶促反应速度的。

【知识准备】

一、酶浓度

在酶促反应体系中所用的酶制品不含抑制物，底物的浓度又足够大，使酶达到饱和，则反应速度与酶浓度成正比。

二、底物浓度

如果我们用底物浓度对反应速度作图可以看出酶促反应呈双曲线形，即当作用物浓度很低时，反应速度(v)随着底物浓度([S])的增高，成直线比例上升。而当底物浓度继续增高时，反应速度增高的趋势逐渐缓和。一旦当[S]达到相当高时，反应速度不再随[S]的增高而增高，达到了极限最大值，称最大反应速度(v_{max})。当反应速度为最大反应速度一半时的[S]为K_m值，K_m值亦称米氏常数，为酶的特征性常数。不同的酶K_m值不同，同一种酶对不同底物有不同的K_m值。各种同工酶的K_m值不同，也可借K_m值以鉴别之。上述反应过程经过数学推导可得出一方程式，即米氏方程：

$$v=v_{max}[S]/K_m+[S]$$

三、温度

酶对温度的变化极敏感。若自低温开始，逐渐增高温度，则酶反应速度也随之增加。但到达某一温度后，继续增加温度，酶反应速度反而下降。这是因为温度对酶促反应有双重影响。高温度一方面可加速反应的进行，另一方面又能加速酶变性而减少有活性的酶的数量，降低催化作用。当两种影响适当，既不因温度过高而引起酶损害，也不因过低而延缓反应进行时，反应速度最快，此时的温度即为酶的最适温度。温血动物组织中，酶的最适温度一般在37℃~40℃之间。仅有极少数酶能耐受较高的温度，例如，TagDNA聚合酶在90℃以上仍具有活性。还有些酶，在较高温度下虽然不表现活性，但却表现为热稳定性，如胰蛋白酶在加热到100℃后，再恢复至室温，仍有活性。大多数酶加热到60℃已不可逆地变性失活。酶的最适温度与酶反应时间有关。若酶反应进行的时间短暂，则其最适温度可能比反应进行时间较长者高。

课堂互动

使用加酶洗衣粉时用什么温度的水去污效果最好？　为什么发烧时患者会食欲缺乏？

四、酸碱度

酶活性受其所在环境pH的影响而有显著差异。其原因是酶的催化作用主要决定于活性中心及一些必需基团的解离状态，有的需呈正离子状态，有的需呈负离子状态，有的则应处于不解离状态，这就需要一定的pH环境使各必需基团处于适当的解离状态，使酶发挥最大活性。通常只在某一pH时，其活性最大，此pH值称为酶的最适pH。pH偏离最适pH时，无论偏酸或偏碱，都将使酶的解离状况偏离最适状态，使酶活性降低。各种酶的最适pH不同，但大多为中性、弱酸性或弱碱性。少数酶的最适pH远离中性，如胃蛋白酶的最适pH为1.5，胰蛋白酶的最适pH为7.8。

五、激活剂

有些物质能增强酶的活性，称为酶的激活剂。激活剂大多为金属离子，如Mg^{2+}、K^+等。少数为阴离子，如Cl^-能增强唾液淀粉酶的活性，胆汁酸盐能增强胰脂肪酶的活性等。其激活作用的机制，有的可能是激活剂与酶及作用物结合成复合物而起促进作用，有的可能参与酶的活性中心的构成等。

六、抑制剂

有些物质（不包括蛋白质变性因子）能减弱或停止酶的作用，此类物质称为酶的抑制剂。抑制剂多与酶的活性中心内、外的必需基团结合，抑制酶的催化活性。如果能将抑制剂去除，酶仍表现其原有活性。

1. 不可逆性抑制　抑制剂与酶活性中心的必需基团共价结合，不能用简单透析、稀释等方法除去，这一类抑制剂称为不可逆性抑制剂；所引起的抑制作用为不可逆性抑制作用。化学毒剂，如农药1059、敌百虫等有机磷制剂即属此类。它们的杀虫或机体中毒作用主要是特异地与胆碱酯酶活性中心的丝氨酸羟基结合，使酶失活。乙酰胆碱不能被失活的胆碱酯酶水解而蓄积，引起迷走神经持续兴奋发生中毒症状。

2. 可逆性抑制　抑制剂以非共价键与酶或中间复合物发生可逆性结合，使酶活性降低或消失，应用简单的透析、稀释等方法可解除抑制，这种抑制剂称为可逆性抑制剂。可逆性抑制剂引起的抑制作用为可逆性抑制作用。可逆性抑制作用的类型可分为下列3种。

（1）竞争性抑制：有些可逆性抑制剂与底物结构相似，能和底物竞争酶的活性中心，使酶不能与底物结合，抑制酶促反应，称为竞争性抑制。这类抑制剂称为竞争性抑制剂。因为抑制剂与酶的结合是可逆的，所以酶促反应抑制程度取决于底物、抑制剂与酶的亲和力及二者浓度的相对比例。在竞争性抑制过程中，若增加底物的浓度，则竞争时底物占优势，抑制作用可以降低，甚至解除，这是竞争性抑制的特点。例如，琥珀酸脱氢酶可催化琥珀酸的脱氢反应，却不能催化丙二酸或戊二酸发生脱氢反应。但二者与琥珀酸结构类似，均为琥珀酸脱氢酶的竞争性抑制剂。又如，磺胺类药物对多种细菌有抑制作用。这是因为细菌的生长繁殖有赖于核酸的合成，而磺胺药的结构与核酸合成时所需的四氢叶酸中的对氨基苯甲酸结构相似，因而能与相应的酶竞争结合，抑制细菌生长繁殖。

（2）非竞争性抑制：有些非竞争性抑制剂可与活性中心外的必需基团结合，而不影响底物与酶的结合，两者在酶分子上结合的位点不同。这样形成的酶-底物-抑制剂复合物，不能释放产物，这种抑制作用不能用增加底物的浓度消除抑制，故称非竞争性抑制。

（3）反竞争性抑制：此类抑制剂与非竞争性抑制剂不同，它只能与酶-底物复合物结合，而不与游离酶结合，这种抑制作用称为反竞争性抑制。

任务 7-2-2　测定各因素对酶促反应速度的影响

【任务要求】

1. 通过具体实验了解各因素对酶促反应速度的影响。
2. 提高学生的实际操作能力。

【知识准备】

一、任务目的

通过本实验了解温度、pH、激活剂、抑制剂对酶促反应速度的影响。

二、任务原理

唾液淀粉酶催化淀粉水解生成各种糊精和麦芽糖。淀粉溶液与碘反应呈蓝色；糊精根据分子大小，与碘反应分别呈蓝色、紫色、红色、无色等不同的颜色；麦芽糖遇碘不呈色。唾液淀粉酶的活性受温度、酸碱度、抑制剂与激活剂等的影响。

温度：温度降低，酶促反应减弱或停止；温度升高，反应速度加快。当上升至某一温度时，酶促反应速度达最大值，此温度称为酶的最适温度。由于酶的化学本质是蛋白质，温度过高会导致蛋白质构象的改变，因此如果温度继续升高，反应速度反而会迅速下降甚至完全丧失。

酸碱度：唾液淀粉酶最适 pH 为 6.9，高于或低于酶的最适 pH，都将引起酶活性的降低，过酸或过碱的反应条件可使酶活性丧失。

抑制剂与激活剂：酶的活性常受某些物质的影响，能增加酶的活性的物质称为酶的激活剂；降低酶活性且不使酶蛋白变性的物质称为酶的抑制剂。如 Cl^- 为唾液淀粉酶的激活剂，Cu^{2+} 为唾液淀粉酶的抑制剂。

根据上述性质，可以用碘检查淀粉是否水解及其水解程度，间接判断唾液淀粉酶是否存在及其活性大小。

三、任务所用试剂及器材

1. 试剂　1%淀粉溶液、1%氯化钠溶液、1%硫酸铜溶液、1%硫酸钠溶液、碘液、磷酸氢二钠(0.2mmol/L)、柠檬酸溶液(0.1mmol/L)。

2. 器材　试管、试管夹、恒温水浴锅(37℃)、吸管、滴管、试管架。

四、任务实施

1. 收集唾液　实验者先将痰咳尽,用自来水漱口,清除口腔内食物残渣,再含蒸馏水约15ml,作咀嚼漱口运动,3分钟后吐入小烧杯中备用。

2. 观察温度对酶促反应速度的影响

取试管3支,编号1、2、3,按下表操作:

试剂/ml	试管1	试管2	试管3
唾液	1	1	1
1%淀粉	2	2	2
水浴5分钟	100℃(冷却)	37℃	0℃
碘液	1滴(冷却)	1滴	1滴
现象			

3. 观察pH对酶促反应速度的影响

(1)配制一系列pH不等的缓冲液:

试剂/ml	试管1	试管2	试管3
0.2mol/L磷酸氢二钠	5.15	7.72	9.72
0.1mol/L柠檬酸	4.85	2.28	0.28
pH	5.00	6.80	8.00

(2)取试管3支,编号1、2、3,按下表操作:

试剂/ml	试管1	试管2	试管3
唾液	2	2	2
缓冲液	3(pH 5.00)	3(pH 6.80)	3(pH 8.00)
1%淀粉	2	2	2
37℃水浴10分钟			
碘液	1滴	1滴	1滴
现象			

4. 观察激活剂和抑制剂对酶促反应速度的影响

取试管4支，编号1、2、3、4，按下表操作：

试剂/滴	试管1	试管2	试管3	试管4
1%淀粉	20	20	20	20
唾液	10	10	10	10
蒸馏水	6	—	—	—
1%氯化钠	—	6	—	—
1%硫酸铜	—	—	6	—
1%硫酸钠	—	—	—	6
37℃水浴5~10分钟				
碘液	1滴	1滴	1滴	1滴
现象				

五、思考题

1. 影响酶促反应速度的因素有哪些，它们如何影响酶促反应速度的？
2. 何为最适温度，温度对酶促反应速度有何影响？
3. 何为最适pH，pH对酶促反应速度有何影响？
4. 何为激活剂和抑制剂，两者对酶促反应速度有何影响？

点滴积累

1. 在一定条件下，每一种酶在某一定温度时活力最大，这个温度称为这种酶的最适温度。
2. 每一种酶只能在一定限度的pH范围内才表现活性，超过这个范围酶就会失去活性。
3. 在底物足够，其他条件固定的条件下，酶促反应的速度与酶浓度成正比。
4. 在底物浓度较低时，反应速度随底物浓度增加而加快，反应速度与底物浓度近乎成正比，在底物浓度较高时，底物浓度增加，反应速度也随之加快，但不显著；当底物浓度很大且达到一定限度时，反应速度就达到一个最大值，此时即使再增加底物浓度，反应也几乎不再改变。
5. 米氏常数K_m是反应速度为最大反应速度一半时的底物浓度。 米氏常数单位为浓度单位。
6. 不同的酶具有不同的K_m值，K_m值是酶的特征常数，只与酶的性质有关，与酶的浓度无关。

目标检测

一、填空题

1. 结合蛋白类必需由________和________相结合才具有活性，前者的作用是________，后者的作用是________。

2. 酶促反应速度(v)达到最大速度(v_m)的80%时，底物浓度$[S]$是K_m值的________倍；而v达到v_m的90%时，$[S]$则是K_m值的________倍。

3. 不同的酶，K_m值________；同一种酶有不同底物时，K_m值________。其中K_m值最小的底物是________。

4. ________抑制剂不改变酶反应的v_m。

5. ________抑制剂不改变酶反应的K_m值。

6. 唾液淀粉酶的激活剂是________，而抑制剂是________。

7. L-精氨酸只能催化L-精氨酸的水解反应，对D-精氨酸则无作用，这是因为该酶具有________专一性。

8. 酶所催化的反应称为________，酶所具有的催化能力称为________。

9. 根据国际系统分类法，所有的酶按所催化的化学反应的性质可分为6类________、________、________、________、________和________。

10. 酶的活性中心包括________和________两个功能部位，其中________直接与底物结合，决定酶的专一性；________是发生化学变化的部位，决定催化反应的性质。

二、单项选择题

1. 在测定胃蛋白酶活性时，将溶液中pH由1降到2的过程中，胃蛋白酶的活性将(　　)

A. 不断上升　　B. 先升后降　　C. 先降后升　　D. 没有变化

2. 血液凝固是一系列酶促反应过程，采集到的血液在体外下列哪种温度条件下凝固(　　)

A. 0℃　　B. 15℃　　C. 35℃　　D. 25℃

3. 下列有关酶的叙述中，错误的是(　　)

A. 绝大多数酶的水解产物是氨基酸，有时还有其他有机分子或金属离子

B. 冬眠动物体内消化酶的活性水平下降

C. 酶参与催化反应后，其化学本质不变，因此酶本身不需要更新

D. 影响酶活性的因素有反应物浓度、pH、酶浓度等

4. 下列有关酶的叙述正确的是(　　)

A. 所有酶用双缩脲试剂进行检验都可以呈现紫色反应

B. 酶催化的专一性表现在它对底物的选择具有专一性

C. 酶催化反应产物对酶的活性不具有调节作用

D. 酶分子结构在高温、低温、过酸、过碱条件下均会受到破坏而使酶失去活性

5. 下列为有关酶的研究，按研究时间先后，其正确的顺序是(　　)

①斯帕兰札尼证明鸟胃里有化学消化 ②施旺从胃液中提取出胃蛋白酶 ③人们认为鸟胃里无化学消化 ④科学家指出酶是一类具有生物催化作用的蛋白质 ⑤科学家认为，酶是活细胞产生的，具有催化作用的有机物，少数酶是RNA

A. ①②③④⑤　　B. ③①②④⑤　　C. ①②④③⑤　　D. ③①②⑤④

6. 胃液中的蛋白酶，进入小肠后，催化作用大大降低，这是由于(　　)

A. 酶发挥催化作用只有 1 次　　B. 小肠内的温度高于胃内的温度

C. 小肠内的 pH 比胃内的 pH 高　　D. 小肠内的 pH 比胃内的 pH 低

7. 酶在水解过程中，通常能得到多肽最后能得到氨基酸，这说明(　　)

A. 酶是由活细胞产生的　　B. 酶是生物催化剂

C. 绝大多数酶的化学本质是蛋白质　　D. 酶的基本组成单位是多肽

8. K_m值是指反应速度为 0.5V_{max}时的(　　)

A. 酶浓度　　B. 底物浓度

C. 抑制剂浓度　　D. 激活剂浓度

9. 与酶的化学本质不相同的物质是(　　)

A. 性激素　　B. 载体　　C. 胰岛素　　D. 抗体

10. 酶的基本组成单位是(　　)

A. 氨基酸　　B. 核苷酸

C. 氨基酸或核苷酸　　D. 甘油和脂肪酸

11. 关于酶的叙述中，正确的是(　　)

A. 酶只有在生物体内才能起催化作用　　B. 酶都有消化作用

C. 调节新陈代谢的物质不一定是酶　　D. 酶都是在核糖体上合成的

12. 催化脂肪酶水解的酶很可能是(　　)

A. 肽酶　　B. 蛋白酶　　C. 脂肪酶　　D. 淀粉酶

13. 蛋白酶水解蛋白质，破坏了蛋白质的(　　)

A. 全部肽键　　B. 空间结构　　C. 氨基酸　　D. 双螺旋结构

14. 多酶片中含有蛋白酶、淀粉酶和脂肪酶，这种药片的主要功能是(　　)

A. 增强免疫力　　B. 提供能量　　C. 减肥　　D. 助消化

15. 胰蛋白酶在水解过程中，通常能得到多肽，最后能得到氨基酸，这说明(　　)

A. 胰蛋白酶是由活细胞产生的　　B. 胰蛋白酶是生物催化剂

C. 胰蛋白酶的化学本质是蛋白质　　D. 胰蛋白酶的基本组成单位是多肽

三、简答题

1. 米氏常数 K_m 意义是什么？试求酶反应速度达到最大反应速度 90%时，所需求的底物浓度(用 K_m 表示)。

2. 有淀粉酶制剂 1g，用水溶解成 1 000ml，从中取出 1ml 测定淀粉酶活力，得知每 5 分钟分解 0.25g 淀粉，计算每 1g 酶制剂所含的淀粉活力单位数(淀粉酶活力单位规定为：在最适合条件下，每小时分解 1g 淀粉的酶量为一个活力单位)。

四、实例分析题

食品加工过程中发生的酶促褐变，大多数情况是有害的，因此必须设法预防酶促褐变现象的发生，分析为什么会发生酶促褐变？如何预防酶促褐变？

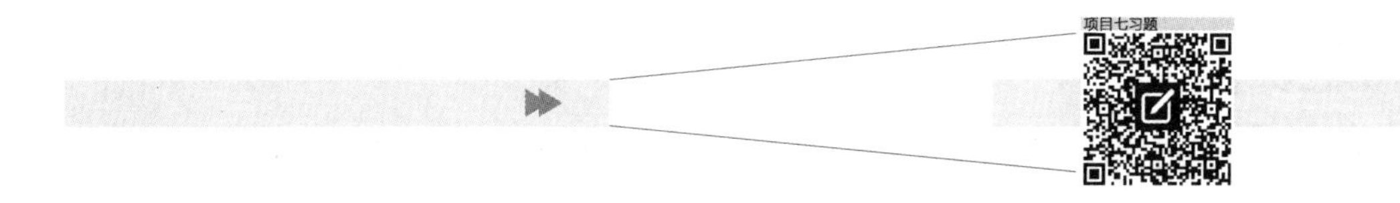

（刘高梅）

项目八

食品营养成分的代谢

学习目标

认知目标：

1. 了解呼吸链的组成、ATP 生成的方式及糖、脂、蛋白质的合成代谢过程。

2. 掌握新鲜食物糖、脂、蛋白质代谢成分的变化在食品加工、储存中的应用。

3. 熟悉呼吸链、氧化磷酸化、糖酵解、有氧氧化、脂肪 β-氧化、氨基酸联合脱氨基作用的概念以及糖酵解、糖有氧氧化、脂肪 β-氧化、氨基酸联合脱氨基作用的过程。

技能目标：

1. 学会发酵过程中无机磷的测定方法。

2. 具备乳酸发酵的技能。

素质目标：

1. 具有良好的操作意识。

2. 具有完成工作任务的积极态度。

3. 学习科学家们严谨的科学态度、实事求是的工作作风。

任务 8-1　生物氧化

导学情景

情景导入：

脂肪、碳水化合物和蛋白质在体外燃烧可以产生 CO_2和 H_2O，那么脂肪、碳水化合物和蛋白质在体内氧化产生多少能量呢?

学前导语：

我们都知道，糖、脂肪和蛋白质是机体三大营养物质，是生命所需能量的来源。那么，糖、脂肪和蛋白质在生命体内最终都生成什么产物？如何生成？本任务我们要解决这些问题。

任务 8-1-1　生物氧化的概念、意义与特点

【任务要求】

1. 了解生物氧化的意义。

2. 熟悉生物氧化的概念。

3. 掌握生物氧化的特点。

【知识准备】

一、生物氧化的概念、意义

生物体内的氧化统称为生物氧化。一般情况下,生物氧化是指糖、脂肪、蛋白质在生物体内氧化分解最终产生 CO_2 和 H_2O,并逐步释放能量的过程(图 8-1)。此过程主要在组织细胞的线粒体内进行,以产生 ATP 为主要功能,本质上是需氧细胞呼吸作用中的一系列氧化还原反应,伴有 O_2 的消耗和 CO_2 的释放,与呼吸作用类似,又称为细胞氧化或细胞呼吸。生物氧化的意义在于使部分能量(约 40%)储存在 ATP 分子中以供生命活动之需,而其他部分则以热能的形式散失,以维持体温。

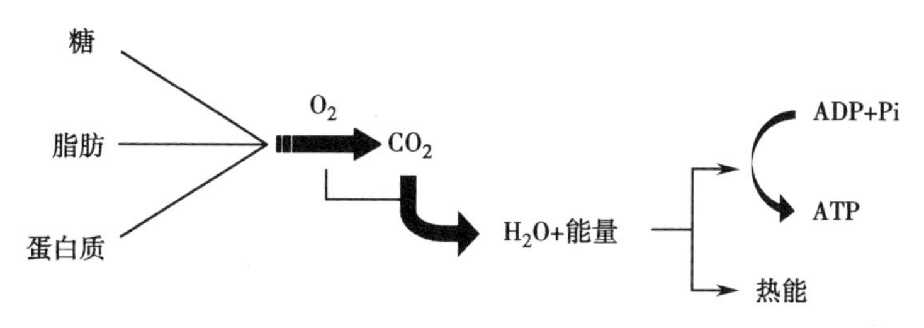

图 8-1　生物氧化示意图

二、生物氧化的特点

有机物在体内、外氧化分解有共同的特点,耗氧量、终产物(CO_2 和 H_2O)和释放的能量都相同。但生物氧化在表现形式和氧化条件上,又有其自身的特点。

1. 反应条件温和　生物氧化是在活细胞内温和的水环境中(温度约为 37℃,pH 接近中性的溶液中)由酶催化逐步进行的。

2. 能量生成　反应逐步释放能量,一部分能量(总能量的 40%)驱动 ADP 磷酸化生成 ATP,以供生命活动之需;一部分能量(总能量达 60%)以热能形式散发维持体温。

3. H_2O 的生成　由代谢物脱氢(2H)经呼吸链传递与氧结合而生成。

4. CO_2 的生成　来自于有机酸脱羧反应。

5. 调节因素　生物氧化的速率受体内多种因素的调节,以适应机体内、外环境的变化。

课堂互动

我们的正常体温是 37℃,为什么呢?

任务 8-1-2　呼　吸　链

【任务要求】

1. 了解呼吸链的排列顺序。

2. 熟悉呼吸链抑制剂的作用机制。

3. 掌握呼吸链的概念组成及类型。

【知识准备】

一、呼吸链的定义

代谢物经酶的催化脱下的成对氢原子以 $NADH+H^+$ 或 $FADH_2$ 的形式，通过线粒体内膜上由多种酶和辅助因子所组成的连锁反应体系有序传递，最终传递给氧结合生成水并逐步释放出能量，该体系进行的一系列连锁反应与细胞摄取氧的呼吸过程密切相关，因此称为呼吸链。在呼吸链中，酶和辅助因子按照一定顺序排列，起着传递氢和电子的作用，分别称为递氢体和递电子体，由于递氢体在传递氢原子的同时也传递电子，所以呼吸链也称为电子传递链。

二、呼吸链的组成成分

（一）递氢体

呼吸链中接受并传递氢原子的酶或辅酶称为递氢体。

1. NAD^+、$NADP^+$　NAD^+ 和 $NADP^+$ 作为辅酶，可分别与不同的酶蛋白组成功能各异的脱氢酶。NAD^+ 或 $NADP^+$ 能进行可逆的加氢与脱氢反应，所以在呼吸链中起传递氢的作用（图 8-2）。

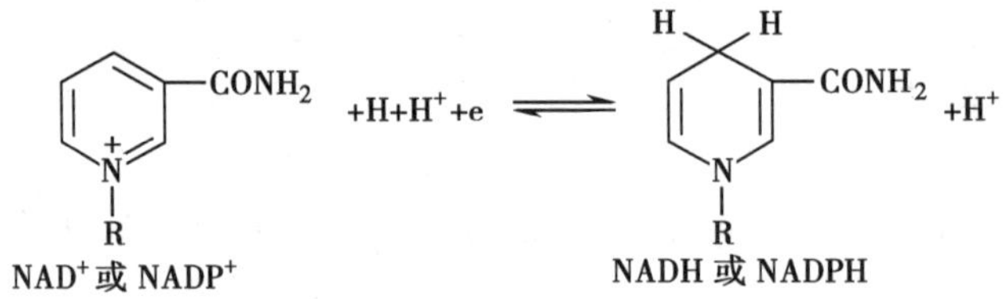

图 8-2　NAD^+、$NADP^+$ 的递氢作用示意图

$$NAD^+（或NADP^+）+ 2H \longleftrightarrow NADH（或NADPH）+ H^+$$

2. FMN、FAD　FMN、FAD 能进行可逆的加氢或脱氢反应，具有传递氢的能力，是递氢体（图 8-3）。$FMNH_2$（$FADH_2$）为 FMN（FAD）的还原形式。

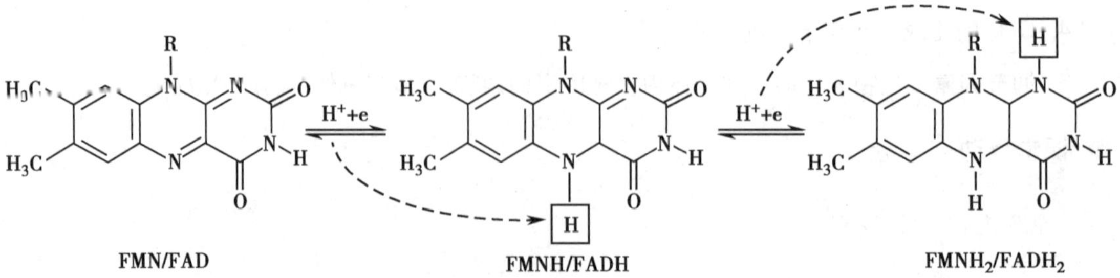

图 8-3　FMN（FAD）的递氢作用示意图

$$FMN（FAD）\overset{+H^+}{\longleftrightarrow} FMNH（FADH）\overset{+H^+}{\longleftrightarrow} FMNH_2（FADH_2）$$

3. 泛醌　泛醌（UQ）又称辅酶 Q（CoQ），是一种黄色小分子脂溶性苯醌类化合物，因广泛分布于生物界而得名。CoQ 在线粒体内膜中游离存在，其分子中的苯醌结构能进行可逆的加氢反应，是呼吸链中的递氢体，CoQ 可以从 $FMNH_2$ 或 $FADH_2$ 接受 2H，然后将电子传递给细胞色素 b。在呼吸链传递过程中，泛醌接受黄素蛋白与铁硫蛋白复合物传递来的一个质子和一个电子成半醌型，再接受一个质子和一个电子还原成二氢泛醌，后者也可脱去两个电子和两个质子被氧化为泛醌（图 8-4）。

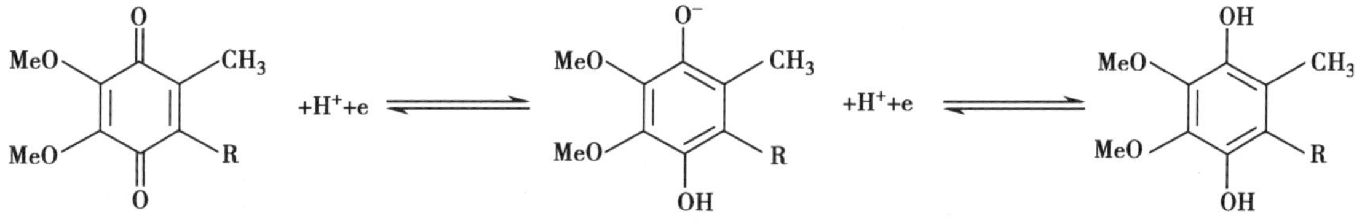

泛醌（UQ）　　半醌（UQH）　　二氢泛醌（UQH_2）

图 8-4　泛醌（UQ）递氢作用示意图

$$UQ \xleftrightarrow{H^+ + e} UQH \xleftrightarrow{H^+ + e} UQH_2$$

（二）递电子体

1. 铁硫蛋白　铁硫蛋白分子中含有非血红素铁及对酸不稳定的硫（图 8-5），常与黄素蛋白或细胞色素构成复合物而存在于线粒体内膜上。铁硫蛋白在呼吸链中起传递电子的作用。氧化状态时铁硫蛋白的两个铁原子都是三价的。它接受电子被还原时，只有一个铁原子由三价变为二价，即只能传递一个电子，故铁硫蛋白为单电子传递体。

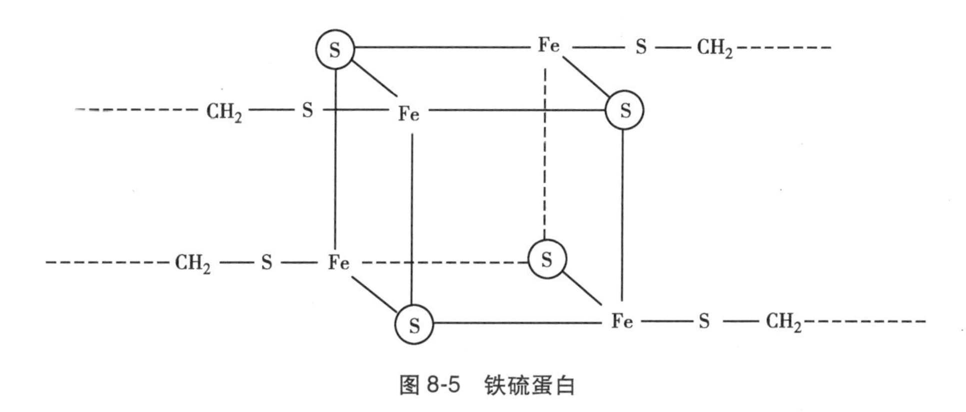

图 8-5　铁硫蛋白

2. 细胞色素类　细胞色素（Cyt）是以铁卟啉为辅基的一类结合蛋白，广泛存在于各种生物的细胞内，因细胞色素具有特殊的吸收光谱而呈现颜色。从高等动物细胞的线粒体内膜上至少可分离出 5 种细胞色素，呼吸链的细胞色素有 Cytb、$Cytc_1$、Cytc、Cyta、$Cyta_3$。由于细胞色素 a、a_3 紧密结合不易分离，合称 $Cytaa_3$。细胞色素铁卟啉中的铁可以得失电子，进行可逆氧化还原反应，是呼吸链中的单电子传递体，其中 $Cytaa_3$ 是呼吸链中直接与氧发生关系的最后一个电子传递体，能将电子直接传给氧，并激活（O^{2-}）生成水，因此又称为细胞色素氧化酶。

上述呼吸链主要组成成分中，除泛醌和 Cytc 以游离形式存在外，其余成分均以复合体形式存在于线粒体内膜上。复合体形式有：

(1)复合体一(又称 NADH 泛醌还原酶),该复合体将电子从 NADH 经 $FMNH_2$ 及铁流蛋白传给泛醌。

(2)复合体二(又称琥珀酸-泛醌还原酶),该复合体将电子从琥珀酸经铁硫蛋白传递给泛醌。

(3)复合体三(又称泛醌-细胞色素 c 还原酶),该复合体将电子从泛醌经 Cytb、Cytc1,传给 Cytc。

(4)复合体四(又称细胞色素 c 氧化酶),该复合体将电子从 Cytc 经 $Cytaa_3$ 传递给氧。线粒体呼吸链复合体及其作用见表 8-1。

四种复合体在呼吸链中的排列位置如图 8-6。

表 8-1　线粒体呼吸链复合体及其作用

复合体	酶名称	组成成分	主要作用
复合体一	NADH-泛醌还原酶	FMN、Fe-S	将 NADH 的氢传递给泛醌
复合体二	琥珀酸-泛醌还原酶	FAD、Fe-S	将琥珀酸脱下的氢传递给泛醌
复合体三	泛醌-细胞色素 c 还原酶	Cytb、$Cytc_1$、Fe-S	将电子从泛醌传递给细胞色素 c
复合体四	细胞色素 c 氧化酶	$Cytaa_3$、Cu	将电子从细胞色素 c 传递给氧

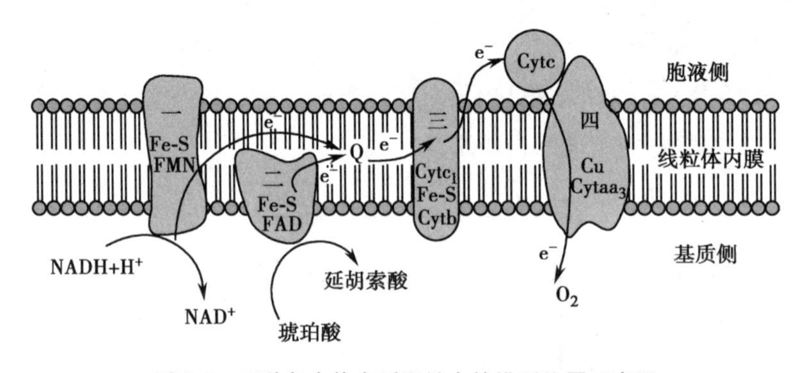

图 8-6　四种复合体在呼吸链中的排列位置示意图

三、呼吸链的类型

呼吸链中氢和电子的传递有严格的顺序和方向。线粒体内共有两条重要的呼吸链,即 NADH 氧化呼吸链和琥珀酸氧化呼吸链($FADH_2$ 氧化呼吸链)。

1. NADH 氧化呼吸链　NADH 氧化呼吸链是最重要的一条呼吸链。在线粒体内大多数代谢物如丙酮酸、异柠檬酸、苹果酸、谷氨酸等都是经过 NADH 氧化呼吸链而被氧化分解。多种底物在相应脱氢酶的催化下脱氢,脱下的 2H 交给 NAD 生成 $NADH+H^+$,后者再将成对氢原子经复核体一传给泛醌生成 $CoQH_2$,$CoQH_2$ 脱下的 2H 解离成 $2H^+$ 和 2e,$2H^+$ 游离于介质中,而两个电子经复合体三传递至 Cytc,然后经复合体四传递给氧,最后与游离在基质中的 2 个质子结合生成 H_2O。传递氢和电子的顺序如下:

NADH→复合体一→CoQ→复合体三→Cytc→复合体四→O_2

2H　$2H^+$ ⟶ H_2O ⟵ O^{2-}

$NAD^+ \xrightarrow{2H} FMN \xrightarrow{2H} Q \xrightarrow{2e} Cytb \xrightarrow{2e} Cytc_1 \xrightarrow{2e} Cytc \xrightarrow{2e} Cytaa_3 \xrightarrow{2e} 1/2O_2$

(Fe-S)　(Fe-S)　(Fe-S)

复合体一　复合体三　复合体四

2. $FADH_2$ **氧化呼吸链**　生物氧化中少部分的脱氢酶(如琥珀酸脱氢酶、磷酸甘油脱氢酶等)的辅基为FAD。这些酶催化代谢物(如琥珀酸)脱氢交给FAD生成$FADH_2$,经复合体二传递给泛醌生成$CoQH_2$,再往下传递和NADH氧化呼吸链相同。$FADH_2$氧化呼吸链也称为琥珀酸氧化呼吸链。氢和电子传递顺序如下:

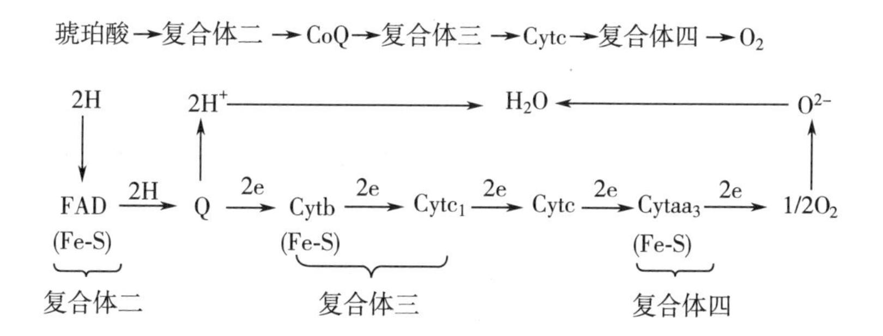

任务 8-1-3　氧化磷酸化

【任务要求】

1. 了解氧化磷酸化的偶联部位。
2. 掌握氧化磷酸化的概念。
3. 熟悉影响氧化磷酸化的因素。

【知识准备】

代谢物脱下的氢通过呼吸链传递给氧生成水释放能量的同时,使ADP磷酸化生成ATP,这种释能与ADP磷酸化储能相偶联的过程称为氧化磷酸化,又称偶联磷酸化。体内95%的ATP都是通过氧化磷酸化生成的,因而它是体内生成ATP的主要方式。

一、氧化磷酸化的偶联部位

实验证明:呼吸链中有某些部位释放的自由能可使ADP磷酸化生成ATP,这些部位称为氧化磷酸化的偶联部位。NADH氧化呼吸链存在3个偶联部位(3个ATP生成部位),偶联生成2.5分子ATP;$FADH_2$氧化呼吸链存在2个偶联部位,偶联生成1.5分子ATP(图8-7)。

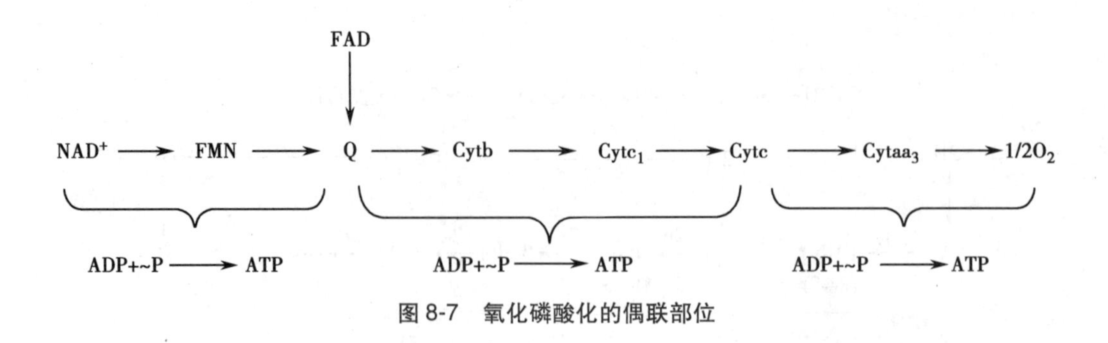

图 8-7　氧化磷酸化的偶联部位

二、影响氧化磷酸化的因素

(一) ADP/ATP 的调节

正常机体氧化磷酸化的速度主要受 ADP/ATP 的调节。当机体利用 ATP 增多,ADP 浓度增高,转运入线粒体后,使氧化磷酸化速度加快;反之,ADP 不足,使氧化磷酸化速度减慢。这种调节作用使体内 ATP 的生成量适应人体生理需求,保证机体对能源的合理利用,防止浪费。

(二) 甲状腺激素的作用

甲状腺激素是调节氧化磷酸化的重要激素。因为甲状腺激素可以通过诱导细胞膜上 Na-K-ATP 酶的生成,使 ATP 加速分解为 ADP 和 Pi,ADP 增多从而导致氧化磷酸化加强,这样使得 ATP 的合成和分解都加速。同时甲状腺激素还能使解偶联蛋白基因表达增加,氧化磷酸化解偶联,从而使机体耗氧量和产热都增加,因此甲状腺功能亢进症患者基础代谢率提高,喜冷怕热。

(三) 抑制剂的作用

一些化合物对氧化磷酸化有抑制作用。根据其作用部位不同,可分为电子传递链抑制剂、解偶联剂及氧化磷酸化抑制剂(图 8-8)。

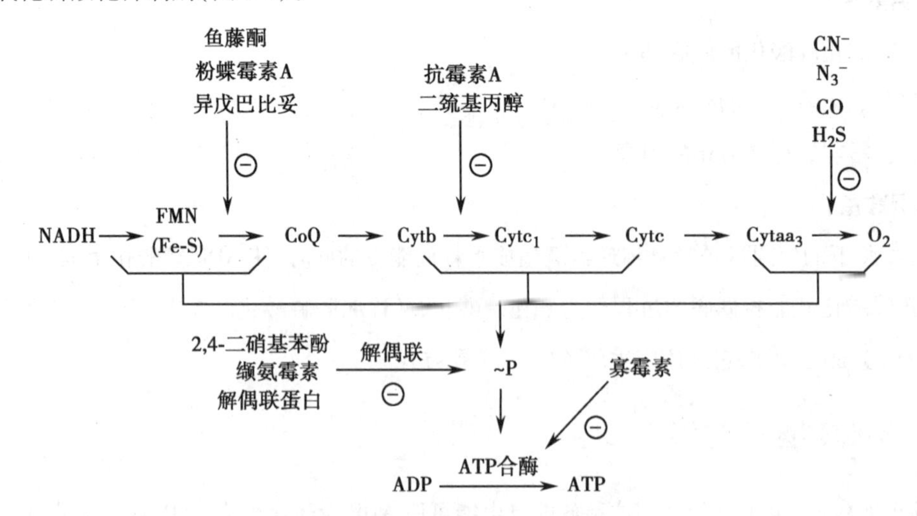

图 8-8　各种抑制剂对呼吸链的抑制作用

1. 电子传递抑制剂　这类抑制剂主要作用于呼吸链上的特异部位阻断其电子传递,故称为电子传递抑制剂。如鱼藤酮、粉蝶霉素 A 等可作用于复合体一中的铁硫蛋白,阻断电子从铁硫中心向泛醌传递。

课堂互动

根据自己所学知识分析为什么 KCN 被列为剧毒物质?

2. 解偶联剂　解偶联剂是指使电子传递过程和磷酸化生成 ATP 的偶联过程相分离的一类物质。这类抑制剂不影响呼吸链电子的传递,但抑制 ADP 磷酸化生成 ATP,致使产能和储能过程相脱离。如 2,4-二硝基苯酚、缬氨霉素和解偶联蛋白等。

3. 氧化磷酸化抑制剂　这类抑制剂对电子传递及 ADP 磷酸化均有抑制作用。

知识链接

氰化物中毒及临床表现

氰化物在体内解离出的 CN^-，从而引起以中枢神经系统和心血管系统为主的多系统中毒症状。CN^- 与呼吸链的终端酶（$Cytaa_3$）中的 Fe^{3+} 结合使酶丧失活性，导致细胞内呼吸中断，阻断电子传递和氧化磷酸化，从根本上抑制三磷腺苷的合成，从而抑制了细胞内氧的利用；虽然线粒体的氧供应充足，但由于氧的摄取和利用障碍，使需氧代谢紊乱，无氧代谢增强，糖酵解发生，最终使乳酸生成增多，导致代谢性酸中毒。异氰酸酯类、硫氰酸酯类物在体内不释放 CN^-，但具有直接抑制中枢和强烈的呼吸道刺激作用以及致敏作用。

急性氰化物中毒后的潜伏期与接触氰化物的浓度及时间有直接关系，吸入高浓度氰化物（$>300mg/m^3$）或吞服致死剂量的氰化钠（钾）可于接触后数秒至 5 分钟内死亡；低浓度氰化氢（$<40mg/m^3$）暴露患者可在接触后几小时出现症状，该型中毒患者呼出气和经口中毒患者呕吐物中可有苦杏仁气味。皮肤接触后会有皮肤刺激、红斑及溃烂。

一般急性氰化物中毒表现可分为四期①前驱期：吸入者有眼和上呼吸道刺激症状，视力模糊；口服中毒者有恶心、呕吐、腹泻等消化道症状。②呼吸困难期：胸部紧缩感、呼吸困难，并有头痛、心悸、心率增快，皮肤黏膜呈樱桃红色。③惊厥期：随即出现强直性或阵发性痉挛，甚至角弓反张，大小便失禁。④麻痹期：若不及时抢救，患者全身肌肉松弛，反射消失，昏迷、血压骤降、呼吸浅而不规律、很快呼吸先于心跳停止而死亡。

任务 8-1-4　发酵过程中无机磷的利用测定

一、任务目的

了解发酵过程中无机磷的作用,掌握定磷法的原理和操作技术。

二、任务原理

酵母能使蔗糖和葡萄糖发酵产生乙醇和二氧化碳。此过程与无机磷将糖磷酸化有关。本实验利用无机磷与钼酸形成的磷钼酸配位化合物能被还原剂 α-1,2,4-氨基萘酚磺酸钠还原成钼蓝来测定发酵前后反应混合物中无机磷的含量，用于了解、掌握发酵过程中无机磷的消耗。

三、任务所用仪器、试剂和材料

1. 仪器　试管(1.5cm×15cm)，刻度吸管(0.5ml、1ml、5ml)，三角瓶(50ml)，恒温水浴，研钵，721型分光光度计，滤纸。

2. 试剂　蔗糖、5%三氯乙酸、3mol/L 硫酸-2.5%钼酸铵液(等体积混合)、磷酸盐溶液、磷酸盐标准溶液、α-1,2,4-氨基萘酚磺酸溶液。

3. 材料　干酵母。

四、任务实施

1. 酵母菌的发酵过程　取2g干酵母和1g蔗糖放入干净且干燥的研钵中研成粉末，向其中加入10ml蒸馏水，10ml磷酸盐溶液搅拌均匀，把悬液转到50ml三角瓶中并不断搅拌，迅速从中取出0.5ml加入到已经盛有3.5ml的三氯乙胺的具塞试管(提前准备)中，将盛有悬液和三氯乙胺的具塞试管混匀静置，过滤得滤液，将滤液置于1号试管中，记为1号试剂。同时在取出0.5ml悬液后迅速将三角瓶放入37℃水浴锅中，并不断搅拌，每隔20分钟取样0.5ml仍放入已装有3.5ml的三氯乙酸中，混匀静置，过滤分别得不同滤液，依次放入2、3、4号试管中，记为2、3、4号试剂。

2. 标准曲线的制作　取6支具塞试管，分别编号0~5号，按下表依次加入试剂(磷酸盐标准溶液中磷含量50μg/ml)

试剂＼编号	0	1	2	3	4	5
磷酸盐标准溶液/ml	0	0.2	0.4	0.6	0.8	1.0
蒸馏水/ml	3.0	2.8	2.6	2.4	2.2	2
钼酸铵硫酸溶液/ml	2.5	2.5	2.5	2.5	2.5	2.5
氨基萘酚磺酸溶液/ml	0.5	0.5	0.5	0.5	0.5	0.5

按顺序依次加入以上试剂后放入70℃水浴锅中保温15分钟，以0号为参比在600nm用分光光度计测量1~5号的A值并计算1~5号试管中无机磷的的含量。

3. 样品中无机磷的测定　取5支具塞试管，编号1~5号，按下表依次加入试剂。

试剂＼编号	1	2	3	4	5
N号无蛋白试剂/ml	0.2(1号)	0.2(2号)	0.2(3号)	0.2(4号)	0
蒸馏水/ml	2.8	2.8	2.8	2.8	2.8
钼酸铵硫酸溶液/ml	2.5	2.5	2.5	2.5	2.5
氨基苯酚磺酸溶液/ml	0.5	0.5	0.5	0.5	0.5

按顺序依次加入上述试剂后，将5支试管放入70℃水浴锅中保温15分钟，以5号试管为参比，在600nm条件下测量1~4号试管的A值。

五、任务数据

1. 制作标准曲线中每支试管中无机磷的含量及A值

数据＼编号	0	1	2	3	4	5
磷含量/(μg/ml)	0	1. 67	3. 33	5	6. 67	8. 33
A600	0	0. 128	0. 196	0. 324	0. 474	0. 513

绘制标准曲线：

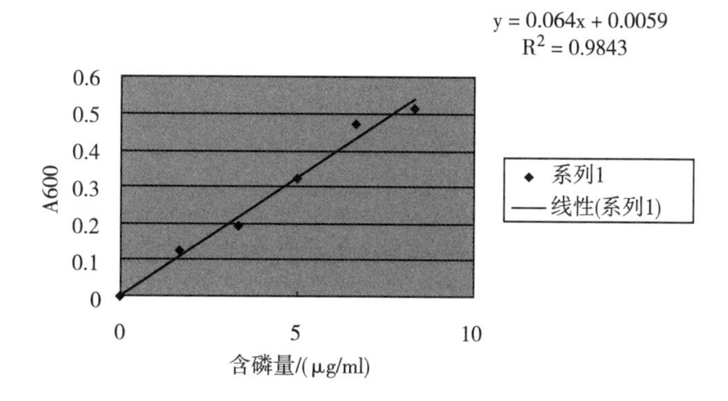

2. 样品无机磷测定结果

数据＼编号	1	2	3	4	5
发酵时间/min	0	20	40	60	—
A600	0. 55	0. 274	0. 29	0. 196	0
磷含量/μg	8. 50	4. 19	4. 44	2. 97	0

六、任务结果分析与讨论

温度对发酵过程中的影响，超过适应温度范围后，随温度的升高酶很快失活，进而影响无机磷的利用。

点滴积累

1. 生物氧化是指三大产能营养素在生物体内分解最终产生CO_2和H_2O，逐步释放能量的过程。
2. 生物氧化的特点是：反应条件温和；逐步释放能量；H_2O是由代谢物脱氢经呼吸链传递与氧结合而生成；CO_2来自于有机酸脱反应；调节生物氧化的速率受体内多种因素的调节。
3. 呼吸链的组成成分：递氢体；递电子体。

呼吸链类型：NADH 氧化呼吸链，NADH 氧化呼吸链是最重要的一条呼吸链；$FADH_2$ 氧化呼吸链，生物氧化中少部分的脱氢酶的辅基为 FAD。

4. 氧化磷酸化（偶联磷酸化）：代谢物脱下的氢通过呼吸链传递给氧生成水释放能量的同时，使 ADP 磷酸化生成 ATP，这种释能与 ADP 磷酸化储能相偶联的过程称为氧化磷酸化。
5. 影响氧化磷酸化的因素有：ADP/ATP 的调节；甲状腺激素的作用；抑制剂的作用。

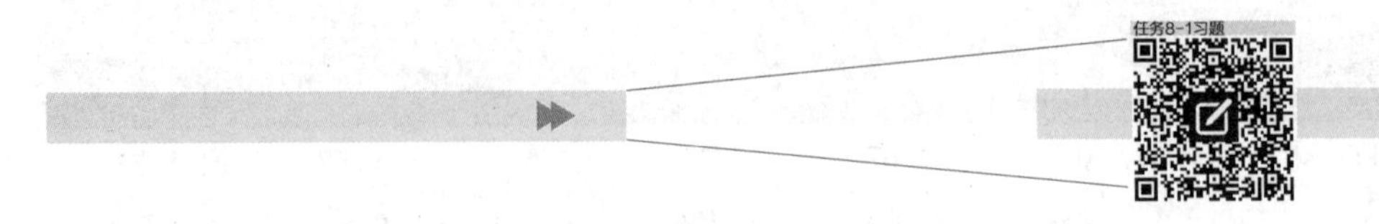

任务 8-2　糖代谢

导学情景

情景描述：

我们日常饮食中的主食是粮谷类，粮谷类含有糖最多，糖在人体中产能占总能量的55%～65%，是红细胞唯一的供能食物。

学前导语：

人体从自然界摄取的营养物质中，除水以外，糖是摄取量最多的物质。人类食物中的糖主要成分是淀粉。无论是多糖还是双糖在消化道均需要在酶的催化作用下，最终水解为单糖（主要是葡萄糖）被小肠吸收入血，其中一部分在肝中代谢，另一部分运输到全身各组织中被利用。最终葡萄糖在不同细胞中经历不同的途径被分解代谢。当进食糖类食物后，葡萄糖经合成代谢聚合成糖原，储存于肝或肌肉组织；空腹或饥饿时，肝糖原分解为葡萄糖进入血液，以维持血糖浓度。糖在细胞内如何分解？餐后和空腹时糖又是如何通过糖的储存和动员调节血糖呢？这就是本任务要学习解决的问题。

任务 8-2-1　糖的分解代谢

【任务要求】

1. 了解糖酵解和糖有氧氧化途径的生理意义。
2. 熟悉糖酵解的关键酶。
3. 掌握糖的分解途径。

【知识准备】

葡萄糖进入组织细胞后，根据机体生理需要在不同组织进行分解代谢，按其反应条件和反应途径的不同可分为 3 种：糖酵解（糖的无氧氧化）、糖的有氧氧化和磷酸戊糖途径。

一、糖酵解

在无氧或缺氧条件下，葡萄糖或糖原分解生成丙酮酸并产生能量的过程称为糖酵解途径（EMP）。糖酵解在胞液中进行，它是动植物和微生物细胞中葡萄糖分解代谢的共同途径。

（一）糖酵解的反应过程

1. 丙酮酸的生成

（1）葡萄糖磷酸化：进入细胞的葡萄糖在己糖激酶（HK）的催化下，进行磷酸化生成6-磷酸葡萄糖（G-6-P）。此过程消耗1分子ATP。

$$\text{葡萄糖（G）+ATP} \xrightarrow{\text{己糖激酶，}Mg^{2+}} \text{6-磷酸葡萄糖}$$

（2）磷酸己糖异构反应：在磷酸葡萄糖异构酶的催化下，6-磷酸葡萄糖异构化生成6-磷酸果糖。

$$\text{6-磷酸葡萄糖} \xleftrightarrow{\text{磷酸葡萄糖异构酶}} \text{6-磷酸果糖}$$

（3）6-磷酸果糖形成1,6-二磷酸果糖：该反应是糖酵解过程第二个消耗能量的步骤，消耗1分子ATP。

$$\text{6-磷酸果糖+ATP} \xrightarrow{\text{磷酸果糖激酶，}Mg^{2+}} \text{1，6-二磷酸果糖}$$

（4）裂解反应：1,6-二磷酸果糖在醛缩酶的催化下裂解为两个三碳糖的反应。

$$\text{1,6-二磷酸果糖} \xleftrightarrow{\text{醛缩酶}} \text{磷酸二羟丙酮} + \text{3-磷酸甘油醛}$$

（5）磷酸丙糖的异构化：第四步生成的2个三碳糖中，只有3-磷酸甘油醛能够继续进入糖酵解过程，因此磷酸二羟丙酮必须在磷酸丙糖异构酶的作用下转变成3-磷酸甘油醛。

$$\text{磷酸二羟丙酮} \xleftrightarrow{\text{磷酸丙糖异构酶}} \text{3-磷酸甘油醛}$$

到此1分子葡萄糖生成2分子3-磷酸甘油醛，通过两次磷酸化消耗2分子ATP。

（6）3-磷酸甘油醛氧化磷酸化：3-磷酸甘油醛在3-磷酸甘油醛脱氢酶催化下脱氢氧化，生成1,3-二磷酸甘油酸。1,3-二磷酸甘油酸具有高能磷酸基团，是高能化合物。此反应需要NAD^+和无机磷酸（Pi）参加。

$$\text{3-磷酸甘油醛} + NAD^+ \xleftrightarrow{\text{3-磷酸甘油醛脱氢酶}} \text{1,3-二磷酸甘油酸} + NADH + H^+$$

（7）高能磷酸基团转移反应：1,3-二磷酸甘油酸在磷酸甘油酸激酶催化下生成3-磷酸甘油酸。这步反应生成量糖酵解过程的第1个ATP。按1分子葡萄糖计，1分子葡萄糖生成2分子3-磷酸甘油酸，经此步反应可得到2分子的ATP。

$$\text{1,3-二磷酸甘油酸} + ADP \xleftrightarrow{\text{磷酸甘油酸激酶，}Mg^{2+}} \text{3-磷酸甘油酸} + ATP$$

(8)3-磷酸甘油酸转变为2-磷酸甘油酸:该反应在磷酸甘油酸变位酶的催化下进行。

$$3\text{-磷酸甘油酸} \xleftrightarrow{\text{磷酸甘油酸变位酶, } Mg^{2+}} 2\text{-磷酸甘油酸}$$

(9)烯醇化反应:在烯醇化酶的催化下生成磷酸烯醇式丙酮酸。磷酸烯醇式丙酮酸含高能键。在反应时,烯醇化酶要先和2价阳离子结合形成复合物,才具有活性。

$$2\text{-磷酸甘油酸} \xleftrightarrow{\text{烯醇化酶, } Mg^{2+}\text{, } Mn^{2+}} \text{磷酸烯醇式丙酮酸} + H_2O$$

(10)丙酮酸和ATP生成反应:这是葡萄糖生成丙酮酸的最后一步反应。磷酸烯醇式丙酮酸在丙酮酸激酶的催化下将高能磷酸基团转移给ADP生成ATP。

$$\text{磷酸烯醇式丙酮酸} + ADP \xrightarrow{\text{丙酮酸激酶 } Mg^{2+}\text{, } K^{+}} \text{烯醇式丙酮酸} + ATP$$

(11)在pH 7.0时,烯醇式丙酮酸可以迅速重排,形成丙酮酸。

$$\text{烯醇式丙酮酸} \longleftrightarrow \text{丙酮酸}$$

糖酵解途径如图8-9所示。

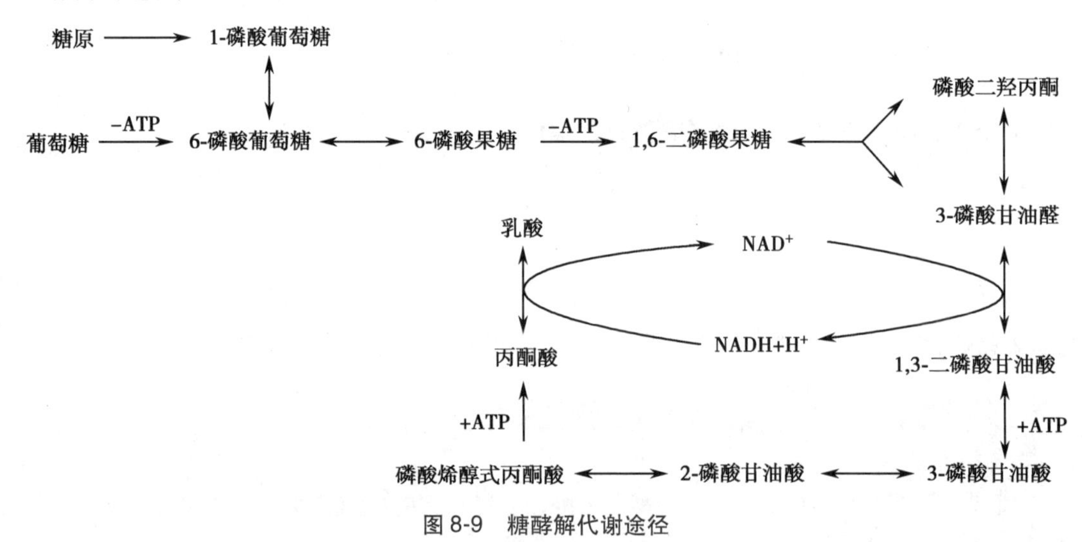

图8-9　糖酵解代谢途径

2. 丙酮酸的去路　在无氧条件下,糖酵解生成丙酮酸,此过程在生物体内都相似。丙酮酸进一步转化则成为发酵产物,丙酮酸的去路和代谢途径在不同生物体内是不同的。其去路主要有三条统称为EMP同途径类型的发酵。

(1)生成乳酸:在供氧不足或无氧条件下,可有糖酵解产生的ATP暂时满足对能量的需要。还原性辅酶NADH作为供体,将丙酮酸还原成乳酸。如剧烈运动后,肌肉所产生的酸胀感就是乳酸积累过多产生的。其反应如下。

$$\text{丙酮酸} + NADH + H^{+} \xleftrightarrow{\text{乳酸脱氢酶}} \text{乳酸} + NAD^{+}$$

无氧条件下,1分子葡萄糖代谢形成乳酸的总反应如下。

$$\text{葡萄糖} + 2\text{ADP} + 2\text{Pi} \longrightarrow 2\text{乳酸} + 2\text{ATP} + 2\text{H}_2\text{O}$$

(2)生成乙醇:酵母细胞内含有丙酮酸脱羧酶和乙醇脱氢酶,可以分2步催化丙酮酸。丙酮酸先通过脱羧反应生成乙醛,乙醛再由 $NADH+H^+$ 还原生成乙醇。反应方程如下。

$$\text{丙酮酸} \xrightarrow[\quad]{\text{丙酮酸脱羧酶}\ \nearrow CO_2} \text{乳酸} \xrightarrow[\quad]{NADH+H^+ \searrow\ \text{乙醇脱氢酶}\ \nearrow NAD^+} \text{乙醇}$$

葡萄糖酒精发酵的总反应式。

$$\text{葡萄糖} + 2\text{ADP} + 2\text{Pi} \longrightarrow \text{乙醇} + 2\text{ATP} + \text{CO}_2 + 2\text{H}_2\text{O}$$

酒精发酵是酵母菌在无氧条件下分解葡萄糖获得能量的方式,在制作面包、馒头和酿酒工业中起到关键作用。

(3)生成乙酰CoA

$$\text{葡萄糖} \longrightarrow \text{丙酮酸} \xrightarrow{\text{丙酮酸脱羧酶}\ \nearrow CO_2} \text{乙酰CoA}$$

(二)糖酵解的调节

糖酵解途径有3个不可逆反应,催化这3步反应的关键酶是己糖激酶、磷酸果糖激酶和丙酮酸激酶,这3个关键酶是糖酵解途径的3个调节点。

(三)糖酵解的意义

糖酵解途径是生物体共同经历的途径,是单糖分解代谢的最重要的一条基本途径。糖酵解途径是生物体在供氧不足时获得能量的一种方式,在无氧条件下,葡萄糖降解生成ATP,为生命活动提供能量,作为生物体对不良环境的一种适应能力其意义重大。在糖酵解途径中生成的中间代谢产物可以作为合成其他物质的原料。在有氧条件下,糖酵解是有氧氧化的准备阶段,单糖分子经过糖酵解途径后可进入三羧循环途径完全分解生成 CO_2 和水。

课堂互动

剧烈运动后为什么会肌肉发酸?

二、有氧氧化途径

葡萄糖或糖原在机体有氧条件下,彻底氧化分解生成 CO_2 和 H_2O 并释放大量能量的过程称为糖的有氧氧化。这一过程在细胞液和线粒体内进行。

(一)有氧氧化过程

有氧氧化反应过程可根据反应部位和反应特点分为3个阶段:①葡萄糖或糖原经糖酵解途径转变为丙酮酸。②丙酮酸进入线粒体氧化脱羧生成乙酰辅酶A(乙酰CoA)。③乙酰CoA经三羧酸循环和氧化磷酸化,彻底氧化生成 CO_2、H_2O 和ATP。

1. 丙酮酸的生成　有氧条件下，葡萄糖或糖原在胞液内分解生成丙酮酸，这一阶段反应过程与糖酵解过程基本相同，所不同的是无氧条件下丙酮酸还原成乳酸，而有氧的情况下丙酮酸继续氧化。

2. 丙酮酸氧化脱羧生成乙酰 CoA　在胞液中生成的丙酮酸进入线粒体由丙酮酸脱氢酶复合体催化氧化脱羧，并与辅酶 A 结合生成乙酰 CoA，此为不可逆反应。

$$\text{丙酮酸} + \text{辅酶A} \xrightarrow[\text{NAD}^+ \quad \text{NADH} + \text{H}^+]{\text{丙酮酸脱氢酶复合体}} \text{乙酰CoA} + \text{CO}_2$$

3. 乙酰 CoA 进入三羧酸循环　三羧酸循环又称柠檬酸循环。此名称源于第一个中间产物是含有三个羧基的柠檬酸。三羧酸循环反应在线粒体内，由草酰乙酸与乙酰辅酶 A 羧合生成柠檬酸开始，经过四次脱氢和二次脱羧反应后，又以草酰乙酸的再生而结束。每循环一次相当于一个乙酰基被氧化。三羧酸循环的全过程见图 8-10。

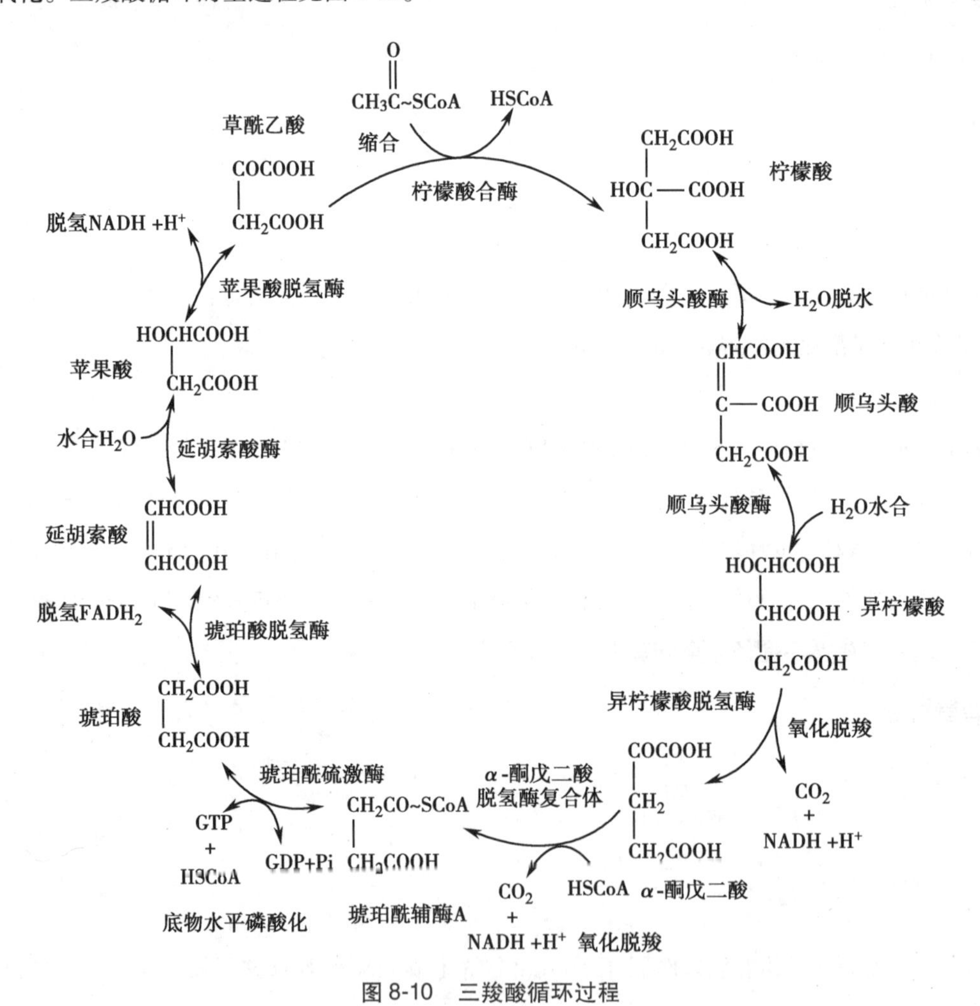

图 8-10　三羧酸循环过程

三羧酸循环总方程：

$$\text{乙酰 CoA} + 2\text{H}_2\text{O} + 3\text{NAD}^+ + \text{FAD} + \text{ADP} + \text{Pi} \longrightarrow 2\text{CO}_2 + 3(\text{NADH} + \text{H}^+) + \text{FADH}_2 + \text{ATP} + \text{辅酶 A}$$

（二）三羧酸循环的调节

三羧酸循环是机体氧化分解能源物质产生能量的主要方式。机体对能量的需求变动很大，因此必须对三羧酸循环的速度和流量加以调节。三羧酸循环的速度和流量受多种因素的调控。在三羧酸循环中有3个不可逆反应：柠檬酸合酶、异柠檬酸脱氢酶和α-酮戊二酸脱氢酶复合体催化的反应。柠檬酸合酶、异柠檬酸脱氢酶和α-酮戊二酸脱氢酶复合体是三羧酸循环的3个限速酶，他们是三羧酸循环的调控位点。

（三）有氧氧化的生理意义

1. 糖的有氧氧化是机体获得能量的主要方式。每分子葡萄糖彻底氧化成二氧化碳和水时，净生成30分子或32分子ATP，其中有20分子ATP来自三羧循环。因此，在一般生理条件下，各种组织细胞除红细胞外皆从糖的有氧氧化获得能量。故有氧氧化是机体获得能量的最有效方式，且糖的有氧氧化不仅产能效率高，而且逐步放量，并逐步储存于ATP分子中，因此能量利用率极高。葡萄糖有氧氧化是ATP的生成与消耗见表8-2。

2. 三羧酸循环是体内营养物质彻底氧化分解的共同通路。

3. 三羧酸循环是体内物质代谢相互联系的枢纽。

糖无氧氧化、有氧氧化和三羧酸循环过程中ATP数目见表8-2。

表8-2　糖无氧氧化、有氧氧化和三羧酸循环过程中ATP数目

	反应	辅酶	ATP数
第一阶段 糖酵解途径	葡萄糖→6-磷酸葡萄糖		-1
	6-磷酸果糖→1,6-二磷酸果糖		-1
	2×3-磷酸甘油醛→2×1,3-二磷酸甘油酸	NAD^+	2×2.5（或2×1.5）*
	2×1,3-二磷酸甘油酸→2×3-磷酸甘油酸		2×1
	2×磷酸烯醇式丙酮酸→2×丙酮酸		2×1
第二阶段	2×丙酮酸→2×乙酰CoA	NAD^+	2×2.5
第三阶段 三羧酸循环	2×异柠檬酸→2×α-酮戊二酸	NAD^+	2×2.5
	2×α-酮戊二酸→2×琥珀酰CoA	NAD^+	2×2.5
	2×琥珀酰CoA→2×琥珀酸		2×1
	2×琥珀酸→2×延胡索酸	FAD	2×1.5
	2×苹果酸→2×草酰乙酸	NAD^+	2×2.5
合计	净生成ATP数		32（或30）

注：* 胞液中的$NADH+H^+$经苹果酸-天冬氨酸穿梭进入线粒体产生2.5个ATP；经α-磷酸甘油穿梭进入线粒体，则产生1.5个ATP。

课堂互动

从代谢的角度分析有氧运动和无氧运动有何区别？生活中哪些运动属于有氧运动？哪些属于无氧运动？

三、磷酸戊糖途径

在糖的分解代谢过程中，由6-磷酸葡萄糖转变为5-磷酸核糖和 $NADPH+H^+$ 的过程，称为磷酸戊糖途径。其主要发生在肝脏、脂肪组织、哺乳期的乳腺、肾上腺皮质、性腺、骨髓和红细胞等。

整个反应过程在胞液中进行，可分为2个阶段：第1阶段是不可逆的氧化阶段；第2阶段为基团转移反应。详见图8-11。

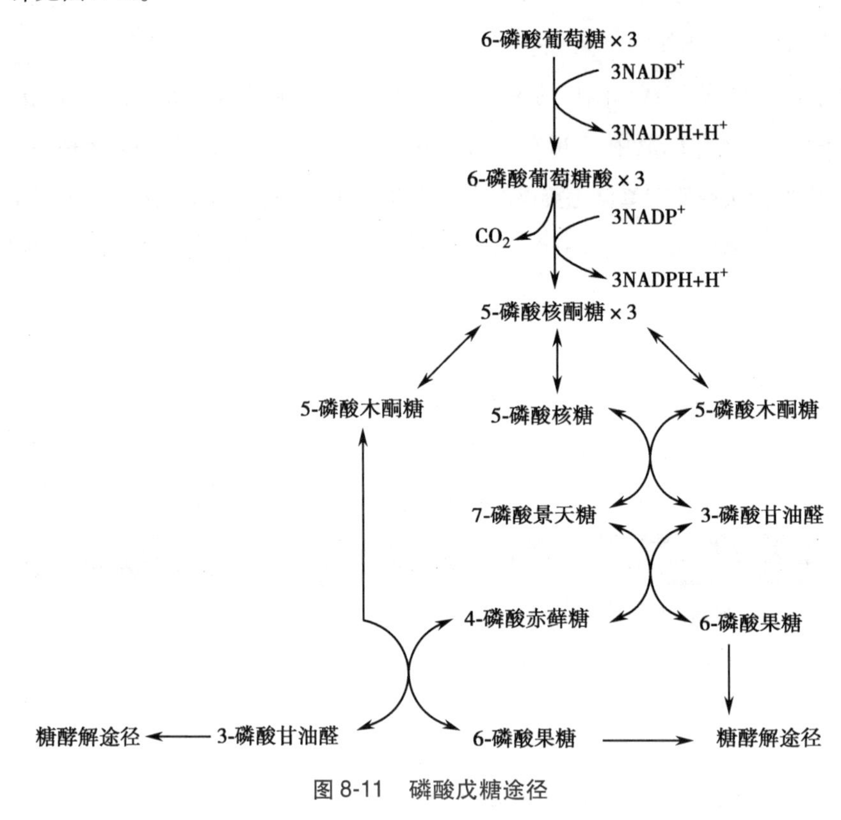

图8-11　磷酸戊糖途径

任务8-2-2　糖的储存和动员

【任务要求】

1. 熟悉糖的储存和动员的过程。
2. 理解糖的储存和动员的意义。

【知识准备】

一、糖原的合成与分解

糖原是由葡萄糖聚合而成的多分支结构的大分子多糖，是葡萄糖的一种高效能的储存形式。机体内储存糖原的器官主要是肝脏和肌肉，其糖原形式分别是肝糖原和肌糖原。通过 α-1,4-糖苷键相连构成直链，通过 α-1,6-糖苷键相连构成支链，非还原性末端是合成与分解的起始点。糖原的结构见图8-12。

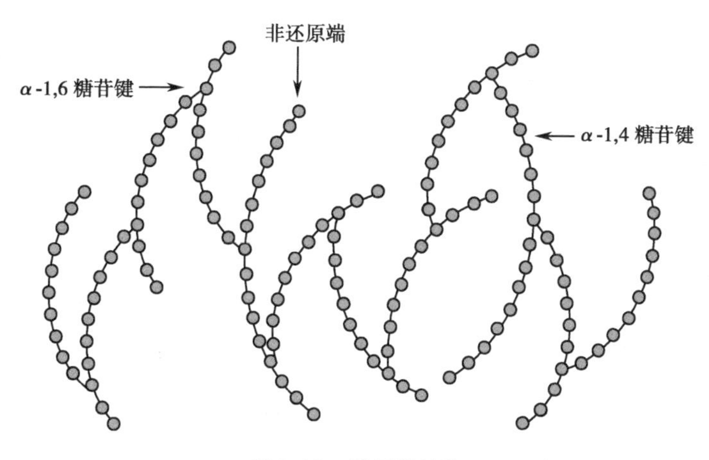

图 8-12　糖原的结构

（一）糖原的合成

糖原的合成是葡萄糖合成糖原的过程，此过程在肝脏和肌肉组织等细胞的胞浆中进行。糖原的合成过程包括 4 步。

1. 葡萄糖在葡萄糖激酶的催化下生成 6-磷酸葡萄糖，此过程需消耗能量。

2. 6-磷酸葡萄糖在葡萄糖变为酶催化下，生成 1-磷酸葡萄糖。

3. 1-磷酸葡萄糖在尿苷二磷酸葡糖焦磷酸化酶的催化下，生成尿苷二磷酸葡糖。

4. 尿苷二磷酸葡糖在糖原合酶的催化下生成糖原。通过糖原合酶的作用，尿苷二磷酸葡糖中的葡萄糖连接到了糖原引物上。糖原合酶是糖原合成途径中的限速酶，是糖原合成的调节点。

糖原的合成必须有原有糖原分子作为引物，在合成时每增加一个葡萄糖残基需消耗 2 分子 ATP。

（二）糖原的分解

糖原的分解过程是糖原从分支的非还原端开始，逐个分解葡萄糖残基，经一系列转变后变成游离的葡萄糖。具体过程如下：

1. 糖原在糖原磷酸化酶催化下对 α-1,4-糖苷键磷酸解，生成 1-磷酸葡萄糖。磷酸化酶为糖原分解的限速酶。

2. 脱支反应。在 α-1,6-葡萄糖苷酶的催化下，对 α-1,6-糖苷键进行水解，生成自由葡萄糖。

3. 变位反应。1-磷酸葡萄糖在磷酸葡萄糖变位酶的催化下，转变为 6-磷酸葡萄糖。

4. 6-磷酸葡萄糖在 6-磷酸葡萄糖酶的催化下水解生成葡萄糖。

糖原的分解是从糖原的非还原端进行的，此过程不消耗能量。糖原的合成与分解见图 8-13。

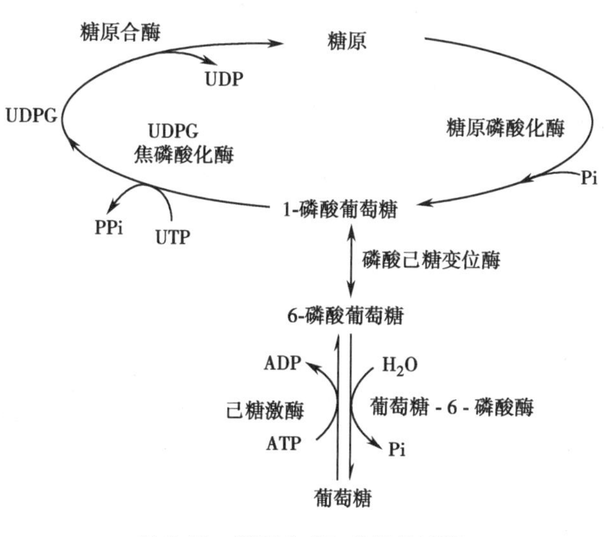

图 8-13　糖原合成与分解的过程

二、糖异生途径

糖的异生作用是指乳酸、丙酮酸、甘油以及氨基酸等非糖物质作为前体合成葡萄糖的过程。合成部位主要是肝脏，其次是肾脏。这一过程与糖酵解途径的逆过程基本相同，主要包括丙酮酸通过草酰乙酸形成磷酸烯醇式丙酮酸→形成6-磷酸果糖→生成葡萄糖。

由于糖酵解途径中存在有不可逆反应，因此在糖异生途径中，要通过其他路径需绕过这些不可逆反应。

糖异生的总反应式：

$$2\text{丙酮酸}+4ATP+2GTP+2NADH+6H2O \longrightarrow \text{葡萄糖}+4ADP+2GDP+Pi+2NAD^{+}+2H^{+}$$

其反应途径如图8-14。

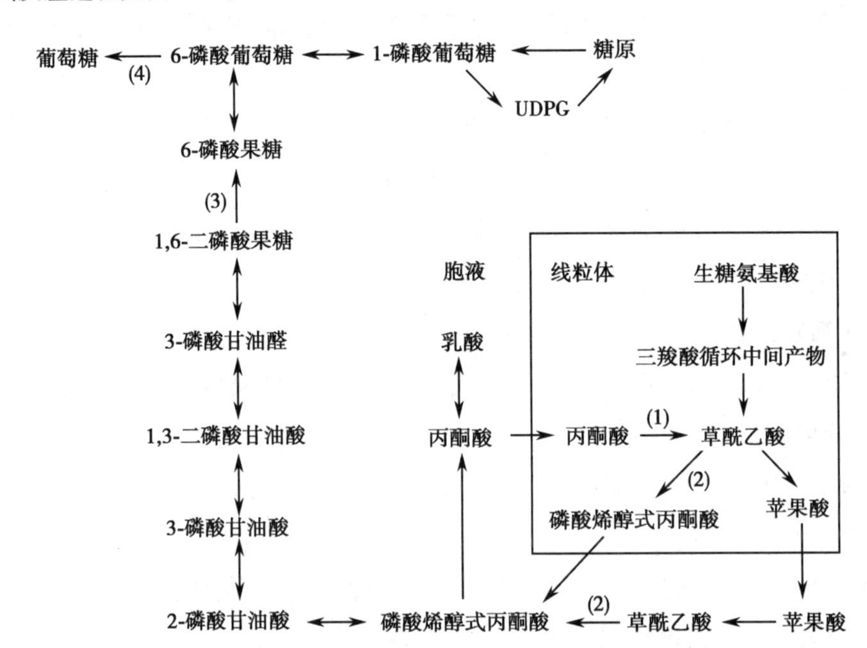

图8-14　糖异生途径示意图

三、糖的储存和动员的生理意义

（一）糖原合成和分解的生理意义

糖原是机体储存葡萄糖的形式，也是储存糖类能量的一种方式。糖原合成与分解对维持血糖浓度的恒定有重要作用，当机体供应糖丰富（如饱食）或供应充足时，机体即进行糖原合成储存能量，避免血糖过度升高；当机体糖供应不足（如空腹）或能量需求增加时，肝糖原即分解为葡萄糖，维持血糖浓度恒定。

（二）糖异生的生理意义

1. 维持饥饿状态下正常的血糖浓度　人的脑组织等以葡萄糖为主要能量来源。在正常情况下，人体内每天葡萄糖的含量足够维持一天的需要，但当机体处于饥饿状态时，则需要依靠肝糖原的分解维持血糖浓度，肝糖原很快就会被耗尽，这时就需要依靠糖异生作用生成葡萄糖来提供能量。

2. 糖异生有利于乳酸的再利用　剧烈运动时，肌糖原经糖酵解途径生成大量乳酸，通过血液运到肝脏，异生成肝糖原或葡萄糖以补充血糖，因而使不能直接分解为葡萄糖的肌糖原间接变成血糖，血糖可再被肌肉利用，如此形成乳酸循环（图 8-15）。可见糖异生对于乳酸再利用、更新肝糖原、补充肌肉消耗的糖原以及防止酸中毒的发生具有重要的生理意义。

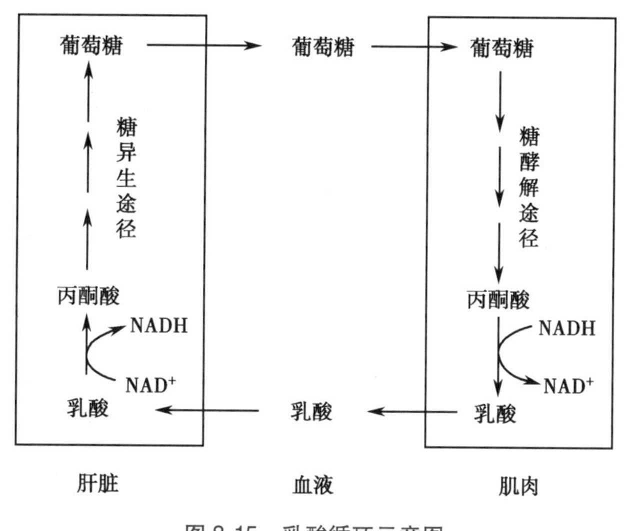

图 8-15　乳酸循环示意图

3. 调节酸碱平衡　长期饥饿时，肾糖异生作用增强。有利于排 H^+保 Na^+作用进行，维持体内酸碱平衡。

任务 8-2-3　乳 酸 发 酵

【任务要求】

1. 了解乳酸发酵的条件、产物以及参与乳酸发酵的微生物。
2. 学习和掌握泡菜的制作方法。
3. 学习和掌握酸奶的制作方法。

【知识准备】

一、任务原理

微生物在厌氧条件下，分解己糖产生乳酸的过程，称为乳酸发酵。能够引起乳酸发酵的微生物种类很多，其中主要是细菌，能利用可发酵糖产生乳酸的细菌称为乳酸细菌。常见的乳酸细菌属于链球菌属（Streptococcus）、乳酸杆菌属（Lactobacillus）、双歧杆菌属（Bifidobacterium）和明串珠菌属（Leuconostoc）等。它们通常只在厌氧条件下进行乳酸发酵，其发酵产生的乳酸，能够抑制一些腐败细菌的活动。

乳酸发酵很早就被人们所利用，应用十分广泛，如在畜牧业上利用乳酸发酵制造青贮饲料，在食品工业上可利用乳酸发酵腌制泡菜、制造酸奶，在发酵工业上还用纯种的乳酸细菌生产乳酸等。乳酸细菌多是兼性厌氧细菌，但只在厌氧条件下才进行乳酸发酵，故在筛选乳酸菌或进行乳酸发酵时，应保证提供厌氧条件。

酸奶是鲜奶经过乳酸菌发酵而制成的乳制品，具备鲜奶的全部营养成分。酸奶含有人体必需的蛋白质、脂肪、维生素、矿物质、乳糖酶和活性乳酸菌等。酸奶是采用优质纯鲜牛奶加入白糖均质，经超高温灭菌后接入乳酸菌发酵后制成的一种发酵型乳制品。在发酵过程中，鲜牛奶中的酪蛋白遇酸凝固，成为有弹性的凝块，颜色乳白、气味清香、酸甜可口，别具一番风味。乳酸菌具有把奶类中的乳糖分解成乳酸的功能，称为乳酸发酵。在形成乳酸的同时也产生其他一些酸类物质，从而导致了 pH 值的下降，当达到乳类蛋白质的等电点时（如牛奶蛋白质的等电点约在 pH 4.5 左右），引起蛋白质的沉淀，使原来流动性较大的乳类，因凝固作用而变成类似果冻的胶状物，称之为凝乳。

本实验通过制作泡菜和酸奶，利用原料上天然存在的乳酸细菌进行乳酸发酵。我们可以通过镜检，初步判断泡菜中微生物的种类。

二、任务所用实验用品

1. 试剂　10%H_2SO_4 溶液，2%$KMnO_4$ 溶液，含氨的 $AgNO_3$ 溶液，食盐，料酒，脱脂乳，蔗糖。

2. 材料　四季豆，萝卜，辣椒，大头菜，大蒜，生姜，八角等。

3. 器材　泡菜坛，烧杯，试管，吸管，量筒，小刀，pH 试纸，滤纸条。

三、任务实施

1. 泡菜腌制

（1）将萝卜、黄瓜、大头菜等洗净，连皮切成长方块儿（注意不要太小），放在架子上晒干；将生姜洗净，凉干。

（2）将泡菜坛洗净，用开水烫洗消毒。

（3）在烧杯中配制 1 000ml 8%的盐水，加热煮沸 10 分钟，盖住烧杯，冷却。

（4）将晾干的瓜菜放入已经消毒的坛中，装量约为坛容积的 1/2。

（5）将大蒜剥皮，切成厚片儿，再把晾干的生姜也切成片儿，最后将姜片、蒜片和八角一起撒在瓜菜表面。这样可增加泡菜的风味儿，并有抑制杂菌的作用。

（6）将已冷却的盐水加入泡菜坛中，约至坛高的 2/3 处，然后加少许料酒。料酒同样具有增加风味和抑制杂菌的作用。

（7）盖上坛盖儿，并在坛口水槽内加水少许，以隔绝空气。

（8）置于 30℃处发酵一周，其间请注意在坛口处补水，以保证坛内的厌氧环境。

2. 乳酸的检测

（1）打开泡菜坛盖儿，闻坛中有无酸味儿或异味儿。

(2)取少量泡菜水,用 pH 试纸测定其 pH 值。

(3)吸取 10ml 泡菜水注入空试管中,加入 1ml 10% H_2SO_4 溶液,再加入 1ml 2%$KMnO_4$ 溶液,混匀。此时,试管中如有乳酸则会转化为乙醛。

(4)取一滤纸条,在含氨的 $AgNO_3$ 溶液中浸湿,并将其横搭在试管口上。

(5)将试管缓慢加热至沸,试管中如有乙醛就会挥发,管口的试纸将会变黑,即可证明泡菜水内含有乳酸。上述变化的化学反应方程式如下:

$$2KMnO_4 + 3H_2SO_4 \longrightarrow K_2SO_4 + 2MnSO_4 + 3H_2O + 5[O]$$

$$CH_3CHOHCOOH + [O] \longrightarrow CH_3CHO + CO_2 + H_2O$$

$$CH_3CHO + 2Ag(NH_3)_2OH \longrightarrow CH_3COONH_4 + 2Ag\downarrow + H_2O + 3NH_3\uparrow$$

3. 酸奶的制作

(1)将脱脂乳和水以 1∶(7~10)(*W/W*)的比例,同时加入 5%~6%蔗糖,充分混合,于 80~85℃灭菌 10~15 分钟,然后冷却至 35~40℃,作为制作饮料的培养基质。

(2)将纯种嗜热乳酸链球菌、保加利亚乳酸杆菌及两种菌的等量混合菌液作为发酵剂,均以 2%~5%的接种量分别接入以上培养基质中即为饮料发酵液,亦可以市售鲜酸乳为发酵剂。接种后摇匀,分装到已灭菌的酸乳瓶中,每一种菌的饮料发酵液重复分装 3~5 瓶,随后将瓶盖拧紧密封。

(3)把接种后的酸乳瓶置于 40~42℃恒温箱中培养 3~4 小时。培养时注意观察,在出现凝乳后停止培养。然后转入 4~5℃的低温下冷藏 24 小时以上。经此后熟阶段,达到酸乳酸度适中(pH 4~4.5),凝块均匀致密,无乳清析出,无气泡,获得较好的口感和特有风味。

(4)以品尝为标准评定酸乳质量,采用乳酸球菌和乳酸杆菌等量混合发酵的酸乳与单菌株发酵的酸乳相比较,前者的香味和口感更佳。品尝时若发现异味,表明酸乳污染了杂菌。

四、任务结果

乳酸细菌的镜检:

1. 取一环泡菜水,在载玻片上制成涂片。
2. 革兰氏染色。
3. 油镜观察,正常情况下,视野中多为革兰氏阳性的细长杆菌,也常有链球菌出现。

五、注意事项

1. 用于腌制的材料最好先晒至表面发蔫。
2. 牛乳的消毒应掌握适宜温度和时间,防止长时间采用过高温度消毒而破坏酸乳风味。
3. 作为卫生合格标准还应按卫生监管部门规定进行检测,如大肠菌群检测等。经品尝和检验,合格的酸乳应在 4℃条件下冷藏,可保存 6~7 天。

六、思考题

发酵酸乳为什么能引起凝乳？

点滴积累

1. 葡萄糖进入组织细胞中，按其反应条件和反应途径的不同可分为 3 种：糖酵解（无氧氧化）；糖的有氧氧化和磷酸戊糖途径。
2. 糖酵解反应过程　丙酮酸的生成；丙酮酸的去路。
3. 有氧氧化　葡萄糖或糖原在有机体条件下，彻底氧化分解生成 CO_2 和 H_2O 并释放大量能量的过程。这一过程在细胞液和线粒体内进行。
4. 磷酸戊糖途径　在糖的分解代谢过程中，有 6-磷酸葡萄糖转变为 5-磷酸核糖和 $NADPH+H^+$ 的过程，其主要发生在肝脏、脂肪组织、哺乳期的乳腺、肾上腺皮质、性腺、骨髓和红细胞等。

任务 8-3　蛋白质代谢

导学情景

情景描述：

正常人体内的蛋白质不断进行着分解和合成，体内的蛋白质不断更新和修复，每天有约 3%的蛋白质更新，肠道和骨髓中的蛋白质更新速度更快。

学前导语：

用什么方法测定食品中的水分活度值，是我们此次任务要学习的。蛋白质是生命重要的物质基础，机体所有重要的组成部分都需要有蛋白质的参与。那么蛋白质到底是如何参与到新陈代谢中，维持生命的呢？在代谢中都发生了哪些反应？如何合成和分解？本次任务我们将和同学们一起学习这些知识。

蛋白质代谢指蛋白质在细胞内的代谢途径。各种生物均含有水解蛋白质的蛋白酶或肽酶，这些酶的专一性不同，但均能破坏肽键，使各种蛋白质水解成其氨基酸成分的混合物。食物中的蛋白都要降解为氨基酸才能被机体利用，体内蛋白也要先分解为氨基酸才能继续氧化分解或转化。

任务 8-3-1　蛋白质的营养作用

【任务要求】

1. 了解蛋白质的生理功能。

2. 掌握蛋白质的营养价值和生理需要量。

【知识准备】

一、蛋白质的生理功能

1. 维持组织细胞的生长更新和修复　蛋白质是人体需要的六大类营养素之一，瘦肉、鱼、奶、蛋和豆类等食物中含有较多的蛋白质，它是构成组织细胞的基本物质，也是人体生长发育、组织更新修补的物质基础，尤其是生长发育期的儿童和康复期的病人，更需要从食物中摄取更多的蛋白质。

2. 参与体内重要的生理活动　机体内具有多种具有特殊功能的蛋白质，比如酶、蛋白质和多肽类激素、免疫球蛋白、载体蛋白、肌动蛋白等，这些蛋白质参与了催化、代谢调节、免疫、运输、肌肉收缩等重要的生理活动。

3. 氧化供能　每克蛋白质在体内完全氧化分解可产生 16.75kJ(4kcal)。一般成人每日约有 18%的能量来自蛋白质。

课堂互动

人体需要的六大类营养素是哪些?

二、蛋白质的需要量及营养价值

(一) 氮平衡

机体每日摄入氮量与排出氮量之间的关系称为氮平衡。氮是蛋白质的特征元素，含量恒定，每 1g 氮相当于 6.25g 蛋白质，故氮平衡其实反映了体内蛋白质合成和分解的代谢状况。

依据机体的不同状况氮平衡可出现 3 种情况：

1. 氮的总平衡　摄入氮等于排出氮，称为氮的总平衡，反映体内蛋白质的合成与分解处于动态平衡(收支平衡)，常见于正常的成年人。

2. 氮的正平衡　摄入氮大于排出氮，称为氮的正平衡，反映体内蛋白质合成大于分解，常见于儿童、孕妇及恢复期病人。

3. 氮的负平衡　摄入氮小于排出氮，称为氮的负平衡，反映体内蛋白质合成小于分解，提示蛋白质摄入量不足或过度分解，常见于饥饿或消耗性疾病病人。

(二) 蛋白质的需要量

根据氮平衡实验计算，正常成人每日最低分解约 20g 蛋白质。由于食物蛋白质与机体蛋白质组成的差异，不可能全部被利用，故成人每日蛋白质最低需要量为 30~50g。我国营养学会推荐成人每日蛋白质摄入量为80g。

（三）蛋白质的营养价值

不同蛋白质所含氨基酸的种类和数量不同，即合成蛋白质需要不同质和量的氨基酸。组成蛋白质的氨基酸有20种，其中有8种氨基酸在体内不能合成，这些人体需要但又不能自身合成，必须由食物供给的氨基酸，称为必需氨基酸。包括缬氨酸、异亮氨酸、亮氨酸、苏氨酸、甲硫氨酸、赖氨酸、苯丙氨酸和色氨酸。其余12种氨基酸体内可以合成，不一定需要由食物供给，称为非必需氨基酸。

食物蛋白质的营养价值，取决于其必需氨基酸的种类及比例，其评价包括食物蛋白质的含量、消化率和利用率。一般而言，由于动物蛋白质所含必需氨基酸的种类和比例与人体需要相近，故动物类蛋白质的营养价值多优于植物类蛋白质。将营养价值较低的蛋白质混合食用，必需氨基酸可以互相补充而提高营养价值，称为食物蛋白质的互补作用。例如，谷类蛋白质含赖氨酸少而色氨酸较多，豆类蛋白质含赖氨酸较多而含色氨酸较少，两者混合食用即可提高营养价值。

任务8-3-2　氨基酸的分解代谢和生物合成

【任务要求】

1. 了解氨基酸的来源和去路。
2. 掌握氨基酸的脱氨基方式。

【知识准备】

食物和体内的蛋白质均可在消化道内各类蛋白水解酶的作用下分解产生氨基酸。大部分氨基酸被小肠黏膜上皮细胞吸收后，进入血液及全身各处组织细胞内；少量未吸收的氨基酸和未消化的蛋白质被肠道细菌的分解产生氨、胺、吲哚和硫化氢等，称为腐败作用。

蛋白质代谢以氨基酸为核心，包括两个方面：一方面主要用以合成机体自身所特有的蛋白质、多肽及其他含氮物质；另一方面可通过脱氨基作用、转氨基作用、联合脱氨基或脱羧作用，分解成α-酮酸、胺类及二氧化碳。

一、氨基酸的分解代谢

（一）氨基酸的脱氨基作用

脱氨基作用是指氨基酸在酶的催化下脱去氨基生成α-酮酸的过程，是氨基酸在体内分解的主要方式。主要有氧化脱氨基、转氨基、联合脱氨基等，以联合脱氨基最为重要。

1. 转氨基作用　指氨基酸在酶催化下，将氨基转给α-酮酸使之转变为相应的氨基酸，原来的氨基酸则转变为α-酮酸的过程。转氨基作用是氨基酸脱氨基作用的一种途径，可以看成是氨基酸的氨基与α-酮酸的酮基进行了交换。反应过程如下：

$$\underset{\displaystyle COOH}{\overset{\displaystyle R_1}{H_2N-C-H}} + \underset{\displaystyle COOH}{\overset{\displaystyle R_2}{C=O}} \xrightleftharpoons{\text{转氨酶}} \underset{\displaystyle COOH}{\overset{\displaystyle R_1}{C=O}} + \underset{\displaystyle COOH}{\overset{\displaystyle R_2}{H_2N-C-H}}$$

在参与合成蛋白质的20种氨基酸中，除甘氨酸、赖氨酸、苏氨酸和脯氨酸外，其余均可进行转氨基作用。转氨基作用只是进行了氨基转移，并没有真正脱氨。

催化转氨基作用的酶统称为转氨酶。转氨酶种类多，分布广，专一性强。其中最为重要的是谷丙转氨酶（GPT）和谷草转氨酶（GOT）。反应过程如下：

$$\underset{\text{谷氨酸}}{\begin{array}{c}COOH\\|\\CH_2\\|\\CH_2\\|\\CHNH_2\\|\\COOH\end{array}} + \underset{\text{丙酮酸}}{\begin{array}{c}CH_3\\|\\C{=}O\\|\\COOH\end{array}} \xleftrightarrow{GPT} \underset{\alpha\text{-酮戊二酸}}{\begin{array}{c}COOH\\|\\CH_2\\|\\CH_2\\|\\C{=}O\\|\\COOH\end{array}} + \underset{\text{丙氨酸}}{\begin{array}{c}CH_3\\|\\CHNH_2\\|\\COOH\end{array}}$$

$$\underset{\text{天冬氨酸}}{\begin{array}{c}COOH\\|\\CH_2\\|\\CHNH_2\\|\\COOH\end{array}} + \underset{\alpha\text{-酮戊二酸}}{\begin{array}{c}COOH\\|\\CH_2\\|\\CH_2\\|\\C{=}O\\|\\COOH\end{array}} \xleftrightarrow{GOT} \underset{\text{草酰乙酸}}{\begin{array}{c}COOH\\|\\CH_2\\|\\C{=}O\\|\\COOH\end{array}} + \underset{\text{谷氨酸}}{\begin{array}{c}COOH\\|\\CH_2\\|\\CH_2\\|\\CHNH_2\\|\\COOH\end{array}}$$

2. 氧化脱氨基作用　氧化脱氨基作用是指氨基酸在氨基酸氧化酶作用下，脱氢并脱氨的过程。氨基酸氧化酶以L-谷氨酸脱氢酶最重要，活性强，分布广，但此酶在心肌和骨骼肌中活性较低。反应过程如下：

$$\underset{\text{L-谷氨酸}}{\begin{array}{c}COOH\\|\\CH_2\\|\\CH_2\\|\\H_2N-C-H\\|\\COOH\end{array}} \xleftrightarrow[NAD^+\ \ NADH+H^+]{\text{L-谷氨酸脱氢酶}} \underset{\text{亚氨基酸}}{\begin{array}{c}COOH\\|\\CH_2\\|\\CH_2\\|\\C{=}NH\\|\\COOH\end{array}} \xleftrightarrow[-H_2O]{+H_2O} \underset{\alpha\text{-酮戊二酸}}{\begin{array}{c}COOH\\|\\CH_2\\|\\CH_2\\|\\C{=}O\\|\\COOH\end{array}} + NH_3$$

3. 联合脱氨基作用　前两种脱氨基方式均有优缺点，故体内氨基酸脱氨的主要方式是上述两种方式的偶联，即联合脱氨基作用。主要有两种反应途径。

（1）由L-谷氨酸脱氢酶和转氨酶联合催化的联合脱氨基作用先在转氨酶的作用下，α-酮戊二酸接受某种氨基酸的α-氨基生成谷氨酸，谷氨酸再经L-谷氨酸脱氢酶作用氧化脱氨生成α-酮戊二酸和氨，α-酮戊二酸再继续参加转氨基作用。反应过程如下：

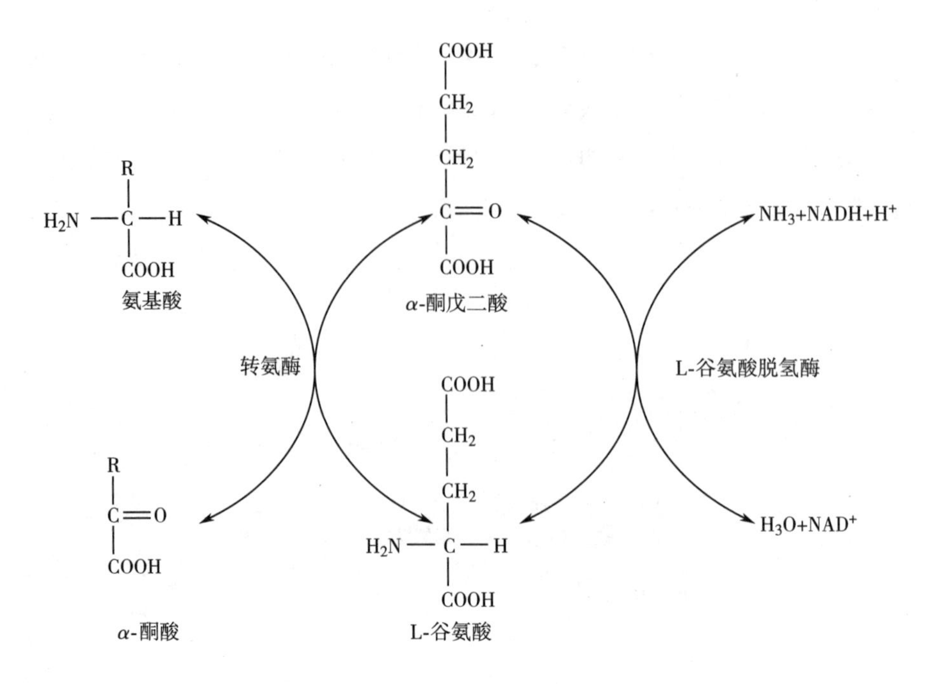

(2)嘌呤核苷酸循环由于骨骼肌和心肌中 L-谷氨酸脱氢酶活性较低,在这些组织中,不能通过上述方式联合脱氨。但骨骼肌和心肌含有丰富的腺苷酸脱氨酶,因此可通过转氨基作用与嘌呤核苷酸循环联合脱氨基。基本过程如下:

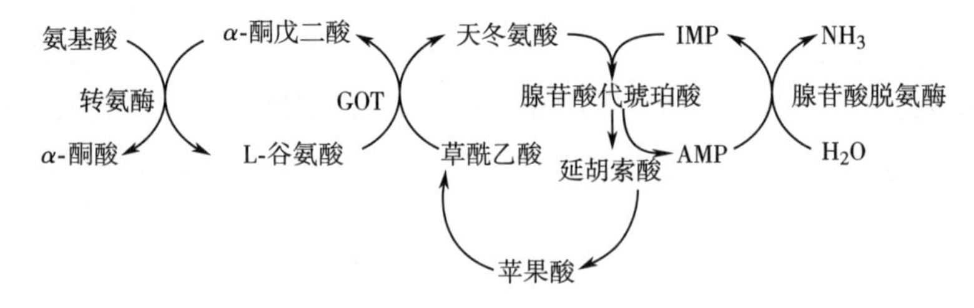

课堂互动

体内氨基酸脱氨的主要方式是哪种?　为什么?

(二)α-酮酸的代谢

氨基酸通过脱氨基作用生成的及体内其他代谢产生的 α-酮酸主要有以下去路。

1. 生成非必需氨基酸　α-酮酸可经转氨基作用或氨基化反应生成相应的氨基酸,这是机体合成非必需氨基酸的重要途径。虽然除赖氨酸和苏氨酸外的必需氨基酸可由相应的 α-酮酸加氨生成,但和必需氨基酸相对应的 α-酮酸不能在体内合成,所以必需氨基酸依赖于食物摄入。

2. 氧化供能　α-酮酸可以转变为丙酮酸、乙酰辅酶 A 或三羧酸循环的中间物,然后通过三羧酸循环彻底氧化分解,同时释放能量供生理活动需要。

3. 转变成糖和酮体

(三)氨的去路

氨是机体正常代谢的产物,是体内合成某些含氮化合物的氮源;但氨也是一种有毒物质,能渗透进入细胞膜和血脑屏障,引起氨中毒。如进入呼吸道可引起剧烈咳嗽和窒息感,呼吸深而快,高浓度氨吸入，可引起喉炎、急性支气管炎、肺炎和肺水肿；入脑可引起中枢神经损害，如头晕、头痛、痉挛、精神错乱，甚至昏迷等。所以氨的来源和去路必须处于相对平衡，将血氨浓度保持在正常范围。氨的来源包括氨基酸的脱氨基作用产氨、肠道吸收的氨、肾脏产生的氨以及胺类及嘌呤、嘧啶分解产生氨，其中主要来源是氨基酸的脱氨基作用。各种组织所产生的氨，在血液中主要以无毒的谷氨酰胺和丙氨酸两种形式运输，其中谷氨酰胺是体内贮氨、运氨的主要形式。氨在体内代谢的去路主要有合成尿素、以铵盐的形式由尿排出、合成非必需氨基酸和参与嘌呤和嘧啶等含氮化合物的合成4种方式。具体见图8-16。

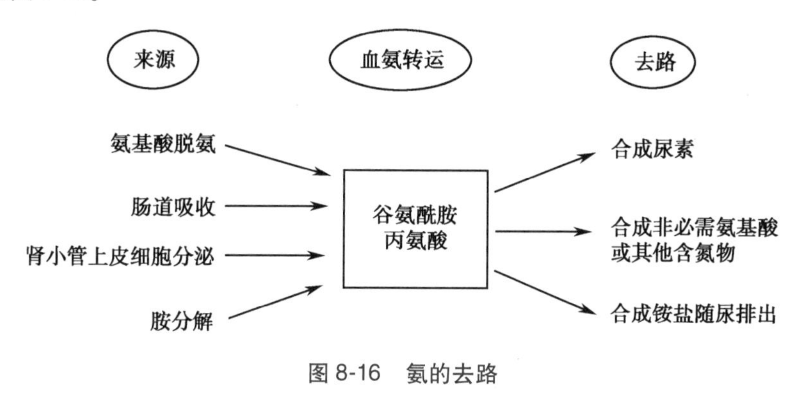

图8-16　氨的去路

体内氨的主要去路是在肝内合成尿素由尿排出。尿素合成的过程称为鸟氨酸循环。鸟氨酸循环在肝细胞的线粒体和胞液中进行，可分氨基甲酰磷酸的合成、瓜氨酸的合成、精氨酸的合成和精氨酸水解生成尿素4个阶段，总反应如下：

$$2NH_3 + CO_2 + 3H_2O + 3ATP \longrightarrow CO(NH_2)_2 + 2ADP + AMP + 2Pi + PPi$$

可以看出，每合成1分子尿素能够清除2分子NH_3，消耗3分子ATP。

知识链接

氨　中　毒

合成尿素是体内氨的主要去路，是解氨毒的重要途径。当肝功能严重损伤或尿素合成相关酶的遗传缺陷时，尿素合成受阻，血氨浓度升高，导致大脑功能障碍称为氨中毒（肝性脑病，肝昏迷）。主要临床表现为智力减退、意识障碍、神经异常及扑翼样震颤甚至昏迷，其中扑翼样震颤是肝性脑病的特征性表现。

（四）氨基酸的脱羧基作用

部分氨基酸可在氨基酸脱羧酶作用下脱羧基生成相应的胺类，称为脱羧基作用。生成的胺具有重要的生理功能。若在体内蓄积，则会引起神经和心血管系统的功能紊乱。但体内广泛存在胺氧化酶，可将胺彻底氧化分解。

1. γ-氨基丁酸　谷氨酸在谷氨酸脱羧酶催化脱羧生成γ-氨基丁酸（GABA）。GABA广泛分布在动植物体中，在动物体内几乎只存在于神经组织，是一种抑制性神经递质，对中枢神经元有普遍性抑制作用。

2. 组胺　组胺由组氨酸脱羧生成，广泛存在于动植物体内，通常储存于组织的肥大细胞中。它是一种强烈的血管扩张剂，能使毛细血管通透性增加，造成血压下降和局部水肿，甚至休克；能促进平滑肌收缩和胃酸分泌。过敏反应、创伤、烧伤等情况下可释放产生过多的组胺。

3. 5-羟色胺　5-羟色胺由色氨酸脱羧生成，广泛存在于动植物体内各组织中，在中枢神经系统中它是一种抑制性神经递质，在外周组织中它是一种强平滑肌收缩刺激剂和血管收缩剂。

4. 牛磺酸　牛磺酸由半胱氨酸脱羧生成，是哺乳动物发育过程中的一种重要营养物质，能增进大脑功能，提高脑细胞的活性与记忆力，也是结合胆汁酸的重要组成成分。

二、氨基酸的生物合成

必需氨基酸不能在体内合成，只能由食物分解提供，属于外源性氨基酸；非必须氨基酸由体内合成，属于内源性氨基酸。

除酪氨酸外，体内非必需氨基酸由4种共同代谢中间产物（丙酮酸、草酰乙酸、α-酮戊二酸和3-磷酸甘油）之一作其前体合成。

1. 丙氨酸、天冬氨酸、谷氨酸　丙氨酸、天冬氨酸、谷氨酸是分别以丙酮酸、草酰乙酸、α-酮戊二酸为前体经转氨基反应生成；天冬酰胺和谷氨酰胺是分别由天冬氨酸和谷氨酸加氨反应生成。

2. 脯氨酸、鸟氨酸、精氨酸　谷氨酸是脯氨酸、鸟氨酸、精氨酸的前体，可通过还原反应生成脯氨酸，同时其反应过程中的中间产物5-谷氨酸半醛可转氨生成鸟氨酸。

3. 丝氨酸、半胱氨酸、甘氨酸　丝氨酸、半胱氨酸、甘氨酸由3-磷酸甘油生成。

任务 8-3-3　蛋白质的酶促降解和生物合成

【任务要求】

1. 了解蛋白质降解的酶系统。
2. 了解蛋白质合成简单过程。

【知识准备】

一、蛋白质的酶促降解

蛋白质降解是指蛋白质经一系列酶促水解反应，分解为氨基酸及小分子肽的过程。蛋白质大分子难以通过生物膜吸收，因此食物蛋白必须经过降解消化，水解成氨基酸才能被机体利用。另外有些抗原、毒素可少量通过黏膜细胞吞饮进入体内而引起过敏、毒性反应。因此蛋白质降解的意义在于消除蛋白质的种属特异性或抗原性；使大分子蛋白质变为氨基酸和小分子肽，便于机体吸收和利用。

（一）蛋白水解酶

蛋白水解酶又称肽酶，包括内切酶、外切酶、寡肽酶和二肽酶。

1. 肽链内切酶　肽链内切酶作用于多肽链中部的肽键，催化多肽链中间肽链的水解，能将长多肽链分为分子量不等的小肽,如胰蛋白酶、胃蛋白酶、胰凝乳蛋白酶和弹性蛋白酶都属于肽链内切酶。

2. 肽链外切酶　肽链外切酶又叫肽链端解酶。这类酶可分别从多肽链的游离羧基端或游离氨基逐一地将肽链水解成氨基酸。作用于羧基端的水解酶称为羧肽酶,作用于氨基端的称为氨肽酶。

(二)细胞内蛋白质降解

1. 溶酶体系统　溶酶体系统包括多种在酸性 pH 下活化的小分子量蛋白酶,因此又称酸性系统,主要水解长寿命蛋白和外来蛋白。

2. 泛肽系统　泛肽系统在 pH 7.2 的胞液中起作用,因此又称碱性系统,主要水解短寿命蛋白和反常蛋白。

二、蛋白质的生物合成

蛋白质的生物合成简单来讲就是氨基酸分子通过肽键相互结合形成肽链,并且在不断延长的肽链上从氨基端到羧基端逐个连接氨基酸分子的过程。

不同的蛋白质其氨基酸的数量和排列顺序均不同,这是由控制蛋白质合成的遗传基因决定的。携带基因信息的 DNA 位于细胞核内,通过转录将遗传信息传递给信使 RNA(mRNA),信使 RNA 将氨基酸排列信息编辑成遗传密码,作为蛋白质合成的模板,然后出细胞核到达蛋白质的合成场所——核糖体,开始蛋白质合成。

蛋白质生物合成可分为 5 个阶段:氨基酸的活化、多肽链合成的起始、肽链的延长、肽链的终止和释放、蛋白质合成后的加工修饰。

1. 氨基酸的活化　氨基酸的活化与转运氨基酸的氨基和羧基反应性不强,需要活化,也就是氨基酸在氨基酰-tRNA 合成酶催化下与特异的 tRNA 结合,形成氨基酰-tRNA,然后转运到核糖体。

2. 多肽链合成的起始　在肽链合成的起始,在蛋白质起始因子作用下,由核糖体大小亚基、mRNA 以及具有起始作用的甲酰甲硫氨酰-tRNA(真核是甲硫氨酰-tRNA)组装成起始复合物。

3. 肽链的延长　在起始复合物的基础上,核糖体从 mRNA 5′端→3′端移动,根据遗传密码,循环进行进位、成肽、移位过程,每循环完成 1 次,在肽链上羧基端就增加 1 个氨基酸残基,肽链由 N 端→C 端不断延长。具体过程见图 8-17。

4. 肽链的终止和释放　当核糖体移至 mRNA 的终止密码,不能被任何一个氨基酰-tRNA 所识别,肽链合成终止。在释放因子作用下,多肽链释放,复合物随之解体。

5. 蛋白质合成后的加工修饰　多肽链经过剪切、水解、化学修饰等加工后进一步折叠、盘曲,最后形成具有一定空间结构的蛋白质分子。

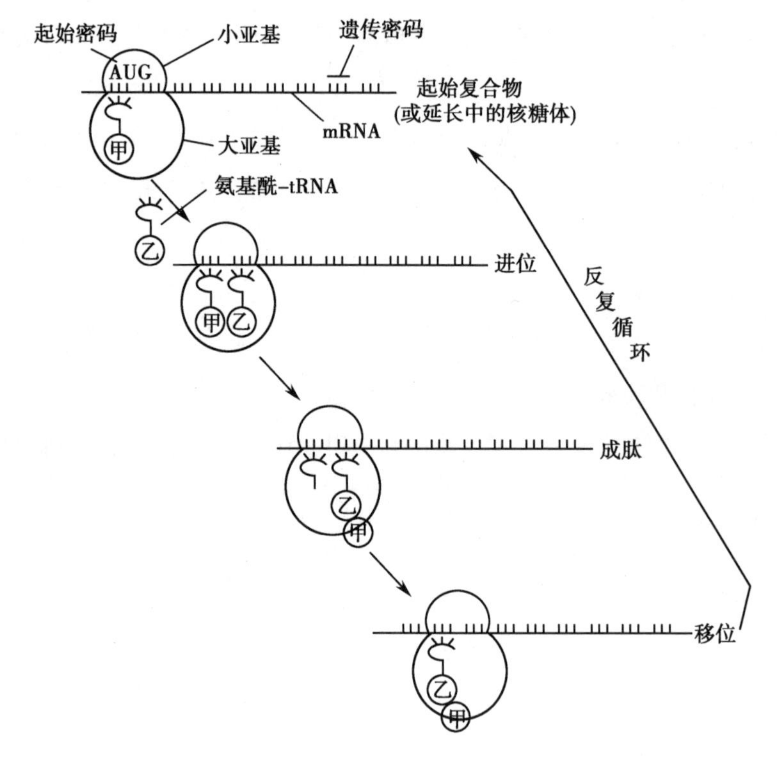

图 8-17　肽链的延长

点滴积累

1. 氮平衡代表蛋白质合成与分解代谢关系，包括氮的总平衡、正平衡和负平衡。
2. 蛋白质每日需要量 30~50g，其营养价值取决于必需氨基酸的种类和比例。
3. 蛋白质代谢主要是氨基酸代谢。 氨基酸分解代谢主要是脱氨基作用和脱羧基作用。
4. 氨基酸脱氨基作用主要有氧化脱氨基、转氨基、联合脱氨基等，以联合脱氨基最为重要。
5. 氨基酸脱氨基作用的产物为 α-酮酸和氨，α-酮酸主要用于非必需氨基酸合成及氧化供能，氨是有毒物质，主要去路是运输到肝脏合成尿素。
6. 氨基酸脱羧基作用的产物是具有生物活性的胺，如 γ-氨基丁酸、组胺等。
7. 除酪氨酸外，体内非必需氨基酸由 4 种共同代谢中间产物（丙酮酸、草酰乙酸、α-酮戊二酸和 3-磷酸甘油）之一作其前体合成。
8. 蛋白质通过酶促降解为氨基酸及小分子肽被吸收利用，最重要的酶是蛋白水解酶。
9. 蛋白质生物合成包括氨基酸的活化、多肽链合成的起始、肽链的延长、肽链的终止和释放、蛋白质合成后的加工修饰 5 个阶段。

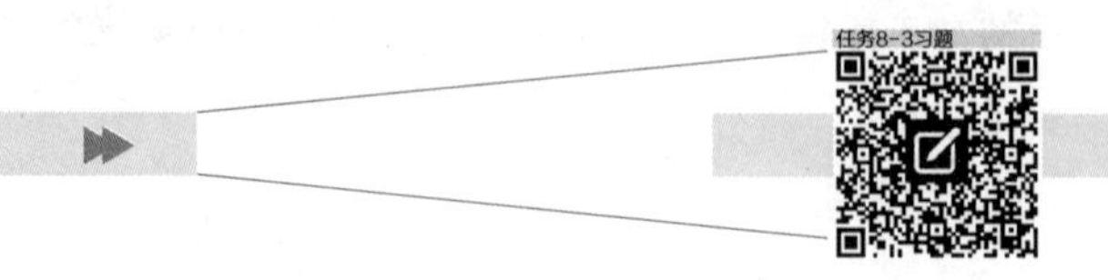

任务 8-4　脂类代谢

导学情景

情景描述：

脂类是人体主要的营养之一，但现代的人们一提起油脂都有一种“谈虎色变”的感觉，都认为油脂是三高（高血压、高血脂、高血糖）的罪魁祸首，更有甚者每天不吃油，用水焯菜，最终生病住院，医生的诊断是脂溶性维生素严重缺乏，营养不良。油脂是三大产能营养素之一，根据中国营养学会推荐的量进行摄入，是有利于身体健康的，但不能过量摄入。

学前导语：

脂类是人体需要的营养素之一，与人体健康关系密切。那么脂类包括哪些？在体内是如何分解和合成的呢？本次任务我们将和同学们一起学习掌握这些知识内容。

脂类是脂肪和类脂的总称。脂肪由 1 分子甘油和 3 分子脂肪酸组成，故又称甘油三酯或三脂酰甘油，是机体重要的储能和供能物质。类脂包括磷脂、糖脂、胆固醇和胆固醇酯，是生物膜的重要组分，可参与信息传递等多种代谢调节活动。本任务主要介绍脂肪的生理功能、消化吸收、分解、合成代谢及磷脂代谢。

任务 8-4-1　脂类的功能与消化吸收

【任务要求】

了解脂类的功能与消化吸收。

【知识准备】

一、脂类的生理功能

脂肪的主要功能是储能和供能。1g 脂肪在体内完全氧化可释放 39kJ 能量，而等质量的糖或蛋白质只能产生 17kJ 能量。机体每天所需能量的 17%～25%是由脂肪提供的。实验证明，人在空腹时，机体所需能量的 50%以上由脂肪氧化供给，而禁食 1～3 天机体所需能量的 85%来自脂肪。由此可见，脂肪是空腹和饥饿时体内能量的主要来源。

此外，食物脂肪在肠道内可促进脂溶性维生素的吸收，胆道梗阻的病人不仅脂类消化吸收障碍，还常伴有脂溶性维生素的吸收障碍；皮下脂肪能减缓热量散失，有利于维持体温；内脏周围分布的脂肪层柔软而富有弹性，可缓冲外界的机械撞击，减少摩擦，具有保护内脏器官的作用。

类脂的主要生理功能是作为细胞膜结构的基本原料，约占细胞膜重量的50%，在维持生物膜正常生理功能方面起着重要作用。此外，类脂还参与形成脂蛋白，协助脂类在血液中运输；类脂中的胆固醇可转变为胆汁酸、维生素D_3、类固醇激素等具有重要生理功能的物质。

二、脂类的消化和吸收

脂类的消化和吸收主要在小肠中进行，首先在小肠上段，通过小肠蠕动，由胆汁中的胆汁酸盐使食物脂类乳化，使不溶于水的脂类分散成水包油的小胶体颗粒，增加了消化酶对脂质的接触面积，然后由分泌入小肠的胰消化酶类进行消化，生成甘油、脂肪酸、胆固醇及溶血磷脂等，其中甘油和中短链脂肪酸被吸收入小肠黏膜细胞后，通过门静脉进入血液。长链脂肪酸及其他脂类消化产物在小肠黏膜细胞中，再合成甘油三酯、磷脂、胆固醇酯等，继而形成乳糜微粒（CM），通过淋巴最终进入血液，被其他细胞所利用。

课堂互动

脂肪的主要功能是什么？　如何吸收？

任务8-4-2　脂肪的分解代谢

【任务要求】

1. 了解脂肪的分解代谢及左旋肉碱的保健功能。
2. 掌握脂肪酸氧化的简单过程；掌握酮体的代谢特点。

【知识准备】

一、脂肪动员

储存在脂肪细胞中的甘油三酯，在一系列脂肪酶的催化下逐步水解为游离脂肪酸和甘油并释放入血，供其他组织氧化利用，此过程称为脂肪动员。过程如下：

甘油三酯 —甘油三酯脂肪酶（H_2O → 脂肪酸）→ 甘油二酯 —甘油二酯脂肪酶（H_2O → 脂肪酸）→ 甘油一酯 —甘油一酯脂肪酶（H_2O → 脂肪酸）→ 甘油

甘油三酯脂肪酶是脂肪动员的限速酶，由于该酶的活性受多种激素的调控，故又称为激素敏感性甘油三酯脂肪酶。肾上腺素、去甲肾上腺素、胰高血糖素、肾上腺皮质激素等能使该酶活性增强，促进脂肪水解，这些激素称为脂解激素；胰岛素、前列腺素E_2等可使该酶活性降低，抑制脂肪水解，故称为抗脂解激素。

机体除脑、神经组织及红细胞等不能直接利用脂肪酸外，脂肪动员所产生的游离脂肪酸释放入血后，与清蛋白结合形成脂肪酸-清蛋白复合物随血液循环运输到全身各组织被利用。

课堂互动

什么叫限速酶?

二、甘油的氧化分解

脂肪动员产生的甘油,由于分子量小、极性大,直接扩散入血,由血液运送到富含磷酸甘油激酶的肝、肾和小肠黏膜细胞,经磷酸甘油激酶和 ATP 作用,生成 3-磷酸甘油,后者再脱氢生成磷酸二羟丙酮,磷酸二羟丙酮可循糖酵解途径继续氧化分解生成 H_2O 和 CO_2 并释放能量,少量也可在肝脏中异生为葡萄糖和糖原,具体过程如下:

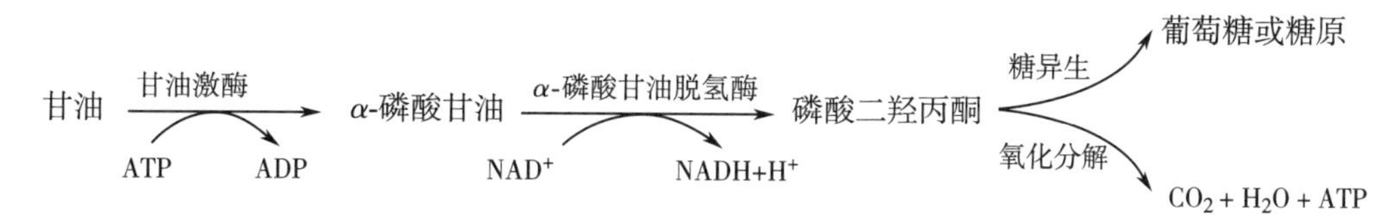

脂肪和肌肉组织中缺乏磷酸甘油激酶而不能利用甘油。肝、肾和小肠黏膜细胞富含磷酸甘油激酶,利用甘油的能力较强,所以甘油主要是经血入肝再进行氧化分解。

三、脂肪酸的氧化分解

脂肪动员所产生的游离脂肪酸,在氧供应充足的条件下,在体内可分解为 CO_2 和 H_2O 并释放大量能量供机体利用,因此脂肪酸是机体主要能量来源之一。肝和肌肉是进行脂肪酸的氧化最活跃的组织,其最主要的氧化形式是 β-氧化。

课堂互动

什么叫 β-氧化?

(一) 脂肪酸的氧化过程

脂肪酸氧化过程可大致分为 4 个阶段:脂肪酸的活化、脂酰 CoA 进入线粒体、β-氧化过程及乙酰 CoA 的彻底氧化。

1. 脂肪酸的活化　脂肪酸的活化在胞液中进行。是指在 ATP、HSCoA 和 Mg^{2+} 存在的条件下,脂肪酸在脂酰 CoA 合成酶的催化下转变为脂酰 CoA 的过程。

$$\text{R-COOH+HSCoA+ATP} \xrightarrow[\text{Mg}^{2+}]{\text{脂酰CoA合成酶}} \text{R-CO\sim SCoA+AMP+PPi}$$

脂酰 CoA 分子中不仅含有高能硫酯键,而且使其水溶性增加,从而提高了代谢活性。反应过程中生成的焦磷酸(PPi)立即被细胞内的焦磷酸酶水解,使此反应不可逆。因此 1 分子脂肪酸活化生成脂酰 CoA,实际上消耗了 2 个高能磷酸键。该反应为脂肪酸分解中唯一耗能的反应,相当于消耗了 2 分子 ATP。

2. 脂酰 CoA 进入线粒体　脂肪酸氧化的酶系存在于线粒体基质内,而长链脂酰 CoA 不能直接通过线粒体内膜进入线粒体,需线粒体内膜两侧的特异转运载体-左旋肉碱(L-肉碱)的转运。

线粒体内膜的两侧存在着肉碱脂酰转移酶Ⅰ和Ⅱ，胞液中脂酰 CoA 首先在位于线粒体内膜外侧的肉碱脂酰转移酶Ⅰ催化下，将脂酰基转移给肉碱生成脂酰肉碱，后者即可在线粒体内膜的肉碱-脂酰肉碱转位酶的作用下，通过内膜进入线粒体基质内，然后在位于线粒内膜内侧面的肉碱脂酰转移酶Ⅱ的催化下，转变为脂酰 CoA 并释放出肉碱。肉碱再被肉碱-脂酰肉碱转位酶转运到内膜外侧。脂酰 CoA 则在线粒体基质内进行β-氧化。脂酰 CoA 进入线粒体是脂肪酸β-氧化的主要限速步骤，肉碱-脂酰转移酶Ⅰ是脂肪酸β-氧化的限速酶。具体见图 8-18。

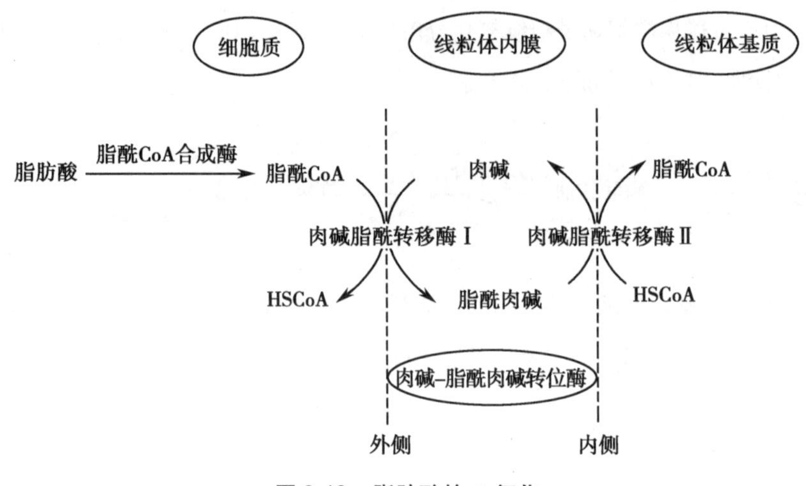

图 8-18 脂肪酸的β-氧化

3. 脂酰 CoA 的β-氧化 脂酰 CoA 进入线粒体基质后，在脂肪酸β-氧化多酶复合体的催化下，从脂酰基的β-碳原子开始，进行脱氢、加水、再脱氢和硫解 4 步连续反应。1 分子脂酰 CoA 每进行一次β-氧化，生成 1 分子乙酰 CoA 和 1 分子比原来少 2 个碳原子的脂酰 CoA。

脂酰 CoA 的β-氧化过程如下：

(1)脱氢：脂酰 CoA 在脂酰 CoA 脱氢酶的催化下，α 和 β 碳原子上各脱去 1 个氢原子，生成反Δ^2-烯脂酰 CoA，脱下的 2H 由该酶的辅基 FAD 接受，还原为 $FADH_2$。

(2)加水：反 Δ^2-烯脂酰 CoA 在 Δ^2 烯酰水化酶的催化下，加 1 分子 H_2O，生成 L-β-羟脂酰 CoA。

(3)再脱氢：L-β-羟脂酰 CoA 在β-羟脂酰 CoA 脱氢酶的催化下，脱去 2H 生成β-酮脂酰 CoA，脱下的 2H 由该酶的辅酶 NAD^+接受，还原为 $NADH+H^+$。

(4)硫解：β-酮脂酰 CoA 在β 酮脂酰 CoA 硫解酶的催化下，加 1 分子 HSCoA，使 α 与 β 碳原子之间的化学键断裂，生成 1 分子乙酰 CoA 和 1 分子比原来少 2 个碳原子的脂酰 CoA。

如此反复进行，比原来少 2 个碳原子的脂酰 CoA，又可再次进行脱氢、加水、再脱氢和硫解反应，直到脂酰 CoA 全部生成乙酰 CoA，完成脂肪酸β-氧化。具体过程见图 8-19。

β-氧化生成的 $FADH_2$ 和 $NADH+H^+$进入呼吸链通过氧化磷酸化产生能量。

4. 乙酰 CoA 的彻底氧化 脂肪酸β-氧化过程中生成的乙酰 CoA，一部分通过三羧酸循环彻底氧化成 CO_2 和 H_2O，并释放出能量；一部分在肝细胞线粒体缩合成酮体，通过血液循环运送至肝外组织氧化利用。

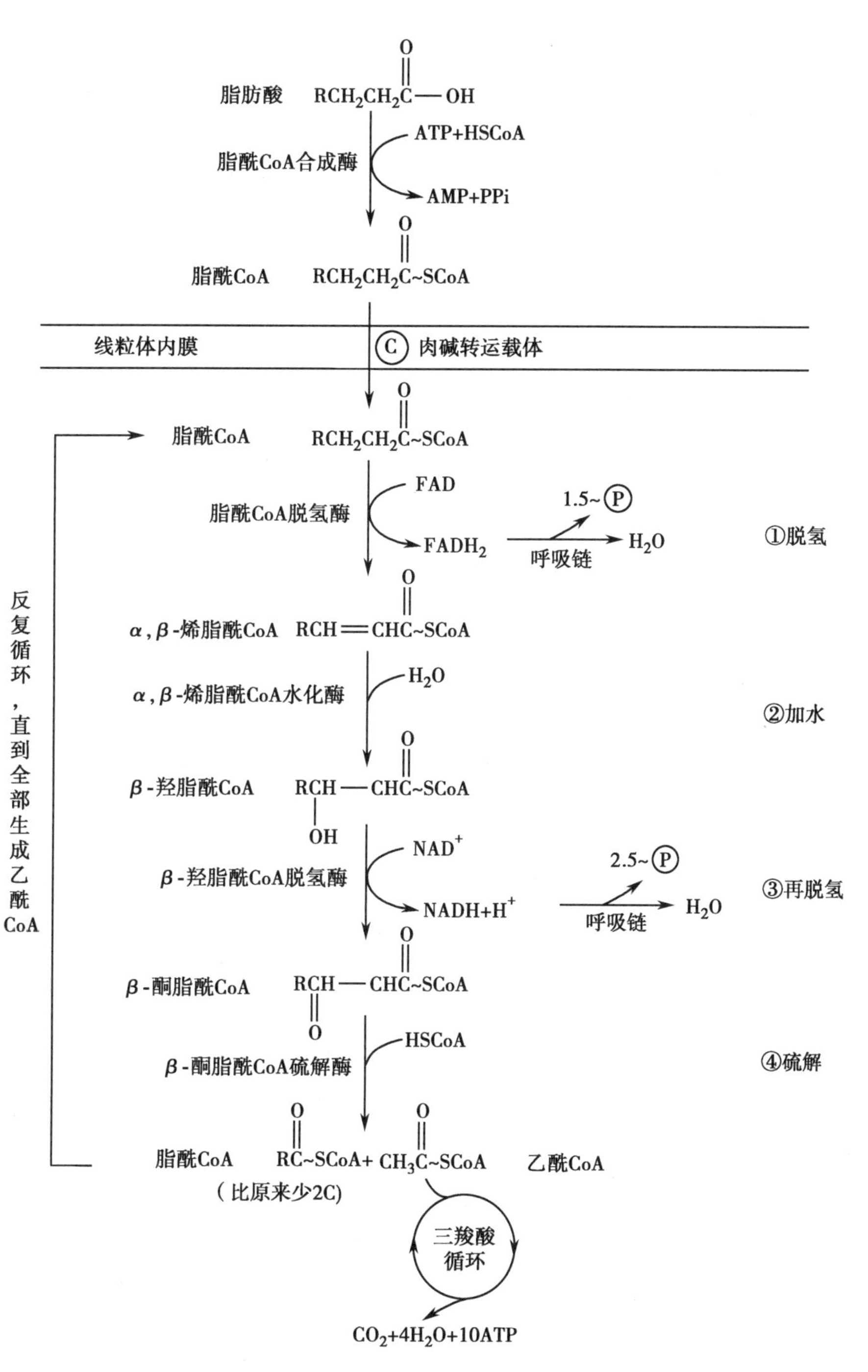

图 8-19 脂酰 CoA 的 β-氧化过程

知识链接

脂肪酸的种类与作用

除β-氧化外，脂肪酸还可以进行α-氧化和ω-氧化。α-氧化主要在脑和其他的一些组织中进行。首先在加单氧酶作用下，在α-碳原子上加氧，生成α-羟脂肪酸，然后再进一步脱氢脱羧产生比原来少一个碳原子的脂肪酸；ω-氧化可在肝脏微粒体内进行，首先将末端碳原子的甲基氧化成羟甲基，再氧化成羧基，形成α、ω-二羧酸，然后再在任一末端进行β-氧化，最后产生的琥珀酰辅酶A可进入三羧酸循环继续氧化。

（二）脂肪酸的β-氧化的生理意义

脂肪酸β-氧化是体内脂肪酸分解的主要途径，完全氧化后可为机体生命活动提供大量能量。以1分子软脂酸为例，其氧化的总反应式如下：

$$CH_3(CH_2)_{14}CO\sim SCoA+7HSCoA+7FAD+7NAD^++7H_2O \longrightarrow 8CH_3CO\sim SCoA+7FADH_2+7NADH+7H^+$$

1分子乙酰CoA通过三羧酸循环氧化产生10分子ATP，1分子$NADH+H^+$通过呼吸链氧化产生2.5分子ATP，1分子$FADH_2$氧化产生1.5分子ATP。因此，1分子软脂酸彻底氧化共生成$(7\times2.5)+(7\times1.5)+(8\times10)=108$分子ATP，减去脂肪酸活化时消耗的2个高能磷酸键，相当于2个ATP，净生成106分子ATP。

在生理条件下，合成1mol ATP耗能51.6kJ，106mol ATP×51.6kJ＝5 470kJ/mol，1mol软脂酸在体外彻底氧化成CO_2和H_2O时的自由能为9 791kJ，因此其能量利用率为56%（5 470÷9 791×100%），其余以热能丧失。热效率高，说明机体能很有效地利用脂肪酸氧化所提供的能量。

脂肪酸的β-氧化过程中产生的乙酰CoA是一种非常重要的中间产物，除能进入三羧酸循环氧化供能外，还是许多重要化合物如酮体、胆固醇和类固醇等的合成原料。

四、酮体的生成和分解

在心肌、骨骼肌等肝外组织中脂肪酸能够彻底氧化成CO_2和H_2O同时释放能量。而在肝脏内，脂肪酸除彻底氧化外，还在线粒体内转变为乙酰乙酸、β-羟丁酸、丙酮三种物质，统称酮体。其中β羟丁酸约占酮体总量的70%，乙酰乙酸约占30%，丙酮含量极微。

1. 酮体的生成　酮体是以脂肪酸在肝细胞线粒体内β-氧化产生的大量乙酰CoA为原料合成，基本过程是：

（1）2分子乙酰CoA在乙酰乙酰CoA硫解酶催化下缩合成乙酰乙酰CoA，并释放出1分子HSCoA。

（2）乙酰乙酰CoA在羟甲基戊二酸单酰CoA（HMGCoA）合酶的催化下，再与1分子乙酰CoA缩合生成羟甲基戊二酸单酰CoA。

（3）羟甲基戊二酸单酰CoA在HMGCoA裂解酶催化下裂解，生成1分子乙酰乙酸和1分子乙酰CoA。大部分乙酰乙酸在线粒体内膜β-羟丁酸脱氢酶催化下加氢还原成β-羟丁酸。部分乙酰乙酸也可自动脱羧生成少量丙酮。酮体的生成过程见图 8-20。

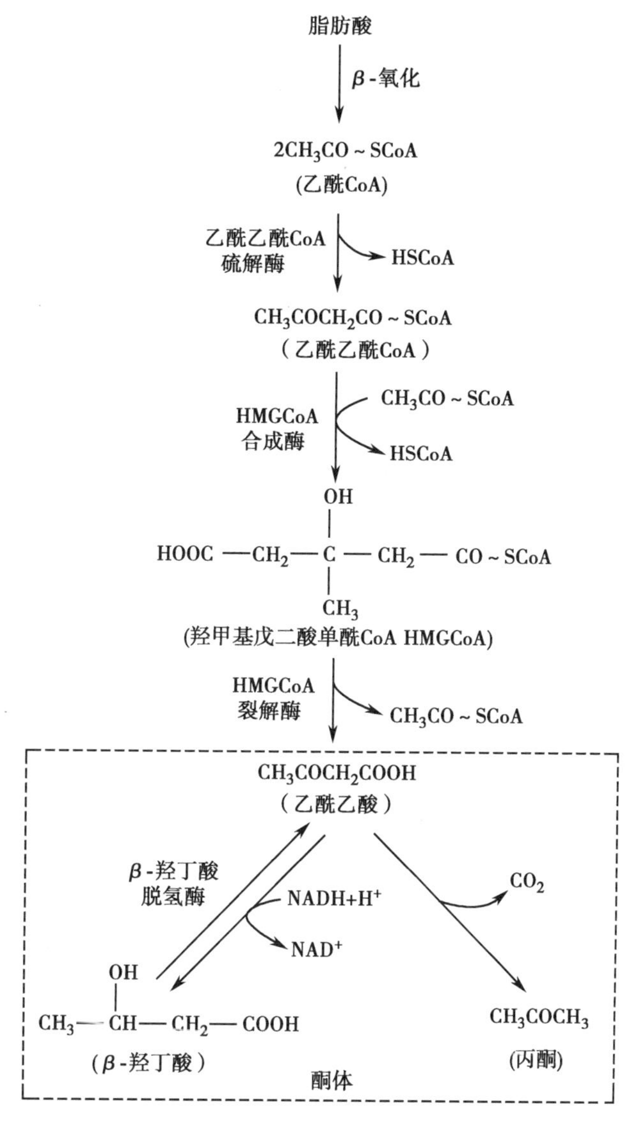

图 8-20　酮体的生成

肝线粒体内含有各种合成酮体的酶，尤其是 HMGCoA 合酶，因此酮体是脂肪酸在肝脏中氧化分解产生的特有的中间产物。但是肝氧化酮体的酶活性很低，所以肝脏不能氧化酮体，其产生的酮体可透过细胞膜进入血液循环，运输到肝外组织进一步氧化利用。

2. 酮体的利用　肝外许多组织具有活性很强的氧化利用酮体的酶，如心、肾、脑及骨骼肌线粒体中有琥珀酰 CoA 转硫酶，在琥珀酰 CoA 存在下，可使乙酰乙酸活化成乙酰乙酰 CoA，后者硫解为 2 分子乙酰 CoA 后，进入三羧酸循环被彻底氧化，这是酮体被利用的主要途径。

另外，心、肾、脑线粒体中还存在乙酰乙酸硫激酶，可使乙酰乙酸活化生成乙酰乙酰 CoA，其余反应同上。

β-羟丁酸脱氢后转变成乙酰乙酸，再经上述途径氧化。正常情况下，丙酮量少、易挥发，经肺呼出。部分丙酮可转变为丙酮酸或乳酸，进而异生成糖。

总之，肝能生成酮体，但不能利用酮体；肝外组织不能生成酮体，却能利用酮体。

酮体的利用过程见图 8-21。

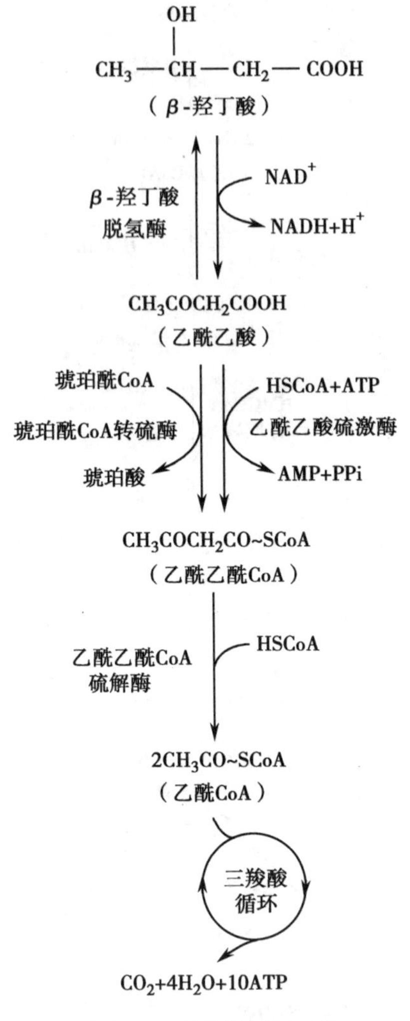

图 8-21　酮体的利用过程

3. 酮体代谢的生理意义　酮体是脂肪酸在肝脏中氧化分解产生的正常中间产物，是肝输出能源的一种形式。酮体分子小，易溶于水，能通过血脑屏障及肌肉的毛细血管壁，故生成后能迅速被肝外组织摄取利用，是肌肉尤其是脑组织的重要能源。脑组织不能氧化脂肪酸却能利用酮体，因此当长期饥饿及糖供应不足时，酮体可代替葡萄糖成为脑组织的主要能源。

正常人血中仅含有少量酮体，为 0.03～0.5mmol/L。但在长期饥饿或严重糖尿病时，脂肪动员加强，脂肪酸在肝内分解增多，导致酮体生成过多，血液酮体的含量可高出正常情况的数十倍，这时，丙酮约占酮体总量的一半，通过呼吸排出体外，出现酮臭。当酮体生成超过肝外组织利用的能力时，引起血中酮体异常增多，称为酮血症，可导致酮症酸中毒，并随尿排出，引起酮尿。

任务 8-4-3　脂肪的合成代谢

【任务要求】

了解脂肪的合成代谢的简单过程。

【知识准备】

人体合成甘油三酯是以 α-磷酸甘油和脂酰 CoA 为原料，主要在肝、脂肪组织及小肠细胞内质网中经脂酰基转移酶的催化逐步合成的，合成过程有两个途径。

一、甘油一酯途径

指以甘油一酯为起始物，与 2 分子脂酰辅酶 A 在脂酰辅酶 A 转移酶的催化下生成甘油三酯的过程。此途径是小肠黏膜细胞合成甘油三酯的主要途径。反应过程如下：

$$\text{甘油一酯}\xrightarrow[\text{脂酰CoA转移酶}]{RCO\sim SCoA\quad HSCoA}\text{甘油二酯}\xrightarrow[\text{脂酰CoA转移酶}]{RCO\sim SCoA\quad HSCoA}\text{甘油三酯}$$

二、甘油二酯途径

指以脂酰 CoA 先后酯化 α-磷酸甘油及甘油二酯合成甘油三酯的过程。此途径是肝细胞及脂肪细胞内生成甘油三酯的主要途径。反应过程如下：

$$\alpha\text{-磷酸甘油}\xrightarrow[\alpha\text{-磷酸甘油脂酰转移酶}]{2RCO\sim SCoA\quad 2HSCoA}\text{磷脂酸}\xrightarrow[\text{磷脂酸磷酸酶}]{H_2O\quad Pi}\text{甘油二酯}\xrightarrow[\text{脂酰转移酶}]{RCO\sim SCoA\quad HSCoA}\text{甘油三酯}$$

肝细胞虽能合成大量脂肪，但不能储存脂肪，脂肪主要储存于脂肪组织。肝脏合成的甘油三酯与载脂蛋白、磷脂和胆固醇组装成极低密度脂蛋白分泌入血，经血液循环向肝外组织输出。若磷脂合成不足、载脂蛋白合成障碍或甘油三酯合成量超过了肝脏的外运能力，多余的甘油三酯会在肝细胞中聚集，导致脂肪肝。

任务 8-4-4　磷脂的代谢

【任务要求】

了解磷脂代谢的简单过程。

【知识准备】

磷脂是指含有磷酸的脂类，包括甘油磷脂与鞘磷脂两大类，前者含甘油，后者含鞘氨醇。体内含量最多的磷脂是甘油磷脂，主要有磷脂酰胆碱（卵磷脂）、磷脂酰乙醇胺（脑磷脂）等。

一、甘油磷脂的代谢

（一）甘油磷脂的合成代谢

1. 合成部位和原料全身各组织均能合成甘油磷脂，但以肝、肾及小肠等组织最活跃。甘油磷脂基本结构是磷脂酸与取代基团，所以原料主要为磷脂酸（甘油、脂肪酸、磷酸盐）以及取代基团（胆碱、乙醇胺、丝氨酸、肌醇）等，还需要 ATP、CTP、叶酸和维生素 B_{12} 等辅助因子参加。

甘油 C_2 位上的脂肪酸多为必需脂肪酸，需食物供给。胆碱和乙醇胺可由食物提供，也可由丝氨酸在体内转变而来。

2. 合成过程甘油磷脂的合成有 2 个途径，分别是甘油二酯途径和 CDP-甘油二酯途径。前者是磷脂酰胆碱和磷脂酰乙醇胺的主要合成途径，这两类磷脂占血液及组织中磷脂的 75% 以上。

(1) 甘油二酯合成途径：该途径是将参与合成的胆碱及乙醇胺先活化为 CDP-胆碱、CDP-乙醇胺再转移到二酰甘油分子上，过程如图 8-22。

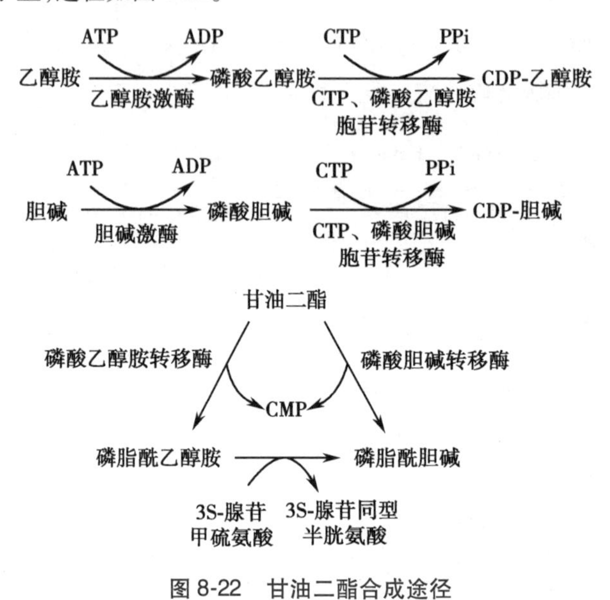

图 8-22　甘油二酯合成途径

(2) CDP-二酰甘油途径：磷脂酰丝氨酸、磷脂酰肌醇和二磷脂酰甘油（心磷脂）由此途径合成。

课堂互动

脑磷脂和卵磷脂有何不同？　都有什么作用？

（二）甘油磷脂的分解代谢

机体含有各种磷脂酶，可作用于甘油磷脂分子中的酯键，使甘油磷脂逐步水解生成甘油、脂肪酸、磷酸及各种含氮化合物如胆碱、乙醇胺和丝氨酸等，这些产物可被重新利用或继续氧化分解。

磷脂酶类作用于各种生物膜磷脂，水解产生花生四烯酸及信号转导成分如三磷酸肌醇（IP_3）和二酰甘油（DG）等。磷脂酶 A_1、A_2 是水解卵磷脂的一种酶，可生成溶血磷脂和多不饱和脂肪酸。溶血磷脂是一种较强的表面活性物质，能使红细胞膜或其他细胞膜破坏引起溶血或细胞坏死。某些毒蛇的毒液中含有磷脂酶 A_1，人被咬伤后，会引起溶血及出现中毒症状。

二、鞘磷脂的代谢

人体内含量最多的鞘磷脂是神经鞘磷脂。全身各组织均能合成鞘磷脂，但以脑组织最为活跃。鞘磷脂由鞘氨醇、脂酸及磷酸胆碱所构成，是神经髓鞘的主要成分，也是构成生物膜的重要磷脂。

神经鞘磷脂可被神经鞘磷脂酶催化水解。此酶存在于脑、肝、脾、肾等细胞的溶酶体中，产物为 *N*-脂酰鞘氨醇和磷酸胆碱。先天性缺乏此酶的病人，由于神经鞘磷脂不能降解而在细胞内积存，导致鞘脂累积症，可引起肝、脾肿大及痴呆等。

点滴积累

1. 脂肪动员将脂肪分解为甘油和脂肪酸，甘油通过生成 α-磷酸甘油或异生为糖或氧化分解，脂肪酸通过 β-氧化生成乙酰 CoA，在肝外进入三羧酸循环氧化分解，在肝内则生成酮体。
2. 酮体包括乙酰乙酸、β-羟丁酸和丙酮，在肝脏生成，肝外利用。
3. 甘油三酯是以 α-磷酸甘油和脂酰 CoA 为原料合成，甘油二酯途径是肝细胞及脂肪细胞内生成甘油三酯的主要途径。
4. 磷脂包括甘油磷脂与鞘磷脂两大类，磷脂酰胆碱（卵磷脂）和磷脂酰乙醇胺（脑磷脂）是甘油磷脂。
5. 人体内含量最多的鞘磷脂是神经鞘磷脂，鞘磷脂是神经髓鞘的主要成分，也是构成生物膜的重要磷脂。

任务 8-5 新鲜食物组织代谢

导学情景

情景描述：

我们每天都要吃菜，买回来的菜不会马上枯萎，例如买回来的芹菜，过几天发现又能长出新芽，而且还不断地生长。采摘的水果，收获的蔬菜，新鲜的鱼、蛋、乳等食物，在生物学上虽然已经离开母体或者宰杀死亡，但它们的组织细胞并不会立刻死亡，仍然具有活泼的生物化学特性，许多代谢活动还会继续进行。只是代谢方向、途径、强度等与原来活体生物有所不同。

学前导语：

水果、蔬菜以及畜禽等是人类的重要食物，也是食品加工的主要原料。那么它们离体（或屠宰）后组织细胞内的代谢活动是怎样的呢？本任务将就此进行讨论学习。

任务 8-5-1 植物的组织代谢

【任务要求】

1. 了解植物组织的类别及特点。
2. 熟悉新鲜植物组织的生理变化及在加工储存中的变化。

【知识准备】

一、新鲜植物组织的类别和特点

采收后的新鲜植物类食物，由于切断了养料供应来源，组织细胞只能利用内部储存的营养来进行生命活动，虽然存在合成作用，但主要表现为分解作用。根据含水量的高低，可将天然植物类食物大体分为两类：一类是含水量低的种子类食物，如稻、麦、大豆、玉米、花生等，含水量一般为12%~15%，因而代谢强度很低，耐储存性很强，组织结构和主要营养成分在采收后及储存过程中变化很小；另一类是含水量较高的果蔬类食物，它们又可分为水果和蔬菜两大类，其主要特点是多汁，水分含量一般为70%~90%，因而代谢活跃，在采收后及储存过程中，组织结构和营养成分变化较大。

课堂互动

新鲜植物组织的类别和特点有哪些？

二、采收后果蔬组织的呼吸及生理变化

1. 呼吸途径　在未发育成熟的植物组织中，几乎整个呼吸作用都通过酵解三羧酸循环这一代谢主流途径进行，在组织器官发育成熟以后，整个呼吸作用中相当大的部分，一般不超过25%为磷酸己糖支路所代替，但有时也可达50%，如在辣椒中为28%~36%，在番茄中为16%。

水果、蔬菜采收后，在其深层组织中还会进行一定程度的无氧呼吸。

除了呼吸途径的变化外，最常见的还有末端氧化酶体系的变化。水果、蔬菜等植物组织在采收前，占主导地位的是细胞色素氧化酶体系；采收后，细胞色素氧化酶体系的活性下降，而其他末端氧化酶诸如多酚氧化酶体系、黄素氧化酶体系等的活性增强。

2. 呼吸强度　呼吸强度是指一定温度下在单位时间内单位重量活细胞（组织）放出CO_2或吸收O_2的量，常用单位为CO_2mg/(kg·h)或O_2mg/(kg·h)。它是衡量呼吸作用强弱的一个指标，呼吸强度越大，说明呼吸作用越旺盛，营养消耗越大，产品衰老加速，储存期亦缩短。果蔬采收后，呼吸强度总的趋势是逐渐下降的。但一些蔬菜，特别是叶菜类，在采收时由于机械损伤导致的愈伤呼吸会使总的呼吸强度在一段时间内出现增强现象，而后才开始下降。

不同种类植物的呼吸强度不同，同一植物不同器官的呼吸强度也不同。各器官具有的构造特征，也在它们的呼吸特征中反映出来。

叶片组织的特征表现在其结构有很发达的细胞间隙，气孔极多，表面积巨大，因而叶片随时受到大量空气的洗刷，与外部空气交换性好，表现在呼吸上有2个重要的特征：一是呼吸强度大；二是叶片内部组织间隙中的气体按其组成很近似于大气。所以叶片的呼吸强度大，营养损失快，在普通条件下储存期短。

肉质的植物组织，由于不易透过气体，其呼吸强度远比叶片组织低，组织间隙气体组成中的CO_2浓度比大气中的浓度高，而O_2浓度则低。组织间隙中的CO_2是呼吸作用产生的，由于气体交换不畅而滞留在组织中，致使肉质的植物组织中CO_2的含量逐渐增高而O_2则逐渐减少。

课堂互动

采收后果蔬组织呼吸强度及其化学历程如何变化?

3. 影响果蔬组织呼吸的因素 呼吸作用仍然是果蔬采收后最主要的代谢过程,它对于果蔬采后的其他生理生化过程有很大的影响。要使果蔬能够长期储存,延缓其衰老,就要使果蔬在储存中保持正常而缓慢的呼吸作用。

(1)温度:温度对呼吸强度的影响十分明显。在通常情况下,呼吸随温度升高而加快。环境温度愈高,组织呼吸愈旺盛。蔬菜在室温下放置24小时,可损失其所含糖分的1/3~1/2,一直到接近停止生命活动的限度为止。一般情况下,降温冷藏可以降低呼吸强度,减少果蔬的储存损失;但呼吸强度并非都是温度越低越好,这是因为各种果蔬保持正常生理状态的最低适宜温度依种类、品种及采收时的生理状态不同而异。例如,马铃薯的最低呼吸率在3~5℃之间而不是在0℃;香蕉不能储存于低于11℃的温度下,否则就会受冷害而发生黑腐烂;柠檬以3~5℃为宜;苹果、梨、葡萄等只要细胞不结冰,则仍然能维持正常的生理活动。

此外,温度的波动也影响呼吸强度。在平均温度相同的情况下,变温的平均呼吸强度显著高于恒温的呼吸强度。植物对温度波动的敏感性依植物组织种类、生理状态等的不同而异。例如,和恒温处理比较,在变温条件下,胡萝卜的糖分呼吸损耗增加43%,甜菜增加30%,葱增加15%。因此果蔬储存应尽量避免库温的波动。

(2)湿度:生长中的植株一边不断由其表面蒸发水分,一边由根部吸收水分而得到补充。采收后的果蔬已经离开了母株,水分蒸发后因得不到及时补充,导致组织干枯、凋萎,破坏细胞原生质的正常状态,游离态酶的比例也增大,细胞内分解过程加强,呼吸作用大大增强,少量失水可使呼吸底物的消耗几乎增加一倍。

提高环境中的相对湿度可以有效地减少果实水分的蒸发,避免萎蔫等不良生理效应。通常保持果蔬环境中的相对湿度在80%~90%为宜。湿度过大以致饱和时,水蒸气及呼吸产生的水分会凝结在果蔬的表面,形成"发汗"现象,为微生物的滋生提供了条件,引起腐烂,因此湿度不宜过高。

(3)大气组成:改变环境大气的组成可以有效地控制植物组织的呼吸强度。一般降低大气中的含氧量可降低呼吸强度,CO_2 则有强化减氧降低呼吸强度效应的作用,例如在含 O_2 1.6%~5%、含 CO_2 5%的空气中于3.3℃下储存的苹果呼吸强度仅为正常空气中对照组的50%~64%。根据这一原理制定的以控制大气中 O_2 和 CO_2 浓度为基础的储存方法称为气调储存法或调节大气储存法。保鲜过程中除低温以外,气调储存是目前最适宜的储存手段。

每一种水果、蔬菜都有其特有的"临界需氧量",低于临界量,则植物组织就会因缺氧进行无氧呼吸受到损害而产生异味。CO_2 浓度过高,如高于15%时,也会产生异味,并引起一些生理病害。异味的产生主要是由于乙醇和乙醛等物质的积累。果蔬的气体成分临界量并非是固定不变的,它依其他气体成分的含量、温度等的不同而异。对大多数水果、蔬菜而言,最适宜的储存条件是:温度0~4.4℃,O_2 浓度3%,CO_2 浓度0~5%。

(4)机械损伤及微生物感染:植物组织受到机械损伤(压、碰、刺伤)和虫咬,以及微生物感染后都可刺激呼吸强度增高。受伤的果蔬呼吸强度明显增强，是因为损伤增加了氧的透性，以及损伤口周围的细胞进行着旺盛的生长和分裂，形成愈合组织，以保护其他未受伤的部分免受损害，这些细胞分裂和生长需要大量原料和能源，受伤组织呼吸明显增强正是为了满足这种需要，因此人们称这种呼吸的加强为“伤呼吸”。如马铃薯受伤后2~3天，它的呼吸强度比没有受伤时高5~6倍。此外，果蔬受伤后，从伤口流出大量营养物质，其中有丰富的糖、维生素和蛋白质等，提供了微生物生长的良好条件，此时在伤口处微生物大量整殖，呼吸大大提高，所以受伤严重的果蔬易于发热，同时腐烂率较高。

（5）植物组织的龄期：水果、蔬菜的呼吸强度不仅依种类而异，而且因龄期而不同。较幼的正在旺盛生长的组织和器官具有较高的呼吸能力，趋向成熟的水果、蔬菜的呼吸强度则逐渐降低。

课堂互动

1. 影响呼吸强度的因素有哪些？
2. “植物组织储存温度越低，呼吸强度就越低”，这种说法是否正确？ 为什么？

三、成熟与衰老过程中的生理变化

1. 成熟与衰老 成熟是指果实生长的最后时期，即达到充分长成的时候。一般又把它分成初熟和完熟2个阶段。初熟，即生理成熟或绿熟，是指果实达到可以采摘的程度，但不是最佳食用品质时期。例如香蕉尽管在树上已完全长成，但摘下来并不好吃，又涩又硬，需催熟后方能食用。完熟是成熟的最后阶段，是指果实完全表现出本品种的典型性状，体积充分长大，达到最佳食用品质时期。成熟一般是对果实而言，对根、茎、叶等营养器官一般不涉及成熟问题，如有的叶类蔬菜整个生长时期都是可食用的。

衰老是指植物的器官或整个植株在生命的最后阶段进行的一系列不可逆的变化，最终导致细胞及整个器官死亡的生理过程。食用的植物根、茎、叶、花及其变态器官虽然没有成熟问题，但有组织衰老问题。衰老的植物组织细胞老化，失去补偿和修复能力，胞间物质局部崩溃，细胞彼此松离，细胞间的物质代谢和交换也减少；膜脂破坏，膜的通透性增加，最终导致细胞崩溃以及整个细胞的死亡。

果实的成熟也是不可逆的变化过程。因此，有些生理学家很早就认为果实的成熟是衰老的开始。有些成熟过程过渡到衰老是连续的，两者不易分开。生产上把果蔬最佳食用阶段以后的品质劣变或组织崩溃阶段也称为衰老。

课堂互动

成熟和衰老的区别是什么？

2. 果蔬成熟及衰老过程的成分变化 水果和蔬菜进入成熟时既有生物合成的变化，也有生物降解的变化，但进入衰老后就更多地处于降解状态。

（1）糖类物质的变化：未成熟的水果中，淀粉含量高，果肉无甜味。成熟后，果实中储存的淀粉转化为可溶性糖，葡萄糖、果糖、蔗糖等可溶性糖增多，使果实变甜。成熟水果离开母体后，果实内的可溶性单糖和低聚糖是储存期间呼吸作用的底物，它经糖酵解——三羧酸循环途径而消耗。瓜菜类的南瓜、冬瓜等储存时间太长，味道变差，就是由于其中的可溶性单糖被消耗了。

（2）色素物质的变化：果实成熟时呈现特有的色彩。水果成熟过程中随着叶绿素酶的增多，叶绿素被降解，绿色减退甚至消失，而类胡萝卜素、花青素则呈现，从而显红色或橙色。果实因类胡萝卜素或花青素的增加而表现出黄色、红色或紫色，是最明显的成熟标志。例如苹果由于形成花青素而呈红色，番茄由于番茄红素的形成而呈红色。而叶菜类衰老变黄，则基本上都是因为叶绿素分解而叶黄素显现的原因。

（3）鞣质的变化：鞣质物质在幼嫩果实含量较多，因而具有强烈的涩味，其中主要是单宁类物质。在水果成熟过程中，单宁被过氧化物酶氧化为无涩味的过氧化物，也有一部分单宁聚合成无味的大分子物质。因此，成熟的水果没有涩味或涩味降低。

（4）果胶物质的变化：水果在成熟过程中，果肉细胞间的果胶质在原果胶酶、有机酸的作用下逐渐转化为可溶性果胶，果肉细胞相互分离，加之果肉细胞中的淀粉粒也转化为可溶性糖，水果由硬变软，风味变佳。成熟水果在储存过程中，果胶还可以在果胶裂解酶的作用下被催化成不饱和的聚半乳糖醛酸等，使水果过度软化、无黏性，对水溶解度很低，使过熟果蔬呈软烂状态，质量下降。

（5）芳香物质形成：果蔬在成熟过程中的代谢作用会产生一些脂肪族和芳香族的低分子酯及一些特殊的醛类物质。不论各种果实释放的挥发性物质组分差异如何，只有成熟或衰老时才有足够的数量积累，使果蔬显现出该品种特有的香气。

（6）维生素 C 变化：果实通常在成熟期间大量积累维生素，可以认为是水果在成熟过程中呼吸作用转化的产物。正常情况下，水果中维生素 C 随水果成熟度增高而逐渐增多，但过熟后会显著减少。

成熟的水果和蔬菜在储存过程中，因呼吸作用继续进行，维生素 C 会被氧化为草酸或其他有机酸，含量逐渐下降。即储存时间越长，果蔬中维生素 C 含量越低。维生素 C 在人体内不能合成，但对人体的生理活动具有重要作用，因此，从营养的角度来讲，果蔬不宜久存。

（7）有机酸的变化：未成熟的水果，在果肉细胞内积累了许多代谢的中间产物有机酸，如柠檬酸、苹果酸、酒石酸等，所以有酸味。在水果成熟过程中，有的有机酸被转变为糖，有的被作为呼吸底物而分解，也有的被 K^+、Ca^{2+} 等中和，所以成熟水果的酸味下降，甜味增加。完全成熟的水果，糖和有机酸的含量比例较为恰当，水果表现出特有的风味。水果在储存过程中，有机酸作为呼吸作用的底物被消耗，因此糖酸比改变，水果的风味和质量下降。

（8）蛋白质的变化：果蔬种类不同，体内所含蛋白质的量也不同，一般进入绿熟的水果，蛋白质含量显著提高，红熟阶段达到最高，果实过熟后，蛋白质含量则又会下降。大豆、蚕豆等种子类食物，蛋白质含量极丰富，随其成熟度增加，蛋白质含量不断增加。绿叶类蔬菜，蛋白质含量一般较少，当生长到叶片充分伸展时含量最高，以后则开始逐渐下降。

果蔬储存时，蛋白质可在蛋白水解酶作用下降解为氨基酸，然后作为呼吸底物而彻底分解，所以随着储存期的延长，果蔬内蛋白质的含量将逐渐减少。但大豆等种子类食物，因水分含量很少，其蛋白质的降解作用明显不如新鲜果蔬。

▶▶ 课堂互动

果蔬在成熟和衰老过程中有哪些成分变化？ 它们是如何变化的？

3. 果蔬成熟过程中的生理变化

(1)呼吸变化：一般情况下，果实的呼吸趋势是当果实幼小时呼吸强度高，然后又迅速下降。有趣的是当果实进入完熟期，有一类果实呼吸强度骤然提高，随着果实衰老又迅速下降，这种现象称为呼吸跃变现象。呼吸跃变顶点是果实完熟的标志，过了顶点(曲线拐点)，果实进入衰老阶段见图 8-23。绿叶蔬菜没有明显的呼吸跃变现象，因此在成熟与衰老之间没有明显区别。

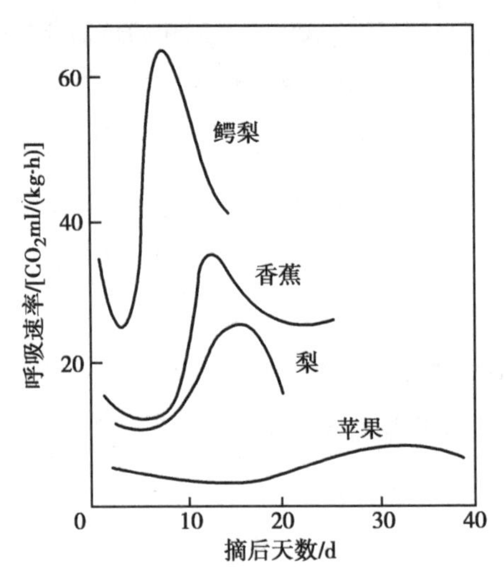

图 8-23　不同水果呼吸跃变情况

根据呼吸跃变现象的有无，可将水果分为两类：一类是高峰型果实，该类果实一般可在呼吸跃变之前收获，在受控条件下储存，可有效延长储存寿命，如苹果、香蕉、桃、梨、柿、西瓜等；另一类是非高峰型果实，这类果实进入成熟期后呼吸强度保持平稳或缓慢下降，没有呼吸跃变现象，如柑橘、蔬菜类、樱桃、葡萄、菠萝、荔枝等。

(2)乙烯合成：乙烯对果实的成熟和衰老起着重要调节作用。高峰型果实成熟阶段产生大量乙烯，非高峰型果实乙烯生成量少。乙烯的产生是水果成熟的开始，催熟所需的乙烯临界浓度为 0.1~1.0mg/kg。高峰型果实和非高峰型果实在对乙烯的反应上存在明显区别。乙烯对非高峰型果实只引起一瞬间的呼吸增强反应，并且这种反应可以出现多次，不管在未熟期、成熟期或衰老期都可以出现高峰；而高峰型果实只能在未出现高峰之前施用乙烯(不管浓度如何)才出现高峰，如果在出现高峰之后施用乙烯，就没有增强呼吸和促进成熟的作用。果实的高峰期与非高峰期的根本生理区别在于后熟过程中是否产生内源乙烯。

(3)成熟与衰老过程中的形态变化

1)细胞器：在果实成熟和衰老过程中，首先是叶绿体开始崩溃；核糖体群体在前期变化不大，在成熟后期减少；内质网、细胞核和高尔基体在成熟后期，可以看到产生很多较大的液泡，最后囊泡化而消失；线粒体变化不大，有时变小或减少，有时膨胀，它比其他细胞器更能抗崩溃，能保留到衰老晚期；液泡膜在细胞器解体前消失；核膜和质膜最后退化，质膜崩溃时细胞即宣告死亡。

2）细胞壁：不同发育期的细胞壁结构不同。在成熟过程中，细胞壁中的微纤维结构有所松弛，其后，随之而来的主要是成分性质上的变化。

3）角质层与蜡：在发育过程中，果实的表皮细胞上不断地有角质和蜡的累积，当果实增长时，单位面积的蜡量保持恒定。

课堂互动

1. 什么是呼吸跃变现象？ 高峰型果实和非高峰型果实的区别。
2. 果蔬在成熟与衰老过程中发生哪些形态变化？

4. 水果的成熟机制　水果的成熟是产生乙烯的结果。乙烯可以提高果肉细胞膜系统的通透性，使线粒体更易获得氧（线粒体是细胞中呼吸酶存在的场所），ATP 和各种代谢物的通过更加容易，因而加强了内部氧化过程，促进了呼吸及其他代谢作用的进行。并且乙烯能促进多种酶的合成，这有利于果实成熟过程中有机物、色素的变化及果实变软。因此乙烯促进了果实的成熟。但也发现柑橘、葡萄成熟时，与另一种植物激素脱落酸（ABA）的关系更大。

课堂互动

简述乙烯催熟的机制。

任务 8-5-2　动物宰杀后的组织代谢

【任务要求】

1. 了解动物组织的类别及特点。
2. 熟悉新鲜动物组织的生理变化。

【知识准备】

一、新鲜动物组织

新鲜动物组织一般是指食用的畜禽肉类及水生动物鱼、贝、虾类等。所谓肉，广义地说就是指动物体所有可供食用的部分。肉可分为畜禽肉和鱼贝肉两大类，畜禽肉又可分为来自哺乳动物如牛、羊、猪等的“红肉”和来自家禽的“白肉”，鱼贝肉则是指所有水生动物，包括蛤、牡蛎、虾、鱼等的鲜肉。

肉是优质蛋白质和 B 族维生素以及人体所需矿物质元素铁的极好来源。肉的成分主要在脂类含量上有差别，其他营养成分相差不大，瘦肉中蛋白质约占 20%，灰分约为 1%，详见表 8-3。肉类的蛋白质在营养上优于植物蛋白质，动物被宰杀放血后，生命结束，但组织细胞的酶仍具有活性，细胞的代谢作用仍可继续进行，只是由于血液循环中断，从有氧呼吸转变为无氧呼吸为主，物质代谢也主要向分解代谢进行。

表 8-3　瘦肉组织的成分/%

品种	水	蛋白质	脂类	灰分
牛肉	70~73	20~22	4~8	1
猪肉	68~70	19~20	9~11	1.4
鸡肉	73.7	20~23	4~7	1
羊肉	73	20	5~6	1.6
鲑鱼	64	20~22	13~15	1.3
鳕鱼	81.2	17.6	0.3	1.2

二、动物组织代谢

1. 活体肌肉的代谢　为了迅速运转收缩器官，肌肉需要付出很大的能量，这些用于收缩的能量是由 ATP 水解提供的。引起 ATP 水解的化学反应发生在肌球蛋白分子的头部，肌球蛋白的 ATP 酶在 Mg^{2+} 和 Ca^{2+} 存在下能催化水解过程。

哺乳动物的肌肉在活动时每分钟每克肌肉需要水解大约 1mmol ATP，但实际存在量大约只有 5μmol/g，此量只够 0.3 秒的活动。进行正常生命活动的肌肉在一次收缩作用的前后，ATP 含量实际上并不降低，ADP 的含量也不升高。ATP 的主要来源是由肌酸激酶催化的 Lohmann 反应：

$$ADP+肌酸磷酸(CP) \rightarrow ATP+肌酸(C)$$

CP 的含量约为 20μmol/g，此量足够供短期活动时需要，并在有氧呼吸代谢过程中获得再生。

在体内肌肉中的糖原通过呼吸作用被氧化成 CO_2 和 H_2O，同时偶联合成 ATP，这是体内 ATP 的主要来源。在工作负荷不高时，脂质代谢也是可利用能量的一个重要来源。静止的肌肉主要利用脂肪酸和乙酸乙酯作为呼吸底物，在此条件下，血液中的葡萄糖消耗得很少。但在运动量很大时，葡萄糖成为主要的呼吸底物。

（1）有氧代谢：对 ATP 的合成最有效以及在红色肌肉和做功不是最大的肌肉中所发生的代谢是有氧的糖酵解作用，其通过三羧酸循环和呼吸电子传送系统提供主要能量，而糖、蛋白质和脂质等营养成分则被降解为 H_2O 和 CO_2。由糖原产生的一个葡萄糖分子被降解为 H_2O 和 CO_2 时，有 36~37 个 ADP 分子转化为 36~37 个 ATP 分子。

（2）无氧代谢：当肌肉处于高度紧张状态时，即处于剧烈运动、异常的温度、湿度和大气压，或处于很低的氧分压、电休克或受伤时，线粒体不能维持正常功能而使无氧代谢成为主要方式。

在糖酵解的产物丙酮酸还原为乳酸的代谢过程中，糖酵解产生的 NADH 重新被氧化，所以无氧代谢时产生的 ATP 比在有氧呼吸时产生的 ATP 少得多，每分子葡萄糖只产生 2 个或 3 个 ATP。在无氧收缩时（特别是白色骨骼肌中）产生的乳酸导致活体肌肉细胞中 pH 暂时降低，乳酸从肌肉中迅速扩散开，进入血液，随血液带入肝脏，在肝脏中通过葡萄糖异生作用转化回到糖原。运动后消耗的额外氧(氧债)用于将部分乳酸氧化为 CO_2 和 H_2O。

▶▶ 课堂互动

活体肌肉是如何代谢的?

2. 动物宰杀后肌肉的代谢　动物宰杀后血液循环停止,肌肉组织在一段时间仍有一定的代谢能力,但正常代谢已破坏,发生许多死亡后特有的生物化学与物理变化。死亡组织的活动会一直延续到组织中的酶因自溶而完全失活,进而引起细菌繁殖发生腐败。动物死亡后的生物化学与物理变化过程分为 3 个阶段。

(1)尸僵前期:宰杀初期肌肉柔软、松弛,无氧酵解活跃,ATP 和磷酸肌酸含量下降。

(2)尸僵期:尸体僵硬。哺乳动物死亡后,僵化开始于死亡后 8~12 小时,经 15~20 小时后终止;鱼类死后僵化开始于死亡后约 1~7 小时,持续时间 5~20 小时不等。动物死亡后经过一段时间,磷酸肌酸消失,ATP 显著下降,肌动蛋白与肌球蛋白结合成没有弹性的肌动球蛋白,尸体呈形成僵硬强直的状态。

(3)尸僵后期:尸僵缓解,蛋白酶使部分蛋白质水解,水溶性肽及氨基酸等非蛋白氮增加,肉的持水力及 pH 较尸僵期有所上升,肉的食用质量随着尸僵缓解达到最佳适口度。

▶▶ 课堂互动

宰杀后肌肉是如何代谢的?

3. 宰杀后肌肉呼吸途径的变化　在正常生活的动物体内,虽然并存着有氧和无氧呼吸多种方式,但主要的呼吸过程是有氧呼吸。动物宰杀后,血液循环停止而供氧也停止,组织呼吸转变成无氧的酵解途径,最终产物为乳酸。死亡动物组织中糖原的降解有 2 个途径。

(1)水解途径:糖原→糊精→麦芽糖→葡萄糖→葡萄糖-6-磷酸→乳酸。

在鱼类肌肉中,糖原降解主要是水解途径。

(2)磷酸解途径:糖原→葡萄糖-1-磷酸→葡萄糖-6-磷酸→乳酸。

在哺乳动物肌肉中,磷酸解为糖原降解的主要途径。

无氧呼吸产物乳酸在肌肉中的积累导致肌肉 pH 下降,使糖的酵解活动逐渐减弱最后停止。

三、动物宰杀后组织中重要物质的变化

1. ATP 的变化

(1)ATP 含量的变化及其对肉风味的重要性:动物宰杀后肌肉中由于糖原不能再继续被氧化为 CO_2 和 H_2O,因而阻断了肌肉中 ATP 的主要来源。但在动物死亡后的一段时间里,肌肉中的 ATP 尚能保持一定的水平,这是一种暂时性的表面现象,其原因是在刚屠宰的动物肌肉中,肌酸激酶与 ATP 酶的偶联作用可使一部分 ATP 得以再生。一旦磷酸肌酸消耗完毕,ATP 就会在 ATP 酶作用下不断分解而减少。ATP 的降解途径如下:

$$ATP \xrightarrow[Pi]{ATP酶} ADP \xrightarrow[Pi]{肌激酶} AMP \xrightarrow[NH_3]{腺苷酸脱氨酶} IMP \xrightarrow{肌苷酸酶} 肌苷$$

ATP降解后产生的IMP（肌苷酸）是构成动物肉香及鲜味的重要成分，加之蛋白质的降解过程产生的氨基酸，所以僵直后软化的成熟肉具有诱人的香气和鲜美的滋味。但是肌苷不具有任何鲜味，这也是鲜肉久贮不鲜的原因之一。肌苷的进一步分解有2个途径：

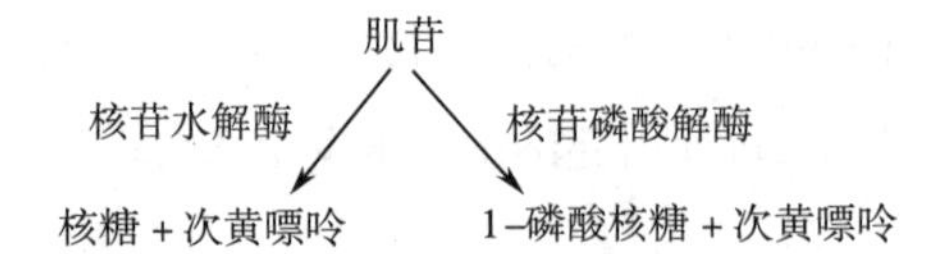

（2）ATP减少与尸僵的关系：动物死亡后，中枢神经冲动完全消失，肌肉立即出现松弛状态，所以肌肉柔软并具弹性，但随着ATP浓度逐渐下降，肌动蛋白与肌球蛋白逐渐结合成没有弹性的肌动球蛋白，形成僵直强直状态，即尸僵现象。

2. pH的变化　动物宰杀后，由于无氧呼吸作用而积累乳酸，导致组织细胞pH下降。温血动物宰杀后24小时内，肌肉组织的pH由正常生活时的7.2~7.4降至5.3~5.5，但一般也很少低于5.3。鱼类死后肌肉组织的pH大都比温血动物高，在完全尸僵时甚至可达6.2~6.6。

根据尸僵时肌肉pH的不同，常将尸僵分为酸性尸僵、碱性尸僵和中性尸僵3种类型。在任一温度下发生的僵硬的类型完全取决于最初的磷酸肌酸、ATP和糖原的含量，特别是受屠宰前动物体内糖原贮量的影响。例如，宰前的动物曾强烈挣扎或运动，则体内糖原含量减少，宰后pH也因之较高，在畜肉中可达6.0~6.5，在鱼肉中甚至可达7.0，出现碱性尸僵。

动物放血后pH下降的速度和程度的可变性是很大的。pH下降速度和最终pH对肉的质量具有十分重要的影响。pH下降太快，则产生失色、质软/流汁（PSE）现象。

3. 蛋白质的变化

（1）肌肉蛋白质的变性：肌动蛋白及肌球蛋白是动物肌肉中主要的2种蛋白质，在尸僵前期两者是分离的，随着ATP浓度降低，肌动蛋白及肌球蛋白逐渐结合成没有弹性的肌动球蛋白，这是尸僵发生的一个主要标志，此时煮食，肉的口感特别粗糙。

肌肉纤维里还存在一种液态基质，肌浆中的蛋白质最不稳定，在屠宰后由于温度升高，pH降低，蛋白质就很容易变性，牢牢贴在肌原纤维上，因而肌肉上呈现一种浅淡的色泽。

（2）肌肉蛋白质持水力的变化：肌肉蛋白质在尸僵前具有高度的持水力，随着尸僵发生，在组织中pH降到最低点时（pH 5.3~5.5），持水力也降至最低点。尸僵以后肌肉的持水力又有所回升，其原因是尸僵缓解过程中，肌肉中的钠、钾、钙、镁等离子的移动造成蛋白质分子电荷增加，从而有助于水合离子的形成。

（3）尸僵的缓解与肌肉蛋白质的自溶：尸僵缓解的机制尚无最后的定论。动物尸体完全僵直硬化以后，随着乳酸的不断积累和蛋白质长期处于酸性状态，这些凝胶蛋白质会发生酸性水解，再加上酶的作用，部分蛋白质会降解成朊、胨、肽和氨基酸分子。据测定，尸僵后牲畜体内的自由氨基酸约为原活体时的8倍。僵直的尸体软化，甚至比刚宰杀后更软。尸僵缓解后，肉的持水力及pH较尸僵期有所回升，触感柔软，煮食时风味好，嫩度提高。

肌肉中的组织蛋白酶类的活性在不同动物之间差异很大。例如，鱼肉中组织蛋白酶的活性比哺乳动物的肌肉高10倍左右，因而鱼肉容易发生自溶腐败，特别是当鱼内脏中天然的蛋白质水解酶类进入肌肉中时，极易出现“破肚子”的现象。大多数组织蛋白酶的最适pH为5.5，可在相当高的温度（37℃）下作用，但已证实，即使在-18℃下，宰后禽类肌肉中蛋白质的分解作用也可持续达90天之久。组织蛋白酶的分解作用产生的游离氨基酸是形成肉香肉味的物质基础之一。

课堂互动

动物宰杀后组织中哪些物质发生变化？　这些变化对肉的风味有哪些影响？

四、影响肉成熟的因素

1. 物理因素

（1）温度：温度高，成熟则快。Wilson等试验以455Gy的射线照射牛肉，43℃时24小时即完成成熟。它和低温1.7℃成熟14天获得的嫩度效果相同，而时间缩短十多倍。但这样的肉颜色、风味都不好。高温和低pH环境下不易形成硬直肌动球蛋白。中温成熟时，肌肉收缩小，因而成熟的时间短。

（2）电刺激：刚宰的肉尸，经电刺激1~2分钟，可以促进软化，同时可以防止“冷收缩”（羊肉）。Bondll等报道，200V、216A、25Hz电刺激2分钟的牛肉，显示出肌肉短缩和CP（磷酸肌酸）显著减少。刺激停止时，肌肉即恢复弛缓状态，此时ATP以与屠体的温度相应的速度分解。由于磷酸肌酸已经消耗尽，ATP水平立即开始下降。因此，电刺激后立即在中温域进入尸僵期，肌肉硬度也较小。电刺激不仅可防止低温冷缩，而且还可促进嫩化。

（3）机械作用：肉成熟时，将跟腱用钩挂起，此时主要是腰大肌受牵引。如果将臀部挂起，不但腰大肌短缩被抑制，而且半腱肌、半膜肌、背最长肌短缩均被抑制，可以得到较好的嫩化效果。

2. 化学作用　极限pH愈高，肉愈柔软。如果屠宰前人为地使糖原下降，则会获得较高的pH。但这种肉成熟后易形成DFD（dark，firm and dry）肉。高pH成熟是由中性氨肽酶起促进作用，使游离氨基酸增多而产生的。在极限pH 5.5附近，Ca^{2+}和组织蛋白酶作用，最易使其成熟。在最大尸僵期，往肉中注入Ca^{2+}可以促进软化。刚屠宰后注入各种化学物质如磷酸盐、氯化镁等可减少尸僵的形成量。见表8-4。

表8-4　刚屠宰后牛头肉注入各种物质24小时的硬度（剪切力）

试药	P	H	M	P-H	M-M	M-P	P-H-M	CIT
实验	38.03	30.16**	30.43*	29.63**	32.63	36.78	41.92	34.65**
对照	40.25	38.88	38.95	39.93	38.55	43.86	43.37	45.38

注：（1）“*”、“**”与对照组的显著性差异<0.05或<0.01。（2）P-焦磷酸钠；H-六偏磷酸钠；M-氯化镁；CIT-柠檬酸钠。

实验组注入肉重的0.5%，浓度为5%的添加剂，对照组注入等量的水。从表8-4中可以看出六偏磷酸钠（Ca^{2+}螯合剂）、柠檬酸钠（糖酵解阻抑剂）、氯化镁（肌动球蛋白形成阻抑剂）等都表现出对尸僵硬度的抑制作用。

3. 生物学因素　肉内蛋白酶可以促进软化。用微生物酶和植物酶可使固有硬度和尸僵硬度减小。目前国内外常用木瓜蛋白酶，采用宰前静脉注射或宰后肌内注射的方法，但宰前注射有时会造成脏器损伤或休克死亡。把木瓜蛋白酶的SH基变成不活化型二硫化物注入，再在宰后厌氧条件下使其还原的方法，正被开发利用。木瓜蛋白酶的作用最适温度≥50℃，低温时也有作用。为了消除羊肉"冷收缩"引起的硬度增大，在1kg肉中注入30mg木瓜蛋白酶，在70℃加热后，有明显的嫩化效果。

课堂互动

简述影响肉成熟的因素有哪些。

点滴积累

1. 新鲜食物组织可分为植物组织和动物组织2个大类。
2. 采收后的新鲜植物类食品，组织细胞主要表现为分解作用，整个呼吸作用中有相当大的部分为磷酸己糖支路所代替，呼吸强度总趋势是逐渐下降。
3. 影响果蔬组织呼吸的因素　温度、湿度、大气组成、机械损伤及微生物感染、植物组织的龄期。
4. 果蔬成熟及衰老过程中的成分变化　糖类物质、色素、鞣制、果胶、芳香物质、维生素C、有机酸和蛋白质等。
5. 乙烯产生是水果成熟的开始，呼吸跃变顶点是果实完熟的标志，过了顶点果实进入衰老阶段。
6. 动物死亡后的生物化学与物理变化过程分为3个阶段：尸僵前期、尸僵期、尸僵后期。
7. 动物屠宰死亡后发生许多特有的生化过程，在物理特征方面出现尸僵现象，此时肌体磷酸肌酸渐失，ATP含量下降，肌肉中形成没有延伸性的肌动球蛋白，持水力降到最低点，肉的储存则以延长僵直期为好。尸僵后期则发生肌肉蛋白质的部分水解，水溶性肽及氨基酸等非蛋白氮增加，持水力有所回升，肌肉表现为尸僵缓解，食用肉达到最佳适口度。
8. 动物宰杀后，在生化特征方面，血液循环中断，有氧呼吸转变为无氧呼吸，物质代谢也主要向分解代谢进行。首先是无氧呼吸作用积累的乳酸导致组织细胞pH下降，这也是尸僵的化学原因。pH下降速度和最终pH对肉的质量具有十分重要的影响。pH下降太快，则产生失色、质软、流汁（PSE）现象。第二是体内ATP降解成IMP，使肉的味感变佳。第三是尸僵后期肌肉部分蛋白质降解成际、胨、肽、氨基酸分子，这是肉质变佳的重要原因。
9. 影响肉成熟的因素　物理因素、化学因素、生物学因素。

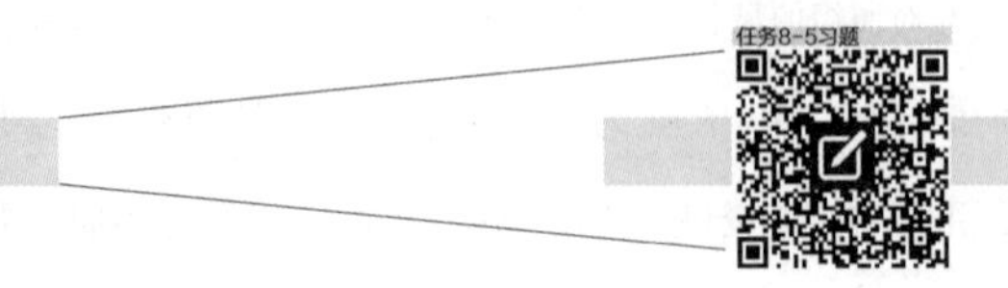

目标检测

一、填空题

1. 呼吸链中的递氢体有__________、__________、__________、__________等，递电子体有__________、__________。

2. 糖的分解途径有__________、__________、__________。

3. 糖的有氧氧化在细胞的________和________中进行，反应条件为__________，终产物为__________。

4. 脂肪动员是将脂肪细胞中的脂肪水解成__________和__________释放入血，运输到其他组织器官氧化利用。

5. 脂肪的生物合成有2条途径，分别是__________和__________。

6. 肝、肾组织中氨基酸脱氨基作用的主要方式是__________。肌肉组织中氨基酸脱氨基作用的主要方式是__________。

7. 采收后的新鲜植物类食品，组织细胞主要表现为______，整个呼吸作用中有相当大的部分为______所代替，呼吸强度总趋势是逐渐下降。

8. 影响果蔬组织呼吸的因素包括______、______、______、______、______。

二、单项选择题

1. 呼吸链的成分<u>不包括</u>以下哪种（　　）

A. NAD^+　　B. 铁硫蛋白　　C. $NADP^+$　　D. FMN

2. 代谢物脱下的2H通过$FADH_2$氧化呼吸链可生成（　　）

A. 1分子ATP　　B. 1.5分子ATP　　C. 2分子ATP　　D. 2.5分子ATP

3. 两条呼吸链的交汇点是（　　）

A. UQ（CoQ）　　B. Cytb　　C. $Cytaa_3$　　D. 铁硫蛋白

4. 调节氧化磷酸的重要激素是（　　）

A. 肾上腺素　　B. 去甲肾上腺素　　C. 胰岛素　　D. 甲状腺激素

5. 剧烈运动后发生肌肉酸痛的主要原因是（　　）

A. 局部乳酸堆积　　B. 局部丙酮酸堆积

C. 局部CO_2堆积　　D. 局部ATP堆积

6. 能够释放葡萄糖的器官是（　　）

A. 肌肉　　B. 肝　　C. 脂肪组织　　D. 脑组织

7. 下列哪个过程<u>不能</u>补充血糖（　　）

A. 肝糖原分解　　B. 肌糖原分解

C. 糖异生作用　　D. 食物糖类消化吸收

8. 三羧循环在何处进行（　　）

A. 胞液　B. 细胞核　C. 内质网　D. 线粒体

9. 除肝外,体内还能进行糖异生的脏器是(　　)

A. 脑　B. 脾　C. 肾　D. 心

10. 不能使酮体氧化生成 CO_2 和 H_2O 的组织是(　　)

A. 肝　B. 脑　C. 心肌　D. 肾

11. 下列化合物中不含甘油的是(　　)

A. 卵磷脂　B. 脑磷脂　C. 鞘磷脂　D. 磷脂酰丝氨酸

三、简答题

1. 葡萄糖有氧氧化过程包括哪几个阶段?
2. 血氨有那些来源和去路?
3. 概述体内氨基酸的来源和主要代谢去路。
4. 动物屠宰后组织的代谢特点都有哪些?
5. 水果在成熟过程中涩味逐渐消失的原因是什么?
6. 动物宰后肌肉组织 pH 如何变化? pH 下降速度和最终 pH 怎样影响肉的质量?

(陈银霞　张静文　左丽丽)

模块三

植物性和动物性食品化学

模块导学

水果、蔬菜等可以直接或间接食用的植物为植物性食品，主要为人体提供水分、碳水化合物、维生素、矿物质和膳食纤维。动物来源的食物，包括畜禽肉、蛋类、水产品、奶及其制品等，主要为人体提供蛋白质、脂肪、矿物质、维生素 A 和 B 族维生素。由于动植物性食品本身所含化学成分不同，在人们日常生活的饮食中，植物性和动物性食品的合理搭配食用是被广泛认可的饮食方式。本教材在前文模块一的部分介绍了食品的主要营养成分，在模块三将会从植物源性食品和动物源性食品 2 个维度介绍 2 种不同类食品的化学知识。

项目九

植物性食品化学

学习目标

认知目标：

1. 了解植物性食品的化学成分。
2. 熟悉食品加工技术对植物性化学成分的影响。
3. 掌握薯类、谷物、豆类及蔬菜营养素分布的特点。

技能目标：

1. 学会用分光光度计测定果蔬中的单宁含量。
2. 具有分析植物性食品化学成分的加工特性能力。

素质目标：

1. 具有良好的操作意识。
2. 具有严谨的科学态度、实事求是的工作作风。
3. 具有完成工作任务的积极态度。

任务 9-1　谷类和薯类

导学情景

情景描述：

古有一成语典故——“四体不勤，五谷不分”（《论语 · 微子》）。“谷”原来是指有壳的粮食，像麦、稻、稷（谷子）等外面都有一层壳，所以叫做谷。五谷，是古代对五种主要粮食作物的概称。粮食不仅是人们日常食物所需，更有“五谷为养”一说：一可以养生，二可以养病愈疾（《周礼 · 天官 · 疾医》：“以五味、五谷、五药养其病。”）。在粮食不足的时代，薯类也曾经成为中国居民的“救荒”食物，用薯类代替粮食，提供能量。

学前导语：

现代食品化学把以碳水化合物为主要营养成分的谷类和薯类经常放在一起进行研究，那么谷类和薯类具体包含哪些食物？这些食物给人体提供了哪些营养？在本次任务的学习中我们会逐渐解开这些疑问。

任务9-1-1　谷　　类

【任务要求】

1. 熟悉谷物的加工特性。

2. 掌握谷粒的构造及营养素分布。

【知识准备】

一、谷粒构造及营养素分布

（一）谷粒构造

谷类主要包括小麦、大麦、稻米、玉米、高粱、荞麦、粟、黍等粮谷类作物的种子。谷类种子的大小、形状差异很大，但基本结构类似，通常由谷皮、糊粉层、胚乳和胚构成。

谷皮是谷粒的外层覆盖物，由富含纤维素、半纤维素、果胶等多层的角质化细胞组成，占谷粒的13%～15%，并含有较多的脂类、B族维生素和矿物质。在谷物碾磨加工过程中，谷皮一般作为副产物除去，常作为饲料或者食品发酵工业的原料。目前也有企业利用这些副产物提取米糠油、高级烷醇或作为高纤维食品、保健食品的原料。

糊粉层介于谷皮和胚乳之间，是一层薄薄的大型角质细胞组织，占谷粒的6%～7%，含有蛋白质、脂肪、纤维素和B族维生素。糊粉层与谷皮连接紧密，常常在碾磨加工中与谷皮一起被除去，并且由于在食品加工中这部分成分加工后颜色比较暗淡，影响产品感官质量，所以利用率不高。

胚乳是谷粒的主要成分，占谷粒的80%，主要由淀粉细胞组成，含大量的淀粉和一定量的蛋白质，其他成分含量不高，是加工利用的主要成分。

胚位于谷粒的一端，占谷粒的2%～3%，由胚根、胚轴、胚芽等组成。胚是种子中生理活性最强、营养价值最高、营养素最集中的部分，富含蛋白质、脂肪、B族维生素和维生素E等。另外胚芽中含有各种酶类，如淀粉酶、蛋白酶、脂肪酶和植酸酶等，酶是引起粮谷储存过程中变质的主要原因之一，因此粮谷储存时要注意环境条件，抑制酶的活性。

▶▶ 课堂活动

讨论：粮食如何储存可以避免酶作用引起的变质？

（二）谷类的营养素分布

1. 糖类　糖类在谷物的营养素分布中占比最高，占谷物总量的70%～80%，主要是淀粉，还有糊精、戊聚糖、葡萄糖和果糖等。谷物中的膳食纤维含量在2%～12%，主要是纤维素和半纤维素，主要存在于谷皮和糊粉层，因此加工后的精米、精面中膳食纤维含量极低。

2. 蛋白质　一般谷类蛋白质含量在7%～16%，品种之间差异较大。谷物蛋白主要由谷蛋白、醇溶蛋白、白蛋白和球蛋白组成，前2种含量较高，是面筋的主要成分。一般谷类蛋白质的必需氨基酸组成不平衡，如赖氨酸含量少，苏氨酸、色氨酸、苯丙氨酸、甲硫氨酸含量偏低，限制了谷类蛋白的功效，生物价值不高，赖氨酸是谷物蛋白的第一限制氨基酸。谷物如果与少量的豆类、奶类、蛋类、肉类同时食用，其蛋白质的生物价值可以通过氨基酸的互补作用大大提高。

3. 脂肪 谷类脂肪含量低，仅1%~3%，主要存在于胚芽、糊粉层及谷皮中。目前也有人工培育的高油玉米，胚中脂肪含量可达10%。谷物油脂中富含不饱和脂肪酸、植物固醇和卵磷脂，并含有大量的维生素E。例如，小麦胚芽油中的不饱和脂肪酸占80%以上，亚油酸含量达60%；大米胚芽油中含6%~7%的磷脂；玉米胚芽油中不饱和脂肪酸含量达85%，并含有丰富的维生素E；米糠油除含有大量不饱和脂肪酸外，还含有植物固醇。

4. 矿物质 矿物质含量在1.5%~3%，集中分布在谷皮、糊粉层和胚芽里，主要有P、K、Ca、Fe、Cu、Co、Zn、Se、Mn、Mg、Ni、Cr等。P含量最丰富，放占矿物质总量的50%，K约占总灰分的1/3，Mg含量也比较高，但Ca含量比较低。微量元素的含量因谷物种类不同，且受生长地理环境因素影响很大，差异显著。如小麦中的矿物质含量高于大米，燕麦的Ca、Fe含量远高于一般谷物。

知识链接

谷类中矿物质的存在形式

谷类中的矿物质一般以化合形式与其他成分结合，这种结合方式人体不能直接利用，并且谷物中还含有一些干扰吸收利用的因素，所以谷类中矿物质的生物利用效率比较低。例如，植酸就是谷物中常见的一种成分。一部分矿物质形成植酸盐，几乎不能被身体吸收利用，应该改善加工工艺，提高矿物质的利用程度。

5. 维生素 谷类中B族维生素含量比较丰富，是人体B族维生素的主要来源。一般不含维生素C、维生素D和维生素A。黄色谷粒含有少量胡萝卜素，如黄玉米、小米等，鲜玉米和发芽种子中含有较多维生素C。谷物的B族维生素主要存在于胚芽、糊粉层和谷皮中，加工时很容易进入糠麸中，因此，谷物加工越精细，B族维生素损失越多。

6. 水分 干燥后的谷物颗粒含水量为11%~14%。水分含量对于谷物储存期间的酶、微生物和仓库害虫活力有较大影响，水分含量过高容易导致酶促化学反应的发生，微生物的繁殖及虫害的滋生，从而影响谷类的储存期限。因此谷物要充分干燥以后进行储存，使其含水量控制在不影响谷物变质的安全水平，并在储存过程中注意防潮。

二、谷类的加工特性

（一）储存对谷类营养价值的影响

谷类储存期间，由于呼吸、氧化、酶的作用可发生许多物理、化学变化，其程度大小、快慢与储存条件有关。正常的储存条件下，其蛋白质、维生素、矿物质的含量变化不大。当储存条件改变，可引起蛋白质、脂肪、碳水化合物分解产物堆积，发生霉变，不仅改变了感官性状、降低其营养价值，而且失去食用价值。若小麦水分为17%，储存5个月，维生素B_1损失30%；水分为12%时，损失减少至12%，谷类不去壳储存2年，维生素B_1几乎无损失。谷类在储存过程中仍然具有生命活动，会降解机体内的营养成分，同时会受到外界昆虫与氧气的影响。所以，随着谷类储存时间的延长，其营养价值会逐渐降低，故不宜长时间储存谷类。谷类多经过干燥处理以后进行储存，含水量较低，水分活度极低，不容易发生微生物导致的腐败变质。现代的谷类制品多采用真空的包装，减少氧气的接触，同时结合辐照处理杀死虫卵，最大限度保障谷类的食用品质。

（二）粮食的精加工对营养价值的影响

谷类通过加工可除去杂质和谷皮，不仅改善谷类感官性状，而且有利于消化吸收。由于谷类所含矿物质、维生素、蛋白质、脂肪主要分布在糊粉层和胚芽，因此，谷类加工精度越高，糊粉层和胚芽损失越多，营养素损失越大。反之，如果谷类加工粗糙，虽然营养素损失减少，但感官性状差，消化吸收率也低。另外，谷类中较高的植酸和纤维素还会降低钙、铁、锌等营养素的吸收率。我国于20世纪50年代初加工出标准米（九五米）和标准粉（八五粉），即100kg去壳的糙米和小麦分别加工成95kg大米和85kg面粉，虽然其营养素含量比糙米和全麦面粉低，但比精白米、精白面粉含有较多的B族维生素、膳食纤维和矿物质，在节约粮食和预防某些营养缺乏病方面发挥了较大作用。因此，谷类加工的原则是：既要改善谷类的感官性状，提高其消化吸收率，又要最大限度地保留其营养成分。改良谷类加工工艺，对米、面进行营养素强化，并倡导粗细粮混食等方法。

知识链接

谷类的先进加工技术

先进的加工技术能够减轻谷类精加工中的营养损失，例如提胚技术使得在精制米、面的同时又能够提取谷胚部分，制取谷胚油、谷胚食品等产品，充分利用其中的营养成分；小麦分层碾磨技术可以保留较多的糊粉层部分，提高了精粉的产出率，同时提高了B族维生素保存率，并改进了面粉的烘焙性能。

（三）主食加工品对谷类营养价值的影响

传统的主食加工品主要是米饭、馒头、面条、糕点、饼干、面包等。谷类是人们主食的主要来源，对营养供应的意义格外重大。在加工处理过程中既可发生营养素的损失，又可因为添加各种辅料而改善营养价值。酵母发酵消耗了面粉中的可溶性糖和游离氨基酸，但增加了B族维生素的含量，并使各种微量元素的生物利用性提高。酵母菌的植酸酶水解了面粉中的大部分植酸，伴随着酵母发酵的轻微乳酸发酵所产生的乳酸与钙、铁结合，可以形成容易被人体利用的乳酸钙和乳酸铁，从而大大提高了钙、铁、锌等矿物元素的吸收率。焙烤过程中，蛋白质中赖氨酸的氨基与羧基化合物（主要是还原糖）发生美拉德反应产生褐色物质，使蛋白质中赖氨酸的生物利用率下降，例如烤面包时会损失10%~15%的赖氨酸。这个过程中产生焙烤的特有香气，会加剧谷类食品中赖氨酸的不足，如果能从辅料中获得外加的赖氨酸，则营养价值不会有太大影响。烘焙中维生素的破坏较少，如面包焙烤过程中，维生素B_1损失10%~20%，维生素B_2损失3%~10%，烟酸的损失低于10%。油炸的高温会使谷物中的维生素B_1损失殆尽，维生素B_2和烟酸损失50%以上，是各种加工方式中营养损失最大的一种。在膨化工艺中，除蛋白质利用率下降之外，其他营养素损失不大。许多口感粗糙的“粗粮”经过膨化加工后口感得到改善，丰富了矿物质和维生素的来源。

（四）家庭烹调对谷类营养价值的影响

家庭通过蒸、煮、烙、炸等烹调过程将谷类熟化后食用，这个过程中谷类淀粉糊化、蛋白质变性，便于消化吸收，但是营养素也有一定损失。如米在淘洗中即可发生营养素的损失，据报道，用力淘米时，维生素 B_1 损失 30%～60%，维生素 B_2 和烟酸可以损失 20%～25%，矿物质损失 70%，蛋白质损失 15%，脂肪损失 43%，糖类损失 2%。用水越多，时间越长，水温越高，越用力搓洗，营养素的损失就越严重。米和面在烹调中主要损失 B 族维生素，特别是维生素 B_1，见表 9-1。蒸、烤、烙等方法营养损失较少。制作油条、油饼等煎炸食品的营养素损失最大。糙米和全麦含纤维过多，过于粗糙，影响消化，为使之适口并提高其消化率、改善感官性质，糙米和全麦要经过加工。

表 9-1　烹调加热后谷类食品部分维生素的损失率/%

食物名称	烹调方式	维生素 B_1	维生素 B_2	烟酸
米饭	捞蒸	67	50	76
米饭	碗蒸	38	0	70
馒头	发酵蒸	30	14	10
面条	煮	49	57	22
大饼	烙	21	14	0
油条	炸	100	50	48

课堂活动

小组讨论：粮谷加工既要保持较高的消化率和较好的感官性状，又要最大限度保留所含营养成分。结合谷类的营养价值特点和加工的影响，谈一谈谷类加工和烹调要遵循哪些原则？

任务 9-1-2　薯　　类

【任务要求】

了解薯类品种及营养素分布。

【知识准备】

薯类作物又称根茎类作物，主要包括甘薯、马铃薯、山药、芋头等。鲜薯类淀粉含量为 8%～29%，蛋白质和脂肪含量较低，含一定量的维生素和矿物质。甘薯含有丰富的胡萝卜素、维生素 C、维生素 B_1、维生素 B_2 等，同时还富含膳食纤维、碳水化合物、矿物质（硒、钾、铁）、水分等。马铃薯中酚类化合物含量较高，多为酚酸物质，包括水溶性的绿原酸、咖啡酸、没食子酸和原儿茶酸，马铃薯中绿原酸的含量可达其鲜质量的 0.45%。山药块茎主要含有山药多糖（包括黏液质及糖蛋白）、胆固醇、麦角甾醇、油菜甾醇、β-谷甾醇、多酚氧化酶、植酸、皂苷等多种活性成分，这些化学成分是山药营养价值和生物活性作用的物质基础。

知识链接

炸薯条、炸薯片的危害

现在薯类经常被加工成炸薯条、炸薯片等零食。这些零食不但破坏了薯类原有的营养素，还含有大量的油脂（包括反式脂肪酸）和盐。据测定，一只中等大小的不放油的“烤土豆”仅含约 376.73kJ（90kcal）热量，而同一个土豆做成炸薯条后所含的热能达 837.17kJ（200kcal）以上，增加的能量全部来自吸收的油脂。近年还确认，炸薯条、炸薯片中含有较多的致癌物质——丙烯酰胺。如此一来，“薯类”就变成了高能量、高脂肪、低维生素、有潜在致癌风险的食品。所以，薯类最好采用蒸、煮、烤的方式，尽量少用油炸的方式。

点滴积累

1. 谷粒构造　谷类主要包括小麦、大麦、稻米、玉米、高粱、荞麦、粟、黍等粮谷类作物的种子。谷类种子的大小、形状差异很大，但基本结构类似，通常由谷皮、糊粉层、胚乳和胚构成。
2. 谷类的营养素　糖类、蛋白质、脂肪、矿物质、维生素、水分。
3. 影响谷类的加工因素　储存对谷类营养价值的影响、粮食的精加工对营养价值的影响、主食加工品对谷类营养价值的影响、家庭烹调对谷类营养价值的影响。
4. 薯类及营养素分布　薯类作物又称根茎类作物，主要包括甘薯、马铃薯、山药、芋头等。鲜薯类淀粉含量为 8%～29%，蛋白质和脂肪含量较低，含一定量的维生素和矿物质。甘薯含有丰富的胡萝卜素、维生素 C、维生素 B_1、维生素 B_2等，同时还富含膳食纤维、碳水化合物、矿物质（硒、钾、铁）、水分等。马铃薯中酚类化合物含量较高，多为酚酸物质，包括水溶性的绿原酸、咖啡酸、没食子酸和原儿茶酸，马铃薯中绿原酸的含量可达其鲜质量的 0.45%。山药块茎主要含有山药多糖（包括黏液质及糖蛋白）、胆固醇、麦角甾醇、油菜甾醇、β-谷甾醇、多酚氧化酶、植酸、皂苷等多种活性成分，这些化学成分是山药营养价值和生物活性作用的物质基础。

任务 9-2　豆类和蔬菜类

导学情景

情景描述：

孩子们更喜爱味道甜美色泽明快的水果，很多妈妈也认为吃了水果就解决了维生素的问题，少吃或不吃蔬菜也没关系。还有一些节俭的老年人，可能因为嫌水果价位偏高不愿意花“冤枉钱”，更多地吃“物美价廉”的蔬菜。这样“只吃水果不吃蔬菜”或者“只吃蔬菜不吃水果”的饮食结构，会不会也为我们的身体健康埋下了隐患呢?《黄帝内经》中曾经提到：“五谷为养，五果为助，五畜为宜，五菜为充。”这就很好地诠释了在平衡膳食宝塔的基础上，也要注意蔬果的比例搭配。同时，中国传统饮食也讲究“五谷宜为养，失豆则不良”，意思是说五谷是有营养的，但没有豆类就会失去平衡。 可见豆类的营养价值非常高，每天豆制品的摄取是很有必要的。

学前导语：

吃水果就不用吃蔬菜了吗？ 豆类含有哪些化学成分？ 豆类在日常饮食中提供了哪些营养成分？ 豆腥味怎么去掉？ 在本次任务的学习中会逐渐解开这些疑问。

任务 9-2-1　豆　　类

【任务要求】

1. 了解豆类的加工特性。
2. 熟悉大豆的特殊功能因子。
3. 掌握豆类的种类和营养素分布。

【知识准备】

一、豆类种类

豆类包括各种豆科栽培植物的可食种子，一般分为大豆类和其他豆类。大豆按种皮的颜色可分为黄、黑、青、褐及双色大豆；其他豆类包括豌豆、蚕豆、绿豆、小豆、芸豆等。

二、豆类的化学成分

（一）大豆的营养素

大豆包括黄大豆、青大豆、黑大豆、白大豆等品种，以黄大豆比较常见。黄大豆的蛋白质含量达35%~45%，是植物中蛋白质质量和数量最佳的作物之一。大豆蛋白质由球蛋白、清蛋白、谷蛋白和醇溶蛋白组成，其中球蛋白含量最多。大豆蛋白质的氨基酸模式较好，具有较高的营养价值，属于优质蛋白质。其赖氨酸含量较多，达谷物蛋白质的 2 倍以上，但甲硫氨酸含量较少，与谷类食物混合食用，可较好地发挥蛋白质的互补作用，使混合后的蛋白质生物价值达到肉类蛋白的水平。

大豆脂肪含量为 15%~20%，以黄豆和黑豆较高，传统用来生产豆油，是目前我国居民主要的烹调用油。大豆油中的不饱和脂肪酸含量高达 85%，其中油酸含量 32%~36%、亚油酸为 52%~57%、亚麻酸 2%~10%。此外大豆油中还含有 1.64%的磷脂，维生素 E 含量也很高，是一种优良的食用油脂。

大豆含 25%~30%的碳水化合物，其中一半为可供利用的阿拉伯糖、半乳聚糖和蔗糖，淀粉含量较少；另一半为人体不能消化吸收的寡糖，存在于大豆细胞壁，如棉子糖和水苏糖。

大豆中含有丰富的矿物质，总含量为 4.5%~5%。其中钙的含量高于普通谷类食品，铁、锰、锌、铜、硒等微量元素的含量也较高。此外，豆类是一类高钾、高镁、低钠的碱性食品，有利于维持体液的酸碱平衡。

（二）大豆中的特殊成分

大豆中存在众多特殊成分，可分为植物化合物类及抗营养因子类。近年来研究表明一些抗营养因子也具有特殊的生理作用。

1. 大豆异黄酮 大豆异黄酮主要分布于大豆种子的子叶和胚轴中，含量为0.1%～0.3%。目前发现的大豆异黄酮共有12种，分为游离型的苷元和结合型的糖苷2个大类。大豆异黄酮具有多种生物学作用。

2. 大豆皂苷 大豆皂苷在大豆中的含量为0.62%～6.12%，具有广泛的生物学作用。

3. 大豆甾醇 大豆甾醇主要来源于大豆油脂，含量为0.1%～0.8%。其在体内的吸收方式与胆固醇相同，但是吸收率远远低于胆固醇，只有胆固醇的5%～10%。大豆甾醇的摄入能够阻碍胆固醇的吸收，抑制血清胆固醇的上升，因此可以作为降血脂的原料，起到预防和治疗高血压、冠心病等心血管疾病的作用。

4. 大豆卵磷脂 大豆卵磷脂是豆油精炼过程中得到的一种淡黄色至棕色、无嗅或略带有气味的黏稠状或粉末状物料，不溶于水，易溶于多种有机溶剂。

5. 大豆低聚糖 大豆中含有水苏糖和棉籽糖，因人体缺乏α-D-半乳糖苷酶和β-D-果糖苷酶，不能将其消化吸收，在肠道微生物作用下可产酸产气，引起胀气，故称之为胀气因子或抗营养因子。但近年来发现大豆低聚糖仅被肠道益生菌所利用，具有维持肠道微生态平衡、提高免疫力、降血脂、降血压等作用，故被称为"益生元"。目前已利用大豆低聚糖作为功能性食品基料，部分代替蔗糖应用于清凉饮料、酸乳、面包等多种食品生产中。

6. 植酸 大豆中约含植酸1%～3%，是很强的金属离子螯合剂，在肠道内可与锌、钙、镁、铁等矿物质螯合，影响其吸收利用。将大豆浸泡在pH 4.5～5.5的溶液中，植酸可溶解35%～75%，而对蛋白质质量影响不大，通过此方法可除去大部分植酸。但近年来发现植酸还有许多有益的生物学作用。

7. 蛋白酶抑制剂 多种豆类中都含有蛋白酶抑制剂，它们能够抑制人体内胰蛋白酶、胃蛋白酶、糜蛋白酶等蛋白酶的活性，其中研究比较多的是大豆胰蛋白酶抑制剂。由于这类物质的存在，生的大豆蛋白质消化吸收率很低。常压蒸气加热30分钟或0.1MPa压力加热10～25分钟，可破坏大豆中的这些蛋白酶抑制剂。

8. 豆腥味 生大豆有豆腥味和苦涩味，是因为豆类中的不饱和脂肪酸在储存过程中容易被脂肪氧化酶氧化分解，产生醇、酮、醛等小分子挥发性物质。通常采用95℃以上加热10～15分钟，再用醋酸处理后减压蒸发的方法，可以较好地去掉豆腥味。

9. 植物红细胞凝血素 是能凝集人和动物红细胞的一种蛋白质，集中在子叶和胚乳的蛋白体中，含量随成熟度而增加，豆类发芽时含量迅速下降。大量摄入此种物质数小时后会引起头晕、头疼、恶心、呕吐、腹痛、腹泻等症状。可影响动物的生长发育，加热即被破坏。

▶▶ 课堂活动

思考讨论：日常生活中将豆类加热、煮熟、烧透后同样可以去除豆腥味。 你知道为什么吗？

（三）其他豆类的营养素

除了大豆，其他各种豆类包括绿豆、红豆、豌豆、芸豆、豇豆、蚕豆等。它们的蛋白质含量低于大豆，脂肪含量低而淀粉含量高，碳水化合物占50%～60%，主要以淀粉形式存在，也具有较高营养价值。淀粉类豆类的B族维生素和矿物质含量也比较高，与大豆相当，无机盐主要有Ca、P、Fe等。鲜豆类和豆芽中除含有丰富的蛋白质和矿物质外，其维生素B_1和维生素C的含量较高，常被列入蔬菜类中。

三、豆类的加工特性

豆类与谷类种子结构不同，其营养成分主要在子粒内部的子叶中，因此在加工中除去种皮不影响营养价值。豆类可以加工成种类丰富的各种豆制品，其中以黄豆为原料加工的制品最多。豆制品包括非发酵性豆制品和发酵性豆制品，前者如豆腐、豆浆、豆腐干、腐竹等；后者如腐乳、臭豆腐、豆豉等。发酵使蛋白质部分降解，消化率提高；产生游离氨基酸，增加豆制品的鲜美口味；使豆制品的维生素B_2、维生素B_6及维生素B_{12}的含量增高。经过发酵，大豆的棉籽糖、水苏糖被根霉分解，故发酵豆制品不引起胀气。

淀粉含量高的豆类还可以加工成粉丝、粉皮等。大部分蛋白质被去除，故其营养成分以碳水化合物为主，如粉条含淀粉90%以上，而凉粉含水95%、含碳水化合物4.5%。此外，在食品加工业中，还可用大豆为原料制成蛋白质制品，如大豆分离蛋白、大豆浓缩蛋白、大豆组织蛋白、油料粕粉等。

任务9-2-2　蔬　菜　类

【任务要求】

1. 熟悉蔬菜的特殊成分。
2. 熟悉蔬菜的加工特性。
3. 掌握蔬菜的分类和营养素分布。

【知识准备】

一、蔬菜的分类

新鲜蔬菜含水分大都在90%以上，糖类不高，蛋白质很少，脂肪更低，故不能作为热能和蛋白质来源。但蔬菜富含多种维生素、丰富的无机盐、多种有机酸、色素和膳食纤维等，他们不仅为人体提供了重要的营养物质，还可以增进食欲、帮助消化，所以，在膳食中具有重要位置。蔬菜的种类非常多，按照植物结构部位可分为：

叶菜类：油菜、菠菜、大白菜、小白菜及其他绿叶蔬菜等。

根茎类：萝卜、土豆、芋头、藕、芥兰、葱、蒜等。

豆荚类：豇豆、扁豆、其他鲜豆等。

花芽类：菜花、黄花菜及各种豆芽等。

瓜果类：黄瓜、番茄、茄子、青椒、苦瓜、西葫芦、冬瓜等。

二、蔬菜的营养素分布

1. 碳水化合物　蔬菜中的碳水化合物一般在4%左右，包括单糖、双糖、淀粉及膳食纤维。含单糖和双糖较多的蔬菜有胡萝卜、西红柿和南瓜等。蔬菜所含的纤维素、半纤维素是膳食纤维的主要来源，其含量在1%~3%，叶菜类和茎类蔬菜中含有较多的纤维素和半纤维素，而南瓜、胡萝卜、番茄等则含有一定量的果胶。含淀粉较多的蔬菜有土豆、藕、芋头等。

2. 蛋白质　大部分蔬菜蛋白质含量很低，一般为1%~2%。在各类蔬菜中，以鲜豆类和深绿叶菜的蛋白质含量较高，如鲜豇豆的蛋白质含量为2.9%，苋菜为2.8%。蔬菜蛋白质质量较佳，如菠菜、豌豆苗、豇豆、韭菜等的限制性氨基酸均是含硫氨基酸，赖氨酸则比较丰富，可和谷类发生蛋白质营养互补。如每日摄入绿叶蔬菜400g，按照2%的蛋白质含量计算，可从蔬菜中获得8g蛋白质，达每日需要量的13%。由此可见，绿叶蔬菜也是不可忽视的蛋白质营养来源。

3. 脂肪　蔬菜脂肪含量极低，大多数蔬菜脂肪含量不超过1%，属于低能量食品。但是蔬菜种子中脂肪含量比较高，在加工利用中应该重视。

4. 矿物质　蔬菜富含矿物质，含丰富的钙、磷、铁、钾、钠、镁、铜等矿物质，其中以钾含量最多，钙、镁含量也比较丰富，是我国居民膳食中矿物质的重要来源。各种蔬菜中，以叶菜类含无机盐较多，尤以绿叶菜更为丰富，对人体调节膳食酸碱平衡十分重要。

5. 维生素　蔬菜含有谷类、豆类、动物性食品中缺乏的维生素C，以及能在体内转化为维生素A的胡萝卜素。此外，蔬菜中含有除维生素D和维生素B_{12}之外的各种维生素，包括维生素B_1、维生素B_2、维生素B_6、烟酸、泛酸、生物素、叶酸、微生物E和维生素K，是维生素B_2和叶酸的重要膳食来源。胡萝卜素含量较高的蔬菜一般为深绿色叶菜和橙黄色蔬菜，100g中达2~4mg；浅色蔬菜中胡萝卜素含量较低。维生素C含量较高的蔬菜有青椒、辣椒、菜花、油菜、苦瓜、芥兰等，100g中含量多在10~90mg。蔬菜中维生素的具体含量受品种、栽培、储存和季节等因素的影响而变动很大。

三、蔬菜中的特殊成分

1. 植物化学物　蔬菜的植物化学物主要有类胡萝卜素、植物固醇、皂苷、芥子油苷、蛋白酶抑制剂、多酚、单萜类、植物雌激素、有机硫化物、植酸等。

根菜类如萝卜、胡萝卜、大头菜等的类胡萝卜素、硫代葡萄糖苷含量相对较高；胡萝卜中类胡萝卜素含量丰富，平均含量为48.2mg/kg；卷心菜中含有硫代葡萄糖苷，经水解后能产生挥发性芥子油，具有促进消化吸收的作用。

白菜（大白菜、小白菜）、甘蓝类（结球甘蓝、球茎甘蓝、花椰菜、抱子甘蓝、青花菜）、芥菜类（榨菜、雪里蕻、结球芥菜）等含有芥子油苷。

绿叶蔬菜如莴苣、芹菜、菠菜、茼蒿、芫荽、苋菜、蕹菜、落葵等含有丰富的类胡萝卜素和皂苷，如茼蒿中胡萝卜素的含量为1.51g/100g。

葱蒜类如洋葱、大蒜、大葱、香葱、韭菜等含有丰富的含硫化合物及一定量的类黄酮、洋葱油树脂、苯丙素酚苷类和甾体皂苷类等，洋葱中黄铜类化合物含量为592.3~913.2mg/kg，紫皮洋葱的黄酮类化合物含量最高,大蒜中主要的活性物质为氧化形式的二丙烯基二硫化物(亦称大蒜素),新鲜大蒜中的大蒜素的含量高达4g/kg。

茄果类中的番茄含有丰富的番茄红素和β-胡萝卜素,辣椒中含辣椒素和辣椒红色素,其中辣椒红色素是一种存在于成熟红辣椒果实中的四萜类橙红色色素,其含量一般为其干重的0.2%~0.5%,茄子中含有黄酮类和芦丁。

瓜类蔬菜含有皂苷、类胡萝卜素和黄酮类,冬瓜中皂苷类物质主要为β-谷甾醇,苦瓜中含有多种活性成分,如苷类、甾醇类和黄酮类,但主要是苦瓜皂苷。南瓜中含有丰富的类胡萝卜素,同时还含有丰富的南瓜多糖。

水生蔬菜如藕、茭白、慈姑、荸荠、水芹、菱等含有的植物化学物主要为萜类、黄酮类物质。藕节中含有一定量的三萜类成分。

2. 蔬菜中的抗营养因子和有害物质　蔬菜中也存在影响人体对营养素吸收的抗营养因子,如皂苷、蛋白酶抑制剂、植物血细胞凝集素、草酸等,另外木薯中的氰苷可抑制人和动物体内细胞色素酶的活性;甘蓝、萝卜和芥菜含有的硫苷化合物可导致甲状腺肿;茄子和马铃薯表皮含有的茄碱可引起喉部瘙痒和灼热感;有些毒蕈中含有引起中毒的毒素等;一些蔬菜中硝酸盐和亚硝酸盐含量较高,尤其在不新鲜和腐烂的蔬菜中更高。

四、蔬菜的加工特性

蔬菜在加工储存中主要损失维生素和矿物质。维生素易被氧化,有些在自身代谢中也会损耗,还有些会因为酸碱性改变或者金属离子存在而导致损失。矿物质主要是在清洗和烫漂过程中溶于水后流失。

(一)储存对蔬菜营养素的影响

蔬菜采收后仍然是有生命的生物体,进行呼吸和蒸腾作用,细胞中的各种酶仍具有活性。在蔬菜到达市场之后,常常要在货架上停留数小时至2天,此后在家庭的冰箱中还可能停留2~3天。在这段时间中,单个营养素含量可能发生显著的变化,营养价值总体上是下降的。例如短时间储存可以使维生素C继续在蔬菜体内合成,含量逐渐升高,但是萎蔫和高温会促进维生素C的损失。绿叶蔬菜在室温下储存24小时后,不仅维生素含量显著下降,而且亚硝酸盐含量上升迅速,温度越高,变化越快。需要短时间储存蔬菜时,不宜放在室温下,以0~4℃为好,而且应注意放在袋中,防止水分散失。蔬菜在-18℃以下冻藏3个月,营养素含量变化不大。蔬菜罐头中的维生素保存率随储存温度升高和储存时间延长而降低。干制蔬菜容易受到氧化的影响,因此应当在真空包装中保存,并降低储存温度。

(二)蔬菜加工中影响营养素保存的因素

蔬菜加工中影响营养素保存的因素较多,也较为复杂。各步骤中都有损失因素,对这些因素进行有效的控制是提高营养素保存率的关键。在削皮和切分步骤中,外层维生素含量较高部分可能被除去,而切分后暴露在空气中易受到氧化。热烫则是营养素损失的关键,主要引起水溶性维生素的流失和氧化。切分切碎、成熟度高、热烫水量大、时间长、冷却慢,则营养素损失大,见表9-2。

表 9-2　蔬菜热烫后的 4 种维生素平均损失率/%

名称	维生素 C	维生素 B_1	维生素 B_2	烟酸
青豆	26	9	5	7
豌豆	24	12	25	27
菠菜	39	23	19	11
芦笋	5	8	10	6

热杀菌也是造成营养素损失的主要原因之一,高温时间短,传热快,氧分压低,不存在金属催化剂,则营养素损失少。依工艺不同,罐藏蔬菜的维生素 C 可损失 20%~100%。在各种干燥工艺中,真空冷冻干燥避免了高温和与氧气的接触,因此各种营养素的损失均比较小。红外线烘干次之。晒干过程中长时间与空气接触,并在紫外线的照射下,维生素损失最大。

加工中的防褐变添加剂二氧化硫会增加维生素 C 和胡萝卜素的保存率,也会增加维生素 B_1 和叶酸的损失,由于后者在蔬菜营养价值中不及前者重要,因而二氧化硫处理利大于弊。有机酸对维生素 B_1、维生素 B_2、维生素 C 的保存有利,但也会使叶酸、泛酸和维生素 A 损失。增稠剂和乳化剂可以稳定水溶性维生素。维生素 C 和抗氧化剂可以保护维生素 B_1、叶酸、维生素 A、维生素 D、维生素 E 和胡萝卜素等。

任务 9-2-3　食品中单宁含量的测定

【任务要求】

1. 了解单宁性质。
2. 掌握单宁含量的测定方法。

【知识准备】

单宁即鞣酸,是多酚类物质,主要有两类:一类是缩合单宁,即黄烷醇衍生物;另一类是可水解单宁,指酚酸或其衍生物与葡萄糖或多元醇主要通过酯类形成的多酚。全谷、豆类中的单宁含量较多。自 20 世纪 50 年代,单宁能与蛋白质、多糖、生物碱、微生物、酶、金属离子反应的活性以及它的抗氧化、捕捉自由基、抑菌、衍生化反应的性能被发现后,其应用前景和范围迅速扩大。在食品行业中作为功能性成分,用于制作保健品、生产食品添加剂、风味剂;作为重金属吸附剂等。同时过量的单宁也有负面作用,会给食品带来较重的涩味,在消化道中与膳食蛋白质、糖类可形成不易消化的复合物,降低营养价值等。因此,对果蔬中单宁含量进行测定具有重要的实际意义。

一、任务实施方法——分光光度法

分光光度法是通过测定被测物质在特定波长或一定波长范围内光的吸收度,对该物质进行定性和定量分析的方法。分光光度法的应用光区包括紫外光区、可见光区、红外光区,其中常用的是紫外光区和可见光区。分光光度法的基本原理是朗伯-比尔定律,即当一束平行的单色光通过含有吸光物质的稀溶液时,溶液的吸光度与吸光物质浓度、液层厚度乘积成正比。

二、任务原理

以没食子酸为主的单宁类化合物在碱性溶液中可将钨钼酸还原成蓝色化合物，该化合物在765nm处有最大吸收，其吸收值与单宁含量呈正比，以没食子酸为标准物质，标准曲线法定量。本测定方法参照农业标准NY/T 1600—2008《水果、蔬菜及其制品中单宁含量的测定》。

三、任务所用的仪器和试剂

1. 仪器 紫外可见分光光度计、组织捣碎机、恒温水浴锅、电子天平（精度为0.01g和0.001g）、离心机（11 500r/min）。

2. 试剂 除非另有说明，所用水均为蒸馏水，所用试剂均为分析纯试剂。

（1）钨酸钠-钼酸钠混合溶液：称取50g钨酸钠，12.5g钼酸钠，用350ml水溶解到1 000ml回流瓶中，加入25ml磷酸及50ml烟酸，充分混匀，小火加热回流2小时，再加入75g硫酸锂，25ml蒸馏水，数滴溴水，然后继续沸腾15分钟（至溴水完全挥发为止），冷却后，转入500ml容量瓶定容，过滤，置棕色瓶中保存，使用时稀释一倍。原液在室温下可保存半年。

（2）75g/L碳酸钠溶液：称取37.5g无水碳酸钠溶于250ml温水中，混匀，冷却，稀释至500ml，过滤到储液瓶中备用。

（3）没食子酸标准储备液：准确称取0.110 0g一水合没食子酸，溶解并定容至100ml，此溶液没食子酸质量浓度为1 000mg/L。在冰箱中2~3℃下可保存5天。

（4）没食子酸标准使用液：分别吸取1 000mg/L没食子酸标准储备液0、1.0ml、2.0ml、3.0ml、4.0ml和5.0ml至100ml容量瓶中，定容，溶液质量浓度为0、10.0mg/L、20.0mg/L、30.0mg/L、40.0mg/L和50.0mg/L。

四、任务的分析步骤

1. 试样的制备 将果蔬样品取可食部分，用干净纱布擦去样本表面的附着物，采用对角线分割法，取对角部分，切碎，充分混匀，按四分法取样，于组织捣碎机中匀浆备用。

2. 单宁的提取 称取果蔬匀浆2.0~5.0g，用80ml水洗入100ml容量瓶中，放入沸水浴中提取30分钟，取出，冷却，定容，吸取2.0ml样品提取液，8 000r/min离心4分钟，上清液备用。

3. 标准曲线的绘制 吸取0、10.0mg/L、20.0mg/L、30.0mg/L、40.0mg/L和50.0mg/L没食子酸标准使用液各1.0ml，分别加5.0ml水、1.0ml钨酸钠-钼酸钠混合溶液和3.0ml碳酸钠溶液，混匀，没食子酸标准溶液浓度分别为0、1.0mg/L、2.0mg/L、3.0mg/L、4.0mg/L和5.0mg/L，显色，放置2小时，以标准曲线0为空白，在765nm波长下测定标准溶液的吸光度。以没食子酸浓度为横坐标，吸光度值为纵坐标，绘制标准曲线。

4. 样品的测定 吸取1.0ml试样提取液，分别加入5.0ml水、1.0ml钨酸钠-钼酸钠混合溶液和3.0ml碳酸钠溶液，显色，放置2小时，以标准曲线0为空白，在765nm波长下测定样品溶液的吸光度。根据标准曲线求出试样溶液的单宁浓度，以没食子酸计。如果吸光度值超过5.0mg/L没食子酸的吸光度时，将样品提取液稀释后重新测定。

五、任务结果计算

试样中单宁（以没食子酸计）含量按（式 9-1）进行计算。

$$\omega=\frac{\rho\times10\times A}{m} \quad （式 9\text{-}1）$$

式中：ω——试料中单宁含量，单位为 mg/kg 或 mg/L。ρ——试样测定液中没食子酸的浓度，单位为 mg/L。10——试样测定液定容体积，单位为 ml。A——样品稀释倍数。m——试样质量或体积，单位为 g 或 ml。

计算结果保留三位有效数字。

六、精密度

将没食子酸标准溶液在 200~4 000mg/kg 范围添加到水果、蔬菜和葡萄酒中，进行方法的精密度实验，方法的添加回收率在 80%~120%。在重复性条件下获得的两次独立测试结果的绝对值不得超过算数平均值的 15%。

点滴积累

1. 豆类的化学成分　大豆的营养素（蛋白质含量为 35% ~45%、脂肪含量为 15% ~20%、碳水化合物含量为 25% ~30%、矿物质总含量为 4.5% ~5%）；大豆中的特殊成分：大豆异黄酮、大豆皂苷、大豆甾醇、大豆卵磷脂、大豆低聚糖。
2. 大豆加工时去除种皮不会影响其营养价值，因为豆类营养成分主要在子粒内部的子叶中。
3. 蔬菜营养分布　糖水化合物一般在 4%左右，含有丰富的纤维素和半纤维素；蛋白质含量很低，一般为 1% ~2%；脂肪含量极低，一般不超过 1%；维生素含量较高。
4. 蔬菜加工和储存室要注意维生素和矿物质的损失，在加工时切忌切得过碎，热烫水量不易过大，时间不宜过长。储存时温度不易过高。

任务 9-3　食用菌和藻类

导学情景

情景描述：

自汉代以来，服食芝草追求长生的思想，在汉代乐府诗中已得到反映。如《长歌行》：“仙人骑白鹿，发短耳何长。导我上太华（泰山），揽芝获赤幢（菌盖如车棚的大赤芝）。来到主人门，奉药一玉箱，主人服此药，身体日康强，发白复还黑，延年寿命长”。宋代以后，菌类已成为当时人们喜爱的山野珍蔬。因此，在宋代诗文集中，咏菌的名篇佳作，随手可见。如宋代理学家朱熹所著的《次刘秀野蔬食十三诗韵 其三 紫蕈》写道：“谁将紫芝苗，种此搓上土。便学商山翁，风餐谢肥羜。”认为紫蕈的风味比肥嫩的羊羔还要鲜美。南宋朱弁出使金国，在漠北羁留十六载，适奉故人以天花蕈相赠，勾引起诗人乡思之情，在《谢崔致君饷天花》诗中说：“三年北馔饱膻荤,佳蔬颇忆南洲味，地菜方为九夏珍，天花忽从五台至。”还特别称赞天花蕈风味远在“树鸡”“桑鹅”之上，因而有“赤城菌子立万钉，今日因君不知贵”之慨。

用藻类作为食品，我国也有悠久的历史，而且食用的种类和方法之多，也是世界闻名的。据初步统计，我国所产的大型食用藻类至少有50～60种，经常作为商品出售的食用藻类主要是海产藻类，如礁膜、石莼、海带、裙带菜、紫菜、石花菜等。

学前导语：

食用菌、藻类作为历史悠久的食材之一，具体包含哪些种类？其化学成分的分布如何？加工特性如何？在本次任务的学习中会着重解答这些疑问。

任务9-3-1　食　用　菌

【任务要求】

1. 了解食用菌的加工特性。
2. 熟悉常见食用菌的品种。
3. 熟悉食用菌的营养素分布。

【知识准备】

一、食用菌的品种

食用菌是指可供人食用的大型真菌的子实体,食用菌味道鲜美,有特殊的保健作用。我国食用菌种类丰富,可分为野生和人工栽培2个大类,目前已被人们利用的食用菌就有400多种,其中多属担子菌亚门,常见的有香菇、草菇、蘑菇、木耳、银耳、猴头菇、竹荪、松口蘑(松茸)、口蘑、红菇、灵芝、虫草、松露、白灵菇和牛肝菌等;少数属于子囊菌亚门,其中有羊肚菌、马鞍菌、块菌等。上述真菌分别生长在不同的地区、不同的生态环境中。其中人们食用量比较大的有木耳、银耳、香菇、猴头菇等。

1. 木耳　即黑木耳,色泽黑褐,质地柔软,味道鲜美,营养丰富。野生木耳主要分布在我国的东北、西南和华南地区。生长于多种阔叶树的腐木上,单生或群生。目前木耳已被大量人工培植,成为人们食用量最大的食用菌类。木耳性平、味甘,内含蛋白质、脂肪、多种糖尖、维生素和微量元素、矿物质等。

2. 银耳　又名白木耳,性平、味甘淡,具有提神、营血、强壮、清热润肺、生津、止咳、润肠益胃、补气强心等功效。内含蛋白质、脂肪、钙,以及多糖、粗纤维等。

3. 香菇　又名香蕈、冬菇等,性平、味甘,有滋阴、润肺、养胃、活血益气等功效。是一种低脂高营养的食品,含有蛋白质、人体必需氨基酸、糖、多种维生素和矿物质。

4. 猴头菇　又名猴菇。性平、味甘,有利五脏、助消化、补虚损的功效。猴头菇味道鲜美,营养丰富，含蛋白质、碳水化合物、脂肪、粗纤维、多种氨基酸、矿物质及维生素。猴头菇内可提取多肽、多糖和脂肪族的酰胺类物质，现药厂已生产出猴头菌片，临床观察发现对治疗胃部不适有一定效果。

二、食用菌的营养素分布

1. 蛋白质　食用菌中蛋白质含量较高，鲜菇达3%～4%，干菇类达40%，特别是游离氨基酸含量丰富，氨基酸配比较为合适，营养价值很高。食用菌中必需氨基酸含量比较丰富，如金针菇为2.4%，干香菇中赖氨酸占蛋白质的5%。大多菇类含有人体必需的8种氨基酸，其中蘑菇、草菇、金针菇中赖氨酸含量丰富。

2. 脂肪　菌类脂肪含量很低但多由必需脂肪酸组成，易吸收。大多数食用菌类有降血脂作用。木耳含有卵磷脂、脑磷脂和鞘磷脂等，对心血管和神经系统有益。

3. 碳水化合物　菌类中的碳水化合物含量比较高，如干香菇中达到50%。碳水化合物主要是菌类多糖，如香菇多糖、银耳多糖等。菌类中纤维素、半纤维素等膳食纤维含量也较高，作为膳食纤维具有降胆固醇和防止便秘的作用。

4. 维生素和矿物质　蘑菇等菌类含丰富的B族维生素，特别是维生素B_3，还有丰富的钙、镁、铜、铁、锌等多种矿物元素。菌类的维生素C含量不高，但维生素B_2、烟酸和泛酸等B族维生素的含量较高。例如，鲜蘑菇的维生素B_2和烟酸含量分别为0.35mg/100g和4.0mg/100g，鲜草菇为0.34mg/100g和8.0mg/100g。食用菌一般都以干制品形式出售，按质量计的营养素含量很高；但是它们在日常生活中食用量不大，所以对营养的贡献很小。

三、食用菌的加工特性

食用菌可以鲜食，新鲜食用菌由于仍然处于生长状态，子实体很容易老化、纤维化而失去良好口感与营养价值，并且新鲜食用菌营养丰富、容易腐烂，储存时间不能太长。多数食用菌以干制品形式销售，干制过程中维生素损失比较严重，而且烹调前水发后，水溶性营养素的损失也较大。例如蘑菇干制前后维生素B_1含量分别为0.11mg/100g和0.02mg/100g，维生素C含量分别为4mg/100g和1mg/100g，损失非常严重。在食用菌类食物时，还应注意食品卫生，防止食物中毒。例如，银耳易被醇米面黄杆菌污染，食入被污染的银耳，可发生食物中毒。

任务9-3-2　藻　　类

【任务要求】

1. 了解藻类加工特性。
2. 熟悉藻类的品种和营养素分布。

【知识准备】

一、藻类及其营养素分布

藻类是无胚、自养、以孢子进行繁殖的低等植物，海洋中不少藻类可以直接食用。海藻全球年产

量约为 6.5×10^{9}kg，主要被用来制成海洋蔬菜食品、食品添加剂及饲料原料。海藻富含蛋白质、脂肪、多糖类化合物、维生素及矿物质。由于其生长环境与陆生植物不同，海藻中还含有陆生植物中所没有或缺少的成分，这些成分对人类及动物的生长与健康起着特殊的生理作用。对海藻的食用价值及其生理活性作用的研究表明，海藻不仅具有较高的食品营养价值，还具有降低血液中胆固醇、血脂，预防脂肪肝、糖尿病，增强机体免疫力等功效。

海带、紫菜是最常见的藻类食品，海带干品内含褐藻胶酸、氨基酸、纤维素、钾、碘及胡萝卜素等。紫菜含有蛋白质、脂肪，并有较丰富的钙、磷、铁、碘、胡萝卜素及维生素 B、维生素 C、胆碱、多种氨基酸等，为一种富于营养素的海菜。海带、紫菜均为含碘量很高的食品，是人们补充碘质的 2 种最佳食品。

二、藻类加工特性

海藻食品分为简单加工和深加工，或者叫直接加工和间接加工 2 种类型。所谓直接加工食品，即选取可直接食用的海藻如紫菜、海带、裙带菜、羊栖菜、麒麟菜、浒苔、红毛菜、鸡冠菜等，经过净化、软化、熟化、杀菌、脱水、制形、干燥等工艺，加工成海藻丝、卷、饼、末、粉或辅以调味佐料的复合型食品。所谓间接加工食品，是指以海藻为原料，提取其中的有效成分，或以海藻的简单加工品作为添加剂做成的食品，这一类成品大多属于某些有疗效的保健食品。

点滴积累

1. 食用菌的营养分布　蛋白质含量较高，鲜菇类含有 3%～4%，干菇类高达 40%，含有丰富的游离氨基酸，氨基酸配比合适；碳水化合物含量比较高，干香菇中达到 50%；含有丰富的 B 族维生素和一些矿物质。
2. 加工时要注意食品卫生，防止食物中毒。
3. 藻类的营养分布　海带干品中含有褐藻胶酸、氨基酸、纤维素、钾、碘及胡萝卜素等。
4. 藻类加工时分为简单加工（直接加工）和深加工（间接加工）。

目标检测

一、填空题

1. 谷物的化学营养素分布中占比最高的是____________。

2. __________是谷物蛋白的第一限制氨基酸。

3. 谷物蛋白主要由______、________、________和__________组成，前两种含量较高，是面筋的主要成分。

4. 蔬菜在加工储存中主要损失________和__________。

二、判断题

1. 谷物加工越精细，B 族维生素损失越多。（　　）

2. 油炸是一种比较好的薯类加工方式。（　　）

3. 大豆中的碳水化合物均可以被人体吸收利用。(　　)

4. 蔬菜在-18℃以下冻藏时，营养素含量变化不大。(　　)

5. 单宁属于多酚类化合物，具有还原性。(　　)

三、简答题

1. 粮食如何储存可以避免酶作用引起的变质？

2. 大豆产生豆腥味的原因是什么？

3. 食用菌藻类的营养素分布有何特点？

（褚小菊）

项目十

动物性食品化学

学习目标

认知目标：

1. 了解动物性食品的化学成分。
2. 熟悉食品加工技术对动物性化学成分的影响。
3. 掌握畜禽肉类、水产品类、蛋、乳的营养素分布特点。

技能目标：

具有分析动物性食品化学成分的加工特性的能力。

素质目标：

1. 具有良好的操作意识。
2. 具有严谨的科学态度、实事求是的工作作风。
3. 具有完成工作任务的积极态度。

任务 10-1　畜禽肉类

导学情景

情景描述：

随着人们生活水平的日渐提高，肉类在一日三餐中所占比例大大提高，甚至有人把肉类当作餐桌上的主食。 同时，也常有报道称过量食用高脂肪的食物，正是造成现代人高血压、血脂异常等慢性病的罪魁祸首。

学前导语：

肉类含有哪些营养素？ 不吃肉，少吃肉，多吃肉究竟应该如何把握？

【任务要求】

1. 熟悉畜禽肉类的加工特性。
2. 掌握畜禽肉类的营养素分布。

【知识准备】

一、畜肉的营养素分布

畜肉包括牛、猪、羊等大牲畜的肉、内脏及其制品，主要含有优质蛋白、脂肪、矿物质和维生素。

营养素的分布因动物的种类、年龄、肥瘦程度及部位的不同而有很大差异。6种畜肉的主要营养素含量见表10-1。

表10-1 6种畜肉的主要营养素含量(每100g中的含量)

畜肉部位	蛋白质/g	脂肪/g	硫胺素/mg	维生素 B_2/mg	烟酸/mg	铁/mg	维生素A/μg
猪里脊	20.2	7.9	0.47	0.12	5.1	1.5	5
猪排骨肉	13.6	30.6	0.36	0.15	3.1	1.3	10
猪肝	19.3	3.5	0.21	2.08	15.0	22.6	4 972
牛后腿	19.8	2.0	0.02	0.18	5.7	2.1	2
羊后腿	15.5	4.0	0.06	0.22	4.8	1.7	8
兔肉	19.7	2.2	0.11	0.10	5.8	2.0	212

1. 蛋白质 畜肉瘦肉中蛋白质含量在10%~20%,属于优质蛋白,含量与动物种类、年龄及肥瘦有关。如猪肉的蛋白质含量平均为13.2%,猪里脊肉为20.2%,而猪五花肉为7.7%;牛肉较高,为20%左右;羊肉的蛋白质含量介于猪肉和牛肉之间,兔肉也高达20%左右。蛋白质含量最高的部位是里脊,即背最长肌。结缔组织中的蛋白质如胶原、弹性蛋白等因为缺乏色氨酸,其生物价值比较低。

2. 脂肪 从畜肉脂肪平均含量来看,猪肉(约59%)>羊肉(28%)>牛肉(10%);畜肉的肥肉中含有90%左右的脂肪,瘦肉中含有0.4%~25%的脂肪。畜肉中脂肪以饱和脂肪酸为主,其主要成分是甘油三酯,还含有少量卵磷脂、胆固醇和游离脂肪酸。动物内脏含较高胆固醇,100g猪脑中含量为2 571mg,猪肝288mg,牛脑2 447mg,牛肝297mg。畜肉中脂肪的含量与畜种、部位、年龄、肥育度等关系密切。

3. 碳水化合物 畜肉中的碳水化合物以糖原形式存在于肌肉和肝脏中,含量极少。

4. 维生素 畜肉含有较多B族维生素,其中猪肉维生素 B_1 含量较高,对于以精白米为主食的膳食是很好的补充。牛肉中叶酸含量较高。但是,瘦肉中的维生素A、维生素D、维生素E均很少。肥肉的主要成分是脂肪,维生素含量较低。肝脏是各种维生素在动物体内的储存场所,是维生素A、维生素D、维生素 B_2 的极好来源。羊肝中的维生素A含量高于猪肝,我国中医学很早就懂得用羊肝来治疗因维生素A缺乏引起的夜盲症。除此之外,肝脏中含有少量维生素C和维生素E。心、肾等内脏的维生素含量均高于瘦肉。

5. 矿物质 畜肉是铁、锌等矿物质的重要来源。肉类中的铁以血红素铁的形式存在,生物利用率高,吸收率不受食物中各种干扰物质的影响。肝脏是铁的储存器官,含铁量为各部位之首。血液和脾脏也是膳食铁的优质来源。此外,畜肉中锌、铜、硒等微量元素含量较丰富,且吸收利用率比植物性食品高。畜肉中钙含量很低,例如猪肉中的含钙量仅为6mg/100g左右,而含磷较高,达120~180mg/100g。

二、禽肉的营养素分布

鸡、鸭、鹅、鹌鹑、火鸡、鸵鸟等统称禽类,以鸡为代表。因为肉色较浅,禽肉被称为“白肉”,与被称为“红肉”的畜肉相比，在脂肪含量和质量方面具有优势。

去皮鸡肉和鹌鹑肉的蛋白质含量比畜肉稍高，为20%左右。禽肉的蛋白质也属于优质蛋白，生物利用率与猪肉和牛肉相当。各种禽肉的脂肪含量不一致，差别较大。如火鸡和鹌鹑的脂肪含量较低，在3%以下；鸡和鸽子的脂肪含量类似，在14%～17%之间；鸭和鹅的脂肪含量达20%左右。肥育禽类如肥育肉鸡、填鸭等的脂肪含量可达30%～40%。翅膀部分含有较多脂肪，胸脯肉的脂肪含量较低。禽类脂肪中不饱和脂肪酸的含量高于畜肉，其中油酸约占30%，亚油酸占20%左右，在室温下呈半固态，因而营养价值高于畜类脂肪。其胆固醇含量与畜类相当。

禽肉中B族维生素含量丰富，特别是富含烟酸。与畜肉类似，肝脏中各种维生素的含量均很高，维生素A、维生素D、维生素B_2含量丰富。心脏和胗也是营养丰富的食物。与畜肉相同，禽肉中铁、锌、硒等矿物质含量丰富，但钙的含量不高。

三、畜禽肉类的加工特性

肉类制品是以畜禽肉为原料，经加工而成，包括腌腊制品、酱煮制品、熏烧烤制品、干制品、油炸制品、香肠、火腿和肉类罐头等。腌腊制品、干制品因水分减少，蛋白质、脂肪、矿物质的含量升高，但易出现脂肪氧化以及B族维生素的损失。酱煮制品饱和脂肪酸的含量降低，B族维生素也有所损失，但游离脂肪酸的含量升高。制作熏烧烤制品时，含硫氨基酸、色氨酸和谷氨酸等因高温而分解，营养价值降低。香肠因品种不同营养价值特点也各异，肉类罐头的加工过程使含硫氨基酸、B族维生素受损。

肉类制品有其独特的风味，有的也属于方便食品（如香肠、火腿、罐头），所以有其特定的市场需求，但有的肉制品可能含有危害人体健康的因素，如腌腊、熏烧烤、油炸等制品亚硝胺类或多环芳烃类物质的含量增加，应控制其摄入量，尽量食用新鲜畜禽肉类。

点滴积累

1. 畜肉的营养素　蛋白质、脂肪、碳水化合物、维生素、矿物质。
2. 禽肉的营养素分布　去皮鸡肉和鹌鹑肉的蛋白质含量比畜肉稍高，为20%左右。禽肉的蛋白质也属于优质蛋白，生物利用率与猪肉和牛肉相当。各种禽肉的脂肪含量不一致，差别较大。如火鸡和鹌鹑肉的脂肪含量较低，在3%以下；鸡和鸽子的脂肪含量类似，在14%～17%之间；鸭和鹅的脂肪含量达20%左右。
3. 畜禽肉类的加工特性　肉类制品是以畜禽肉为原料，经加工而成，包括腌腊制品、酱煮制品、熏烧烤制品、干制品、油炸制品、香肠、火腿和肉类罐头等。腌腊制品、干制品因水分减少，蛋白质、脂肪、矿物质的含量升高，但易出现脂肪氧化以及B族维生素的损失。酱煮制品饱和脂肪酸的含量降低，B族维生素也有所损失，但游离脂肪酸的含量升高。制作熏烧烤制品时，含硫氨基酸、色氨酸和谷氨酸等因高温而分解，营养价值降低。香肠因品种不同营养价值特点也各异，肉类罐头的加工过程使含硫氨基酸、B族维生素受损。

任务 10-2　水产品类

导学情景

情景描述：

日常生活中，人们的餐桌上常常出现水产品，从较为常见的鲫鱼、草鱼、带鱼等各种鱼类，到较为珍贵的螃蟹、海虾、牡蛎等产品，再到节日宴席上珍贵的鲍鱼、海参、龙虾等，现在都频繁地出现在家家户户的餐桌上。 水产品的蛋白质含量高，而且大多数为优质蛋白，容易被人体消化吸收。 因为水产品的脂肪含量相对较低，也被很多需要减轻体重的人群青睐。 水产品中钙、磷、铁、镁、锌等矿物质元素的含量非常丰富，可以为人体提供必要的生命动力。

学前导语：

水产品有新鲜的，也有干制的加工制品，他们的化学成分是否有差别？ 既然水产品有很高的营养价值，那又有哪些值得我们学习注意的地方呢？

【任务要求】

1. 熟悉水产品的加工特性。
2. 掌握水产品的营养素分布特点。

【知识准备】

一、水产品的营养素分布

水产品可分为鱼类、甲壳类和软体类。鱼类有海水鱼和淡水鱼之分，海水鱼又分为深海鱼和浅海鱼。

1. 蛋白质　鱼类中蛋白质含量因鱼的种类、年龄、肥瘦程度及捕获季节等不同而有较大的区别，一般为15%～25%。鱼肉中含有人体必需的各种氨基酸，尤其富含亮氨酸和赖氨酸，属于优质蛋白质。鱼类肌肉组织中肌纤维细短，间质蛋白少，水分含量多，组织柔软细嫩，较畜禽肉更易消化，其营养价值与畜禽肉接近。存在于鱼类结缔组织和软骨中的蛋白质主要是胶原蛋白和黏蛋白，煮沸后成为溶胶，是鱼汤冷却后形成凝胶的主要物质。鱼类还含有较多的其他含氮物质，如游离氨基酸、肽、胺类等化合物、嘌呤类等，是鱼汤的呈味物质。其他水产品中河蟹、对虾、章鱼的蛋白质含量约为17%，软体动物的蛋白质含量约为15%，酪氨酸和色氨酸的含量比牛肉和鱼肉高。

2. 脂肪　鱼类脂肪含量低，一般为1%～10%，主要分布在皮下和内脏周围，肌肉组织中含量很少。鱼的种类不同，脂肪含量差别也较大，如鳀鱼含脂肪可高达12.8%，而鳕鱼仅为0.5%。鱼类脂肪多由不饱和脂肪酸组成，熔点低，消化吸收率可达95%。一些深海鱼类脂肪含长链多不饱和脂肪酸，其中含量较高的有二十碳五烯酸（EPA）和二十二碳六烯酸（DHA）。其中DHA对防止动脉硬化、促进大脑发育等有一定好处。鱼类胆固醇含量一般约为100mg/100g，在鱼籽中含量较高，如鲳鱼籽胆固醇含量为1 070mg/100g。蟹、河虾等脂肪含量约2%，软体动物的脂肪含量平均为1%。

3. 碳水化合物　鱼类碳水化合物的含量低，约为1.5%，主要以糖原形式存在。有些鱼不含碳水化合物，如草鱼、青鱼、鳜鱼、鲈鱼等。其他水产品中海蜇、牡蛎和螺蛳等含量较高，可达6%~7%。

4. 矿物质　鱼类矿物质含量为1%~2%，磷的含量占总灰分的40%，钙、钠、氯、钾、镁含量丰富。钙的含量较畜、禽肉高，为钙的良好来源。海水鱼类含碘丰富，有的海水鱼含碘0.05~0.1mg/100g。此外，鱼类含锌、铁、硒也较丰富，如白条鱼、鲤鱼、泥鳅、鲑鱼、鲈鱼、带鱼、鳗鱼、沙丁鱼中锌含量均超过2.0mg/100g。河虾的钙含量高达325mg/100g，虾类锌含量也较高；河蚌中锰的含量高达59.6mg/100g，鲍鱼、河蚌和田螺铁含量较高。软体动物中矿物质含量为1.0%~1.5%，其中钙、钾、铁、锌、硒和锰含量丰富。

5. 维生素　鱼类肝脏是维生素A和维生素D的重要来源。鱼类是维生素B_2的良好来源，维生素E、维生素B_1和烟酸的含量也较高，但几乎不含维生素C。一些生鱼中含维生素B酶，当生鱼存放或生吃时可破坏维生素B_1，所以鲜鱼应该尽快加工，以减少维生素B_1的损失。软体动物维生素的含量与鱼类相似，但维生素B_1较低。另外贝类食物中维生素E含量较高。

二、水产品的加工特性

水产品加工中主要损失维生素B_1、维生素B_2和烟酸等水溶性维生素。除煎炸和烧烤处理之外，蛋白质的生物价值基本不受影响。加热灭菌对蛋白质的影响不大，但是水产品在烧烤和煎炸时，温度高于200℃可能引起氨基酸的交联、脱硫、脱氨基等变化，使生物价值降低。温度过高时蛋白质焦糊，产生有毒物质，并失去营养价值。

急炒方式可以保存较多的B族维生素；炖煮处理使原料中的B族维生素溶入汤汁中，但并未受到破坏。在鱼罐头中，由于长时间的加热使骨头酥软，其中的矿物质溶入汤汁中，增加了钙、磷、锌等元素的含量。加醋烹调后溶解量更高。

干制水产品的加工过程中，产品表层的必需脂肪酸受到氧化，并可能受到微生物的作用使蛋白质分解，但这也是干制品产生特殊风味的原因之一。冷冻加工对产品营养素的影响较小。

点滴积累

1. 水产品的营养素包括蛋白质、脂肪、碳水化合物、矿物质、维生素。
2. 水产品的加工特性　水产品加工中主要损失维生素B_1、维生素B_2和烟酸等水溶性维生素。除煎炸和烧烤处理之外，蛋白质的生物价值基本不受影响。加热灭菌对蛋白质的影响不大，但是海鲜在烧烤和煎炸时，温度高于200℃可能引起氨基酸的交联、脱硫、脱氨基等变化，使生物价值降低。温度过高时蛋白质焦糊，产生有毒物质，并失去营养价值。

任务 10-3　蛋类

导学情景

情景描述：

蛋类包括鸡、鸭、鹌鹑、鸽子等鸟类的卵，其中以鸡蛋最为重要，鸭蛋和鹌鹑蛋次之。各种蛋类的营养成分差异不大，食用较为普遍的是鸡蛋，其营养价值高，且适合各种人群，包括成人、儿童、孕妇、哺乳期妇女及病人等。

学前导语：

民间流传的白壳蛋比红壳蛋更有营养，这种说法科学吗？ 白煮蛋、茶叶蛋、皮蛋，究竟哪个营养价值高？ 这些疑问会通过本次任务的完成得以解答。

【任务要求】

1. 了解蛋的结构。
2. 熟悉蛋类的加工贮藏特性。
3. 掌握蛋类的营养素分布特点。

【知识准备】

一、蛋的结构

各种蛋类大小不一，但结构相似，由蛋壳、蛋清、蛋黄 3 个部分组成。蛋壳在最外层，壳上布满细孔，占全蛋重量的 11%～13%，主要由碳酸钙构成。蛋壳表面附着有霜状水溶性胶状黏蛋白，对微生物进入蛋内和蛋内水分及二氧化碳过度向外蒸发起保护作用。蛋壳的颜色为从白色到棕色，蛋壳的颜色由蛋壳中的原卟啉色素决定，该色素的合成能力因品种而异，与蛋的营养价值关系不大；蛋清为白色半透明黏性胶状物质；蛋黄由无数富含脂肪的球形微胞所组成，为浓稠、不透明、半流动黏稠物，表面包围有蛋黄膜，由 2 条韧带将蛋黄固定在蛋中央。蛋黄的颜色受禽类饲料成分的影响，如饲料中添加 β-胡萝卜素可以增加蛋黄中 β-胡萝卜素的水平，而使蛋黄呈现黄色至橙色的鲜艳颜色。

二、蛋的营养素分布

蛋类的宏量营养素含量稳定，微量营养素含量受品种、饲料、季节等多方面的影响。

1. 蛋白质　蛋类含蛋白质一般在 10% 以上。蛋清中较低，蛋黄中较高，加工成咸蛋或皮蛋后，蛋白质含量变化不大。蛋清中主要含卵清蛋白，卵伴清蛋白，卵黏蛋白、卵胶黏蛋白、卵球蛋白等。蛋黄中蛋白质主要是卵黄球蛋白和卵黄磷蛋白。鸡蛋蛋白的氨基酸模式与人体接近，是蛋白质生物学价值最高的食物，常被用作参考蛋白。

2. 脂肪　蛋清中脂肪极少，98% 的脂肪集中在蛋黄中，呈乳化状，分散成细小颗粒，因此容易消化吸收。甘油三酯占蛋黄中脂肪的 62%～65%（其中油酸约占 50%，亚油酸约占 10%），磷脂占 30%～

33%，固醇占4%~5%，还有微量脑苷脂类。蛋黄是磷脂的良好食物来源，蛋黄中的磷脂主要是卵磷脂和脑磷脂，除此之外还有神经鞘磷脂。卵磷脂具有降低血胆固醇的作用，并能促进脂溶性维生素的吸收。蛋类胆固醇含量较高，主要集中在蛋黄。

3. 碳水化合物　蛋类含碳水化合物较少，蛋清中主要是甘露糖和半乳糖，蛋黄中主要是葡萄糖，多以与蛋白质结合形式存在。

4. 矿物质　蛋类的矿物质主要存在于蛋黄内，蛋清中含量极低。其中以磷、钙、钾、钠含量较多，如磷为240mg/100g，钙为112mg/100g。此外还含有丰富的铁、镁、锌、硒等矿物质。蛋黄中铁的含量虽然较高，但由于是非血红素铁，并与卵黄高磷蛋白结合，生物利用率仅为3%左右。

5. 维生素　蛋类维生素含量较为丰富，主要集中在蛋黄中，蛋清中的维生素含量较少。蛋类的维生素含量受到品种、季节和饲料的影响，以维生素A、维生素E、维生素B_2、维生素B_6、泛酸为主，也含有一定量的维生素D、维生素K等，维生素种类相对齐全。

课堂活动

你知道中国营养学会推荐的每天蛋类的摄入量是多少吗？

三、蛋类的加工储存特性

制作咸蛋对营养素的含量影响不大，但制作松花蛋使维生素B_1受到一定程度的破坏，因为松花蛋的加工需要加入氢氧化钠等碱性物质，而且传统的松花蛋腌制中加入了黄丹粉，即氧化铅，使产品的铅含量提高。目前已有多种“无铅皮蛋”问世，用铜盐或锌盐代替氧化铅，使得这些微量元素含量相应上升，但是其风味和色泽仍不及加铅皮蛋。

制作蛋粉对蛋白质的利用率无影响，但是如果在室温下储存9个月，皮蛋中的维生素A可损失75%以上，维生素B_1有45%左右的损失。其他维生素基本稳定。

0℃冰箱中保存半个月鸡蛋对维生素A、维生素D、维生素B_1无明显影响，但维生素B_2、烟酸和叶酸分别有14%、17%和16%的损失。

各种烹调加工措施对于蛋类的营养价值影响不一。鸡蛋经蒸、煮、炒之后，其蛋白质的消化吸收率均在95%以上。煎蛋和烤蛋中维生素B_1、维生素B_2的损失分别为15%和20%，而叶酸损失最大，达65%。煎得过焦的鸡蛋蛋白质消化率略微降低，维生素损失较大。煮鸡蛋几乎没有维生素的损失。

生蛋清的消化吸收率仅为50%左右，而且含有抗营养因子，如抗胰蛋白酶因子和生物素结合蛋白等。此外，生鸡蛋中可能污染有沙门氏菌。因此，鸡蛋不宜生食，应加热到蛋清完全凝固为好。蛋黄加热前后的消化率差异不大。

点滴积累

1. 蛋的结构　各种蛋类大小不一，但结构相似，由蛋壳、蛋清、蛋黄3个部分组成。蛋壳在最外层，壳上布满细孔，占全蛋重量的11%~13%，主要由碳酸钙构成。
2. 蛋的营养素主要有蛋白质、脂肪、碳水化合物、矿物质、维生素。

3. 蛋类的加工储存特性　各种烹调加工措施对于蛋类的营养价值影响不一。鸡蛋经蒸、煮、炒之后，其蛋白质的消化吸收率均在95%以上。煎蛋和烤蛋中维生素 B_1、维生素 B_2 的损失分别为15%和20%，而叶酸损失最大，达65%。煎得过焦的鸡蛋蛋白质消化率略微降低，维生素损失较大。煮鸡蛋几乎不带来维生素的损失。

任务10-4　乳类

导学情景

情景描述：

乳及乳制品已经成为人们饮食的重要组成部分。乳是各种哺乳动物幼崽的最理想天然食物，其营养元素丰富、比例适宜，容易消化吸收，能适应和满足婴幼儿的生长发育，也适合患者、老人食用。越来越多的中国家庭把乳制品作为日常饮食不可缺少的组成部分。

学前导语：

乳制品有哪些种类？营养价值如何？加工过程对乳的化学特性有什么影响？

【任务要求】

1. 熟悉乳及乳制品的加工特性。
2. 掌握乳及乳制品的营养素分布特点。

【知识准备】

一、乳的营养素分布

乳类包括牛乳、羊乳和马乳等，其中人们食用最多的是牛乳。乳类主要是由水、脂肪、蛋白质、乳糖、矿物质、维生素等组成的一种复杂乳胶体，水分含量占86%~90%，因此其营养素含量与其他食物比较相对较低。牛乳的比重平均为1.032，比重大小与乳中固体物质含量有关，乳的各种成分除脂肪含量变动相对较大外，其他成分基本上稳定。故比重可作为评定鲜乳质量的简易指标。

1. 蛋白质　牛乳中蛋白质含量为2.8%~3.3%，主要由酪蛋白(79.6%)、乳清蛋白(11.5%)和乳球蛋白(3.3%)组成，3种蛋白均为完全蛋白质(含全部必需氨基酸)。酪蛋白属于结合蛋白，与钙、磷等结合，形成酪蛋白胶粒，并以胶体悬浮液的状态存在于牛乳中。乳清蛋白对热不稳定，加热时发生凝固并沉淀。乳球蛋白与机体免疫有关。乳类蛋白质消化吸收率为87%~89%，属于优质蛋白质。

2. 脂类　乳中脂肪含量一般为3.0%~5.0%，主要为甘油三酯、少量磷脂和胆固醇。乳脂肪以微粒分散在乳浆中，呈高度乳化状态，容易消化吸收，吸收率高达97%。乳脂肪中脂肪酸组成复杂，油酸占30%，亚油酸和亚麻酸分别占5.3%和2.1%，短链脂肪酸(如丁酸、己酸、辛酸)含量也较高，这是乳脂肪风味良好及易于消化的原因。

3. 碳水化合物　乳中碳水化合物含量为3.4%~7.4%，主要形式为乳糖，人乳中含乳糖最高，羊乳居中，牛乳最少。乳糖容易被婴幼儿消化吸收，而且具备蔗糖、葡萄糖等所没有的特殊优点：促进钙、铁、锌等矿物质的吸收，提高其生物利用率；促进肠内乳酸细菌，特别是双歧杆菌的繁殖，改善人体微生态平衡；促进肠细胞合成B族维生素。

4. 矿物质　乳中矿物质含量丰富，几乎含有人体生长需要的全部无机盐，特别是钙、磷、钾，还有锌、锰、碘、镁、钠等。牛乳中的钙80%以酪蛋白酸钙复合物的形式存在，其他矿物质也主要是以蛋白质结合的形式存在。牛乳中的钙、磷不仅含量高而且比例合适，并有维生素D、乳糖等促进吸收因子，吸收利用率高，因此牛乳是膳食中钙的良好来源。

5. 维生素　牛乳中含有人体所需的各种维生素，其含量与饲养方式和季节有关，如放牧期牛乳中维生素A、维生素D、胡萝卜素和维生素C含量，较冬春季在棚内饲养明显增多。牛乳中维生素D含量较低，但夏季日照多时，其含量有一定的增加。牛乳是B族维生素的良好来源，特别是维生素B_2。

6. 酶类　牛乳中含多种酶类，主要是氧化还原酶、转移酶和水解酶。水解酶包括淀粉酶、蛋白酶和脂肪酶等，可促进营养物质的消化。牛乳还含有具有抗菌作用的成分，如溶菌酶和过氧化物酶。

7. 生理活性物质　较为重要的有生物活性肽、乳铁蛋白、免疫球蛋白、激素和生长因子等。生物活性肽类是乳蛋白质在消化过程中经蛋白酶水解产生的。

8. 细胞成分　乳类含有白细胞、红细胞和上皮细胞等。牛乳的体细胞数是衡量牛乳卫生品质的指标之一，体细胞数越低，生鲜乳质量越高；体细胞数越高，对生鲜乳的质量影响越大，并对下游其他乳制品如酸乳、奶酪等的产量、质量、风味等产生极大的不利影响。

另外，乳味温和，稍有甜味，具有特有的乳香味，其特有的香味是由低分子化合物如丙酮、乙醛、二甲硫、短链脂肪酸和内脂形成的。

课堂活动

中国平衡膳食宝塔推荐的乳类的每天摄入量是多少？

二、乳制品的营养素分布

乳制品因加工工艺的不同营养素含量有很大差异。

1. 巴氏杀菌乳、灭菌乳和调制乳　巴氏杀菌乳为仅以生牛（羊）乳为原料，经巴氏杀菌等工序制得的液体产品。灭菌乳又分为超高温灭菌乳和保持灭菌乳，前者定义为以生乳为原料、添加或不添加复原乳，在连续流动的状态下，加热到至少132℃并保持很短时间的灭菌，再经无菌灌装等工序制成的液体产品；保持灭菌乳则是以生乳为原料，添加或不添加复原乳，无论是否经过预热处理，在灌装并密封之后经灭菌等工序制成的液体产品。调制乳以不低于80%的生乳或复原乳为主要原料，添加其他原料或食品添加剂或营养强化剂，采用适当的杀菌或灭菌等工艺制成的液体产品。这3种形式的产品是目前我国市场流通的主要液态乳，除维生素B_1和维生素C有损失外，营养价值与新鲜生乳差别不大，但调制乳因其是否进行营养强化而差异较大。

2. 发酵乳　指以生乳或乳粉为原料，经杀菌、发酵后制成的pH降低的产品。其中以生乳或乳粉为原料,经杀菌、接种嗜热链球菌和保加利亚乳杆菌发酵制成的产品称为酸乳。

风味发酵乳是指以80%以上生乳或乳粉为原料,添加其他原料,经杀菌、发酵后pH降低,发酵前或后添加或不添加食品添加剂、营养强化剂、果蔬、谷物等制成的产品。

发酵乳经过乳酸菌发酵后,乳糖变为乳酸,蛋白质凝固、游离氨基酸和肽增加,脂肪不同程度的水解,形成独特的风味,营养价值更高,比如蛋白质的生物价提高,叶酸含量增加一倍。酸乳更容易消化吸收,还可刺激胃酸分泌。发酵乳中的益生菌可抑制肠道腐败菌的生长繁殖,防止腐败胺类产生,对维护人体的健康有重要作用,尤其对乳糖不耐症人群更适合。

3. 炼乳　是一种浓缩乳,包括淡炼乳、加糖炼乳、调制炼乳。通常是将鲜乳经真空浓缩或其他方法除去大部分的水分,浓缩至原体积25%~40%的乳制品,再加入40%的蔗糖装罐制成的。炼乳太甜,必须加5~8倍的水来稀释。但当甜味符合要求时,往往蛋白质和脂肪的浓度也比新鲜牛奶下降了一半。如果在炼乳中加入水,使蛋白质和脂肪的浓度接近新鲜牛奶,那么糖的含量又会偏高。

炼乳经高温灭菌后,维生素受到一定的破坏,因此可以通过维生素强化加以调节,按适当的比例冲稀后,其营养价值基本与鲜乳相同。高温处理后形成的软凝乳块以及经均质处理后脂肪球变小,均利于消化吸收,适合于喂养婴儿。

4. 乳粉　以生乳为原料,经冷冻或加热的方法,除去乳中几乎全部的水分,干燥后而成粉末。以生乳或其加工制品为原料,添加其他原料,添加或不添加食品添加剂和营养强化剂,经加工制成的乳固体含量不低于70%的粉状产品称为调制乳粉。目前市场上的产品多为调制乳粉。调制乳粉一般是以牛乳为基础,根据不同人群的营养需要特点,对牛乳的营养组成成分加以适当调整和改善调制而成,使各种营养素的含量、种类和比例接近母乳,更适合婴幼儿的生理特点和营养需要。如改变牛乳中酪蛋白的含量和酪蛋白与乳清蛋白的比例,补充乳糖的不足,以适当比例强化维生素A、D、B_1、B_2、C、叶酸和微量元素铁、铜、锌、锰等。除婴幼儿配方乳粉外,还有孕妇乳粉、儿童乳粉、中老年乳粉等。

5. 奶油　也称黄油,由牛乳中的乳脂肪分离制成,脂肪含量在80%以上。牛乳中的维生素A、维生素D等脂溶性营养成分基本上保留在黄油中,但是水溶性营养成分含量较低。黄油中以饱和脂肪为主,并含有一定量的胆固醇。

6. 奶酪　是一种营养价值较高的发酵乳制品,是在原料奶中加入适量的乳酸菌发酵剂或凝乳酶,使蛋白质发生凝固,并加盐、压榨排除乳清之后的产品。除部分乳清蛋白和水溶性维生素随乳清流失外,其他营养素得到保留和浓缩,经后熟发酵,蛋白质和脂肪部分分解,提高了消化吸收率,并产生乳酪特有的风味。有的维生素量经细菌发酵而增加。奶酪中蛋白质、维生素A、B族维生素和钙等营养素的含量均十分丰富,并含较多脂肪。

三、乳和乳制品的加工特性

乳制品是一类营养丰富的食品。总的来说,合理加工对蛋白质的影响不大,但是其中的维生素、矿物质等会发生不同程度的损失。

1. 热处理　乳制品的加工中最普遍的工艺是均质和杀菌,有的产品甚至要经过前后2次杀菌处理。这些处理都需要加热。牛乳的杀菌可以采取60~70℃的传统巴氏杀菌,80~90℃的高温短时杀菌或90~120℃的超高温瞬时杀菌等。由于微生物菌体蛋白失活反应的温度系数大于维生素破坏反应的温度系数,高温瞬时杀菌对保存营养素最为有利。高压灭菌的加热时间长、温度高,维生素损失较大。牛乳超高温杀菌对蛋白质的生物价值无显著影响。牛乳富含赖氨酸,长时间加热或高温储存导致羰氨反应,引起赖氨酸的损失。消毒奶加工中赖氨酸的损失仅为1%~10%,可以被忽略。在奶粉加工中,约20%的赖氨酸损失。家庭长时间煮沸牛乳时,会在容器壁上留下“奶垢”或称“乳石”。其中的成分主要是钙和蛋白质,以及少量脂类、乳糖等。奶垢的产生是牛乳营养素的重大损失。因此,加热牛乳时应注意避免长时间的沸腾。微波炉加热1~2分钟的方式比较合理。

2. 发酵处理　乳酸发酵可以降低食品内有害细菌的繁殖速度,延长保存期;可以增加某些B族维生素的含量,有益菌可以在发酵过程中大大提高食品的蛋白质含量和质量;可以提高食物蛋白质的消化吸收率,提高微量元素的生物利用率。

3. 脱水处理　常用脱水方法有喷雾干燥、滚筒干燥和真空冷冻浓缩几种。喷雾干燥方法营养损失较小,产品的蛋白质生物价值和风味与鲜奶差别不大,但水溶性维生素有20%~30%受到破坏;滚筒干燥会使赖氨酸和维生素受到较严重的损失,蛋白质的水合能力也大大降低,因而速溶性不佳。真空冷冻浓缩对产品品质影响较小。

4. 储存条件的影响　鲜牛乳中含有溶菌酶等抑菌物质,在24小时左右的时间内能够防止微生物的大量繁殖。但是,由于牛乳营养丰富,在抑菌物质消耗尽后,微生物的繁殖很快。因此,鲜牛乳必须低温储存,并应尽快消费。牛乳是维生素B_2的良好来源,但见光后容易损失。由于浓缩或干燥后的乳制品含有高浓度的蛋白质、糖类和脂类,在不当储存条件下容易发生褐变,使赖氨酸等氨基酸受到损失,也容易发生脂肪氧化而影响脂溶性维生素的稳定。因此,脱脂奶粉比全脂奶粉的保存期长。为避免脂肪氧化和褐变,牛乳粉宜储存在阴凉处,并应用密封、避光的包装。乳酪应储存在4℃以下,黄油应储存在0℃以下。

点滴积累

1. 乳的营养素分布包括蛋白质、脂类、碳水化合物、矿物质、维生素、酶类、生理活性物质、细胞成分。
2. 乳制品的营养素分布,乳制品因加工工艺的不同营养素含量有很大差异,因加工方法不同的乳制品主要有巴氏杀菌乳、灭菌乳和调制乳、发酵乳、炼乳、乳粉、奶油、奶酪。
3. 乳和乳制品的加工特性有热处理、发酵处理、脱水处理、储存条件的影响。

目标检测

一、填空题

1. 畜肉中的碳水化合物以＿＿＿＿＿形式存在于肌肉和肝脏中,含量极少。
2. 存在于鱼类结缔组织和软骨中的蛋白质主要是＿＿＿＿和＿＿＿＿,煮沸后成为溶胶,是鱼汤冷却后形成凝胶的主要物质。

3. 牛乳中蛋白质主要由______、______和______组成，3种蛋白均为完全蛋白。

4. 乳中碳水化合物的主要形式是__________。

5. 一些深海鱼类脂肪含长链多不饱和脂肪酸，其中含量较高的有____和______。

二、判断题

1. 畜肉含钙比较丰富，是膳食中钙的良好来源。（　　）

2. 白壳蛋比红壳蛋更有营养。（　　）

3. 鸡蛋蛋白的氨基酸模式与人体接近，常被用作参考蛋白。（　　）

4. 牛乳的高温瞬时杀菌有利于保存营养素。（　　）

三、简答题

1. 水产品有新鲜的，也有干制的加工制品，他们的化学成分有什么差别？

2. 鲜牛乳比较适宜的储存条件是什么？

（褚小菊）

模块四

食品中的毒害物质

模块导学

“人以食为天，食以安为先”，食品的安全问题现在已经是重中之重，人们的身体健康与食品安全有密切的关系。在20世纪末21世纪初，食品安全问题屡见不鲜，食品安全问题受到历史上空前的关注。在高科技发展的今天，食品安全问题不仅没有减少，危害的种类、程度、范围反而都有所增加，只是与先前相比更加隐性而已。

食品毒害物质，一类是食品原有的毒害物质，食品的原材料部分具有毒性且与食品混为一体，不容易被认识和确定，如氰苷、皂苷、茄碱、棉子酚、毒菌的有毒成分、外源凝集素等植物次生性代谢物及鱼类、贝类毒性物质。如果误食这些有害成分会引起食物中毒，除了会引起急性疾病外，还会由于食物中微量的有毒物质长期、连续性进入人体而引起机体的慢性中毒，甚至致突变、致畸、致癌等。另一类是食品原材料在食品加工过程中无意引入的一些有毒的化学成分，为了改善食品品质和色、香、味以及防腐和加工工艺的需要，会适当使用一些食品添加剂。如肉制品中常添加亚硝酸盐，在人体内形成亚硝胺类，是一种强致癌物；熏制食品中生成的致癌物苯并芘及其他稠环芳烃等，都是在食品加工过程中生成的毒害物质。我们本模块将主要研究食品中的毒害物质。

项目十一

食品中原有的毒害物质

学习目标

认知目标：

1. 熟悉植物性食品中原有的毒害物质。

2. 熟悉动物性食品中的天然毒性成分。

3. 了解食品中原有的毒害物质引起食物中毒的原因、中毒类型及中毒症状。

技能目标：

1. 会分析动物性食品中可能存在的天然毒性成分。

2. 结合生产、生活实际，能够运用专业知识判断食品安全性，培养知识的实际应用能力，提高分析、解决问题的能力。

素质目标：

1. 充分了解影响食品安全的因素，认识到有害物质在食品安全性方面的重要性，关注食品中原有的毒害物质，具有主动参与社会决策的意识。

2. 认同环境保护与食品安全之间的统一性，理解人与自然和谐发展的意义，确立积极、健康的生活态度。

3. 乐于探索知识奥妙，具有完成工作任务的积极态度，具有一定的探索精神和创新意识。

任务 11-1 植物性食品中原有的毒害物质

导学情景

情景描述：

长期以来，人们对化学物质引起的食品安全性问题有不同程度的了解，却忽视了人们赖以生存的动植物本身所具有的天然毒素。所谓“纯天然”食品不一定是安全的，植物中的天然有毒物质引起的食物中毒屡有发生，由此而带来的经济损失触目惊心。

学前导语：

食品中原有的毒害物质主要是有些植物中含有的一些有毒天然成分，而且有些是储存不当形成的，如马铃薯发芽后产生的龙葵素。了解植物中原有的毒害物质对于降低食品安全风险具有重要的意义。

【任务要求】

了解避免动植物中原有毒性物质引起食物中毒的预防措施。

熟悉动植物中原有的毒性物质。

【知识准备】

在植物性有毒成分中,目前已发现的植物毒素有1 000余种。但是它们大部分属于植物次生代谢物,主要的种类有氰苷、皂苷、茄碱、棉子酚、毒菌的有毒成分以及外源凝集素等。

一、毒苷物质

毒苷主要有氰苷、硫苷和皂苷3种类型。

1. 氰苷类有毒成分 氰苷主要以生氰的葡萄糖苷、龙胆二糖苷及荚豆二糖苷的形式存在于某些豆类、核果和仁果的种仁以及木薯的块根等植物体中。常见的含氰苷的果仁有枇杷仁、苦桃仁和苦杏仁,甜杏仁也少量含有。氰苷中毒会出现口中苦涩、流涎、头晕、头痛、恶心、呕吐、心悸及四肢软弱无力等症状,中毒严重者感到胸闷,并有不同程度的呼吸困难,甚至意识不清、大小便失禁、眼球呆滞、对光反射消失、全身性痉挛等症状,最后可因呼吸麻痹或心脏停跳死亡。这些氰苷类的毒性作用是潜在的,只有当他们在酸或酶的作用下发生降解,产生氢氰酸时,才表现出比较严重的毒性作用。氰根离子是呼吸链电子传递体的强抑制剂,使有氧呼吸作用不能进行,机体因而处于窒息状态。当摄食量比较大时,如果抢救不及时,会有生命危险。

2. 硫苷类有毒成分 硫苷类有毒成分,又称作致甲状腺肿原,是能引起甲状腺代偿性肿大的物质。如芥子苷,常食用的十字花科蔬菜,如油菜、甘蓝、芥菜、萝卜等,都含芥子油苷。但是,真正存在于这些蔬菜或植物的可食性部分的致甲状腺肿原成分是很少的,绝大部分致甲状腺肿原物质储存在它们的种子中。过多地摄入此类物质,可以引发甲状腺肿大。

3. 皂苷类有毒成分 皂苷即皂素,是一种分布很广泛的苷类物质。皂苷溶于水后可以生成胶体溶液,产生像肥皂一样的蜂窝状泡沫,因此,皂苷常被用作饮料(如啤酒、柠檬水等)中的起泡剂或乳化剂。在豆类中,皂苷普遍存在且是一种有毒成分,目前认为,其毒性主要体现在溶血性及其水解产物皂苷元的毒性上。低浓度皂苷水溶液即可破坏红细胞产生溶血。这可能由于皂苷与胆固醇结合形成复合物,而皂苷元可强烈刺激胃肠道黏膜,引起局部充血、肿胀、炎症,以致造成恶心、呕吐、腹泻等症状。

食物中的皂苷经人、畜口服时多数不表现毒性,如大豆中含量甚微的大豆皂苷。虽然大豆皂苷本身具有溶血作用,但现有的研究表明,热加工以后的大豆或制品对人、畜并没有出现损害现象。但茄子、马铃薯等茄属植物中称为龙葵碱或龙葵素的茄碱,就是少数有剧毒的皂苷。正常情况下,马铃薯的茄碱含量在0.03~0.06mg/g,但当马铃薯发芽或经日光照射变绿后的表皮层中,茄碱含量足以致命。茄碱的耐热性很强,所以发芽和变绿的马铃薯不可食用,也不可作饲料。但在一般情况下茄碱的含量很小,所以不会使食用者发生中毒。

二、毒酸成分

常见并且典型的毒酸成分,就是广泛存在于植物中的草酸以及以草酸钠或草酸钾形式存在的草酸盐。草酸在菠菜、茶叶、可可中较多。草酸盐在豆类、黄瓜、食用大黄、甜菜中的含量比较高,有时可达1%~2%。草酸是一种易溶于水的二羧酸,与金属离子反应生成盐,其中与钙离子反应生成的草酸钙在中性或酸性溶液中都不溶解。因此,含草酸过多的食物与含钙离子多的食物共同加工或者共食时,往往会降低食物的营养价值。过多地食用含草酸或草酸盐多的蔬菜,会产生急性草酸中毒症状,其表现包括口腔及消化道糜烂、胃出血、血尿等,严重者会发生惊厥。但是动物性实验的结果表明,食用菠菜等含草酸多的食物并不会发生缺钙的现象,这与普通的社会认知结果是相反的。同时,由于钙在食物中来源广泛,所以过量食用含草酸多的食物易引发肾结石。

三、毒酚成分

植物性食品中的酚类毒素主要指棉子酚。棉子酚存在于棉子中,榨油时会随之进入棉油中。棉子酚可与钠、钾、镁等矿物元素作用,不利于矿物元素的吸收,还可与血红蛋白中的铁结合,导致缺铁性贫血和维生素A缺乏症。粗制棉籽油中含的棉子酚能降低机体对铁的吸收,杀死精子,并有致癌作用。棉子中的棉子酚可以采用溶剂萃取法去除,从而避免食用未经脱酚处理的食用棉子油而中毒。

四、毒胺成分

毒胺成分,主要是指苯乙胺类衍生物、5-羟色胺和组胺,它们大多有强烈的升血压作用,同时还可以造成头痛现象,一般都是微生物的代谢产物。在许多水果和蔬菜中,这类物质也微量存在。由于在正常情况下,毒胺成分的含量甚小,所以大多不会引起中毒。毒芹碱主要存在于斑毒芹、洋芫荽菜(洋芹菜)、水毒芹菜中。毒芹碱中毒,主要是由于洋芫荽菜与芫荽相误用、毒芹叶与芫荽及芹菜相误认,毒芹根与芫荽根或莴笋相误认、毒芹果与八角茴香相误认等造成的。毒芹碱的致死量为0.15g,最快可以在数分钟内致人死亡。主要的中毒症状为运动失调,由上下行的麻痹,最后导致呼吸停止。

五、有毒氨基酸成分

有毒氨基酸成分,包括它们的衍生物,大多存在于豆科植物的种子中。

1. 山黧豆毒素原　山黧豆毒素原存在于山黧豆中,主要有2类:一类是致神经麻痹的氨基酸毒素,另一类是致骨骼畸形的氨基酸衍生物毒素。人摄食山黧豆中毒的典型症状是肌肉无力,不可逆的腿脚麻痹。严重者可导致死亡。

2. 氰基丙氨酸　氰基丙氨酸即β-氰基丙氨酸,是主要存在于蚕豆中的一种神经性毒素。其引起的中毒症状与山黧豆中毒相似。

3. 刀豆氨酸　刀豆氨酸存在于豆科植物的蝶形花亚科植物中,为精氨酸的同系物。刀豆氨酸在人体内是一种抗精氨酸代谢物,其中毒效应也因此而起。加热或煮沸可以破坏大部分的刀豆氨酸。

4. L-3,4-二羟基苯丙氨酸　L-3,4-二羟基苯丙氨酸又称多巴,主要存在于蚕豆等植物中。其引起的主要中毒症状是急性溶血性贫血症。一般来说,在摄食过量的青蚕豆后 5~24 小时即开始发作,经过 24~48 小时的急性发作期后,大多可以自愈。人过多地摄食青蚕豆(无论煮熟或是去皮与否)都可能导致中毒。

六、有毒生物碱类

生物碱是一些存在于植物中的含氮碱性化合物,大多数有毒。

1. 兴奋性生物碱 此类生物碱在食物中分布较广的是黄嘌呤衍生物、咖啡碱、茶碱和可可碱。咖啡碱在咖啡、茶叶及可可中都存在。这类生物碱是无害的,具有刺激中枢神经兴奋的作用,常作为提神饮料的主要成分。

2. 镇静及致幻生物碱 此类生物碱对人体的中枢神经具有麻醉致幻作用,主要有可卡因、毒蝇伞菌碱、裸盖菇素及脱磷酸裸盖菇素。古柯碱存在于古柯树叶中,适量食用时有兴奋作用,过量时对神经有强烈的镇静作用,继而产生麻醉幻觉。毒蝇伞菌碱存在于毒蝇伞菌等毒伞属蕈类中,食用后 15~30 分钟出现中毒症状,大量出汗,严重者发生恶心、呕吐和腹痛,并有致幻作用。裸盖菇素及脱磷酸裸盖菇素存在于墨西哥裸盖菇、花褶菇等蕈类中。花褶菇在我国各地区都有分布,生于粪堆上,也称粪菌。

3. 毒性生物碱 毒性生物碱种类繁多,在植物性和蕈类食品中有秋水仙碱、双稠吡咯啶生物碱及马鞍菌素等。

秋水仙碱存在于黄花菜中,本身无毒,在胃肠内吸收缓慢,但在体内被氧化成二秋水仙碱后则有剧毒,致死量为 3~20mg/kg。食用较多的炒鲜黄花菜后数分钟至十几小时发病,表现为恶心、呕吐、腹痛、腹泻、头痛等,但干制品无毒。如果食用新鲜的黄花菜,必须先经水浸或开水烫,然后再炒煮。

双稠吡咯啶生物碱广泛分布于植物界,会导致肝脏静脉闭塞,有时引起肺部中毒,其中一些还有致癌作用。

马鞍菌素则存在于某些马鞍菌属蕈类中,中毒症状为心律不齐、呼吸困难。

七、有毒植物蛋白凝集素

外源凝集素是一类能使血液中的红细胞产生凝集作用的蛋白质。已发现近 1 000 种,广泛分布于豆科、茄科、禾本科等植物中。不同来源的凝集素毒性差别很大。毒性较大的是蓖麻凝集素,大豆和菜豆凝集素毒性大约为其 0.1%。外源凝集素与糖分子特异结合位点对红细胞、淋巴细胞或小肠绒毛特定糖基加以识别结合,引起病变和发育异常,进而干扰消化吸收过程。小肠壁受其损伤后,引起糖、氨基酸、维生素吸收不良,且肠黏膜损伤使黏膜上皮通透性增加,外源凝集素、一些肽类和肠道有害微生物产生的毒素被吸收进入体内,对器官和机体免疫系统产生不同程度的损伤。

八、蛋白质酶抑制剂

豆类、谷物、油料作物等植物中含抑制酶活性的毒性蛋白质,包括胰蛋白酶抑制剂、胃蛋白酶抑制剂和淀粉酶抑制剂等。存在最广泛的是胰蛋白酶抑制剂,其抑制机制为胰蛋白酶抑制剂链环结构中暴露的氨基酸残基(活性部位)与胰蛋白酶的氨基酸发生络合作用,使酶失去酶解能力,抑制酶的活性。从而使食物中含有的相关成分不能被消化吸收,大部分又直接地被排泄掉。长期如此,会使生长发育受到影响。充分加热处理以后的豆类、麦类食物,基本上可以完全去除有关消化酶蛋白质抑制剂的活性。

点滴积累

1. 毒苷物质包括毒苷物质、氰苷类有毒成分、硫苷类有毒成分、皂苷类有毒成分。
2. 毒酸成分　常见并且典型的毒酸成分，就是广泛存在于植物中的草酸以及以草酸钠或草酸钾形式存在的草酸盐。
3. 毒酚成分　植物性食品中的酚类毒素主要指棉子酚。棉子酚存在于棉子中，榨油时会随之进入棉油中。棉子酚可与钠、钾、镁等矿物元素作用，不利于矿物元素的吸收，还可与血红蛋白中的铁结合，导致缺铁性贫血和维生素 A 缺乏症。
4. 毒胺成分　毒胺成分，主要是指苯乙胺类衍生物、5-羟色胺和组胺，它们大多有强烈的升血压作用，同时还可以造成头痛现象，一般都是微生物的代谢产物。
5. 有毒氨基酸成分包括　山黧豆毒素原、氰基丙氨酸、刀豆氨酸、L-3,4-二羟基苯丙氨酸。
6. 有毒生物碱类包括兴奋性生物碱、镇静及致幻生物碱、毒性生物碱。
7. 有毒植物蛋白凝集素　外源凝集素是一类能使血液中的红细胞产生凝集作用的蛋白质。已发现近 1 000 种，广泛分布于豆科、茄科、禾本科等植物中。
8. 蛋白质酶抑制剂　豆类、谷物、油料作物等植物中含抑制酶活性的毒性蛋白质，包括胰蛋白酶抑制剂、胃蛋白酶抑制剂和淀粉酶抑制剂等。

任务 11-2　动物性食品中原有的毒害物质

导学情景

情景描述：

动物食品中毒的事件屡见不鲜，贝类的胺中毒、河豚毒素等都是动物食物中存在的毒害物质；蜜源植物中含有毒素时会酿成有毒蜂蜜。

学前导语：

了解动植物中原有的毒害物质对于降低食品安全风险具有重要的意义。

动物性有毒成分,大多为鱼类和贝类毒性物质。这些水产物的毒素,有些是其本身具有的,有些则是死亡后机体发生变化而产生的,还有一些则是食物链效应产生的。除很特殊的动物毒素(如蛇毒)外,大多数动物毒性物质还被研究得很不够。因此,对动物性有毒成分的介绍,将只限于对个别情况的叙述。

一、无鳞鱼毒素

无鳞鱼是指一些海产鱼以及泥鳅、鳝等鱼类。在鲜活状态下开始处理和烹调、食用无鳞鱼,是不会中毒的；但是，在这类鱼死亡以后比较长的时间才开始烹调食用，则可能会发生中毒现象。无鳞鱼体内组氨酸的含量很高，机体在鱼死亡后发生一系列变化，而产生比较多的毒性比较强的有机胺物质，从而使食用者发生恶心、呕吐、腹泻、头晕等症状。具体的中毒原因，尚没有明确定论。有时候，因储存不当，无鳞鱼发生非细菌性腐烂也可以产生有毒成分。这种成分既不能被盐腌所破坏，也不能被蒸煮分解。已知这种毒素可以使人的脑中枢发生中毒症状，但是尚不能肯定这一化学成分的存在。

二、河豚毒素

河豚毒素主要存在于河豚的卵巢、肝脏，其次是肠、皮肤、血液、眼球及卵中，是河豚的主要有毒成分。河豚毒素毒性很强，也是最为有名的毒性物质之一。雌河豚的毒素含量高于雄河豚。河豚毒素也因季节不同而有差异。每年春季为卵巢发育期，毒性很强，6～7月产卵退化，毒性减弱，肝脏也以春季产卵期毒性最强。河豚毒素是氨基全氢间二氮杂萘，纯品为无色晶体，稍溶于水。在通常条件下，非常耐热，一般烹调和杀菌温度都不能使其完全失活。但是，当在碱性或强酸环境时，河豚毒素则不是很稳定。河豚毒素发生作用的时间很快，往往在食用或误食之后，马上就可以出现毒性反应，主要使神经中枢和神经末梢发生麻痹，最后可以导致呼吸中枢和血管神经中枢麻痹，特别容易造成死亡。食用河豚者多认为其味道特别好，往往大量食用之后容易产生急性中毒甚至死亡。将新鲜河豚去除内脏、皮肤和头后，肌肉经反复冲洗，加2%碳酸钠溶液处理2～4小时，可使河豚毒性降到对人体无害。现在，人们已发现的带有河豚毒素的动物还有虾虎鱼、蝾螈、斑足蟾、蓝环章鱼、东风螺、法螺、蛙贝、槭海星、爱洁蟹等。

三、海产藻类和贝类毒素

海洋生物毒素是一些结构十分特殊，毒性也异常大的动物性有毒成分。现在所知道的有岩沙海葵毒素、蓝藻门和甲藻门中的许多新毒素。尽管对海洋毒素的许多方面尚不清楚，但是，对于大多数的海洋毒素中毒途径，已经表达清楚，即由微型藻类毒素到鱼、贝类染毒，再到人、畜食物中毒。

1. 石房蛤毒素　石房蛤毒素主要存在于双壳类、膝沟藻和蓝藻类中，是经由贝类食物携带的毒性成分，主要由于摄食贝类食物而引起中毒。石房蛤毒素是一种低相对分子质量、毒性很大的麻痹性贝类物质毒素，致死剂量为1～4mg。在贻贝、扇贝等多种软体动物中，引起麻痹性贝类中毒的毒素还有10种已被鉴定出来，它们多类似于石房蛤毒素。其中毒症状为口唇、舌、指尖麻木，而后蔓延到大腿、双臂和颈项，最后发展到全身，严重者可在2～12小时发生死亡。贝类中毒的发作时间很快，大多在食用后几分钟开始。

2. 西加毒素　西加毒素是剧毒岗比甲藻中含有的毒素，对人的中毒剂量（口服）估计为0.1～0.3μg。西加中毒的表现症状比较特殊，既有神经方面的症状，又有消化道方面的症状。一般有感觉异常、温感颠倒、头晕、目眩、运动失调、关节疼痛、瘙痒、腹泻、腹痛、血压下降等。但是，很少有死亡的报道。西加中毒后，身体复原十分缓慢。

3. 下痢性贝类中毒　下痢性贝类中毒主要是由于人们食用了染毒的贝类引起的。下痢性贝类中毒的毒素来源是鳍藻和利马原甲藻，它们含有鳍藻毒素和扇贝毒素。中毒的主要症状为下泻、呕吐和腹痛。

4. 岩沙海葵毒素和短裸甲藻毒素　岩沙海葵毒素主要存在于热带和亚热带海域的岩沙海葵，是目前已知的毒性最大的非蛋白毒素，具有很强的心脏毒性和细胞毒性。急性中毒可引起冠状动脉强烈收缩，导致动物迅速死亡。短裸甲藻毒素是一种神经性贝类有毒成分，对人体也具有比较强的毒性。

四、蟾蜍毒素

蟾蜍毒素是蟾蜍分泌的30多种毒素中最主要的毒性成分，可水解生成蟾蜍配质、辛二酸及精氨酸。蟾蜍配质主要通过迷走神经中枢或末梢，或直接作用于心肌。蟾蜍毒素可迅速排泄，无蓄积作用。此外，蟾蜍毒素还可以催吐、升压、刺激胃肠道，对皮肤黏膜有麻醉作用。一般在食用0.5~4小时后发病，表现出胃肠道症状，胸闷，心悸、休克等循环系统症状和头晕、头痛、唇舌或四肢麻木等神经系统症状，重者抽搐、不能言语，甚至短时间内因心跳剧烈、呼吸停止而死亡。

五、某些有毒的动物组织

1. 内分泌腺　腺体中毒中，甲状腺中毒较多。甲状腺在被人食用后，一般潜伏12~21小时，发病症状为头晕、头痛、胸闷、呕吐、出汗、心悸等，还有的出现出血性丘疹、皮肤发痒、浮肿、手指震颤、甚至高热、心动过速、脱水等。通常持续3~5天，长则达一个月左右。因此，摘除牲畜的甲状腺是避免中毒的有效措施。

2. 动物肝脏　由于肝脏是动物最大的解毒器官，动物体内的各种毒素大多要经过肝脏来处理，进入动物体内的细菌、寄生虫也往往在肝脏生长、繁殖，而且动物也可能患肝炎、肝癌、肝硬化等疾病。因此，食用动物肝脏时，首先要选择健康动物的新鲜肝脏。肝脏淤血、异常肿大，流出污染的胆汁或见有虫体时，均视为病态肝脏。其次，必须彻底清除肝内毒素。最后，一次不能食用过多。

知识链接

生活中遇到食物中毒怎么办

一日三餐是每个人每天都必不可少的，但是如果不注意饮食卫生，误食了过期变质的食品就会引起食物中毒。食物中毒是指食用了不利于人体健康的物品而导致的急性中毒性疾病，通常都是在不知情的情况下发生。食物中毒者最常见的症状是剧烈的呕吐、腹泻，同时伴有中上腹部疼痛。食物中毒既有个人中毒，也有群体中毒。

一旦有人出现上吐、下泻、腹痛等食物中毒症状，首先应立即停止食用可疑食物，同时立即拨打急救电话120呼救。在急救车来到之前，可以采取以下自救措施。

1. 催吐　对中毒不久而无明显呕吐者，可先用手指、筷子等刺激其舌根部的方法催吐，或让中毒者大量饮用温开水并反复自行催吐，以减少毒素的吸收。

如经大量温水催吐后，呕吐物已为较澄清液体时，可适量饮用牛奶以保护胃黏膜。如在呕吐物中发现血性液体，则提示可能出现了消化道或咽部出血，应暂时停止催吐。

2. 导泻　如果病人吃下去的中毒食物时间较长(超过 2 小时)，而且精神较好，可采用服用泻药的方式，促使有毒食物排出体外。 用大黄、番泻叶煎服或用开水冲服，都能达到导泻的目的。

3. 解毒　避免食用含有天然毒素的动植物食品，如生豆浆、未煮熟的四季豆、死掉的甲鱼等。 如果是因吃了变质的鱼、虾、蟹等引起的食物中毒，可取食醋 100ml，加水 200ml，稀释后一次服下。 此外，还可采用紫苏 30g、生甘草 10g 一次煎服。 若是误食了变质的防腐剂或饮料，最好的急救方法是用鲜牛奶或其他含蛋白质的饮料灌服。

点滴积累

1. 无鳞鱼死亡较长时间才开始烹调食用，会发生中毒现象，无鳞鱼死亡时间较长，产生毒性较强的有机胺物质。
2. 河豚毒素主要存在于河豚的卵巢、肝脏，其次是肠、皮肤、血液中，是河豚的主要有毒成分。 河豚毒素毒性很强，也是最为有名的毒性物质之一。 雌河豚的毒素含量高于雄河豚。
3. 石房蛤毒素主要存在于双壳类、膝沟藻和蓝藻类中，是经由贝类食物携带的毒性成分，主要由于摄食贝类食物而引起中毒。 石房蛤毒素是一种低相对分子质量、毒性很大的麻痹性贝类物质毒素，致死剂量为 1～4mg。

目标检测

一、填空题

1. 变绿的土豆不可食用，是因为其中________含量很高，容易引起中毒。

2. 苦杏仁、木薯等生吃会中毒，主要是因为其中含有________，这类物质在酸或酶的作用下可生成剧毒的________；存在于鲜黄花菜中的________本身对人体无毒，但在体内被氧化成________后则有剧毒。

3. 生吃或食用未煮熟的豆类种子会引起中毒，主要是因为其中含有________，这类物质进入人体后能使________；此外，豆类食物中还含有________，影响人体对营养物质的消化吸收。

二、单项选择题

1. 下列选项中除(　　)外都是食品中的天然有毒有害成分

　A. 河豚毒素　　B. 禽肉中的沙门菌

　C. 毒蕈中的毒肽　　D. 杏仁中的含氰苷

2. 以下哪种食品含有天然有毒有害物质，加工不当易引起食物中毒(　　)

　A. 鱿鱼　　B. 芹菜　　C. 生豆浆　　D. 豆腐

3. 食物中原有的有害物质主要是指某些动植物中所含有的一些有毒的天然成分。这些食物必须经过一定的加工处理后才能食用，否则极易引起食物中毒。下列一定要烧熟煮透后才能食用的食物是(　　)

A. 山药　　B. 花生　　C. 四季豆　　D. 红薯

三、简答题

1. 生氰苷多存在于哪些食物？其毒性和预防措施是什么？

2. 动物性食品的天然毒素有哪些？平时应如何预防？

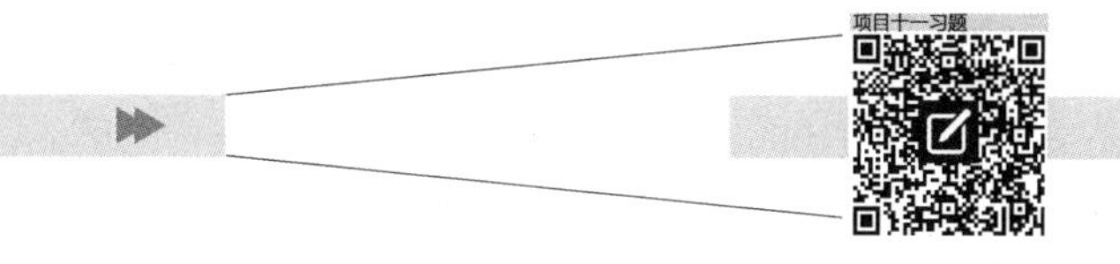

（褚小菊）

项目十二

食品加工和储存过程中及环境污染所产生的毒害物质

学习目标

认知目标：

1. 了解丙烯酰胺、亚硝胺类和苯并芘的性质。

2. 熟悉动植物性食品加工中的产生毒性成分。

3. 掌握食品加工中毒害物质引起食物中毒的原因、中毒类型及中毒症状和控制措施。

技能目标：

1. 具有分析食品加工、储存过程中产生的毒害物质的能力。

2. 学会控制食品加工、储存过程中毒害物质的产生能力。

素质目标：

1. 学会用实事求是的科学态度分析具体问题。

2. 具有探索精神和创新意识。

3. 具有节约能源、保护环境的意识。

任务 12-1 食品加工和储存过程中所产生的毒害物质

导学情景

情景描述：

2008 年 9 月，食用三鹿集团生产的婴幼儿奶粉的婴儿被发现患有肾结石。随后在其奶粉中发现化工原料三聚氰胺。事件引起高度关注和公众对乳制品安全的担忧。相关部门公布了国内的乳制品厂家生产的婴幼儿奶粉的三聚氰胺检验报告后，事件迅速恶化，多个厂家的奶粉都检出三聚氰胺，这就是在食品加工过程中引入的有毒有害物质。

学前导语：

食品的原材料因加工的需要会引入一些物质，例如，为了货架期而加入的防腐剂；为了食品的色泽而加入的漂白剂、着色剂；香肠熏制时加入的亚硝酸盐等一些食品添加剂，过量添加会对人体健康有一定的危害。环境污染也会造成食品有毒有害物质的产生，例如，农药、兽药的使用、工业的有害物质对食品的污染等。我们本次任务研究食品加工、储存过程中产生的有毒有害的物质，为我们今后从事食品加工技术工作奠定基础。

一、丙烯酰胺

食品的原材料在加工过程中会有有毒有害物质产生，例如，油脂的高温加热、肉制品的熏制、蔬菜的发酵等都能产生有害的物质。

（一）丙烯酰胺的形成

丙烯酰胺主要是高碳水化合物，是低蛋白质的植物性食物加热至120℃以上的过程中形成的，140～180℃为丙烯酰胺生成的最佳温度。如土豆、饼干、面包和麦片等，在经过煎、炸、烤等高温加工处理时容易产生丙烯酰胺。而碳水化合物含量不高的食品，如鱼、肉等在加工处理时，则不会产生较多的丙烯酰胺。同时，即使淀粉含量比较高，但是没有经过高温加工的食品，如面条、米饭、粥等也没有发现丙烯酰胺。天门冬酰胺和还原糖是丙烯酰胺极为重要的一种前体物质，只要天门冬酰胺加上α-羟基化合物，就能产生美拉德反应，生成大量的丙烯酰胺，同时产生颜色和风味的变化。在氨基酸中，除天门酰胺外，谷氨酸、半胱氨酸、甲硫氨酸等也能与还原糖反应生成丙烯酰胺，但研究最多且最彻底的还是天门冬酰胺与还原糖的反应。

（二）丙烯酰胺的性质

丙烯酰胺是一种白色晶体物质，分子量为71.09，熔点为85.5℃，沸点为125.0℃，易溶于水、甲醇、乙醇、二甲醚、丙酮、氯仿等溶剂，不溶于苯和庚烷。当丙烯酰胺加热溶解时，释放出强烈的腐蚀性气体，在室温下很稳定，但当处于熔点或熔点以上温度、氧化条件以及在紫外线的作用下很容易发生聚合反应而生成聚丙烯酰胺。

课堂活动

根据丙烯酰胺的性质是否能判断丙烯酰胺的危害?

（三）丙烯酰胺的危害

食品中的丙烯酰胺之所以受到关注，主要是因为它的毒性，丙烯酰胺的单体是一种公认的神经毒素和准致癌物。

1. 丙烯酰胺是一种潜在毒性的亲神经毒害物质，研究证明丙烯酰胺具有较强的渗透性，可通过完好的皮肤、黏膜、肺和消化道吸收进入人体，分布在体液中。长期接触丙烯酰胺的人，主要表现为四肢麻木、乏力、手足多汗、头痛头晕、远端触觉减退等，并且伤及小脑，出现步履蹒跚，四肢震颤，深反射减退。

2. 大量的动物实验数据证实了丙烯酰胺具有一定的致癌性，在实验动物的饮用水中添加2.0mg/kg丙烯酰胺，一段时间后可以在动物的脑部、脊髓等组织中发现肿瘤细胞。

3. 丙烯酰胺还可抑制驱动蛋白物质的活性，导致细胞有丝分裂和减数分裂障碍，从而引起生殖损伤。

（四）食品中丙烯酰胺的控制

目前，国内外对食品中丙烯酰胺的抑制方法已有许多研究，主要是控制食品原材料中天门冬酰胺和还原糖的含量、改善加工工艺等。

1. 控制天门冬酰胺和还原糖的含量

天门冬酰胺和还原糖是形成丙烯酰胺的重要前提，控制食品原材料中游离的天门冬酰胺和还原糖的含量是降低食品原材料中天门冬酰胺的最根本途径，目前主要有以下几个方面。

（1）通过品种选育和改变栽培条件降低食品原材料中天门冬酰胺和还原糖含量。

（2）采用适当温度储存马铃薯，抑制其淀粉转化为还原糖，以降低还原糖浓度。

（3）采用生物、化学方法去除食品原材料中的天门冬酰胺。其中研究最多的是采用天门冬酰胺酶和其他酰胺酶使天门冬酰胺生成量大大减少，面制品加工前采用酵母发酵也是降低丙烯酰胺的有效途径之一，因为原材料中的天门冬酰胺在酵母发酵 2 小时后几乎可被全部利用。

（4）通过加工方法去除部分天门冬酰胺，如提高面粉精度可大幅度降低面粉中的天门冬酰胺含量。

2. 改变加工条件和加工方式

（1）降低温度和 pH：温度是影响丙烯酰胺产生的最主要因素之一，加工过程中，在一定温度范围内，随着加热温度的升高，食品中的丙烯酰胺含量急剧上升，超过一定值反而生成减少。适当降低油炸温度可减少食品中的丙烯酰胺的产生。研究发现，中性条件下最有利于丙烯酰胺的产生，而酸性条件下不利于丙烯酰胺的产生。有研究发现焦磷酸二氢二钠、柠檬酸、醋酸和乳酸的添加降低了体系的 pH，抑制美拉德反应中席夫碱的形成，从而显著降低了丙烯酰胺的含量。

（2）控制加热的时间：加热时间是影响丙烯酰胺产生的另一个主要因素，随着高温处理持续时间的延长，丙烯酰胺的生成增加，在保证食品做熟的前提下，适当减少加热时间可减少丙烯酰胺的生成量。

3. 减少或消除食品中已生成的丙烯酰胺 通过对食品进行真空、真空-光辐射、真空-臭氧等处理的研究证明，在真空条件下加热食品可使生成的丙烯酰胺挥发，从而降低食品中丙烯酰胺的含量。

（1）光辐射，如红外线、可见光、紫外线、X 射线、γ 射线等可使丙烯酰胺发生聚合反应，从而减少丙烯酰胺在食品中的含量。

（2）臭氧可使丙烯酰胺发生分解反应，生成小分子物质，也可减少食品中丙烯酰胺的含量。

（3）添加半胱氨酸、同型半胱氨酸、谷胱甘酸等含巯基物质，与丙烯酰胺反应，有消除丙烯酰胺的作用，用 0.3% 的半胱氨酸在油炸前浸泡土豆片，发现油炸薯片中几乎检测不到丙烯酰胺。

二、亚硝胺

亚硝胺是在加工和干燥过程中由亚硝酸盐和仲胺反应产生。其结构如下：

$$\begin{matrix} R_1 \diagdown & \\ & N-N=O \\ R_2 \diagup & \end{matrix}$$

R_1、R_2 为烷基、芳烷基、芳基时，称为亚硝胺。

（一）亚硝胺的形成

亚硝胺是亚硝酸盐和胺类物质在一定条件下合成的，因此，亚硝酸盐与胺类物质可以看作亚硝胺的前体，广泛存在于食品中，在食品加工过程中转化成亚硝胺。

1. 香烟 香烟中含有三大类亚硝胺，即挥发性亚硝胺、非挥发性亚硝胺和香烟中特有的亚硝胺——具有强致癌性的去甲烟碱亚硝胺和甲酰基去甲烟碱亚硝胺。事实上烟草中的蛋白质、农药和生物碱是产生亚硝胺的前体物质，烟草中的生物碱（烟碱尼古丁、去甲烟碱、甲酰基去甲烟碱、甲木械碱和新烟草碱）在吸烟燃烧的过程中，就会形成一些烟草中特有的亚硝胺化合物。另外烟草烘烤产生的氮氧化合物，与烘烤过程中产生的游离烟碱发生反应后，产生亚硝胺。

2. 自然界中的闪电、火灾、化石燃料燃烧产生 NOx，在土壤微生物的硝化作用下，硝酸盐被还原为亚硝酸盐。

3. 大量使用氨肥造成部分地区土壤中亚硝酸盐、亚硝胺严重超标，形成区域性癌症高发区。

4. 食品中亚硝胺的形成

（1）含硝酸盐和亚硝酸盐的食物：含硝酸盐和亚硝酸盐的食物在微生物或还原剂的作用下，NO_3^- 可被还原成 NO_2^-。绝大多数亚硝酸盐在人体中以“过客”的形式随尿排出体外，但在环境的酸碱度、微生物菌群和适宜的温度等条件下，转变成亚硝胺。人体的环境正好适合亚硝酸盐转变成亚硝胺，其中胃是合成亚硝胺的最适宜的场所，合成亚硝胺的适宜 $pH<3$，而正常人的胃液的 pH 在 1~4，亚硝酸盐进入胃里后，在胃酸的作用下与蛋白质分解产生的二级胺反应可产生亚硝胺。

（2）食品干燥：亚硝胺形成的另一个途径是食品在明火中用热空气干燥。

（3）食品迁移：食品与食品容器或包装材料的直接接触，可以使挥发性亚硝胺进入食品。

（4）直接添加：一些食品添加剂和农业上使用的农药含有挥发性有毒有害的物质，直接添加造成食品污染。

5. 化工废水、发酵废水和洗涤废水中含有大量的硝酸盐或亚硝酸盐和有机污染物。

（二）亚硝胺的性质

亚硝基是—NO 的氮原子与氨基中的氮原子连接的化合物。*N*-亚硝胺是世界公认的三大致癌物质之一，其中低分子量的 *N*-亚硝胺在常温下为黄色油状液体，高分子量的 *N*-亚硝胺在常温下多为固体。二甲基亚硝胺可溶于水及有机溶剂，其他则不能溶于水，只能溶于有机溶剂。在通常情况下，*N*-亚硝胺不易水解，在中性或碱性介质中比较稳定，但在特定条件下也能发生水解、加成、氧化、还原等反应。*N*-亚硝酰胺化学性质活泼，在酸性或碱性环境中不稳定。

（三）亚硝胺的危害

亚硝胺是较稳定的化合物，其致癌机制为：其化合物中与氨氮相连的碳原子上的氢受到肝微粒体 P-450 的作用，其碳上的氢被氧化而形成羟基，再进一步分解和异构化，生成烷基偶氮羟基化合物，此化合物是具有高度活性的致癌剂。需要说明的是，它的致癌性与化学结构、理化性质以及体内代谢过程等有关。科学家对亚硝胺致癌性进行的长期动物实验表明，许多亚硝胺，包括香烟中的 10 多种亚硝胺，无论是对低等动物还是高等动物，都能诱发肿瘤；而且还证明，亚硝胺几乎对动物的所有脏器和组织都能诱发出肿瘤，其中主要器官是肝脏、食管、肺和胃、肾，其次是鼻腔、气管、胰腺、口腔等；另外，亚硝胺具有明显的亲和性，不同结构的亚硝胺，可以有选择性地对特定的器官诱发出肿瘤。例如，具有对称结构的亚硝胺对白鼠主要诱发出肝癌，非对称的二烷基亚硝胺和某些杂环亚硝胺对大白鼠主要诱发出食管癌等。

（四）食品中亚硝胺的控制

1. 增加维生素 C 的摄入量　亚硝胺致癌是可以预防和控制的。熏制食品在冷冻的条件下，就能防止硝酸盐的转化，或食用维生素 C 也可防止二甲基亚硝胺的形成。但维生素 C 对已形成的亚硝胺则无作用。亚硝胺极不稳定，将食品放在日光下暴晒，也会使亚硝胺消失或减少。防止食物霉变以及其他微生物污染，改进食品的加工方法，以及在土壤中施用钼肥以减少粮食、蔬菜中亚硝酸盐的含量等措施，都能控制亚硝胺进入人体。
2. 防止食物霉变以及其他微生物污染。
3. 控制食品加工中硝酸盐及亚硝酸盐的使用。
4. 施用钼肥，降低硝酸盐含量。
5. 制定标准并加强监测。

三、苯并芘

苯并芘是多环芳烃，多环芳烃是指分子中含有 2 个或 2 个以上苯环结构的化合物。苯并芘是 5 个苯环相结合的多环芳烃，苯并[α]芘结构如下：

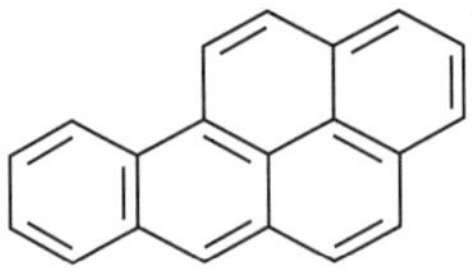

▶▶ 课堂活动

日常生活中什么食品中含有苯并芘？

（一）苯并芘的形成

1. 环境方面

（1）工业废气、废渣：煤炭、石油等的不完全燃烧产生的多环芳烃进入大气，并沉积在植物的叶片表面或者沉积在土壤中被植物根系吸收代谢，最后聚积在植物内。

（2）沥青污染：沥青有石油沥青和煤油沥青 2 种，前者苯并芘含量较后者少。在繁忙的公路两边的土壤中苯并芘含量为 2.0mg/kg；在炼油厂附近土壤中苯并芘的含量为 200mg/kg；被煤焦油，沥青污染的土壤中，苯并芘可高达 650mg/kg。食物中的苯并芘残留浓度取决于附近是否有工业区或交通要道。另外粮食若晾晒在沥青铺的公路上，也会被多环芳烃污染。

（3）包装污染：例如油墨中就含有一些多环芳烃，包装纸上的不纯石蜡油可以使食品污染多环芳烃。

2. 食品加工过程中的污染

(1)熏烤:常用的燃料有煤、木炭、焦炭、煤气和电热等,由于燃烧产物与食品直接接触,而导致烟尘中的苯并芘直接污染食品。

(2)高温油炸食品污染:经检测,多次使用的高温植物油、油炸过度的食品都会产生苯并芘,反复使用高温煎炸方式,食物中的有机质受热分解,经环化、聚合而形成苯并芘等致癌成分。煎炸时所用油温越高,产生的苯并芘越多。

(3)吸烟烟雾和烹饪油烟污染:不洁的空气,如吸烟、烟雾或厨房油烟可被一些食品吸附而受到污染。吸烟烟雾中的有害物质有 600 多种,其中可直接引起癌症的致癌物质有 40 多种,其中最具有代表性的就是苯并芘。

(4)加工设备和食品包装材料污染:一些设备管道和食品包装材料中含有苯并芘,如在采用橡胶管道输送食品原料或食品成品时,橡胶的填充料炭黑和加工橡胶时用的重油中均含有苯并芘,当液体食品如酱油、醋、酒、饮料等经过这些管道输送时,苯并芘有可能转移到食品中,尤其是将橡胶管长期浸泡在食品中的危害性更大。

3. 储存过程污染　烟熏、烘烤的动物性食品,苯并芘最初主要附着于食品的表层,深度不超过 1.5mm 的皮层内含量为总量的 90%左右。随着储存时间的延长,苯并芘可向食品的深部渗透。

(二)苯并芘的性质

苯并芘又称为 3.4 苯并芘,由 BaP 表示,它是由 1 个苯环和 1 个芘分子稠合而成的多环芳烃类化合物,分子式 $C_{20}H_{12}$,相对分子质量为 252.32,常温下为浅黄色固体。不溶于水,能溶于苯、丙酮等有机溶剂,熔点为 179℃。在碱性条件下稳定,遇酸则不稳定,属于致癌烃,微量存在于煤焦油某些高沸点的馏分中。

(三)苯并芘的危害

苯并芘是一类具有明显致癌作用的有机化合物,对于苯并芘的致癌机制有学者认为,肝中的氧化酶将芳香烃类的 C_7 和 C_8 位转化成环氧乙烷结构,环氧水合酶催化其水合反应生成反式二醇,再进一步有氧化酶氧化,在 C_9 和 C_{10} 位形成新的环氧乙烷结构的致癌物。苯并芘的致癌方式,目前认为是 DNA 中碱基鸟嘌呤上的氨基氮作为亲核试剂进攻具有环氧乙烷结构的苯并芘,反应后的鸟嘌呤破坏了 DNA 的双螺旋结构,导致 DNA 在基团复制中发生错配。这个变化就导致遗传密码的改变,即基团的突变,然后产生一系列快速且无区分地大量增殖的细胞,表现出癌细胞的特征。

(四)苯并芘的控制

目前各国采取关闭高耗能、高排放企业,加强环境管理及监测,限制汽车尾气排放,禁止焚烧垃圾、秸秆等措施,减少多环芳烃的产生源头,以保护土地、大气和水资源环境。生化处理是去除多环芳烃的有效途径,许多细菌、真菌、藻类多环芳烃具有较强的分解代谢能力和较高的代谢速率,是处理多环芳烃较好的方法。

1. 不在柏油马路上晾晒粮食,以防止沥青污染。
2. 控制环境(空气、水)污染,防止食品受到苯并芘的污染。
3. 改进烟熏、烘烤等加工工艺,不使食品直接接触炭火熏制、烘烤。

4. 避免采用高温煎炸方式,油温控制在200℃以下。

5. 制定食品苯并芘的允许含量标准,我国目前已制定的标准有,大气中限量为0.01μg/kg,室内空气限量为0.001μg/kg;熏烤动物性食品中的苯并芘的含量≤5μg/kg;植物油中的苯并芘含量≤10μg/kg。

四、食品添加剂引起的危害

食品添加剂是为了改善食品品质,提高食品的色、香、味,保障食品的防腐以及满足加工工艺的需要。适宜地使用添加剂,把使用量控制在最低有效水平,是没有什么危害的;如果食品添加剂使用过量或使用不当,就会给食品带来毒性。目前,从国内外食品添加剂使用引起的问题看,虽然各国对各种食品添加剂都进行立法管理,甚至进行再评价,但新问题还是层出不穷。

食品添加剂引起的毒害的原因如下:

1. 食品添加剂的化学及生物转化产物问题　添加食品添加剂后,食品添加剂进入人体都有转化问题。有些转化产物具有毒性,如食品在储存过程中,赤癣红色素转变成荧光素;糖精在体内代谢转化为环己胺;亚硝酸盐在体内可转化为胺等。这些物质含量过高,对人体是有毒害的。

2. 食品添加剂中的杂质污染　食品添加剂中的有害杂质污染造成食物中毒的严重事件偶有报道。例如,1955年在日本发生的砷乳事件,使大批儿童发生贫血、食欲缺乏、皮疹、色素沉着、腹泻和呕吐等症状,中毒人数高达12 000人,死亡100多人。调查后获知,患者都是食用了森永牌调和奶粉,在乳粉中检出砷的含量为21~35ng/kg。经查明,砷的来源是因为加入的稳定剂磷酸氢二钠中含有杂质。有些食品添加剂在生产的过程中也能产生有害杂质,如糖精中的邻甲苯磺酸胺,氨法生产的糖色中的4-甲基咪唑等。

点滴积累

一、丙烯酰胺

1. 丙烯酰胺的形成　丙烯酰胺主要是高碳水化合物,低蛋白质的植物性食物加热至120℃以上过程中形成的,140~180℃为丙烯酰胺生成的最佳温度。
2. 丙烯酰胺的性质。
3. 丙烯酰胺的危害　食品中的丙烯酰胺之所以受到关注,主要是因为它的毒性,丙烯酰胺的单体是一种公认的神经毒素和准致癌物。
4. 食品中丙烯酰胺的控制　目前,国内外对食品中丙烯酰胺的控制方法已有许多研究,主要是控制食品原材料中天门冬酰胺和还原糖的含量、改善加工工艺等。

二、亚硝胺

1. 亚硝胺的形成　亚硝胺是亚硝酸盐和胺类物质在一定条件下合成的。因此,亚硝酸盐与胺类物质可以看作亚硝胺的前体,广泛存在于食品中,在食品加工过程中转化成亚硝胺。
2. 亚硝胺的性质。
3. 亚硝胺的危害　亚硝胺几乎对动物的所有脏器和组织都能诱发出肿瘤,其中主要器官是肝脏、食管、肺和胃、肾，其次是鼻腔、气管、胰腺、口腔等；另外，亚硝胺具有明显的亲和性，不同结构的亚硝胺，可以有选择性地对特定的器官诱发出肿瘤。

4. 食品中亚硝胺的控制　增加维生素 C 的摄入量、防止食物霉变以及其他微生物污染、控制食品加工中硝酸盐及亚硝酸盐的使用、施用钼肥，降低硝酸盐含量、制定标准并加强监测。

三、苯并芘

1. 苯并芘的形成　熏烤、高温油炸食品污染、吸烟烟雾和烹饪油烟污染、加工设备和食品包装材料污染等。

2. 苯并芘的性质。

3. 苯并芘的危害　苯并芘是一类具有明显致癌作用的有机化合物。有学者认为，苯并芘的致癌机制是肝中的氧化酶将芳香烃类的 C_7 和 C_8 位转化成环氧乙烷结构，环氧水合酶催化其水合反应生成反式二醇，再进一步有氧化酶氧化，在 C_9 和 C_{10} 位形成新的环氧乙烷结构的致癌物。

任务 12-2　环境污染所产生的毒害物质

导学情景

情景描述：

2005 年 11 月 13 日，我国吉林省吉林市的中国石油吉林石化公司双苯厂发生连续爆炸，导致一百吨苯类化合物倾泻入松花江，造成长达 135 公里的污染，使得哈尔滨市民饮水困难，经近半月的检测，才恢复了饮水。

学前导语：

食品的毒害物质有些是环境污染带来的，如不正确使用农药和抗生素会造成植物食品中的农药超标和动物食品中的兽药超标。

一、农药对食品的污染

（一）农药概述和污染途径

1. 农药概述　农药是防治植物病虫、去除杂草、调节农作物生长、实现机械化和提高农畜产品的产量及质量的主要措施。化学农药的种类有 1 400 多种，但目前各国实际生产和使用品种有 500 多种，其年产量有 $3.5\times10^5\sim4\times10^5$kg。按用途可分为除草剂、杀虫剂、植物生长调节剂、杀菌剂等。实际上对食品产生污染的主要是有机氯农药和有机磷农药。

有机氯农药大多数为油状液体，不溶于水，易溶于有机溶剂，化学性质稳定，易降解而失去毒性，一般淘洗、烹调即可除去毒性。常用的有 DDT、六六六、氯丹和七氯等。

有机磷农药除少数为固体外，大多数为油状液体，具有脂溶性，一般不溶于水，化学性质不稳定，易降解失去毒性。常用的有乐果、敌百虫、敌敌畏等。

课堂活动

根据已有的生活常识，谈谈农药是如何污染食品的。

2. 农药污染途径　农药的使用对农业的增产起到积极作用，但广泛大量使用易对食品造成污染。研究证明，通过大气和饮水进入人体的农药占10%，通过食物进入人体的占90%，农药对食品的污染主要来自于农产品、乳和肉制品。这些农药的污染主要是由于没有按规定合理用农药，污染途径有以下几个方面。

(1)农田等施药对作物的直接污染：农药残留在农作物上，农作物经过加工后农药有残留，所用的农药不同，残留量也不同。

(2)农药对环境的污染：农药喷洒在田间，有些残留在土壤中，土壤中的农药通过农作物的根系吸收到作物组织内部而造成污染；有些被冲刷到池塘、湖泊、河流中，被鱼类等水生生物吸收而造成水生食品的污染。

(3)农药颗粒随雨水降落：喷洒农药时，有少部分以极细的颗粒漂浮在大气中，长时间随雨雪降落到土壤和水域中。

(4)生物富集与食物链：生物体从环境中能不断吸收低剂量的农药，并逐渐在其体内蓄积的能力称为生物富集。食物链是指动物体吞食残留农药的作物或生物后，农药在生物间转移的现象。如饲料中残留农药转移入禽畜类食品。

(5)运输和储存中与农药混放或者使用熏蒸剂。

(二) 控制农药污染食物链的措施

我国农药中毒高发的原因就是：生产工艺落后，保管不严，配制不当，任意滥用，操作不善，防护不良。因此预防的重点如下。

1. 加强农药的管理和监督。

2. 严格实施农药安全使用过程。

3. 改革农药生产工艺，特别是出料、包装实行自动化或半自动化。

4. 研究高效低残留及无残留的农药。

二、工业有害物质对食品的污染

工业上排放的三废，即废水、废气和废渣，这三废污染食品主要是通过工业废水污染、利用被污染的食物作饲料、加工设备和包装容器的污染等。

(一) 铅

农作物和食品中铅的污染途径，一是工业生产中的铅可通过三废污染农作物而造成人体内铅含量增多；二是汽车尾气，这也是造成青少年体内铅超标的原因。农药砷酸铅是果园杀虫剂，也会造成果品铅污染；蒸馏白酒的设备是锡制的，其中含有铅，也会引起铅的增加。

铅的危害主要是损伤神经系统、造血器官和肾脏。常见的症状有食欲缺乏、胃肠炎、口腔金属味、失眠、头晕、头痛、关节肌肉酸痛、腰痛和贫血等。

我国食品卫生标准中规定:冷饮食品、奶粉、甜炼乳和淡炼乳、井盐和矿盐、味精和酱类含铅不得超过 1mg/kg;蒸馏酒和配制酒、食醋和酱油不得超过 1mg/L。

（二）汞

汞污染食品的途径是:汞在鱼体内的甲基化、汞的吸收生物浓集、汞在植物体内吸收作用。被汞污染的食品进行加工处理、各种不同的烹调方法、冷冻、干燥都不能除去其中的汞。

微量的汞在人体内不至于引起危害,可经尿、粪和汗液等排出体外,汞的吸收过多将损害人体健康。汞中毒初期的症状是疲劳、头晕、失眠,若中毒时间较长,就会出现动作缓慢,言语障碍等,严重的会出现精神紊乱,进而疯狂痉挛而死。

我国食品卫生标准规定各种食品中汞的含量为:加工粮为 0.02mg/kg;蔬菜和水果为 0.01mg/kg;牛乳为 0.01mg/kg;鱼和其他水产品为 0.03mg/kg;肉、蛋(去壳)、油为 0.05mg/kg。

（三）砷

随着工业的发展,各种砷化物在工农业生产上被广泛应用,三废中砷的含量不断升高,对环境造成污染,这些是食品中砷含量增高的主要原因。此外,在食品加工过程中也会造成砷的污染。农业上使用砷杀虫剂、除草剂;食品加工中水解时使用不纯的酸、碱和质量不纯的食品添加剂等,也能引起食品原料和成品中砷含量的增多。三价砷比五价砷的毒性更强。

砷的氧化物和盐类随食品自消化道吸收,经体内转化或不经代谢由尿或粪便排出,也能从乳汁排出,但排泄很缓慢,因此常因蓄积作用导致慢性中毒。砷化物中毒主要表现为恶心、呕吐、腹泻等,摄入量过多时,可因神经系统麻痹、意志丧失而死亡。

世界卫生组织规定,砷的最高允许摄入量为每日 0.05mg/kg。

点滴积累

一、农药对食品的污染

1. 土壤中的农药通过农作物的根系吸收到作物组织内部而造成污染。
2. 农田施用农药时，直接污染农作物。
3. 大气中漂浮的农药受水、风向和雨水作用，对地面作物、水生生物产生影响。
4. 因水质污染进一步污染农作物。
5. 饲料中残留农药转移入禽畜类食品中，造成此类食品的污染。

二、工业有害物质对食品的污染

1. 铅　铅的危害主要是损伤神经系统、造血器官和肾脏。常见的症状有食欲缺乏、胃肠炎、口腔金属味、失眠、头晕、头痛、关节肌肉酸痛、腰痛和贫血等。
2. 汞　微量的汞在人体内不至于引起危害，可经尿、粪和汗液等排出体外，汞的吸收过多将损害人体健康。汞中毒初期的症状是疲劳、头晕、失眠，若中毒时间长一些就会出现动作缓慢，言语障碍等，严重的会出现精神紊乱，进而疯狂痉挛而死。
3. 砷　砷的氧化物和盐类随食品自消化道吸收，经体内转化或不经代谢由尿或粪便排出，也能从乳汁排出，但排泄很缓慢，因此常因蓄积作导致慢性中毒，砷化物中毒主要表现为恶心、呕吐、腹泻等，摄入量过多时，可出现神经系统麻痹、意志丧失而死亡。

目标检测

简答题

1. 农药污染的途径有哪些？
2. 如何控制苯并芘的毒害？
3. 丙烯酰胺危害的症状有哪些？

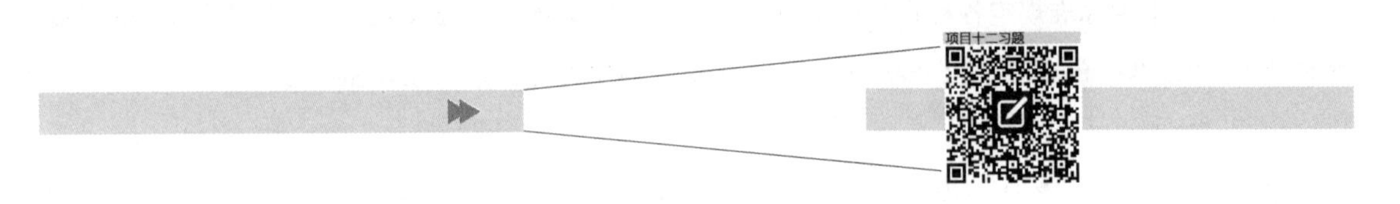

（姚　微）

参考文献

[1] 杨丽敏.食品应用化学.2 版.北京:化学工业出版社,2015.

[2] 曹凤云.食品应用化学.北京:中国农业大学出版社,2013.

[3] 孙长灏.营养与食品卫生学.7 版.北京:人民卫生出版社,2012.

[4] 查锡良,药立波.生物化学与分子生物学.8 版.北京:人民卫生出版社,2013.

[5] 李晓华.食品应用化学.北京:高等教育出版社,2002.

[6] 夏延斌.食品化学.北京:中国轻工业出版社,2004.

[7] 宁正祥.食品生物化学.2 版.广州:华南理工大学出版社,2001.

[8] 付中华,薛晓金,田素芳.糊化度的测定方法.食品工业,2004,(3):27-29.

[9] 潘宁,杜克生.食品生物化学.2 版.北京:化学工业出版社,2010.

[10] 张又良,郭桂平.生物化学.北京:人民卫生出版社,2016.

[11] 王易振,仲其军,沈建林.生物化学.武汉:华中科技大学出版社,2012.

[12] 肖建英,张学武.生物化学.北京:人民军医出版社,2012.

[13] 马力.食品化学与营养学.北京:中国轻工业出版社,2007.

[14] 王兴国,范志红.吃出健康很容易.北京:人民军医出版社,2010.

[15] 林建云,陈维芬,贺青等.福建沿岸海域浒苔藻类的营养成分含量与食用安全.台湾海峡,2011,30(4):570-576.

[16] 范晓,严小军,韩丽君.海藻加工利用研究进展.海洋科学,1995,19(4):12-15.

[17] 侯恩太,倪士峰,贾娜,等.食用植物天然毒性成分概况.畜牧与饲料科学,2009,30(1):151-152.

目标检测参考答案

模块一　食品营养成分

项目一　水　　分

一、填空题

1. 作为食品溶剂,作为食品中的反应物或反应介质,能除去食品加工中的有害物质,作为食品的浸涨剂,作为食品的传热介质。

2. 氢键。

3. 两类,自由水(体相水)和结合水(束缚水或固定水)

二、判断题

1. ×　2. ×　3. √

三、简答题

水在食品有两种存在形式,即结合水和自由水。

两者的区别是:

(1)结合水的量与食品中所含极性物质的量有比较固定的关系,如100g蛋白质大约可结合50g的水,100g淀粉的持水能力在30~40g。

(2)结合水不易结冰,由于这种性质使得植物的种子和微生物的孢子得以在很低的温度下保持其生命力;而多汁的组织在结冰后,细胞结构往往被自由水的冰晶所破坏,解冻后组织不同程度的崩溃。

(3)结合水对食品品质和风味有较大的影响,当结合水被强行与食品分离时,食品质量、风味就会改变。

(4)结合水不能作为可溶性成分的溶剂,也就是说丧失了溶剂的能力。

(5)自由水可被微生物所利用,而结合水则不能。

项目二　糖　　类

一、填空题

1. 醛糖,酮糖,2~10,10。

2. 直链,支链,同聚多糖,杂聚多糖。

3. 转化,转化糖。

4. 乳糖,葡萄糖,蔗糖,果糖。

5. 水溶性,水不溶性,植物类,动物类,合成类。

二、单项选择题

1. B　　2. B　　3. C　　4. C　　5. A　　6. B

三、简答题

1. D 表示右旋;L 表示左旋;α 构型——生成的半缩醛羟基与决定单糖构型的羟基在同一侧;β 构型——生成的半缩醛羟基与决定单糖构型的羟基在不同侧,α-型糖与 β-型糖是一对非对映体。

2. 糊化的淀粉胶,在室温或低于室温条件下慢慢冷却,经过一定的时间变得不透明,甚至凝结而沉淀,这种现象称为老化。在食品工艺上,粉丝的制作,需要粉丝久煮不烂,应使其充分老化;而在面包制作上则要防止老化,将表面活性物质,如甘油单酯或它的衍生物,如硬酯酰乳酸钠添加到面包中,即可延缓面包变硬从而延长货架寿命。

3. 糖类尤其是单糖在没有氨基化合物存在的情况下,加热到熔点以上的高温(一般是 140~170℃以上)时,糖会脱水而发生褐变,这种反应称为焦糖化反应。应用:改变食品的色泽和风味。

4. 膳食纤维有保健作用,在保持消化系统健康上扮演着重要的角色。膳食纤维可以清洁消化道和增强消化功能,同时可稀释和加速食物中的致癌物质和有毒物质的移除,保护脆弱的消化道和预防结肠癌。纤维可减缓消化速度,并快速排泄胆固醇,所以可让血液中的血糖和胆固醇控制在最理想的水平。

项目三　脂　　类

一、选择题

(一) 单项选择题

1. C　　2. C　　3. C　　4. D　　5. A　　6. A

(二) 多项选择题

1. ABC　2. BC　3. ABC　4. AB　5. BCD　6. ABCD　7. AB

二、简答题

1. (1)固体脂肪指数:油脂中固液比适当时塑性好。固体脂肪过多则过硬,塑性不好,易变形。

(2)脂肪的晶型:β′晶型可塑性最好,是因为结晶时将大量小气泡引入其中,这样的产品有较好的塑性和奶油凝聚性质;而 β 型结晶包含的气泡少而且大,塑性较差。

(3)熔化温度范围:当油脂开始熔化到熔化结束时,如温差较大则油脂的塑性较大。

2. (1)贮存能量,每克脂肪可提供 39. 58kJ 的热能,是同质量的蛋白质和糖类的两倍多。

(2)给人类提供必需的脂肪酸,运输脂溶性维生素,预防维生素的缺乏症等疾病。

(3)改变食品的风味、口感及外观。比如油脂可以用于煎炸食品,增进食品风味;奶油可以制作图形精美的蛋糕等。

3.（1）油脂中脂肪酸的种类：油脂中所含的多不饱和脂肪酸比例越高，该油脂氧化酸败速度就越快；油脂中的游离脂肪酸含量越高，油脂的氧化速度越快。

（2）氧化：一般情况下，油脂的氧化速度与大气中氧的分压有关，氧的分压越大，油脂就越容易氧化。

（3）温度：温度对油脂有影响，高温能促进自由基的形成，也会促进氢化氧化物的变化。

（4）光线：光线会使油脂自动氧化加快，特别是紫外线会引发自动氧化；链式反应加快自由基的形成，加速油脂的自动氧化。

（5）催化剂：油脂中存在许多物质，例如微量元素 Fe、Cu、Mn 等金属离子，它们都会催化油脂的自动氧化，缩短氧化的诱导期，加速油脂的酸败。

（6）水分：当油脂中水的含量超过 0.2%时，油脂就会产生水解而加快酸败。食用油脂在包装时应尽量避免水分和微生物污染，防止油脂变质。

（7）抗氧化剂：抗氧化剂主要是抑制自由基的生成和终止链式反应。可分为天然抗氧化剂和合成抗氧化剂两类。

广泛应用的天然抗氧化剂有：茶多酚、生育酚、β-胡萝卜素、维生素 C 等。人工合成的抗氧化剂有：丁基羟基茴香醚（BHA）、丁基羟基甲苯（BHT）、叔丁基氢醌（TBHQ）等。该类抗氧化剂具有效率高、性质稳定和价格低的特点。

三、实例分析题

1. 酸价是指中和 1g 油脂中的游离脂肪酸所需氢氧化钾的毫克数。酸价是衡量油脂中所含游离脂肪酸的指标之一，是水解程度的标志，酸价越小说明油脂的品质越好。

过氧化值是指 1kg 油脂中所含的过氧化物，在酸性条件下与碘化钾作用时析出碘的毫摩尔数。过氧化值是衡量油脂初期氧化程度的重要指标，过氧化值越大，其酸败的越厉害。

使 1g 油脂完全皂化所需要的氢氧化钾的毫克数称为皂化值。依据皂化值的大小可以判断油脂中所含脂肪酸的平均分子质量大小。皂化值越大，脂肪的平均相对分子质量越小。

2. 可能发生过以下反应：①水解反应；②自动氧化、光敏氧化、酶促氧化；③高温氧化，热聚合热氧化热分解水解与缩合。

项目四　蛋　白　质

一、选择题

1. A　　2. A　　3. A　　4. B　　5. A　　6. B　　7. A

二、简答题

1. 必需氨基酸是指人体内不能合成或合成速度不能满足机体需要，必须从食物中直接获得的氨基酸。必需氨基酸的物理性质为一般都溶于水，不容或微溶于醇，不溶于乙醚，熔点一般不超过200℃。化学性质为两性电离；与亚硝酸作用；与甲醛作用；与水合茚三酮作用。构成人体蛋白质的氨基酸有20种，其中8种氨基酸为必需氨基酸，即异亮氨酸、亮氨酸、赖氨酸、甲硫氨酸、苯丙氨酸、苏氨酸、色氨酸、缬氨酸。

2. ①蛋白质的两性电离：蛋白质分子中有自由氨基和自由羧基，因此蛋白质与氨基酸一样具有酸、碱两性性质。②蛋白质的胶体性质：蛋白质是高分子化合物，分子质量大，在水溶液中形成的单分子颗粒已达到胶体颗粒直径范围，蛋白质分子表面有许多极性亲水基团，可以形成水化膜。因此，蛋白质是亲水溶胶。蛋白质在非等电点溶液中形成带电离子，溶液的离子强度不同，其溶解性不同。③蛋白质的显色反应。④大多数蛋白质分子只有在一定的温度和pH范围内才能保持其生物学活性。蛋白质的结构构象不稳定，受到物理、化学因素（如加热、高压、冷冻、超声波、辐照等）的影响后，蛋白质的性质会发生改变，这通常称为变性。

3. 常见的食品加工方法：热处理、低温处理、脱水干制、辐照、氧化处理等；热处理对蛋白质质量的影响较大，其影响程度和结果取决于热处理的时间、温度、湿度以及有无其他还原性物质存在等因素。

项目五 维 生 素

一、单项选择题

1. A　2. B　3. C　4. B　5. B　6. A　7. A　8. D　9. D　10. D

二、简答题

1. 维生素按溶解性差异可分为脂溶性维生素和水溶性维生素两大类。脂溶性维生素包括维生素A、D、E、K等，水溶性维生素包括B族维生素和维生素C。

2. 由于维生素C是水溶性维生素，对热敏感，既具有一元酸的酸性，又有较强的还原性和抗氧化性，因而在食品加工中被广泛应用。维生素C可以保护食品中其他易被氧化的物质不被氧化；作为维生素E或其他抗氧化剂的增效剂等。

3. 由于维生素E的结构中的含有酚羟基，因而具有较强的还原性。在食品加工中常作为抗氧化剂使用，维生素E通过淬灭单线态氧而保护食品中的其他成分，从而提高食品中其他化合物的氧化稳定性。这种优良的性能被广泛应用于食品工业中，如防止维生素A、维生素C的氧化。在肉类腌制中，含氨基的化合物与亚硝酸盐作用可生成亚硝胺。亚硝胺的合成是通过自由基机制进行的，维生素E可清除自由基，阻止亚硝胺的生成。

4. 影响维生素含量的因素有生态环境、采收时间、加工条件、处理方法、储存环境、食品添加剂等。影响维生素稳定性的外界因素包括氧气、加热温度与时间、酸碱度（pH）、水分含量、金属与酶的作用、光与电磁辐射及维生素之间也会相互干扰等。

5. 因为玉米中的烟酸与糖形成了复合物，阻碍了在人体内的吸收和利用，用碱处理可以使烟酸游离出来，供人体吸收利用。

三、实例分析题

1. 案例中，古罗马士兵所患的症状是由于缺乏维生素C引起的。

2. 维生素 C 的化学结构如下：

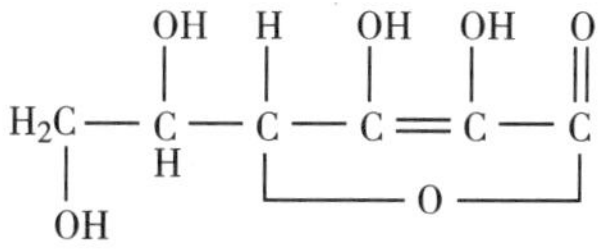

```
         OH   H    OH   OH   O
         |    |    |    |    ‖
H2C — C — C — C ═ C — C
  |      H    |_____ O _____|
 OH
```

维生素在食品加工中的作用：

由于维生素 C 具有较强的还原性和抗氧化性，因而在食品加工中被广泛应用。维生素 C 可以保护食品中其他易被氧化的物质不被氧化；在啤酒工业中作为抗氧化剂；能捕获单线态氧和自由基，抑制脂类氧化；作为维生素 E 或其他抗氧化剂的增效剂；可以还原邻醌类化合物从而有效拟制酶促褐变和脱色；在肉制品腌制中促进发色并抑制亚硝胺的形成；在真空或充氮包装中作为除氧剂；在焙烤工业中作为面团改良剂，因其氧化态可以氧化面团中的巯基为二硫基，从而使面筋强化；使其他氧化剂再生等。

项目六　矿　物　质

一、填空题

1. 碳，氢，氧，氮，有机化合物，食品灰化，粗灰分。
2. 作为食物的动植物组织，饮用水，食盐。
3. 佝偻病，龋齿，营养性贫血，甲状腺肿大。
4. 必需元素，非必需元素，有毒（有害）元素。
5. 常量元素，微量元素，超微量元素。
6. 离子状态，可溶性无机盐，不溶性无机盐，螯合物或复合物。
7. 硫酸盐，磷酸盐，碳酸盐，与有机物结合的盐，植物富集矿物质的能力。
8. 三价铁离子（Fe^{3+}），二价铁离子（Fe^{2+}），元素铁，血色素型铁。
9. 硫酸锌，葡萄糖酸锌。
10. 火焰原子吸收光谱法，电感耦合等离子体发射光谱法，电感耦合等离子体质谱法。

二、单项选择题

1. D　　2. A　　3. D　　4. C　　5. D

三、简答题

1. 当肉类失去水分时（如冰冻肉解冻滴汁）损失的主要是 Na^+，因为 Na^+ 存在于胞外液中，主要与盐酸根和碳酸根共存，而 K^+ 则损失较少，K^+ 几乎全部存在于胞内液中，并与 Mg^{2+}、磷酸根和硫酸根共存。

2. 矿物质是构成机体结构的重要成分；维持生物体内环境稳定，矿物质作为体内的主要调节物质，可以调节体液渗透压和酸碱平衡，维持组织细胞的正常功能和形态；维持生物体内的生物化学反应；矿物质是重要的食品添加剂，可以改善食品品质。

3. 钠在保持体液的酸碱平衡、渗透压和水的平衡方面起重要作用，并和细胞内的主要阳离子 K^+

共同维持细胞内外的渗透平衡。在肉制品中添加三聚磷酸钠有助于改善其持水性,保持肉制品的鲜嫩。

4. 碘是所有动物必需的微量元素,在机体内主要通过构成甲状腺素而发挥各种生理作用,具有参与甲状腺素合成、促进生物氧化、调节能量代谢、参与核酸和蛋白质合成等作用。缺碘会产生甲状腺肿、生长迟缓、智力迟钝等现象,但是长期摄入过量的碘可影响甲状腺对碘的利用而造成高碘性甲状腺肿。一般通过营养强化碘的方法预防和治疗碘缺乏症,通常使用强化碘盐即在食盐中添加碘化钾或碘酸钾使食盐中碘含量达 70mg/kg。

5. 预加工,食品加工最初的整理和清洗会直接带来矿物质的大量损失,如水果的去皮、蔬菜的去叶等,果蔬食品加工过程中的烫漂、滤沥等工序。精制,精制是造成谷物类食品中矿物质损失的主要因素。加工过程中各组分间的搭配对矿物质也有一定的影响,若搭配不当会降低矿物质的生物可利用性。食品加工中设备、用水和包装材料会影响食品中的矿物质。

6. 食品矿物质强化时必须结合当地实际需求。矿物质营养强化最好选择生物利用性较高的矿物质。食品矿物质强化应保持矿物质与其他营养素间的平衡,强化不当会造成食品中各种营养素间新的不平衡,影响机体对矿物质和其他营养素的吸收与利用。食品中使用的矿物质强化剂要符合有关卫生和质量标准,同时还要注意使用剂量。食品的矿物质强化不应损害食品原有的色、香、味等感官性状而导致消费者不能接受。在食品加工中的矿物质强化应注意考虑产品成本、市场认可度和经济效益。

四、实例分析题

1. 植物性食品中的矿物质大部分与植物中的有机化合物结合存在,影响了人体对矿物质的吸收与利用。如植物性食品中约 70%~80%的钙与植酸、草酸、脂肪酸等形成不溶性的盐而不被吸收,植酸盐中的磷大约 60%排出体外。通过发酵将植酸水解,降低 pH,从而提高磷、钙、铁等矿物元素的溶解度,进而提高其生物利用率。

2. 钙的主要来源有乳及其制品、绿色蔬菜、豆腐和骨等,蛋制品、水产品、肉类含钙也较多。在日常生活中,注意膳食结构的均衡;注重辅助元素的摄入,增加调节肠道 pH 的物质或钙溶解度的物质均可促进其吸收,如乳糖、氨基酸等;通过钙强化食品补钙,通常采用乳酸钙、碳酸钙、葡萄糖酸钙等作为钙源。

模块二　食品中的酶和食品营养成分代谢

项目七　食品中的酶

一、填空题

1. 蛋白;辅酶(辅基);决定酶促反应的专一性(特异性);传递电子、原子或基团,具体参加反应。

2. 4,9。

3. 不同,也不同,酶的最适底物。

4. 竞争性

5. 非竞争性

6. 氯离子,铜离子

7. 立体化学

8. 酶的反应,酶的活性

9. 氧化还原酶类,转移酶类,水解酶类,裂解酶类,异构酶类,连接酶类

10. 结合部位,催化部位,结合部位,催化部位

二、单项选择题

1. D 2. C 3. C 4. B 5. C 6. C 7. C 8. B 9. A 10. C

11. C 12. C 13. B 14. D 15. C

三、简答题

1. 米氏方程:$v=v_{max}[S]/K_m+[S]$

意义:K_m 是当酶促反应速度达到最大反应速度一半时的底物浓度。K_m 是酶的特征常数,只与酶的性质有关,与酶的浓度无关,K_m 受 pH 及温度的影响,不同的酶 K_m 不同,如果一个酶有几种底物,则对每一种酶底物各有一个特定的 K_m。其中 K_m 最小的底物称为酶的最适底物。$1/K_m$ 可近似地表示酶对底物的亲和力大小,$1/K_m$ 越大,表示酶对底物的亲和力越大,$1/K_m$ 越小,表示酶对底物的亲和力小。

当 $v=0.9v_m$ 时,$[S]=9K_m$

2. 提示:

已知 1ml 酶制剂相当于 1mg 酶制剂,根据酶活力单位定义:

每小时分解 1g 淀粉的酶量 1 活力单位,则 1mg 酶制剂每小时分解淀粉的活力单位=0.25g/5 分钟×60÷1=活力单位

每 1g 酶制剂所含活力单位=3 个活力单位,81 000=3 000 活力单位。

四、实例分析题

食品发生褐变现象有 3 个条件,一是组织中有多酚类底物;二是组织中有多酚氧化酶存在;三是有氧气参与。所以可以从以下角度控制酶促褐变反应:①热处理。如对新鲜水果进行热处理,如 70~95℃之间加热 7 秒可使大部分多酚氧化酶失去活性。②调 pH。多数多酚氧化酶的最适 pH 一般在 6~7 之间,pH 在 3 以下酶几乎完全丧失活性。因此可采取柠檬酸、苹果酸、维生素 C 等调节 pH,使酶活性丧失。如苹果在 pH 3.7 以下时褐变速度明显下降,而在 pH 2.5 时则不发生褐变。③加入还原性化合物。还原性化合物能将邻苯醌还原成底物从而阻止黑色素的形成。常用的还原性化合物有维生素 C、亚硫酸盐和巯基化合物。④加入螯合剂。多酚氧化酶含有铜,因此加入柠檬酸、亚硫酸钠和巯基化合物能去除酶活性中心的铜离子而使酶失活。⑤去除氧。采用真空和充氮包装等方法可以防止或减缓多酚氧化酶引起的酶促褐变现象。

项目八　食品营养成分的代谢

一、填空题

1. NAD^+,$NADP^+$,FMN,FAD,铁硫蛋白,细胞色素类。

2. 糖酵解途径,有氧氧化途径,磷酸戊糖途径。

3. 胞液,线粒体,有氧,CO_2 和水。

4. 游离脂肪酸,甘油。

5. 甘油一酯途径,甘油二酯途径。

6. 转氨基与氧化脱氨基的联合作用,嘌呤核苷酸循环。

7. 异化分解作用,磷酸己糖旁路。

8. 温度,湿度,大气组成,机械损伤及微生物感染,植物组织的龄期。

二、单项选择题

1. C　2. B　3. A　4. A　5. A　6. A　7. B　8. B　9. D　10. C

11. A

三、简答题

1. 有氧氧化反应过程可根据反应部位和反应特点分为 3 个阶段:①葡萄糖或糖原经糖酵解途径转变为丙酮酸。②丙酮酸进入线粒体氧化脱羧生成乙酰辅酶 A。③乙酰 CoA 经三羧酸循环和氧化磷酸化,彻底氧化生成 CO_2、H_2O 和 ATP。

2. 来源:氨基酸脱氨基生成,肠道吸收,肾脏分泌,其他含氮化合物分解代谢产生;去路:合成尿素,合成谷胺酰氨,合成非必需氨基酸,合成其他含氮化合物由尿排出。

3. 体内氨基酸主要来源有:①食物蛋白质的消化吸收;②组织蛋白质的分解;③经转氨基反应合成非必需氨基酸。

主要去路有:①合成组织蛋白质;②脱氨基作用,产生的氨合成尿素等,α-酮酸转变成糖和/或酮体,并氧化产能;③脱羧基作用生成胺类;④转变为嘌呤、嘧啶等其他含氮化合物。

4. 答:动物宰杀后血液循环停止,肌肉组织在一段时间仍有一定的代谢能力,但正常代谢已破坏,发生许多死亡后特有的生理变化、生物化学与物理变化。死亡组织的活动一直延续到组织中的酶因自溶完全失活,进而引起细菌繁殖发生腐败。动物死亡后的生物化学与物理变化过程分为 3 个阶段。

(1)尸僵前期:宰杀初期肌肉柔软、松弛,无氧酵解活跃,ATP 和磷酸肌酸含量下降。

(2)尸僵期:尸体僵硬。哺乳动物死亡后,僵化开始于死亡后 8~12 小时,经 15~20 小时后终止;鱼类死后僵化开始于死后约 1~7 小时,持续时间 5~20 小时不等。动物死后经过一段时间,磷酸肌酸消失,ATP 显著下降,肌动蛋白与肌球蛋白结合成没有弹性的肌球蛋白,尸体形成僵硬强直的状态。

(3)尸僵后期:尸僵缓解,蛋白酶使部分蛋白质水解,水溶性肽及氨基酸等非蛋白氮增加,肉的持水力及 pH 较尸僵期有所上升，肉的食用质量随着尸僵缓解达到最佳适口度。

5. 答：鞣质物质在幼嫩果实含量较多，因而具有强烈的涩味，其中主要是单宁类物质。在水果成熟过程中，单宁被过氧化物酶氧化为无涩味的过氧化物，也有一部分单宁聚合成无味的大分子物质。因此，成熟的水果没有涩味或涩味降低。

6. 答：动物宰杀后，由于无氧呼吸作用而积累乳酸，导致组织细胞 pH 下降，温血动物宰杀后 24 小时内肌肉组织的 pH 由正常生活时的 7.2~7.4 降至 5.3~5.5，但一般也很少低于 5.3。鱼类死后肌肉组织的 pH 大都比温血动物高，在完全尸僵时甚至可达 6.2~6.6。

pH 下降速度和最终 pH 对肉的质量具有十分重要的影响。pH 下降太快，则产生失色、质软/流汁（PSE）现象。动物宰后肌肉 pH 变化可分为 6 种不同类型。

（1）宰后 1 小时左右 pH 降低零点几个单位，最终 pH 为 6.5~6.8（深色的肌肉）。

（2）宰后 pH 缓慢下降，最终 pH 为 5.7~6.0（色稍深的肌肉）。

（3）宰后 8 小时从 pH 7.0 左右逐渐降低到 pH 为 5.6~5.7。宰后 24 小时降低到最终 pH 为 5.3~5.7（正常肌肉）。

（4）宰后 3 小时，pH 比较快地降低到约为 5.5，最终 pH 为 5.3~5.6（轻度 PSE）。

（5）宰后 1 小时，pH 迅速降到 5.4~5.6，最终 pH 为 5.3~5.6（高度 PSE）。

（6）pH 逐渐地降低到 5.0 附近（流汁严重，稍带灰色）。

可见，宰后动物肌肉保持适宜的 pH 有利于保持肌肉色泽和抑制腐败细菌的生长。

模块三　植物性和动物性食品化学

项目九　植物性食品化学

一、填空题

1. 碳水化合物。

2. 赖氨酸。

3. 谷蛋白，醇溶蛋白，白蛋白，球蛋白。

4. 维生素，矿物质。

二、判断题

1. √　2. ×　3. ×　4. √　5. √

三、简答题

1. 适宜阴凉干燥储存。

2. 生大豆有豆腥味和苦涩味，是因为豆类中的不饱和脂肪酸在储存过程中容易被脂肪氧化酶氧化分解。

3. 海藻富含蛋白质、脂肪、多糖类化合物、维生素及矿物质。海带干品内含褐藻胶酸、氨基酸、纤维素、钾、碘及胡萝卜素等。紫菜含有蛋白质、脂肪，并有较丰富的钙、磷、铁、碘、胡萝卜素及维生素B、维生素C、胆碱、多种氨基酸等。

项目十　动物性食品化学

一、填空题

1. 糖原。

2. 胶原蛋白，黏蛋白。

3. 酪蛋白，乳清蛋白，乳球蛋白。

4. 乳糖。

5. 二十碳五烯酸（EPA），二十二碳六烯酸（DHA）。

二、判断题

1. ×　2. ×　3. √　4. √

三、简答题

1. 水产品的干制加工会使水溶性维生素流失，同时容易造成脂肪酸的氧化以及表面蛋白质的水解。

2. 由于牛乳营养丰富，在抑菌物质消耗尽后，微生物的繁殖很快。因此，鲜牛乳必须低温储存，并应尽快消费。

模块四　食品中的毒害物质

项目十一　食品中原有的毒害物质

一、填空题

1. 茄碱（龙葵碱、龙葵素）。

2. 氰苷，氢氰酸，秋水仙碱，氧化二秋水仙碱。

3. 植物红血球凝集素，红细胞产生凝集作用，蛋白酶抑制剂。

二、选择题

1. B　　2. C　　3. C

三、简答题

1. 氰苷主要以生氰的葡萄糖苷、龙胆二糖苷及夹豆二糖苷的形式存在于某些豆类、核果和仁果的种仁以及木薯的块根等植物体中。常见的含氰苷的果仁有枇杷仁、苦桃仁和苦杏仁，甜杏仁也少量含有。氰苷中毒会出现口中苦涩、流涎、头晕、头痛、恶心、呕吐、心悸及四肢软弱无力等症状，中毒严重者感到胸闷，并有不同程度的呼吸困难，甚至意识不清、大小便失禁、眼球呆滞、对光反射消失、全身性痉挛等症状，最后可因呼吸麻痹或心脏停跳死亡。这些氰苷类的毒性作用是潜在的，只有当它们在酸或酶的作用下发生降解，产生氢氰酸时，才表现出比较严重的毒性作用。所以避免其产生氢氰酸是预防其毒性的有效措施。

2. 动物性天然毒性成分有无磷鱼毒素、河豚毒素、海产藻类和贝类毒素、蟾蜍毒素、动物内分泌腺和肝脏等组织中所含毒素等。平时饮食中应避免接触和食用此类含毒素的动物食品。

项目十二　食品加工和储存过程中及环境污染的毒害物质

简答题

1. 农药污染的途径有以下几个方面:

(1)土壤中的农药通过农作物的根系吸收到作物组织内部而造成污染。

(2)农田施用农药时,直接污染农作物。

(3)大气中漂浮的农药水风向、雨水对地面作水生生物产生影响。

(4)因水质污染进一步污染农作物。

(5)饲料中残留农药转移入禽畜类食品,造成此类食品的污染。

2. 控制苯并芘危害的措施是:

(1)控制环境(空气、水)污染,防止食品受到 BaP 的污染。

(2)改进烟熏、烘烤等加工工艺。

(3)避免采用高温煎炸方式,油温控制在 200℃以下。

(4)制订食品 BaP 的允许含量标。

3. 丙烯酰胺危害的症状是:研究证明丙烯酰胺具有较强的渗透性,可通过未破坏的皮肤、黏膜、肺和消化道吸收进入人体,分布在体液中,长期接触丙烯酰胺的人,主要表现为四肢麻木、乏力、手足多汗、头痛头晕、远端触觉减退等,并且伤及小脑,出现步履蹒跚,四肢震颤,深反射减退。

食品应用化学课程标准

（供食品类专业用）

ER-课程标准